金属材料科学与工程基础

[日] 德田昌則　总监修
岡本篤樹　津田哲明　片桐 望　著
孟　昭　　译著

北　京
冶　金　工　业　出　版　社
2017

北京市版权局著作权合同登记号　图字：01-2017-3943
構造、状態、磁性、資源からわかる金属の科学，「発行所」株式会社ナツメ社，
ISBN 978-4-8163-5159-4。

内容提要

本书在日本专业畅销书《金属の科学》基础上译著而成，是介绍金属材料相关知识和应用的专业基础丛书。全书共分9章，第1章简要介绍了金属材料的分类和如何获得金属材料以及资源等内容，第2章介绍了金属学的基本知识，第3章介绍了金属变形与组织控制原理及方法，第4章介绍了结构材料和强度材料，第5章介绍了金属功能材料，第6章介绍了金属表面化学的相关知识，第7章介绍了各种各样的金属元素，第8章介绍了我们身边所使用或见到的金属材料，第9章对金属的社会学相关内容进行了简要介绍。本书作者均为日本材料工程界的著名学者及专家，在撰写过程中贯彻理论与实际相结合的原则，利用通俗易懂的语言和丰富精彩的插图将金属材料的相关知识和工程应用展现给广大读者，是一本不可多得的专业基础丛书。

本书可作为材料科学与工程专业、机械专业等相关专业本科和研究生的教材或教学参考书，也可供从事材料、化工、冶金、机械等行业相关从业人员的专业参考书使用。

图书在版编目(CIP)数据

金属材料科学与工程基础/(日) 德田昌則总监修；孟昭译著．
—北京：冶金工业出版社，2017.7
ISBN 978-7-5024-7472-0

Ⅰ.①金…　Ⅱ.①德…　②孟…　Ⅲ.①金属材料　Ⅳ.①TG14

中国版本图书馆 CIP 数据核字（2017）第 111374 号

出 版 人　谭学余
地　　址　北京市东城区嵩祝院北巷 39 号　邮编　100009　电话　(010)64027926
网　　址　www.cnmip.com.cn　电子信箱　yjcbs@cnmip.com.cn
责任编辑　夏小雪　李　臻　美术编辑　吕欣童　版式设计　孙跃红
责任校对　石　静　责任印制　李玉山
ISBN 978-7-5024-7472-0
冶金工业出版社出版发行；各地新华书店经销；北京虎彩文化传播有限公司印刷
2017 年 7 月第 1 版，2017 年 7 月第 1 次印刷
169mm×239mm；18.5 印张；1 插页；357 千字；271 页
76.00 元
冶金工业出版社　投稿电话　(010)64027932　投稿信箱　tougao@cnmip.com.cn
冶金工业出版社营销中心　电话　(010)64044283　传真　(010)64027893
冶金书店　地址　北京市东四西大街 46 号(100010)　电话　(010)65289081(兼传真)
冶金工业出版社天猫旗舰店　yjgycbs.tmall.com
（本书如有印装质量问题，本社营销中心负责退换）

前　　言

中国早已成为了世界产品的制造大国。现在中国的工厂数量比世界上任何其他国家都要多。而作为产品物质基础的金属材料，对它的理解就成为必不可少的知识。

在我们的日常生活中，食物、金属、塑料、纤维和纸张等构成了形形色色的日用品、电话、汽车以及各种各样的机械产品，而其中的金属制品在量上来说占据了很大部分。因此有关金属材料的知识对我们来说就显得非常重要。而更为重要的一点就是，现实中生产上述产品的所有机械装置都是由金属材料制成的。因此可以说，金属材料是现代社会的物质基础。

日本版《金属的科学》初版印刷发行于2005年，当时日本正处于世界生产技术水平的巅峰时期。本书的目的就是为维持日本制造业大国地位，面向学生与年轻技师而撰写的添加了大量通俗易懂图解的专业基础书籍。但读者调查结果发现，除了工厂集中度较高地域的购买量较高，购买人群主要为理工科的学生及相关技术人员外，令我们感到意外的是，公司的销售人员和管理人员的购买量也很高。也就是说，对于金属材料的深刻理解不仅仅直接受到了技术人员的关心，也同时得到了间接从事材料工作的其他人员的极大关注。因此，本书在更为详细地阐述了金属材料实用性能中最重要的如材料强度和加工性能等方面内容的同时，还增加了金属材料的使用环境评价、电化学基础理论与应用以及在人类社会中所处的位置等相关内容。

人类社会已经进入了利用人工智能加速技术革新和社会变革的时

代，而中国正以远超世界的速度如超级计算机的研发等来适应这个时代变化。如何利用人工智能是人类面临的一个巨大课题。在物质生产的技术领域，也就是在我们每天的工作现场，则需要具有更高度的发现问题和解决问题的能力，我们称之为“现场力”。而高度的“现场力”则需要更为广泛的金属材料理论和应用基础知识。本书就是以加强以上这些知识为目的而编写的。

最后，为了能让中国读者尽快阅读到本书，理解材料技术的博大精深，孟昭先生对该书的译著、策划等倾注了极大的热情与努力。该书能在短时间内在中国顺利出版，我们对孟昭先生表示由衷的敬意和感谢。

我们衷心希望该书能受到中国广大读者的欢迎。希望通过对金属材料更为广泛和深入的理解，能为中国工业制造技术的不断进步做出贡献。

原著作者代表 **德田昌则**

写在《金属の科学》中文版出版之时

まえがき

中国は、様々な製品を世界に供給するもの作り大国になって久しい。今や、中国国内には、それらの製品を製造するもの作りの現場がどこの国々よりも厚く集積していることになる。そこでは、もの作りの基盤物質としての、金属に関する理解が欠かせない。

我々の日常生活は、食料品や金属、プラスチック、繊維や紙などから構成される様々な日用品、スマホや自動車あるいは産業機械類など多様な製品群に支えられている。その中で、金属製品は量的に大きな割合を占めており、その製造に関わる知識は重要である。それに加えて、もっと重要なことは、金属が、全てのもの作りを実現する機械装置類の殆どを構成していると言う点で、現代社会は、金属に大きく依存していると言っても過言ではない。

本書の先代になる「金属の科学」が出版されたのは、2005 年で、日本では、もの作り技術が世界トップの座を維持していた時期であった。その維持に貢献すべく、学生や若手技術者向けに図を入れて分かりやすく解説するという工夫をした。所が、実際に、どういう人達に読まれているかを調査した結果は、意外なものであった。まず、もの作り現場の集積度の高い地域での購入が群を抜いていることは理解できたが、購読者には、学生を含む技術系は勿論いたが、我々が予想していなかった営業系や事務系などの寄与が極めて大きいと言う事が分かった。つまり、金属に関する理解を深めるという事は、ひとり、もの作りに直接関わる技術者だけではなく、もの作りに間接的に関わる、営業系或いは事務系を含む、様々な人達の強い関心事でもあり、それに応え得る著作が求められていた事になる。そして、本書の原著では、金属の実用面で特に重要な、強度や加工性に関して掘り下げると同時に、金属の使用環境での評価に関して、電気化学的立場から、基礎から応用に渡って総括的に取り上げ、さらに、社会の中での位置づけに関しても整理を試みている。

一方、時代は今や、人工知能の活用による技術革新と社会のあり方の変革までもが加速されるという状況に突入しつつある。しかも、中国では、世界の水準を遙かに超える勢いで、スパコン開発に取り組むなど、それに対応しようとしている。そこでは、人工知能をどのように導入するかが、大きな課題になって来ている。もの作りの世界でも、例外ではない。ここでは、現場力、つまり日々の取組みの現場で発生する問題の発見とそれらを解決して行く解析能力の一層の強化が求められ、基盤となる幅広い基礎と応用の情報蓄積が欠かせない。本書は、まさにそのような基盤強化への貢献を意図している。

最後に、この本の意義を深く理解され、中国の方々に広く読んでいただくために、中国語での出版を企画され、素晴らしい情熱と集中力とで、自ら、その膨大な作業量と時間を伴う翻訳に取組むばかりでなく、煩雑な交渉業務等をもこなし、短期間で出版にこぎ着けて下さった孟昭先生に対して、心からの敬意と謝意を捧げたいと思います。

この本が、広く中国の読者に受け入れられ、金属に関する幅広い理解を通して、中国でのもの作り技術の発展に貢献することを祈ります。

原著者を代表して　**徳田昌則**

中国語での「金属の科学」出版に当たって

作者简介

德田 昌則（Tokuda，Masanori）

总监修/执笔：第1章、第7章1节

1938年出生。1965年东京大学大学院博士课程毕业。工学博士。2001年东北大学退休、东北大学名誉教授。2004年至日本大学评价机构教授。

主攻方向：金属冶炼、环境工学。

主要著作（合著）「我が国における純酸素転炉製鋼法の歴史」（日本鉄鋼協会）、「廃棄物の溶融技術」（エヌ・ディー・エヌ）、「金属の科学」（ナツメ社）等。近10年，成立（株）共生医学研究所，积极探索癌症免疫细胞疗法的普及。成立（株）共生资源研究所，主要从事推进有机废弃物的资源化和能源化事业。

岡本 篤樹（Okamoto，Atsuki）

执笔：第2~5章

1948年出生。1970年东京大学冶金学科毕业。

在住友金属工业从事29年的薄钢板研究与开发工作。在此期间，1984年由于轿车用薄钢板的开发获得工学博士学位。1999年在住友特殊金属开展磁性材料和电子材料的研究与开发工作，同时担任神户大学客座教授，粉体粉末冶金协会理事等。2005年开始担任日立金属特殊钢的生产技术指导。2009年开始担任东京大学大学院材料工学客座教授。现为技术顾问M-LABNET代表。

津田 哲明（Tsuda，Tetsuaki）

执笔：第6章、第9章8~11节

1947年出生。1971年东京大学工学部冶金学科馆研究室本科毕业。1981年美国California大学Berkeley化学工学科Tobias研究室硕士毕业。1995年锌-铁族合金电镀研究获得工学博士。在住友金属工业（株）从事表面处理钢板的研究、开发、制造、设备设计、品质管理、售后服务、海外销售技术指导等工作24

年。其间从事钢铁业无国界纷争年代时的知识产权相关工作 12 年。2007 年退休后，担任日本知识产权协会人才培育 PJ 顾问、产业技术短期大学知识产权教授、日本机械学会法工学会知识产权研究会委员。

片桐 望（Katagiri，Nozomu）

执笔：第 7 章、第 8 章、第 9 章 1 ~ 7 节

1945 年出生。东京大学工学部冶金学科硕士毕业。在（株）神户制钢所从事以制钢精炼研究开发和以铁制品为中心的研究策划工作。1981 年因「LD 転炉の制御モデルに関する研究」获得工学博士学位。其后，转至神鋼リサーチ（株）主要从事环境与材料相关的调查与研究工作。曾担任エコビランジャパン社長、中央青山監查法人エコビラン事業部長、横浜国立大学产学联盟协调员、（独）物質・材料研究机构的特别研究员。现为材料・资源顾问。

孟昭

编译：全书和本书中独自追加的楷体文字内容。

1963 年出生，1984 年西安交通大学机械系金相专业学士毕业，1987 年同校材料学院硕士毕业。陕西机械学院（现西安理工大学）工作两年后，于 1991 年赴日本自费留学。1996 年获得日本国立熊本大学工学博士学位。其后在（财）化学及血清疗法研究所从事生物制品生产与管理工作 10 年。2006 年回国，2009 年进入西安科技大学。现从事金属材料的教学及纳米工程材料、纳米减摩涂料、工业固体废弃物的再利用和剩余污泥处理等技术方面的研究与开发。目前为西安科技大学材料科学与工程学院副教授。

目　　录

1 为了健康和可持续发展的地球

1.1 支撑人类社会不断发展和进步的金属材料

1.1.1 支撑人类物质社会基础的材料

现代人类社会被各种各样的产品所包围，而这些产品则是由形形色色的物质所构成。这些物质均具有某种特殊的使用功能，我们称这些对人类有用的物质为“材料”。人类的历史就是一部材料不断发展和进步的历史。在漫长的历史发展长河中，随着人类对材料的知识和经验在不断丰富，材料的使用才得以不断地发展和深入。在人类发展的早期阶段，直接获取的自然财富被用于满足最简单的需要。而随着分工程度的不断加深，人类对从自然界寻觅到的原始材料进行再加工的兴趣也在不断地提高，最终形成了繁花似锦的现代世界。

按照材料的组成和化学键的性质可将材料分成四大类：金属材料（包括纯金属及其合金）、有机高分子材料、无机非金属材料和复合材料。在一轮又一轮的技术革命中，材料作为主导力量一次又一次地推进着人类科技文明的进步。生产材料的更新换代推动了人类社会的变革，促进了人类文明的发展。图 1-1 是人类社会目前所使用的材料种类和年使用统计量。

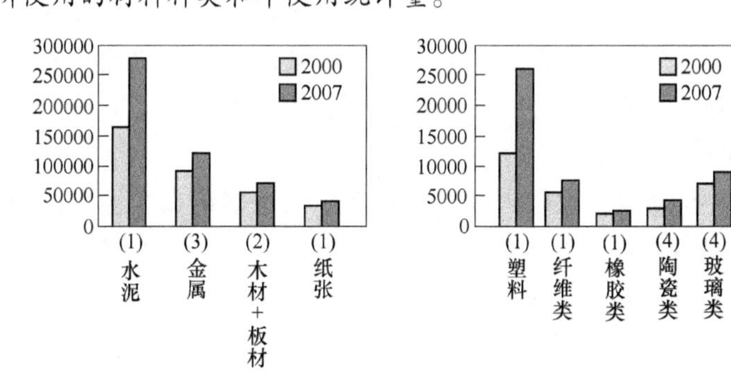

图 1-1 各种主要材料的世界年生产量

（参考：（1）“世界国勢図解2009”矢野恒太记念会，2009；

（2）“森林·林業白書”農林統計協会，2011；

（3）“金属資源アウトルック”；

（4）平板玻璃、陶瓷片等按照 m^2 计量，陶瓷器具按照个数计量，其他按照常用单位表示）

金属材料在人类社会的历史长河中曾扮演的角色多为当时社会性质的缩影。如青铜时代、铁器时代等，而之所以会以这些金属为这些时代命名，归根结底便是人类在这些时代开发出了某种新的金属材料，而这一金属材料几乎决定了人类在这一时期的文明发展进程。

现代社会中的金属虽然已不再像过去那样有着决定社会性质或是国家兴亡的能力，但依然在如今的社会中有着自己一片非常广阔的天地。相比于那些传统金属（如铜、铁）在人类社会中比较单一的用途，人类目前已经开发出了绝大多数金属材料的各种功能。在现代社会中，随着各种高科学技术的迅猛发展，在交通、武器、文化甚至是艺术等诸多方面都有了金属的身影，并且都占有举足轻重的位置。由于金属得天独厚的如塑性、耐久性、硬度等各种优势，而利用其中的一些特性，恰好能够迎合一些新科技发展的需要，这就使得金属材料在现代社会的应用也更加与时俱进，同时更迅速、更广泛地渗透进了人类生活的各个方面。

按照材料的使用功能进行分类，材料又可分为结构材料和功能材料两大类，而金属材料在这两大类中均发挥着重要的作用。

1.1.2 赋予各种形状并维持其形状的结构材料

所有产品都需要一定的空间和形状来发挥其作用。气体和液体需要容器予以储存。提供并维持其形状的材料我们称之为结构材料。结构材料（Structural Material）是以力学性能为基础，以制造受力构件为主要目的所使用的材料。结构材料必须具有能够抵抗环境破坏的强度和能力，同时对其物理或化学性能，如光泽、热导率、抗辐照、抗腐蚀、抗氧化等也有一定要求。另外，还必须易于制作，可以大量生产并且相对价格便宜。因此，从高层建筑、桥梁、船舶到机械制品、家电制品和日用品等，均使用具有相应强度和加工性能良好的钢铁材料。为了减少重量，人类还将结构材料延伸至铝（Al）、镁（Mg）等轻合金材料，以及飞机所选择的钛（Ti）合金、铝锂合金等特殊用途的金属材料。

1.1.3 挖掘金属的独特个性，利用其独特功能制备各种功能材料

除上述的结构材料外，金属材料还在物理、化学、生物、能源以及情报通信等各个方面均发挥着巨大的作用。如具有对信息和能源的感知、采集、计测、传输、屏蔽、绝缘、吸收、储存、记忆、处理、控制、发射和转换等特殊功能的材料；可促进某种特殊反应速度的催化剂；可用于分子量级上的吸附、过滤、分离的多孔介质材料；高硬度高耐磨的工具材料和研磨材料；以及特殊环境下的耐热材料和核燃料材料等，这些具有某种除结构材料之外的独特功能的材料被称之为功能材料。功能材料的相对使用量不大，却发挥着巨大的作用。表1-1列出以本书所述内容为主的部分功能材料事例。

表 1-1 部分功能材料事例

大 类	小 类	功 能	应用事例	材 料
力学功能材料	高强度材料	抵抗变形	钢铁骨架 飞机机体	钢琴钢丝（高碳钢） 碳纤维（CFRP）
	高硬材料	耐磨损	耐热工具	超硬（Co-WC）合金 高速钢（WC）
	形状记忆材料	热弹性马氏体相变	医疗器具	Nitinol（TiNi）
磁性材料	硬磁材料	大磁场储存	马达	NdFeB 永磁铁
	软磁材料	形成磁场、磁束	马达	硅钢片
	超磁致伸缩材料	电场→力	超声波装置	Fe-Al （超磁致伸缩：TeDyFe）
热功能材料	耐热材料	耐热强度	锅炉管道 透平叶片	耐热不锈钢（Fe-Cr-Mo） 超合金（Ni-Al）
	热电交换材料	热→电（热电交换） 电→冷却（帕尔帖效应）	温度差发电 小型冰箱	Bi_2Te_3 Pt-Rh 热电偶
能源材料	电池材料	化学能储存和电能释放	锂离子电池 Na-S 电池	钴酸锂、锂离子、 熔融 Na、Na 离子
	核反应堆用材料	中子吸收少、 耐热强度高	堆芯结构材料	锆合金（Zr-Sn）
	氢能材料	氢原子的储存和释放	Ni-H 电池负极 氢原子透过膜	La-(Ni-Co-Mn-Al) Pd
电工材料	导电材料	自由电子的移动	电线、导线	铜线、铝线
	触点材料	导电性和强度	电路触点	铍铜合金（Cu-Be）
	超导材料	超导现象	磁共振成像	TiNb、Nb_3Sn
光功能材料	半导体材料	整流、增幅、开关	IC、LSI、晶闸管	高纯度 Si、SiC
	光发电材料	光→电	太阳发电	多晶硅（Si）、CdTe、CIGS
	发光材料	电→光	荧光二极管	AlGaAs、GaP、GaN

1.2 获得金属的基本原理

1.2.1 利用化学变化，不稳定状态是其化学变化的根源

冰加热会变成水，水放入冰箱里又会变成冰。这是由于在常温下水为稳定态，而在冰箱中冰比水更为稳定的缘故。用物理化学的语言来说，不稳定状态就是由于在某种环境条件下，该物质状态的自由能相对较高所造成的。自由能(free energy）指的是在某一个热力学过程中，物质系统所减少的内能中可以转化为对外做功的部分。自由能在物理化学中，分为亥姆霍兹定容自由能 F 与吉布斯

定压自由能 G 两种类型。由于我们所涉及的反应一般都是等压状态下的化学反应，因此通常采用吉布斯自由能 G 来判断化学反应的方向和趋势。在等温等压反应中，所有的化学变化都是物质的自由能朝更低的方向发展所造成的。如果反应时的吉布斯自由能减少，则正反应为自发，反之则逆反应自发。如果吉布斯自由能差为0，则反应处于平衡状态。任何等温等压条件下，不做非体积功的自发过程都导致吉布斯自由能减少。物质为了达到更低的自由能状态，就会发生如图1-2所示的状态变化或者化学反应。

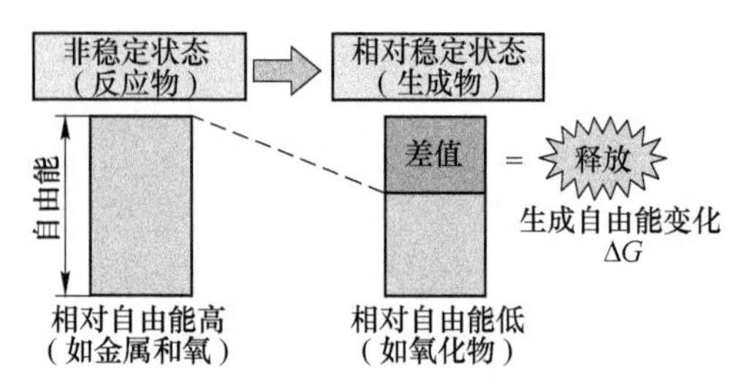

图1-2 化学反应的变化方向

在我们所处的自然环境中，由于金属与氧气相互独立存在的状态自由能较高，因此金属就会朝着不断被氧化的方向发展（如生锈、腐蚀等）。氧化物在生成时会释放出多余的自由能，如果能利用这部分能量，就可以产生出热能或电能对外做功。这部分能量我们称之为生成自由能（ΔG）。氧化物的稳定性也可用生成自由能来表示。图1-3表示各种金属氧化物生成自由能与温度的关系，负值越大则便是该氧化物越稳定，而温度越高则其稳定性越低。图1-3中越处于下方的氧化物越稳定而越难以被还原。对于处于 H_2O 或 CO_2 以上的氧化物，可较容易地采用 H_2 或 CO 进行还原。处于 CO 上方的金属氧化物，可采用高温碳热还原方式进行还原。而对于其下方更稳定的氧化物，则一般采用首先将其氟化物或氯化物盐加热熔融，再通电电解的方式还原。周期表中第1～3族的金属极易生成卤化物，一般均采用此方法炼制还原。而对于采用熔融电解方法亦难以还原的金属钛（Ti），则首先使之成为氯化物 $TiCl_4$，然后再利用活性相对较高的金属镁（Mg）将其还原。

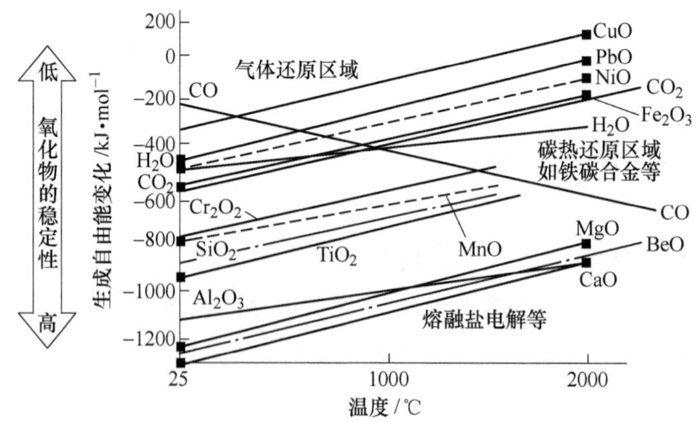

图1-3 金属氧化物的还原方式原理图

1.2.2 地壳中各种矿物及基本组成

地壳中目前已发现的矿物有2270多种，常见矿物有200~300种。按照矿物的化学成分大致可分为5大类。

(1) 自然元素矿物：在自然界成元素单质状态的矿物，已知大约有50多种。主要包括金（Au）、银（Ag）、铜（Cu）、铂（Pt）等金属元素矿物和砷（As）、锑（Sb）等类金属元素矿物及硫（S）、碳（C）等非金属元素矿物。此类矿物一般均为重要的矿产资源。

(2) 硫化物矿物：主要由阴离子硫与一些金属阳离子相结合而形成的矿物。已知的硫化物矿物约有300余种。常见的硫化物矿物主要有黄铁矿、黄铜矿、方铅矿、闪锌矿、辉锑矿等，它们多是有色金属及部分稀有金属的主要矿物原料。

(3) 卤化物矿物：卤族元素（F、Cl、Br、I）与K、Na、Ca、Mg等元素化合而成的矿物。种类较少，在地壳中的含量较低。常见矿物有食盐、钾盐、光卤石、萤石等。他们是工业上重要的矿产原料。

(4) 氧化物与氢氧化物：有一系列金属阳离子及非金属阳离子与O_2^-或$(OH)^-$相结合而成的化合物。最常见的阳离子是Si、Fe、Al、Mn、Ti等。已知此类矿物约有200多种。其中SiO_2约占地壳质量的12.6%，铁的氧化物（赤铁矿、磁铁矿、褐铁矿等）占3%~4%。常见的还有铝土矿、刚玉矿、软锰矿、硬锰矿、锡石等。这类矿物是工业上金属矿产的主要来源。

(5) 含氧盐矿物：各种含氧酸根［如$(SiO_4)^{4-}$、$(CO_3)^{2-}$、$(SO_4)^{2-}$、$(PO_4)^{3-}$、$(WO_4)^{2-}$等］与金属阳离子结合而成的化合物。根据其含氧酸根可分为硅酸盐、碳酸盐、硫酸盐、磷酸盐和钨酸盐等盐类矿物。这类矿物种类繁多，分布广泛，是地壳中最主要的矿物成分，约占地壳质量的85.5%，其中最主要的是硅酸盐类矿物。硅酸盐类矿物有长石、绿泥石、高岭土等，碳酸盐类矿物中最常见的是方解石和白云石等，硫酸盐类矿物中最常见的是石膏、重晶石等，磷酸盐类矿物中以磷灰石最为常见，而钨酸盐矿物中以黑钨矿及白钨矿最为常见。

人类就是以上述矿物为基础，通过各种方法，提取、冶炼和制备出所需要的金属材料。

1.2.3 金属冶炼方法

通过环境变化改变其稳定状态，物质就会朝着自由能更加稳定的方向变化。在自然界中，金属氧化物非常稳定。为了从金属氧化物中获得金属，就需要人为地创造一种金属氧化物不稳定的环境。方法之一就是提高环境温度。为了获得金属，就必须使其$\Delta G>0$。从图1-3可以看出，单纯利用提高温度的方法实际上是不可能的。因此，就必须使用还原剂。也就是说，采用图1-3下方的元素来还原位于图1-3上方的金属氧化物。

利用气体还原金属的方法被广泛使用。例如，可采用氢气或一氧化碳（CO）

还原图 1-3 中上部的 Fe_2O_3。采用金属镁进行还原金属钛也是同样原理。图 1-3 中唯一一个温度越高越稳定的物质就是一氧化碳（CO）。可在更高温度下利用碳（C）来还原 SiO_2 和 MnO。

另一种方法就是使用电力。后面我们会讲解电解的原理。利用图 1-4 所示的外部能量提供所需的自由能 ΔG，即可还原图 1-3 下部的超稳定 Al_2O_3 等氧化物。

还原类型	具体事实例	反应式
气体还原	氧化铁＋还原气体→金属＋还原生成气体	$Fe_2O_3+3CO \rightarrow 2Fe+3CO_2$（CO 还原） $Fe_2O_3+3H_2 \rightarrow 2Fe+3H_2O$（氢气还原）
碳热还原	氧化物＋C→金属＋一氧化碳	$SiO_2+2C \rightarrow Si+2CO$（碳还原）
金属还原	（低熔点活性金属还原高熔点金属）	$TiCl_4+2Mg \rightarrow Ti+2MgCl_2$（金属还原）
电解还原	熔融盐熔解后电解，氧化物变成氯化物后，再熔融电解	$Al_2O_3+3C \rightarrow 2Al+3CO$（熔融盐电解） $MgO+C+Cl_2 \rightarrow MgCl_2+CO$（氯化） $MgCl_2 \rightarrow Mg+Cl_2$（氯化物电解）

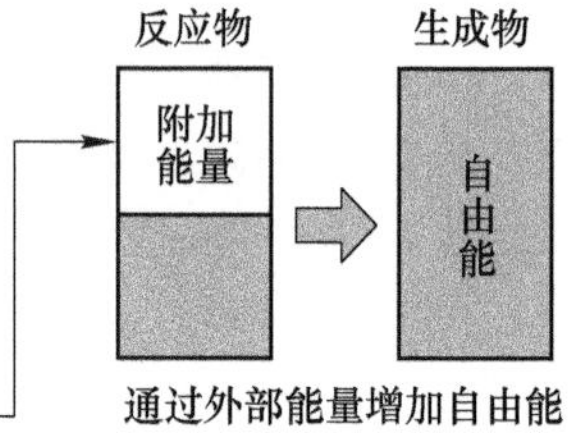

图 1-4　各种金属的冶炼（还原）方式

1.3　维持现代文明社会存在和发展的金属材料

1.3.1　金属资源有限性指标

由于金属材料是人类现代社会存在和发展的基础，为了保障现代社会持续健康发展，我们就必须根据金属资源有限性的特点制定出各种相关政策和技术对策。资源存在着消费和供给这两个方面。金属资源在消费的同时还具有储存的特点，金属资源的再生利用可补充供给的不足。本书在第 9 章特别以稀有金属为例从资源供给方面予以详细描述。

美国地质学家克拉克（1832～1897）等人为了要搞清楚地球上各种元素分布的规律，对地壳的岩石、天然水、矿物、土壤等进行了普遍分析。他们总结了五千多个样品分析数据，于 1889 年第一次提出各种元素在地壳中的平均含量数值（地壳元素丰度，后被命名为克拉克数，单位为 ppm，$1ppm = 10^{-6}$）。在他们工作的基础上，1924 年出版的《地球化学资料》中提供了大量地壳元素分布数据。地壳中丰度最大的元素是氧元素（47%），其重量占据地壳总重量的近 1/2。按照克拉克值递减的顺序排列各种元素，前九种分布最多的元素为氧（O）、硅（Si）、铝（Al）、铁（Fe）、钙（Ca）、钠（Na）、钾（K）、镁（Mg）、氢（H），占据地壳总重量的 98.13%。前十五种元素占 99.61%，其余七十七种元素的重量仅占地壳总重量的 0.39%。微量元素在地壳中的分布极不均匀。表 1-2 是中国大陆壳体的区域元素丰度值。

表 1-2 中国大陆壳体的区域元素丰度值①

原子序数	元素名称	元素符号	华夏壳体 A1			西域壳体 A2			藏南壳体 A3			中国大陆岩石圈元素丰度 B	丰度系数（k）			丰度系数（k）验算		
			系数	$\times10^n$	丰度值（$\times10^{-6}$）	系数	$\times10^n$	丰度值（$\times10^{-6}$）	系数	$\times10^n$	丰度值（$\times10^{-6}$）		$k1$ A1/B	$k2$ A2/B	$k3$ A3/B	$k1$ A1/B	$k2$ A2/B	$k3$ A3/B
1	氢	H	1.48	3	1480	1.18	3	1180	1.24	3	1240	1330	1.11	0.89	0.93	1.11	0.89	0.93
2	氦	He																
3	锂	Li	6.6		6.6	28		28	26		26	17.6	0.37	1.59	1.48	0.38	1.59	1.48
4	铍	Be	0.8		0.8	3.4		3.4	1.6		1.6	1.96	0.78	1.73	0.80	0.41	1.73	0.82
5	硼	B	7.2		7.2	8.8		8.8	6.7		6.7	7.82	0.92	1.13	0.86	0.92	1.13	0.86
6	碳	C	2.34	3	2340	3.99	3	3990	3.09	3	3090	3110	0.75	1.28	0.99	0.75	1.28	0.99
7	氮	N	18		18	11		11	21		21	15.3	1.18	0.72	1.37	1.18	0.72	1.37
8	氧	O	4.34	5	434000	4.57	5	457000	4.58	5	458000	453000	0.96	1.01	1.01	0.96	1.01	1.01
9	氟	F	297		297	591		591	664		664	457	0.65	1.29	1.45	0.65	1.29	1.45
10	氖	Ne																
11	钠	Na	1.25	4	12500	0.99	4	9900	1.23	4	12300	11400	1.10	0.87	1.08	1.10	0.87	1.08
12	镁	Mg	1.6	5	160000	1.53	5	153000	1.5	5	150000	156000	1.03	0.98	0.96	1.03	0.98	0.96
13	铝	Al	3.85	4	38500	3.27	4	32700	3.49	4	34900	35700	1.08	0.91	0.98	1.08	0.92	0.98
14	硅	Si	2.3	5	230000	2.26	5	226000	2.36	5	236000	229000	1.00	0.99	1.03	1.00	0.99	1.03
15	磷	P	569		569	1.56	3	1560	829		829	1010	0.56	1.54	0.82	0.56	1.54	0.82
16	硫	S	212		212	63		63	198		198	148	1.43	0.43	1.34	1.43	0.43	1.34
17	氯	Cl	58		58	17		17	56		56	40.7	1.41	0.42	1.37	1.43	0.42	1.38
18	氩	Ar																
19	钾	K	9.53	3	9530	8.89	3	8890	9.9	3	9900	9300	1.02	0.96	1.06	1.02	0.96	1.06
20	钙	Ca	2.88	4	28800	2.72	4	27200	3.54	4	35400	28800	1.00	0.94	1.23	1.00	0.94	1.23
21	钪	Sc	17		17	3.9		3.9	9.8		9.8	11.6	1.47	0.35	0.58	1.47	0.34	0.84
22	钛	Ti	2.09	3	2090	4.48	3	4480	2.16	3	2160	3100	0.67	1.45	0.70	0.67	1.45	0.70

续表 1-2

原子序数	元素名称	元素符号	华夏壳体 A1			西域壳体 A2			藏南壳体 A3			中国大陆岩石圈元素丰度 B	丰度系数（k）			丰度系数（k）验算		
			系数	$\times 10^n$	丰度值（$\times 10^{-6}$）	系数	$\times 10^n$	丰度值（$\times 10^{-6}$）	系数	$\times 10^n$	丰度值（$\times 10^{-6}$）		$k1$ A1/B	$k2$ A2/B	$k3$ A3/B	$k1$ A1/B	$k2$ A2/B	$k3$ A3/B
23	钒	V	85		85	31		31	52		52	59.3	1.44	0.53	0.88	1.43	0.52	0.88
24	铬	Cr	1.65	3	1650	1.78	3	1780	1.82	3	1820	1720	0.96	1.03	1.06	0.96	1.03	1.06
25	锰	Mn	1.12	3	1120	0.93	3	930	0.9	3	900	1020	1.10	0.91	0.88	1.10	0.91	0.88
26	铁	Fe	6.72	4	67200	6.01	4	60100	5.82	4	58200	63300	1.06	0.95	0.92	1.06	0.95	0.92
27	钴	Co	75		75	25		25	68		68	51.3	1.47	0.49	1.33	1.46	0.49	1.33
28	镍	Ni	1.13	3	1130	1.38	3	1380	1.17	3	1170	1240	0.91	1.11	0.94	0.91	1.11	0.94
29	铜	Cu	35		35	42		42	44		44	38.8	0.90	1.08	1.13	0.90	1.08	1.13
30	锌	Zn	68		68	79		79	66		66	72.4	0.94	1.09	0.91	0.94	1.09	0.91
31	镓	Ga	13		13	15		15	14		14	14.1	0.92	1.06	0.99	0.92	1.06	0.99
32	锗	Ge	1.01		1.01	0.98		0.98	1.04		1.04	1	1.01	0.98	1.04	1.01	0.98	1.04
33	砷	As	1.46		1.46	0.81		0.81	1.59		1.59	1.2	1.22	0.68	1.32	1.22	0.68	1.33
34	硒	Se	0.079		0.079	0.092		0.092	0.078		0.078	0.08	0.99	1.15	0.98	0.99	1.15	0.98
35	溴	Br	0.35		0.35	2.61		2.61	1.36		1.36	1.4	0.25	1.86	0.91	0.25	1.86	0.97
36	氪	Kr																
37	铷	Rb	29		29	97		97	57		57	60.4	0.48	1.62	0.95	0.48	1.61	0.94
38	锶	Sr	174		174	419		419	152		152	275	0.63	1.52	0.55	0.63	1.52	0.55
39	钇	Y	8.6		8.6	15		15	10		10	11.3	0.76	1.33	0.88	0.76	1.33	0.88
40	锆	Zr	78		78	69		69	109		109	77.4	1.01	0.89	1.41	1.01	0.89	1.41
41	铌	Nb	6.3		6.3	25		25	18		18	15.4	0.41	1.62	1.17	0.41	1.62	1.17
42	钼	Mo	1.1		1.1	0.61		0.61	0.87		0.87	0.87	1.26	0.70	1.00	1.26	0.70	1.00
43	锝	Tc																
44	钌	Ru	3.29	-3	0.00329	2.62	-3	0.00262	2.99	-3	0.00299	0.00298	1.10	0.88	1.00	1.10	0.88	1.00
45	铑	Rh	7.5	-4	0.00075	2.06	-4	0.000206	6.85	-4	0.000685	0.000515	1.46	0.40	1.33	1.46	0.40	1.33

续表 1-2

原子序数	元素名称	元素符号	华夏壳体 A1			西域壳体 A2			藏南壳体 A3			中国大陆岩石圈元素丰度 B	丰度系数（k）			丰度系数（k）验算		
			系数	$\times10^n$	丰度值（$\times10^{-6}$）	系数	$\times10^n$	丰度值（$\times10^{-6}$）	系数	$\times10^n$	丰度值（$\times10^{-6}$）		$k1$ A1/B	$k2$ A2/B	$k3$ A3/B	$k1$ A1/B	$k2$ A2/B	$k3$ A3/B
46	钯	Pd	4.5	−3	0.0045	5.15	3	0.00515	6.31	−3	0.00631	0.00496	0.91	1.05	1.27	0.91	1.04	1.27
47	银	Ag	0.05		0.05	0.035		0.035	0.052		0.052	0.044	1.14	0.80	1.18	1.14	0.80	1.18
48	镉	Cd	0.063		0.063	0.061		0.061	0.054		0.054	0.0613	1.02	0.98	0.88	1.03	1.00	0.88
49	铟	In	0.056		0.056	0.052		0.052	0.052		0.052	0.0541	1.04	0.96	0.96	1.04	0.96	0.96
50	锡	Sn	2.98		2.98	2.46		2.46	3.08		3.08	2.77	1.08	0.89	1.12	1.08	0.89	1.11
51	锑	Sb	0.11		0.11	0.1		0.1	0.16		0.16	0.11	1.00	0.91	1.45	1.00	0.91	1.45
52	碲	Te	0.015		0.015	0.028		0.028	0.021		0.021	0.0209	0.71	1.33	1.00	0.72	1.34	1.00
53	碘	I	0.034		0.034	0.058		0.058	0.049		0.049	0.0456	0.75	1.27	1.07	0.75	1.27	1.07
54	氙	Xe																
55	铯	Cs	1		1	8.2		8.2	3.9		3.9	4.31	0.23	1.91	0.91	0.23	1.90	0.90
56	钡	Ba	253		253	235		235	237		237	243	1.04	0.97	0.98	1.04	0.97	0.98
57	镧	La	12		12	21		21	16		16	16.4	0.74	1.30	0.97	0.73	1.28	0.98
58	铈	Ce	24		24	38		38	31		31	30.8	0.79	1.23	1.02	0.78	1.23	1.01
59	镨	Pr	2.8		2.8	4.7		4.7	3.8		3.8	3.69	0.76	1.27	1.03	0.76	1.27	1.03
60	钕	Nd	11		11	26		26	15		15	17.8	0.63	1.47	0.83	0.62	1.46	0.84
61	钷	Pm																
62	钐	Sm	2.2		2.2	3.6		3.6	2.9		2.9	2.85	0.78	1.25	1.02	0.77	1.26	1.02
63	铕	Eu	0.63		0.63	0.64		0.64	0.68		0.68	0.64	0.98	1.00	1.06	0.98	1.00	1.06
64	钆	Gd	2.1		2.1	3.9		3.9	2.7		2.7	2.92	0.72	1.35	0.92	0.72	1.34	0.92
65	铽	Tb	0.34		0.34	0.46		0.46	0.44		0.44	0.4	0.86	1.14	1.11	0.85	1.15	1.10
66	镝	Dy	1.9		1.9	3.2		3.2	2.4		2.4	2.51	0.75	1.29	0.96	0.76	1.27	0.96
67	钬	Ho	0.39		0.39	0.4		0.4	0.46		0.46	0.4	0.97	1.00	1.15	0.98	1.00	1.15
68	铒	Er	1.1		1.1	0.86		0.86	1.4		1.4	1.04	1.06	0.83	1.31	1.06	0.83	1.35

续表 1-2

原子序数	元素名称	元素符号	华夏壳体 A1			西域壳体 A2			藏南壳体 A3			中国大陆岩石圈元素丰度 B	丰度系数（k）			丰度系数（k）验算		
			系数	$\times 10^n$	丰度值（$\times 10^{-6}$）	系数	$\times 10^n$	丰度值（$\times 10^{-6}$）	系数	$\times 10^n$	丰度值（$\times 10^{-6}$）		$k1$ A1/B	$k2$ A2/B	$k3$ A3/B	$k1$ A1/B	$k2$ A2/B	$k3$ A3/B
69	铥	Tm	0.17		0.17	0.28		0.28	0.21		0.21	0.18	0.96	1.54	1.17	0.94	1.56	1.17
70	镱	Yb	1.1		1.1	1.6		1.6	1.4		1.4	1.34	0.81	1.20	1.04	0.82	1.19	1.04
1717	镥	Lu	0.16		0.16	0.2		0.2	0.21		0.21	0.18		0.90	1.08	1.14	0.89	1.11
72	铪	Hf	1.9		1.9	2.4		2.4	2.3		2.3	2.14	0.88	1.11	1.09	0.89	1.12	1.07
73	钽	Ta	1.6		1.6	1		1	2.3		2.3	1.43	1.15	0.69	1.61	1.12	0.70	1.61
74	钨	W	1.3		1.3	1.1		1.1	0.92		0.92	1.18	1.09	0.95	0.78	1.10	0.93	0.78
75	铼	Re	6.33	−4	0.000633	6.71	−4	0.000671	6.43	−4	0.000643	0.00065	0.97	1.03	0.99	0.97	1.03	0.99
76	锇	Os	1.62	−3	0.00162	2.6	−3	0.0026	1.3	−3	0.0013	0.002	0.81	1.30	0.65	0.81	1.30	0.65
77	铱	Ir	7.41	−4	0.000741	2.56	−4	0.000256	5.07	−4	0.000507	0.00062	1.20	0.40	0.82	1.20	0.41	0.82
78	铂	Pt	5.22	−3	0.00522	7.35	−3	0.00735	7.08	−3	0.00708	0.0057	0.92	1.29	1.24	0.92	1.29	1.24
79	金	Au	1.73	−3	0.00173	1.95	−3	0.00195	1.69	−3	0.00169	0.00176	0.98	1.11	0.96	0.98	1.11	0.96
80	汞	Hg	6.33	−3	0.00633	0.06		0.06	7.07	−3	0.00707	0.0343	0.18	1.92	0.21	0.18	1.75	0.21
81	铊	Tl	0.19		0.19	0.4		0.4	0.29		0.29	0.29	0.66	1.38	1.00	0.66	1.38	1.00
82	铅	Pb	5		5	7.3		7.3	6.5		6.5	6.15	0.81	1.19	1.06	0.81	1.19	1.06
83	铋	Bi	0.11		0.11	0.028		0.028	0.17		0.17	0.0815	1.35	0.34	2.09	1.35	0.34	2.09
84	钋	Po																
85	砹	At																
86	氡	Rn																
87	钫	Fr																
88	镭	Ra																
89	锕	Ac																
90	钍	Th	6.21		6.21	8.89		8.89	7.45		7.45	7.15	0.87	1.14	1.04	0.87	1.24	1.04
91	镤	Pa																
92	铀	U	1.85		1.85	3.1		3.1	2.4		2.4	2.43	0.76	1.28	0.99	0.76	1.28	0.99

①黎彤，袁怀雨，吴胜昔，等．中国大陆壳体的区域元素丰度［J］．大地构造与成矿学，1999，23（2）：101～107。编译者追加。

而更为广泛使用的数据是现有已知矿产储藏量与年生产量之比所得到的可开采年数（第248页）。随着经济的不断发展和资源的日益短缺会导致材料的价格飞涨，这就促使人类对探矿技术和冶炼技术的更高追求，使得资源具有可长期持续使用这一特点。

为了获得所需要的元素，人类在矿山开发、采掘、冶炼等方面投入了大量的机械设备与资源，在此过程中也产生了大量的工业废弃物。物质需求总量TMR系数（Total Material Requirement）（第256页）则是衡量经济系统年度资源消耗总量的指标，它表示生产某种元素所带来的环境负荷。资源的价格是其功能的一个反映，而另一方面也受到TMR系数的影响。如果没有导致TMR系数下降的技术革新，就无法避免其价格的上涨。表1-3为世界主要金属的年生产量、价格和TMR的数值。

表1-3[①] 世界主要金属元素的年生产量[②]、价格[③]和TMR系数[④]

元素	原子序数	生产量/kt	价格/$·kg^{-1}	TMR系数	元素	原子序数	生产量/kt	价格/$·kg^{-1}	TMR系数
Li	3	—	61	1.5	Se	34	—	77.2	0.070
Be	4	0.19	882	2.5	Rb	37	—	—	0.13
B	5	0.955	—	0.14	Sr	38	184	—	0.50
Na	11	—	—	0.050	Y	39	7	85	2.7
Mg	12	—	3.1	0.070	Zr	40	—	61	0.55
Al	13	41400	2.24	0.049	Nb	41	63	—	0.64
Si	14	6900	3.09	0.034	Mo	42	234	—	0.75
K	19	27.4	—	—	Ru	44	—	6370	80
Ca	20	—	5	0.090	Rh	45	—	48200	2300
Sc	21	—	0.348	2.0	Pd	46	0.197	16100	810
V	23	56		1.5	Ag	47	22.2	571	4.8
Cr	24	—	10	0.026	Cd	48	22	3.9	0.007
Mn	25	13000	3.0	0.014	In	49	0.574	565	4.5
Fe	26	1000000	0.6	0.008	Sn	50	261	18.2	2.5
Co	27	88	46.3	0.60	Sb	51	135	8.157	0.042
Ni	28	1550	21.7	0.26	Te	52	—	210	270
Cu	29	16200	7.39	0.36	La	57	—	40	3.1
Zn	30	12000	2.2	0.036	Ce	58	—	40	2.0
Ga	31	0.106	670	14.0	Pr	59	—	70	8.0
Ge	32	0.12	940	120.0	Nd	60	—	80	3.0
As	33	41.3	2.65	0.029	Pm	61	—	0	0.0

续表 1-3

元素	原子序数	生产量 /kt	价格 /$·kg^{-1}	TMR 系数	元素	原子序数	生产量 /kt	价格 /$·kg^{-1}	TMR 系数
Sm	62	—	50	9.0	W	74	—	—	0.19
Eu	63	—	—	20	Re	75	48	23000	20
Gd	64	—	—	10	Os	76	—	—	540
Tb	65	—	—	30	Ir	77	—	20400	400
Dy	66	—	—	9.0	Pt	78	0.183	51400	520
Ho	67	—	—	25	Au	79	2.5	38600	1100
Er	68	—	—	12	Hg	80	1.96	25.7	2.0
Tm	69	—	—	40	Tl	81	10	5930	—
Yb	70	—	—	12	Pb	82	4100	2.07	0.028
Lu	71	—	—	45	Bi	83	7.6	1810	0.18
Hf	72	—	398	10	Th	90	—	—	9.0
Ta	73	0.67	—	6.8	U	92	—	—	22

① 按照日本经济产业省的计算方法，表中金属 Li 等涂色的 31 种稀有金属元素（包括稀土 17 种元素）按照 1 种元素进行统计。

② USGS，Mineral Commodity Summaries，2010。

③ 2010 年数值，单位为 USD/kg。由于出产形状和纯度差异等原因，无法统一对比。USGS，Mineral Commodity Summaries，2010。

④ 每吨金属所对应的 TMR 吨数值。片桐望，中岛谦一，原田幸明［NIMS-EMC 材料環境情报テ゛ータ No18，概说（Total Material Requirement；TMR）］。

1.3.2 提供使用可靠性和持续性的维护保养

为了提高金属资源的可持续性，另一种有效方法就是尽可能地延长材料的使用寿命。但是，就像我们正在使用的办公电脑、家电和手机等产品的寿命那样，由于新材料的不断开发而带来的更高性能和更加小型化，导致现有产品加快被淘汰，使用寿命被不断缩短。

为了确保现代高度复杂社会基础系统的持续发展，良好的维护保养是提供产品可靠性的基本保障（如图 1-5 所示）。而社会系统及其产品要素的维护保养所

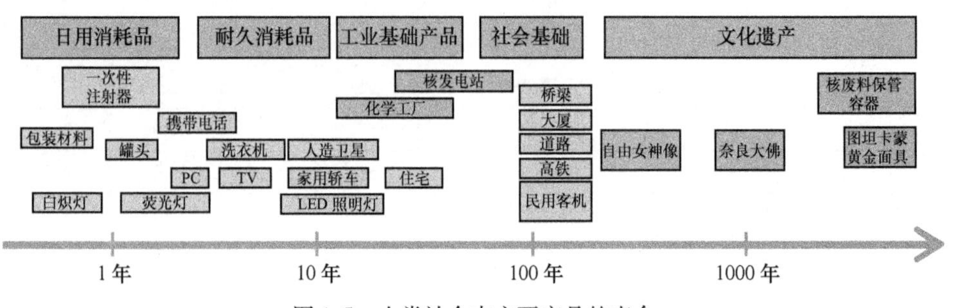

图 1-5 人类社会中主要产品的寿命

带来的材料寿命，在维持和保证资源的有效性方面也承担着重要的作用。维持社会基础正常运转的各种产品都具有各自不同的寿命。从基本上来说，人类希望这些产品的寿命越长越好。

物质的存在状态与金属

两个环境条件

本书主要讨论的对象是周期表上被称为金属的物质。从更严格的意义上来说应该是呈现金属状态的物质。也就是说，物质是由各种各样的原子集团所组成，物质的状态由其环境条件所决定。环境条件有（1）物质之间原子的相互作用和（2）物质所处的环境。环境条件（2）指的是重力场、磁场等环境，其中最重要的条件是温度。环境条件（1）中即使是相同的原子，如果它们之间有着不同的结合（共价键或金属键），也会产生性质完全不同的分子或物质。

温度与物质的状态

低温下原子或分子之间的相互作用主要受引力所支配，因此呈现出规则结晶的固态。随着温度的升高，原子振动加剧开始偏离稳定位置，温度越高振幅越大而导致晶格膨胀，产生蓄热能力更高（自由度高）的结构（相变）。然后无法再继续维持固相而变为自由度更高的液态。再继续升温，则变为自由运动的气体分子，直至电子也脱离原子而成为等离子状态。

物质成分与状态

决定物质的存在状态和性质的另一个重要因素是成分。

地球上不存在100%的纯净物质。物质由无数的成分所构成。他们相互之间或均匀互溶、或非均匀混合。材料科学研究的目的就是控制这些成分的数量及其状态，制造出人类需要的材料。

本书主要以固态金属为主要描述对象，对其性质、成分、温度、制备方法和用途等进行了详细的阐述，对于材料专业的学生来说是一本非常珍贵的专业基础知识教材，而对于与金属材料相关的非专业从业人员则是一本非常重要的知识手册及情报参考来源。

2 金属学基本知识

2.1 原子论和热力学的发展

2.1.1 从道尔顿的原子量表到元素周期表

古希腊的德谟克利特曾经提出了原子唯物论学说，他认为“宇宙空间中除了原子和虚空之外，什么都没有。一切物质都由原子组成，这种原子无限小，世上没有比它再小的东西，因此它是不可再分的（“原子”这个词本意就是不可再分割的意思）”。其后，世界古代史上最伟大的哲学家、科学家和教育家亚里士多德则认为“万物由土、水、气和火”这四种元素所组成，其中每种元素都代表四种基本特性（干、湿、冷、热）中两种特性的组合。土 = 干 + 冷；水 = 湿 + 冷；气 = 湿 + 热；火 = 干 + 热。该理论在欧洲持续了许多世纪。

直到 17 世纪以后发现了氢、氧、氮、氯这些气体元素，原子唯物论方才再次复活。18 世纪末人类终于发现“木炭燃烧是由于碳与氧的结合产生二氧化碳”，这才最终确立了氧化与还原的概念。

英国化学家、物理学家约翰·道尔顿于 1805 年将当时人们所知道的 24 种元素进行了整理，发表了“元素是有重量（原子量）的物质”、“化合物是由不同的原子按照一定的比例进行结合的物质”以及“化学反应只是原子之间结合方式的变化”。这使得当时化学领域的研究获得了巨大进展，并由此确立了近代的物质观。

19 世纪俄国科学家门捷列夫发现了化学元素的周期性，其将 63 种元素按照原子量进行了排序，同时将性质类似的元素按照纵列排成一定的周期，并于 1869 年发表了著名的元素周期表。对于周期表中未知的空白，门捷列夫大胆地对其原子量、比重和颜色等进行了预言，其结果导致了镓（Ga）、钪（Sc）、锗（Ge）的发现。伴随着他的元素周期律而诞生的名著《化学原理》，在 19 世纪后期和 20 世纪初，被国际化学界公认为标准著作，影响了一代又一代化学家。

2.1.2 对原子结构的理解和热力学的发展

自 1803 年道尔顿提出原子学说后，人类对于原子结构的理解却一直毫无任何进展，直到 100 年后的 1911 年才有卢瑟福提出了原子是由带正电的原子核和环绕其旋转的带负电的电子所组成的行星原子模型。其后，随着电子轨道能级概念（电子云模型）的引入和电子具有波粒二象性被发现，最终才发展成为现代原子的量子论模型。

关于物质宏观热现象的热力学研究，1850 年左右经过爱尔兰开尔文男爵（Lord Kelvin）威廉·汤姆森及德国物理学家、数学家、热力学的主要奠基人之一鲁道夫·克劳修斯等人的努力，明确了热力学第二定律的基本概念并引进了熵的概念，最终确立了热力学基本定律。1870 年吉布斯和亥姆赫兹的化学平衡理论使得热力学获得了巨大的完善和发展。奥地利物理学家波尔兹曼发展了通过原子的性质（例如，原子量、电荷量、结构等）来解释和预测物质的物理性质（例如，黏性、热传导、扩散等）的统计力学，并且从统计意义对热力学第二定律进行了阐释。1877 年他提出了著名的玻尔兹曼熵公式，其成功地将微观粒子的运动与宏观热和温度结合在了一起并创立了统计热力学。万物之根源的原子论和系统研究宏观热理论的热力学发展如图 2-1 所示。

本章主要以元素周期表中的金属元素为基础，从金属结合所形成的固体的基本性质开始进行详细描述，其中涉及一些合金热力学的概念。

2.2 化学元素周期表和金属元素

2.2.1 原子的基本构造

让我们一边看化学元素周期表（如图 2-2 所示），一边看带正电荷的原子核和围绕其旋转的带负电荷电子的原子结构示意图（如图 2-3 和图 2-4 所示）。

化学元素周期表是根据原子序数从小至大排序的化学元素列表。在周期表中，最小的氢元素排行第一，从氢原子开始每增加一个电子其原子序数也增加一个。表中横行称为一个周期，纵列称为一个族。

从化学元素周期表中可以看出，几乎所有的元素都是金属元素，中间部分为过渡族金属元素，左右两边为典型元素，典型元素的化学性质由族编号（最外层电子数）所决定。过渡族元素的情况有点复杂。各元素的电子按照元素周期表的排列顺序依次填满 K 层（2 个电子）、L 层（8 个电子）、M 层（18 个电子）的电子层。

从图 2-3 可以看出，由于氩原子的 K、L 和最外层的 M 层均充满电子，因此其与其他元素不发生反应。周期表中最右面一列为氦（He）、氖（Ne）、氩（Ar）等原子的最外层电子轨道均充满了电子（我们称之为闭壳），该层的电子无法移动，因此也就无法与其他元素进行反应，我们称之为惰性元素（第 18 族）。其左边的一族氟（F）、氯（Cl）、溴（Br）等被称之为卤族元素（第 17 族），其最外层缺少一个电子，因此很容易夺取一个电子形成（ -1 价）阴离子。

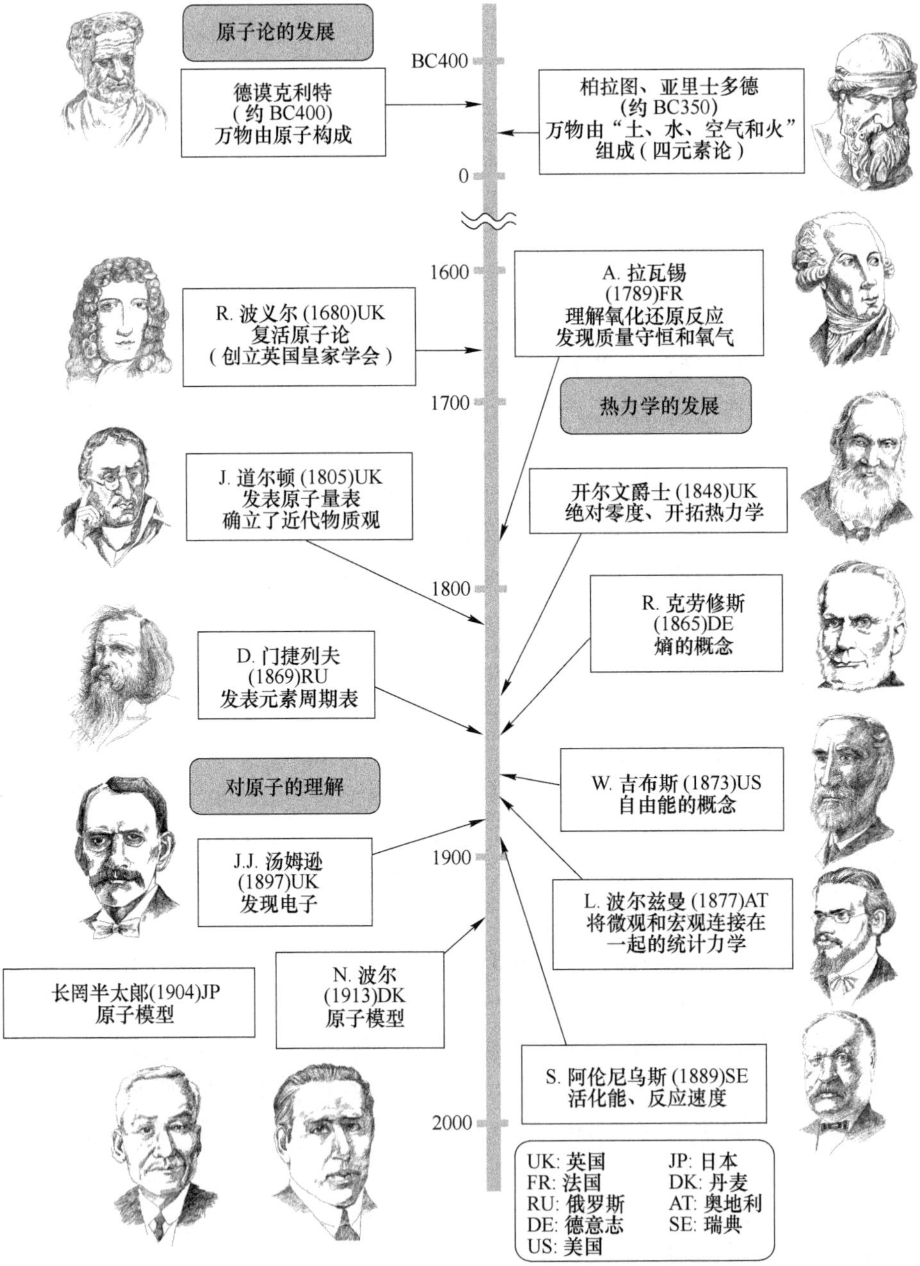

原子论的发展

BC400

德谟克利特
(约 BC400)
万物由原子构成

柏拉图、亚里士多德
(约 BC350)
万物由“土、水、空气和火”
组成(四元素论)

0

1600

R. 波义尔 (1680)UK
复活原子论
(创立英国皇家学会)

A. 拉瓦锡
(1789)FR
理解氧化还原反应
发现质量守恒和氧气

1700

热力学的发展

J. 道尔顿 (1805)UK
发表原子量表
确立了近代物质观

开尔文爵士 (1848)UK
绝对零度、开拓热力学

1800

R. 克劳修斯
(1865)DE
熵的概念

D. 门捷列夫
(1869)RU
发表元素周期表

对原子的理解

W. 吉布斯 (1873)US
自由能的概念

J.J. 汤姆逊
(1897)UK
发现电子

1900

L. 波尔兹曼 (1877)AT
将微观和宏观连接在
一起的统计力学

长冈半太郎(1904)JP
原子模型

N. 波尔
(1913)DK
原子模型

S. 阿伦尼乌斯 (1889)SE
活化能、反应速度

2000

UK: 英国
FR: 法国
RU: 俄罗斯
DE: 德意志
US: 美国
JP: 日本
DK: 丹麦
AT: 奥地利
SE: 瑞典

图 2-1 万物之根源的原子论和系统研究宏观热理论的热力学发展

(道尔顿的原子量表发表，揭开了近代物理学的序幕。直到百年后方才确立了原子由原子核和电子所组成的模型。开尔文爵士将人类对氧化还原和热的理解提高了一步。其后，随着熵和自由能概念的提出，最终发展成将微观状态的原子和分子与宏观相联系的统计热力学)

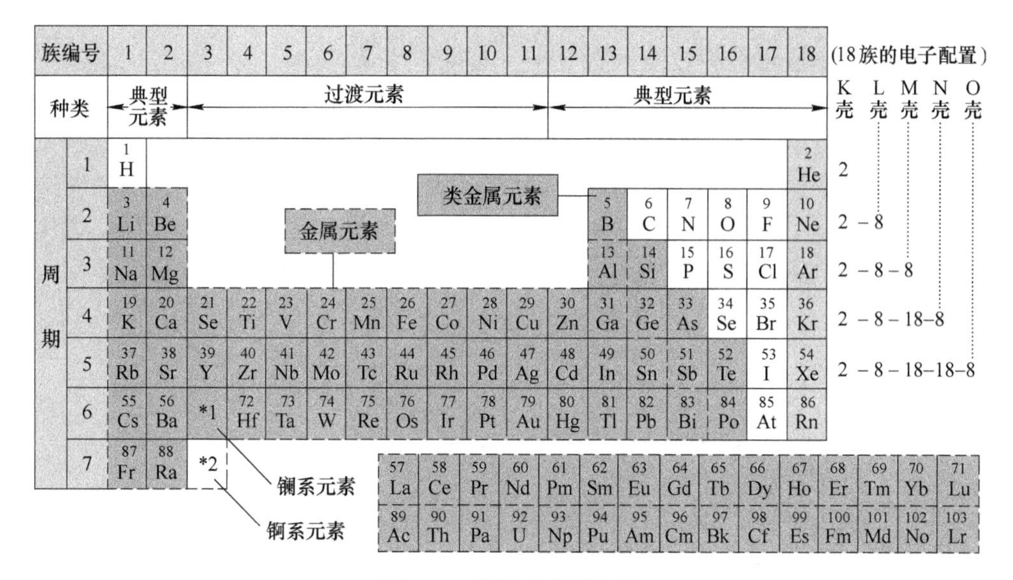

图 2-2 化学元素周期表

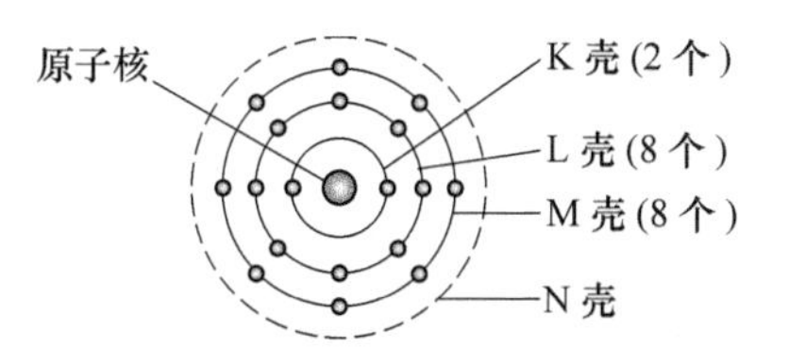

图 2-3 氩原子的原子模型

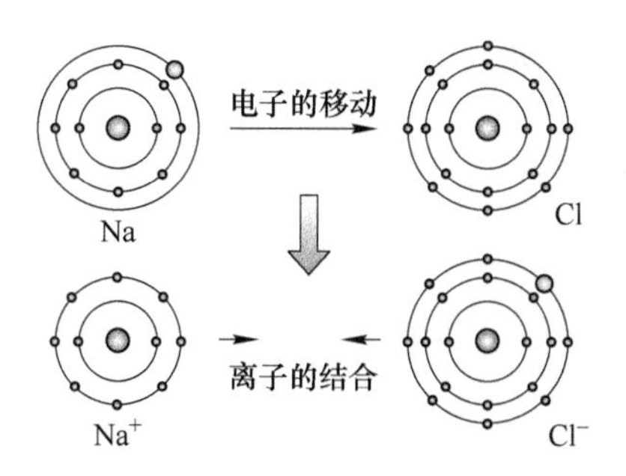

图 2-4 阳离子与阴离子的结合

相反，周期表中最左端为锂（Li）、钠（Na）、钾（K）列为碱性金属（第 1 族），其最外层只有一个电子，因此很容易失去其最外层电子成为（+1 价）阳离子。钠原子失去一个电子成为 Na^+ 的阳离子，氯原子获得一个电子称为氯离子

Cl^-后，通过静电吸引形成氯化钠（NaCl），如图 2-4 所示。

2.2.2 典型元素和过渡元素——金属与非金属

按照元素周期表的排序规律，电子从最内层轨道开始填埋，其最外层轨道上的电子数量（1 ~2 族和 12 ~18 族）决定了这些元素的化学性质，我们把这些元素称之为典型元素。但是，从第 4 周期的金属钾（K）开始，电子轨道的能级排列变得复杂起来，元素的性质与相邻元素之间相似的情况增多。因此，我们将从第 4 周期以后的第 3 族 ~ 第 11 族之间的这些元素称之为过渡元素（如图 2-5 所示）。

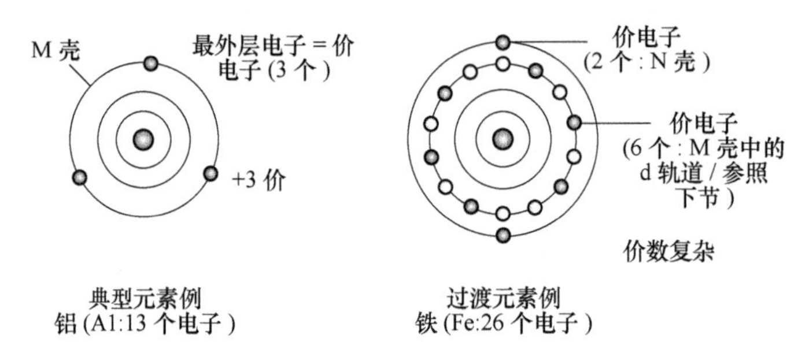

图 2-5 典型元素和过渡元素的电子轨道及价电子

从元素周期表上可以看出，除右上角的碳（C）、氮（N）、氧（O）等非金属元素，以及这些非金属元素左下方的硼（B）、硅（Si）、锗（Ge）、砷（As）等类金属元素外，其余均为金属元素。铝（Al）是 +3 价的典型金属元素，铁（Fe）则是过渡金属元素。另外，还额外列出包括钪（Sc）和钇（Y）的 15 种稀土元素（Rare Earth）和锕系元素。

2.3 电子配置和过渡金属

2.3.1 各元素的电子配置

原子非常微小，其直径大约只有千万分之一毫米。原子是由位于原子中心的原子核和其周围微小的电子所组成，这些电子围绕着原子核的中心旋转运动。我们一直认为电子就像太阳系的行星绕着太阳运行一样，围绕着原子核进行着圆周运动。实际上电子的位置和轨道根本无法确定，只能以概率形式来表示。另外，由于电子具有波粒二象性，轨道的周长如果不是电子波长的整数倍的话，则会发生波的干涉而导致电子失稳（如图 2-6 所示）。内侧的电子轨道能量比外侧轨道的能量低，但是，由于电子具有波动性，这又导致了电子轨道的能量为非连续值（能级）。

处于稳定状态的原子，原子核外电子按照一定的分布原则进行具有一定规律

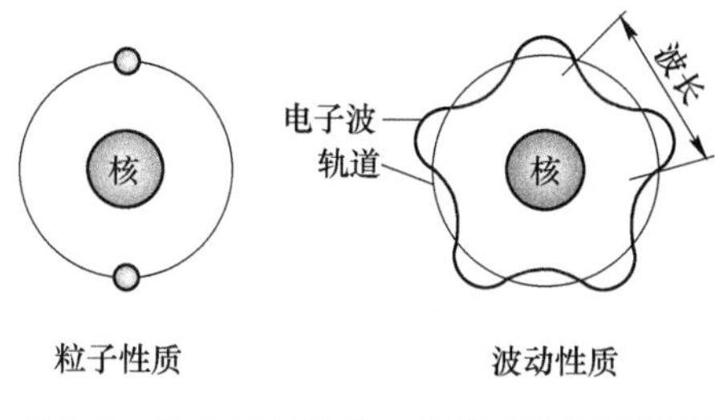

图 2-6 从电子的波粒二象性观察原子模型

性的分布。核外电子不但需要尽可能地按能量最低原理进行排布，同时还要遵守泡利不相容原理和洪特规则。尽管原子核外的电子排布有不同的模型，但是轨道模型的电子排布还是最成功、最方便地解释了许多物理、化学等学科的问题。

一个电子的运动状态要从其所处的电子层、电子亚层、电子云的伸展方向以及电子的自旋方向这 4 个方面来进行描述。只有距原子核最近的 K 层为圆形轨道，我们称之为 1s 轨道（见表 2-1 和图 2-7）。由于一个轨道只能容纳电子的上旋和下旋两种状态，因此，K 层只能容纳两个电子（如图 2-8 所示）。其外侧的 L 层则为 2 倍波长的轨道，除了圆形轨道（2s：指第 2 层的 s 圆形轨道）外，还有 3 个 p 轨道（$2p_x$、$2p_y$、$2p_z$），因此可容纳 2 + 6 = 8 个电子。外侧的 M 层则为 s 轨道（3s）、p 轨道（3p）和 5 个 d 轨道（3d），因此可容纳 2 + 6 + 10 = 18 个电子。其中将 3p 轨道填满电子的第 18 号元素是氩（Ar）、其 M 层的 3d 轨道上没有电子。

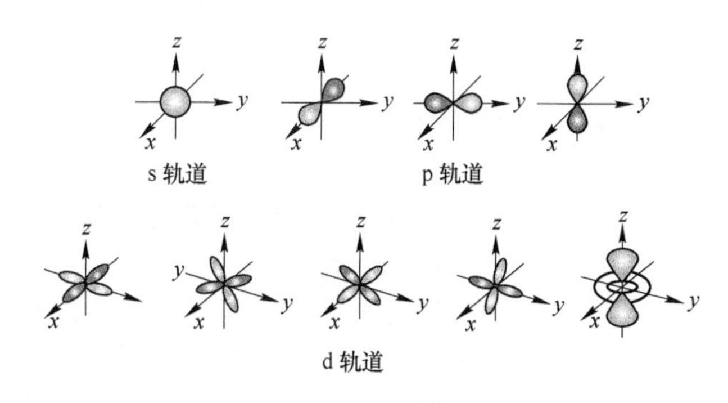

图 2-7 电子轨道模型图

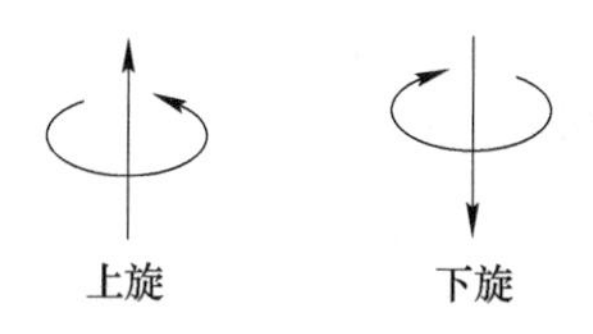

图 2-8 电子的自旋方向

2.3.2 过渡金属具有复杂及复数的化合价

第4周期的钾（K）和钙（Ca）的最外层电子不在M层的3d轨道上，而是位于最外层N层的4s轨道。这是由于4s轨道的能量要低于3d轨道的能量。部分原子的电子分布方式见表2-1。

表2-1 氩（Ar）与第4周期元素的电子配置

族	元素符号	轨道／原子序号	1s	2s	2p	3s	3p	3d	4s	4p	
			K层	L层		M层			N层		
18	Ar	18	2	2	6	2	6				典型元素
1	K	19	2	2	6	2	6		1		
2	Ca	20	2	2	6	2	6		2		
3	Sc	21	2	2	6	2	6	1	2		过渡元素
4	Ti	22	2	2	6	2	6	2	2		
5	V	23	2	2	6	2	6	3	2		
6	Cr	24	2	2	6	2	6	5	1		
7	Mn	25	2	2	6	2	6	5	2		
8	Fe	26	2	2	6	2	6	6	2		
9	Co	27	2	2	6	2	6	7	2		
10	Ni	28	2	2	6	2	6	8	2		
11	Cu	29	2	2	6	2	6	10	1		
12	Zn	30	2	2	6	2	6	10	2		典型元素
13	Ga	31	2	2	6	2	6	10	2	1	

钙（Ca）原子中的4s轨道被填满之后，从钪（Sc）元素开始，原子中的电子开始依次填充3d轨道。由于从钪（Sc）到铜（Cu）的3d过渡金属元素其最外层电子轨道为同时发生作用的3d和4s这两个电子轨道，因此导致这些金属元素的结合力强，熔点高，并具有多个化合价。

例如，Fe有+2价和+3价，Cu有+1价和+2价。作为强氧化剂的过锰酸钾$KMnO_4$溶液的Mn的化合价为+7价，而在酸性溶液中则会被还原成+2价，颜色从深紫色变成淡粉红色。上述这种情况在第5、第6周期也同样发生，其分别是位于4d和5s轨道，5d和6s轨道上的电子共同决定着该周期过渡元素的特性。

2.4 铁与稀土类元素的磁性来源

2.4.1 铁的磁性来源于3d轨道的同向旋转

d轨道共有5个伸展方向，因此可以容纳10个电子。每个电子都尽可能地在各自轨道上按照相同的旋转方向进行配置。原子的磁性主要有两个来源，一个来源是电子的自旋而产生自旋磁性，我们称为自旋磁矩。另一个来源是原子中电子绕原子核作轨道运动时所产生的磁性，我们称为轨道磁矩。铁（Fe）的3d上的6个电子，2个为上下旋转的对电子，剩下的4个电子为旋转方向相同的孤电子，这些孤电子所产生的磁矩则导致了铁（Fe）的磁性（如图2-9所示）。

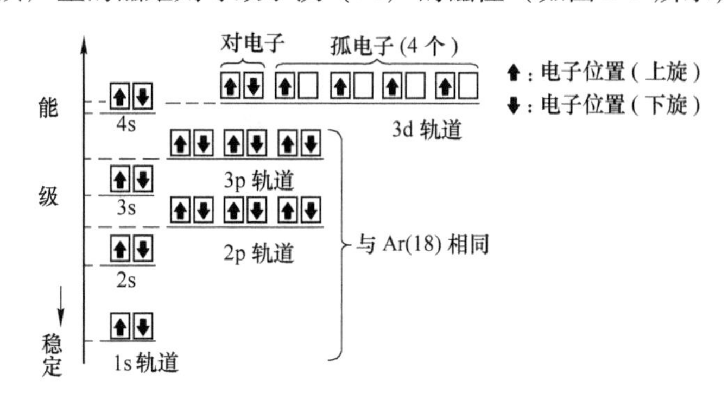

图2-9　铁（Fe）的电子配置图

（Fe的电子配置（电子数26个）用［Ar］$3d^6 4s^2$ 描述。3d轨道上有6个电子，但是，其中4个为孤电子，这是其磁性的来源）

磁性是带电粒子的旋转磁矩所产生的，与铜线圈内电流流动产生磁场的原理相同（如图2-10所示）。也就是说，磁性的来源取决于电子轨道、电子自旋磁矩以及原子核的自转（如图2-11所示）。铁（Fe）、钴（Co）、镍（Ni）的强磁性来源于电子自转所产生的磁性的同向性，导致整个原子具有总的磁矩。同时，由于一种被称为“交换作用”的机理，这些原子磁矩又被整齐地排列起来，导致整个物体都具有了磁性，即使多晶体也无法抵消。稀土元素的磁性还有部分来自于其电子轨道磁矩。

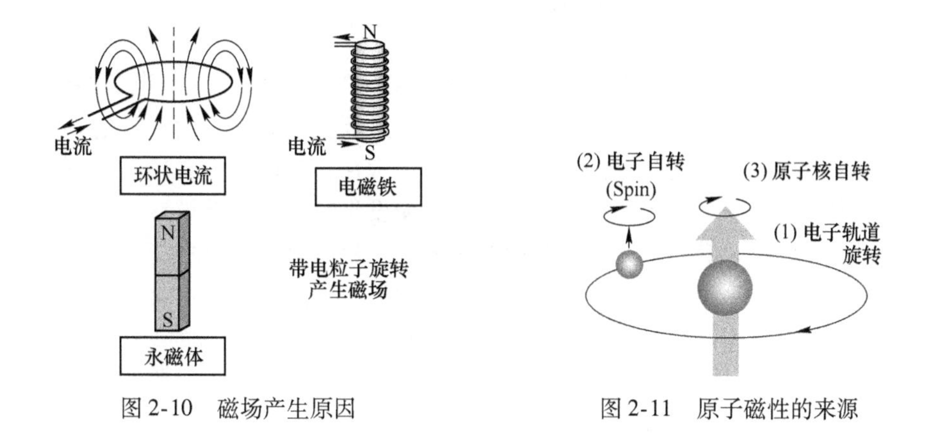

图2-10　磁场产生原因　　　　图2-11　原子磁性的来源

大部分过渡金属的外层轨道均未填满，因此都具有磁性。虽然具有磁性，但是并非像磁铁那样显示出铁磁性而只是显示出顺磁性。常温下的铁磁性物质只有铁（Fe）、钴（Co）和镍（Ni）这三种元素。

2.4.2 稀土元素的磁性来源于被外部电子层遮蔽的4f轨道和轨道上的电子自转

镧（La）系稀土元素中O层上的5s和5p轨道被电子填满后，首先开始充填6s轨道，然后才依次填充其内侧N层的4f轨道。也就是说，稀土元素的电子层结构最外层和次外层基本相同，只是4f轨道上的电子数不同。由于能级相近，因而它们的性质非常相似。稀土元素被外层电子强烈屏蔽的内层，存在着7个与结合无关、最大可容纳14个孤电子的4f轨道（如图2-12所示）。

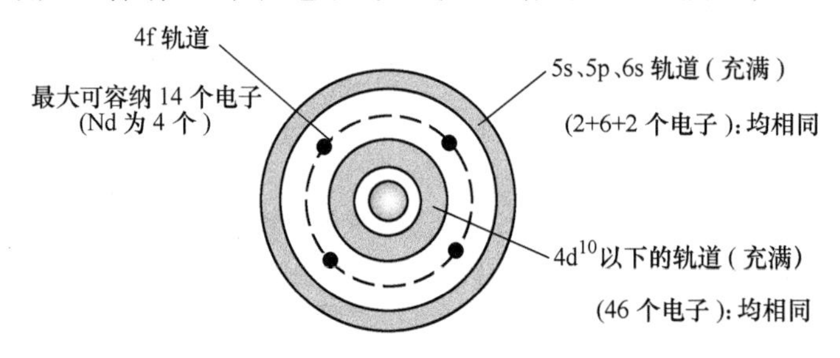

图2-12 稀土元素（钕：Nd）的电子配置（模型图）

这些稀土类金属，常温下除了钆（Gd）外其他元素均为顺磁性。某些特定的稀土元素（钕（Nd）、钐（Sm）等）与铁（Fe）或钴（Co）等铁磁性元素组成化合物时，其孤电子的自旋和电子轨道磁矩所产生的磁性会获得有效发挥，形成强力的永久磁体（第142页）。另外，稀土类元素还可成为高效的荧光体，这也是其4f轨道上的空位所造成的，通常显示为+3价。

2.5 原子集合体中的电子轨道

2.5.1 原子一旦形成集合体，其电子轨道则变成能量连续的电子能带

围绕单独原子核周围旋转的电子，其旋转轨道周长是其波长的整数倍，而其各自的能量值是不连续变化的能级。但当原子集合在一起而成为金属晶体时，其最外层轨道上的电子就会受到相邻原子的影响而发生交叠。交叠导致电子不再局限于某个原子内部，有可能转移到相邻原子的相似轨道上去，也可能从相邻原子运动到更远的原子轨道上去，这种现象我们称为电子的共有化。这就使得原本处于同一能量状态的电子之间产生了微小的能量差异，导致电子能级扩展为能带（如图2-13所示）。但是，由于原子的周期性分布的影响，其中依然存在电子无法进入的能量间隔，我们称之为禁带（band gap）。

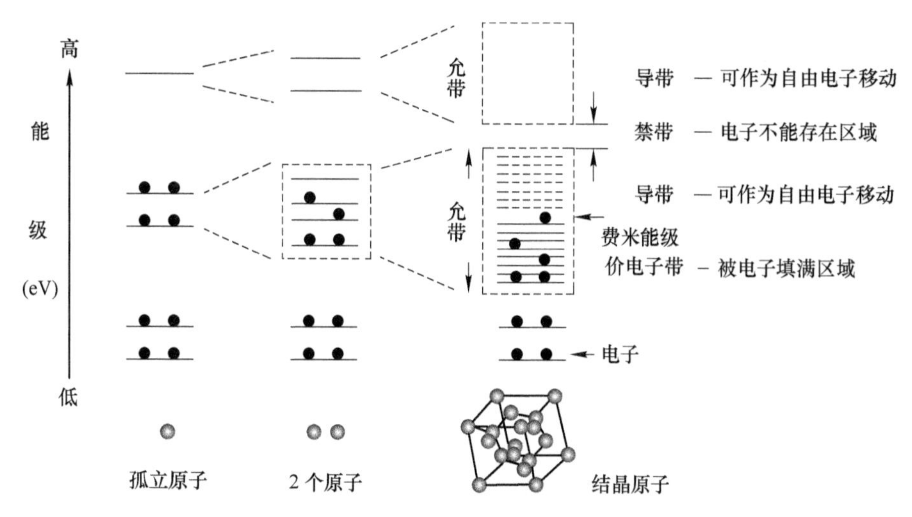

图 2-13 原子聚集结晶导致的能级分散

（孤立原子的最外层电子的能级由于原子的结晶聚集而扩展为连续的能带。金属的禁带被其价电子带所埋没）

2.5.2 金属键结合的原子被自由电子云所包围，不存在禁带

由于金属是失去最外层电子的阳离子组成的规则排列，而释放出的电子摆脱各自原子的束缚在晶体中自由运动。阳离子状态的原子相互结合（如图 2-14 所示），我们称之为金属键。我们将金属晶体想象成被电子云所包围的规则排列的金属阳离子（原子核和电子闭壳）列阵。在这样的金属能带中，由于禁带被导带所埋没，最外层的电子可以在所有的价带中自由移动，成为自由电子。金属中自由电子的存在是其具有良好的导电性和导热性的原因。

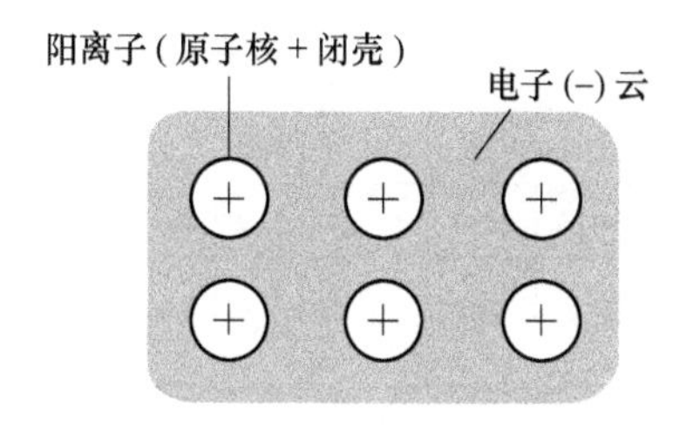

图 2-14 金属键结合模型图

（金属结晶为电子云中规则排列、紧密结合的阳离子。闭壳是指受到原子核强列约束而无法自由移动的电子轨道）

2.5.3 半导体和绝缘体存在禁带，自由电子很难翻越

像硅这样的类金属元素，其原子的最外层电子轨道相互交叠形成牢固的共价键。也就是说，由于所有的电子均参与结合，导带上无电子存在，因此不显示导

电性。但是，由于其禁带宽度较小，温度上升或杂质元素的添加很容易使得电子被激发而跨越禁带变为半导体（如图 2-15 所示）。

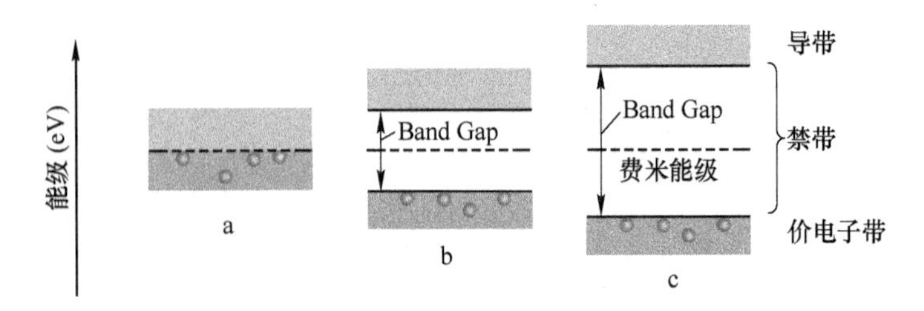

图 2-15 物质的禁带能隙

a—金属材料的价电子带位于禁带之上；b—半导体材料的禁带宽度较小；
c—绝缘体材料的禁带宽度较大，费米能级是指 0K 时的电子最高能级

而对于陶瓷（氧化物、氮化物等），一般为离子键和共价键共存，导带上无电子，同时禁带宽度较大而使得电子无法跨越，因此是绝缘体。

2.6 自由电子与光电学特性

2.6.1 电传导和热传导均来源于自由电子

金属结晶体中由于存在不受原子核约束的自由电子，如果在晶体两端施加一个电压，则会导致自由电子向阳极流动而形成电流。按照电阻由高向低排序，金属的顺序为银（Ag）、铜（Cu）、金（Au）等，见表 2-2。导电性最高的三种金属均为第 11 族金属，这是由于其外壳的 s 轨道（可容纳 2 个电子）上只有 1 个电子，导致晶体中存在大量自由电子而使得电阻下降。

表 2-2 各种金属的电阻率和热导率

性 能	Ag	Cu	Au	Al	Mg	W	Mo	Ni	Fe	钻石 C
电阻率 ρ/nΩ · m	15.9	16.8	22.1	28.2	43.9	52.8	53.4	69.9	96.1	绝缘体
热导率 k/W · (m · K)$^{-1}$	429	401	318	237	156	173	138	91	80	1000 ~ 2000 例外

同一种金属的电阻可分为（1）与温度变化无关和（2）与温度变化有关这两部分。前者（1）是由于晶格变形或电子分布（电子密度）不均匀所导致的电子波散射所造成，在绝对零度附近亦存在，主要受金属本身的纯度和固溶元素的影响。极低温度下的电阻值可作为金属纯度的指标。而（2）则是阳离子（原子）的震动所造成的散射，因此温度越高散射越大（如图 2-16 所示）。热传导也是由于自由电子传递热量的结果，除了与电导率相关外，其还受原子热振动的影响。钻石具有极高的热导率是一个例外，它是由于其晶格的热传导率极大所造成的。

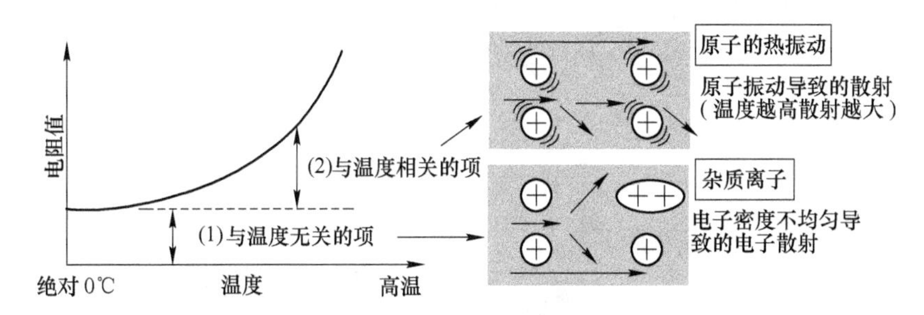

图2-16 电阻来源于（1）电子密度的混乱和（2）原子的热振动

2.6.2 金属光泽也是由于自由电子的作用

许多金属呈现出银灰色光泽。这是由于光线进入金属晶体会激发自由电子振动，导致光线被反射出来的缘故。自由电子越多，电阻率越低，则光的反射率就越高，因此呈现出白色。银可将所有的可见光反射。而某些金属（如铜、金、铯、铅等）由于较易吸收某些频率的光而呈现出特殊的颜色。Au 和 Cu 可吸收短波波长（紫色）能级的光线，因此，反射光则向长波长一侧移动而产生红色（如图 2-17 所示）。当金属为粉末状时，金属吸收可见光后反射不出去，所以成为黑色。

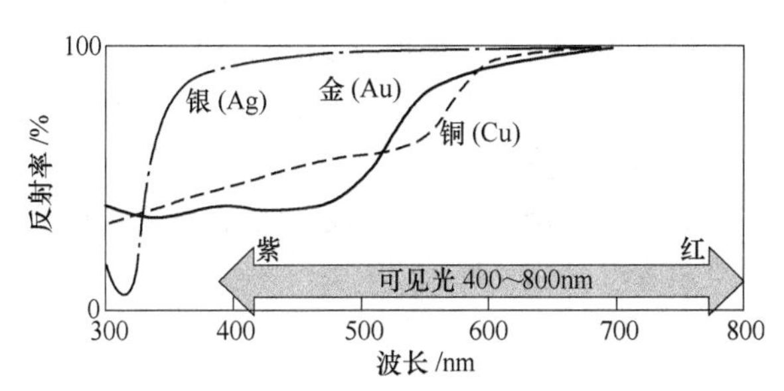

图2-17 Ag、Au、Cu 的反射率与光波波长的关系

2.6.3 金属的电子释放与光电效应

通常，电子受到阳离子的吸引而无法跑到晶体之外。但是在真空中如果遇到加热、外加电场或离子之间发生冲突的话，则电子就可能会从金属中释放出来。根据光子学说，光子的强度取决于光的频率。光子照射到金属表面时，光子的能量被原子中的电子吸收，导致电子能量增加。如果该能量增加到能做足够克服金属内部对电子的引力，则电子就可以从金属表面逸出成为光电子，这就是光电效应。使得电子释放出来的最低能量我们称之为逸出功（如图 2-18 所示）。不同的金属具有不同的逸出功，其数值可从物理学手册上查到。光电探测器就是利用光的能量导致电子逸出这一光电效应的具体应用。元素周期表的左下角是电子易被

逸出的元素。逸出功小的元素（钯、稀土类）容易逸出电子。阴极射线管、荧光管等的热阴极灯丝就涂覆了第2族的金属钯（Ba）等氧化物。

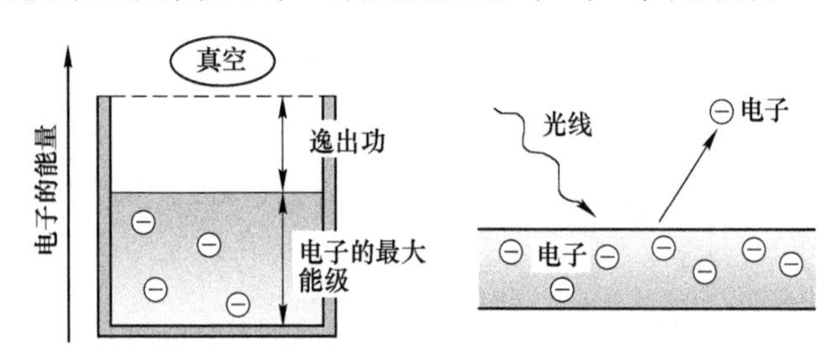

图2-18 逸出功与光电效应

2.7 金属结晶的特征

2.7.1 面心立方晶格（FCC）的原子排列最密集

晶体内部原子是按一定的几何规律排列的。为了便于理解，我们通常把原子看成是一个小球体，则金属晶体就是由这些小球体有规律堆积而成的物体。金属原子的排列一般有三种类型。假如将相同尺寸钢球放入一个很深的大盆中，经过充分振动后最底层会形成规则的正三角形（如图2-19所示）。第二层钢球则会位于最低层钢球的三个球（中心A点）的低洼处（B点），而第三层则会处于第二层的C点或A点。第四层又重复上述的排列。因此，结晶面具有ABCABC构造和ABAB构造两种。这是最密排立体晶格构造。前者称之为面心立方（FCC）结构，后者称之为密排六方（HCP）结构。

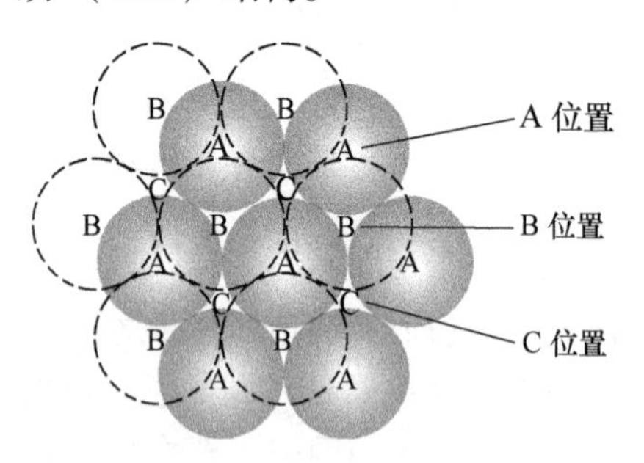

图2-19 钢球的排列方式（致密结构）

如果采用立方体的单位晶胞来形象描述，如图2-20所示，则面心立方结构的金属原子分布在立方体的八个角上和六个面的中心。面中心的原子与该面四个角上的原子紧靠一起。具有这种晶格的有铝（Al）、铜（Cu）、镍（Ni）、金（Au）、银（Ag）、高温γ-铁（γ-Fe，912～1394℃）等相对较易加工的金属。面心立方晶胞的特征是：（1）晶格常数为 $a=b=c$，$\alpha=\beta=\gamma=90°$；（2）所包含的原子数为 1/8 ×8 +1/2 ×6 =4（个）；（3）致密度为 0.74（74%）；（4）配位数为 12。

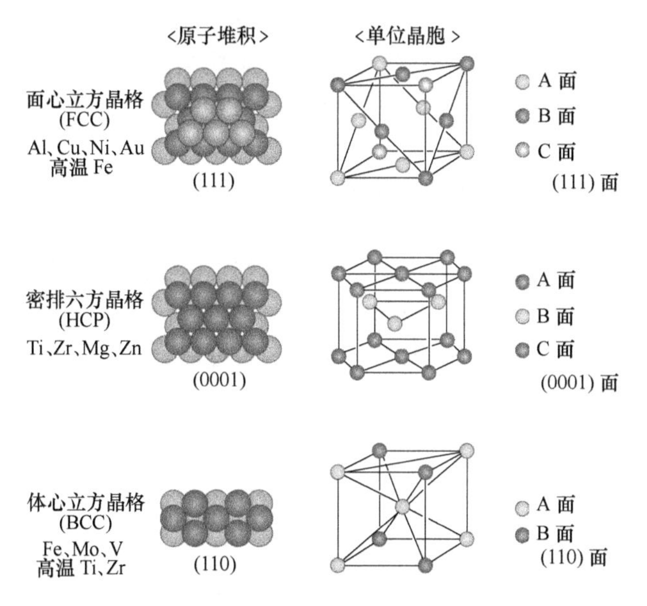

图 2-20 原子堆积方式及晶胞

（金属结晶结构采用这种规则的晶胞堆积来表示。FCC 和 HCP 具有最致密的晶格结构，而 BCC 具有一些间隙。这 3 种晶格类型在纯金属中均有存在）

2.7.2 密排六方（HCP）排列密度大，但点阵对称性差

密排六方晶格无法用立方体来表示，通常将其描述为正六方柱体。柱体的上、下底面六个角及中心各有一个原子，柱体中心还有 3 个原子。具有这类晶格类型的金属有铍（Be）、镁（Mg）、锌（Zn）、镉（Cd）等。密排六方晶胞的特征是：（1）底面边长 a 和高 c，$c/a=1.633$；（2）单位晶胞原子数为 12 ×1/6 + 2 ×1/2 +3 =6（个）；（3）配位数为 12；（4）致密度为 0.74。由于密排六方的对称型较差，因此这类金属的硬度较高，加工困难。

2.7.3 体心立方（BCC）排列间隙最大，但对称性好

体心立方（BCC）晶格的晶胞中，八个原子处于立方体的角上，一个原子处于立方体的中心，角上八个原子与中心原子紧靠一起。体心立方晶胞的特征是：（1）单位晶胞原子数为 8 ×1/8 +1 =2；（2）配位数为 8；（3）致密度为 0.68。体心立方不是最致密的晶体结构。具有体心立方晶格结构的金属有钾（K）、钼（Mo）、钨（W）、钒（V）、α-铁（α-Fe，<912℃）等。钛（Ti）和锆（Zr）在常温下是 HCP 结构，但在高温下变成 BCC 晶体结构，因此加工性能提高。

2.8 各种各样的晶体结构和非晶体结构

2.8.1 共价键和离子键结合的晶体强度高，但韧性极差

共价键是晶体中每个原子贡献出一个电子组成共价键而形成，共价键中的两个电子处于自旋反平行状态，因此共价键具有饱和性和方向性。离子键是正负离子作为晶体的结构单元所形成的晶体，引力来自于异类离子之间的静电引力，一般来说正负离子交替排列以形成稳定的晶体。

让我们首先看看金属以外其他晶体的构造。主要用于半导体的硅（Si）、锗（Ge）等材料的晶体由金刚石晶格所组成（如图 2-21 所示），每个原子与周围 4 个邻近的原子按正四面体分布，每个原子的最外层电子轨道上的电子相互共用，无自由电子。各原子的电子相互交错形成共价键。其结合力很强，但晶体致密度较低。

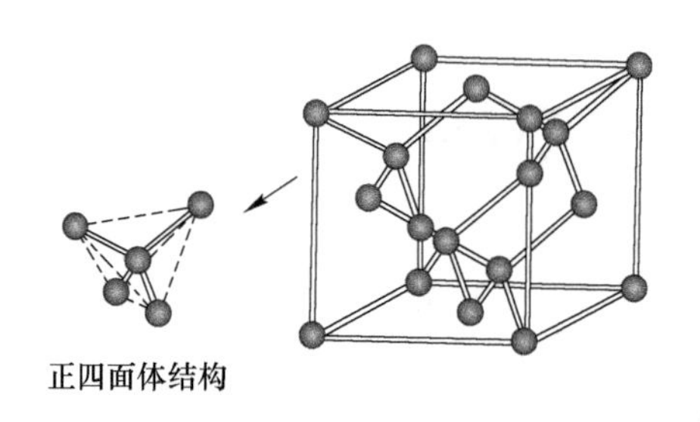

图 2-21 共价键结合的晶体结构（金刚石结构）

食盐由持有正电荷的钠离子（Na^+）和负电荷的氯离子（Cl^-）通过离子之间的静电引力形成离子键结晶（如图 2-22 所示）。由于离子之间通过静电结合，因此相互之间无法移动。氧化物陶瓷也是这种离子键结合，碳化物和硼化物陶瓷也主要是共价键结合。

以上这些结合方式导致晶体结构非常牢固而且具有方向性，因此与金属相比难以变形并且非常坚硬。

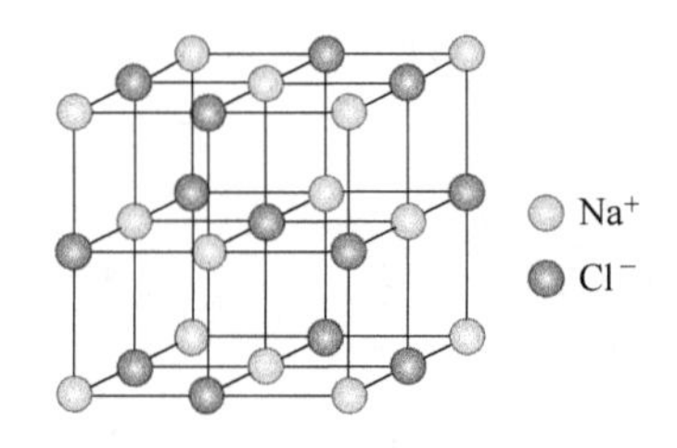

图 2-22 离子键结合的晶体结构（NaCl 型结构）

2.8.2 石墨是共价键和范德华力的结合

碳通常有钻石（结晶）、石墨（结晶）和无定形（煤：非晶态）这 3 种形态。石墨为均一的六方晶体结构，由六个棱面和两个密排基面构成，晶体结构如图 2-23 所示。石墨原子之间是一种混合型结合，每层的碳原子（C）排成六角形（石墨烯），每个碳原子与邻近三个碳原子以 400 ~ 500kJ/mol 结合能的共价键相结合。每个碳原子中含有 4 个价电子，其中 3 个用于相互之间的共价键结合，另外 1 个价电子像自由电子一样在层内自由移动，因此层面的导电性极好。而上下层间则仅靠 4 ~ 5kJ/mol 微弱的范德华力进行结合，因此原子层间间距大、导电性差。两种结合力的悬殊差别使石墨具有很强的各向异性，层与层之间的结合力很弱，容易分层滑移，因此润滑性极佳。所以，层面的强度、硬度明显高于层间，而电阻率则相反，层面的电阻率比层间低得多。

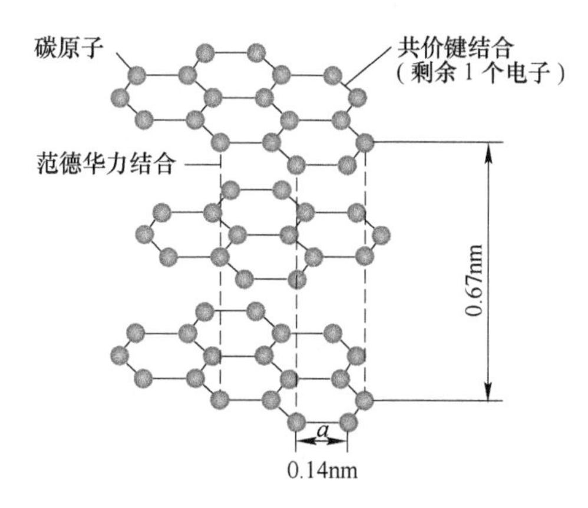

图 2-23 石墨的晶体结构

2004 年，英国曼彻斯特大学的两位科学家 A. 杰姆和 K. 诺沃肖洛夫在实验室中用一种非常简单的方法成功获得了单层石墨。他们从高定向热解石墨中剥离出石墨片，然后将薄片的两面黏在一种特殊的胶带上，撕开胶带，就能把石墨片一分为二。这样不断地操作，于是薄片越来越薄，最后，他们得到了仅由一层碳原子构成的薄片，这就是石墨烯。从此以后，制备石墨烯的新方法层出不穷，经过数年的发展，人们发现将石墨烯带入工业化生产的领域已为时不远。在随后的三年内，A. 杰姆和 K. 诺沃肖洛夫在单层和双层石墨烯体系中分别发现了整数量子霍尔效应及常温条件下的量子霍尔效应，他们也因此获得 2010 年度诺贝尔物理学奖。

另外，石墨层间可掺杂各种各样的元素。锂离子电池的阴极材料之所以使用石墨，就是利用了锂（Li）离子可以很容易地进入石墨层间这一性质（第 184 页）。

2.8.3 无秩序的非晶态结构

自然界中的绝大部分材料都是非晶态材料，而所有固态金属材料则都是晶体材料。晶态金属能不能变成非晶态呢？这一直是近代材料科学着重需要解决的一道难题。世界上有关非晶态合金研究的最早报道，是1934年德国人克雷默采用蒸发沉积法制备出的非晶态合金。1969年，美国人庞德和马丁关于制备一定连续长度条带的技术，为规模化生产非晶态合金奠定了技术基础。1976年，美国联信公司生产出了10mm宽的非晶态合金带材。到1994年，非晶态合金带材的工业化生产已经达到了年产4万吨的能力。中国科学家在2000年左右实现了在制备非晶态合金领域的技术跨越，掌握了具有自主知识产权的核心技术，并在非晶态合金产业化方面取得了突破性的进展，形成了年产4000t的产业规模，填补了中国冶金工业中的一项技术空白。

非晶态结构是金属固体中的一种特例（如图2-24所示）。将某种特殊成分的金属溶液急速冷却，在室温固态情况下就能维持其液态时的结构，我们称之为非晶态。非晶态固体与液态同样具有非周期性原子排列的结构特征，宏观上表现为各向同性、不存在晶界、成分均匀、高强度并且难以被腐蚀，容易被磁化等特殊性质（第144页）。另外，其熔解时无明显的熔点，只是随温度的升高而逐渐软化，黏滞性减小，并逐渐过渡到液态。非晶态固体又称玻璃态，可看成是黏滞性很大的过冷液体。晶体的长程有序结构使其内能处于最低状态，而非晶态固体由于长程无序而使其内能并不处于最低状态，故非晶态固体是属于亚稳相，温度上升则会导致原子振动加剧而向晶态方向转化并释放出能量。

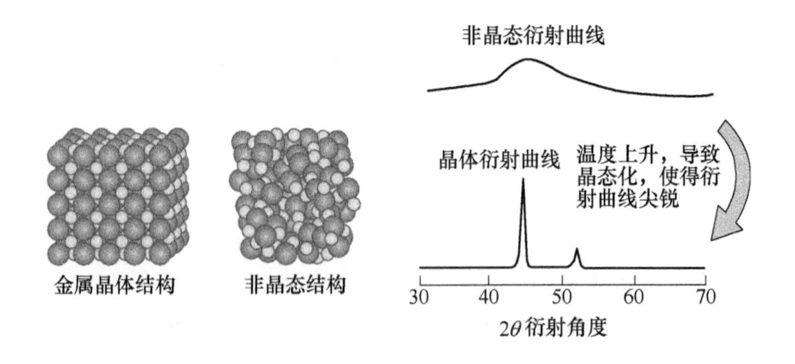

图2-24 晶态、非晶态的结构及X射线衍射曲线

可以利用X射线衍射图样中是否有清晰的斑点或明显的衍射峰来判断材料是晶态还是非晶态。

2.9 晶格缺陷与相分离

2.9.1 温度上升会导致晶格振动和原子间距加大

前述已知金属晶体由阳离子规则排列所组成，其周围被电子云所包围。阳离子之间的间隔由相互之间的斥力和引力的平衡位置（能量谷位置）所决定（如图 2-25 所示）。大多数金属的原子间距在 0. 2 ~ 0. 35nm 之间。温度上升则会导致原子振幅加大，原子间距增加，产生热膨胀（第 133 页）。

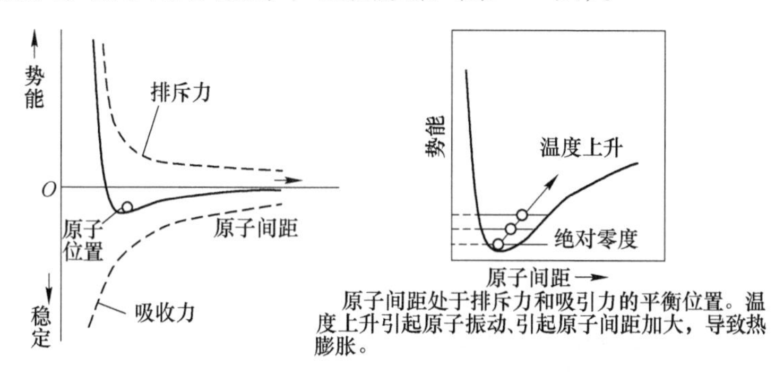

图 2-25 决定原子间距的因素和热膨胀

2.9.2 实际金属结晶中含有着大量的缺陷

假设金属晶体中原子无热振动而且严格地按照规则的、周期性的格点排列且无缺陷，该金属晶体则称为理想晶体。但在实际的晶体中，由于晶体形成条件、原子的热运动及其他条件的影响，原子的排列不可能完整和规则，往往存在着偏离理想晶体结构的区域。这些偏离完整周期性点阵的结构就是晶体中的缺陷，它破坏了晶体的完整性（如图 2-26 所示）。这些缺陷会改变金属加工的难易程度。根据点阵错乱排列的分布范围，晶格缺陷可分为下列 3 种主要类型：(1) 晶格上的原子缺位等——点缺陷（空穴）。(2) 沿着晶格中某条线的周围，在大约几个

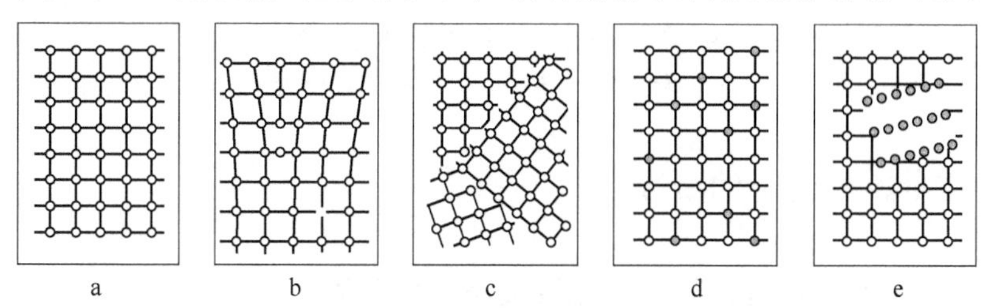

图 2-26 金属固相的形态

a—理想晶体；b—单晶体（空穴、位错）；c—多晶体（晶界）；

d—合金结晶（固溶）；e—合金结晶（相分离）

原子间距的范围内出现的晶格缺陷——线缺陷（位错），其对扩散和塑性变形产生重要的影响。（3）沿着晶格内或晶粒间的某个面两侧大约几个原子间距范围内出现的晶格缺陷——面缺陷（层错）。

单晶指整个晶体在三维方向上由同一空间格子构成，晶体中的所有质点在空间有序的排列。自然界中绝大多数结晶体都是由无数个单晶体集合在一起的多晶体组成。单晶体之间由晶界相连。晶界是连续性结晶被中断的一种面缺陷，其中很容易偏聚其他难以被固溶的异种元素。

2.9.3 异种元素进入金属结晶，会发生固溶或相分离

如果异种元素进入某种纯金属中，会产生“固溶”或“生成新相”。“固溶”就是母相晶体结构点阵上的原子被异种原子所置换而形成的置换型固溶体。相对原子半径较小的碳原子（C）、氮原子（N）等则会进入到铁（Fe）的晶格中，形成间隙型固溶体（如图 2-27 所示）。

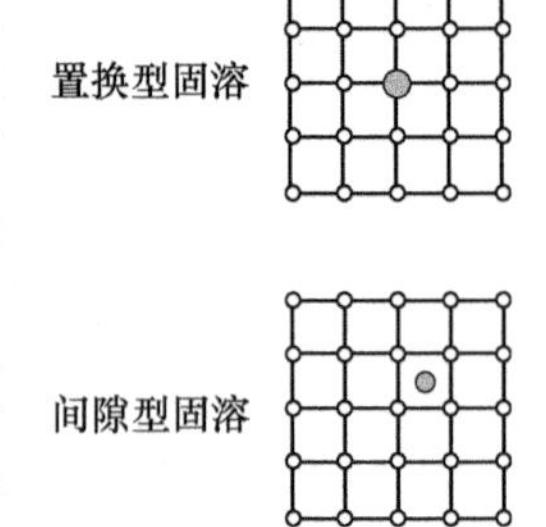

图 2-27 固溶的形态

如果母相金属与异种原子之间的性质差别较大，如原子半径尺寸相差 15% 以上或电子的分布、方向性等相差很大，则该异种原子无法固溶进母相金属中。这样就会产生相分离而生成其他相（如图 2-26e 所示）。这些相可以是析出物、金属间化合物或非金属杂质等（如图 2-28 所示）。一般的析出物高温时更容易与母相固溶，而氧化物类杂质几乎完全不固溶。固溶的最大量我们称之为析出物的溶解度或固溶度。利用温度对固溶度的影响，我们就能控制析出物的分布。

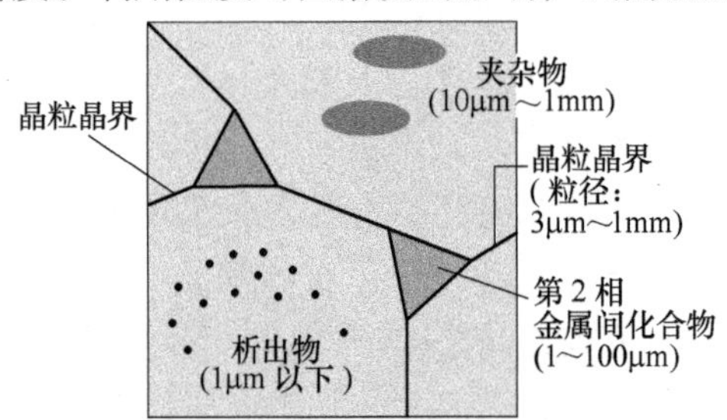

图 2-28 光学显微镜下的第二相组织

（镜面研磨、腐蚀后可观察到各种组织形态，但固溶组织和微小析出物无法看到）

2.10 纯金属与合金的凝固

2.10.1 纯金属是在某一固定温度下缓慢凝固

将纯金属和热电偶放在耐火物容器内熔化后，我们观察其缓慢冷却时的冷却曲线。温度首先下降后又再次上升，到达一定温度后持续一段时间不变，然后又开始再次下降（如图 2-29 所示）。

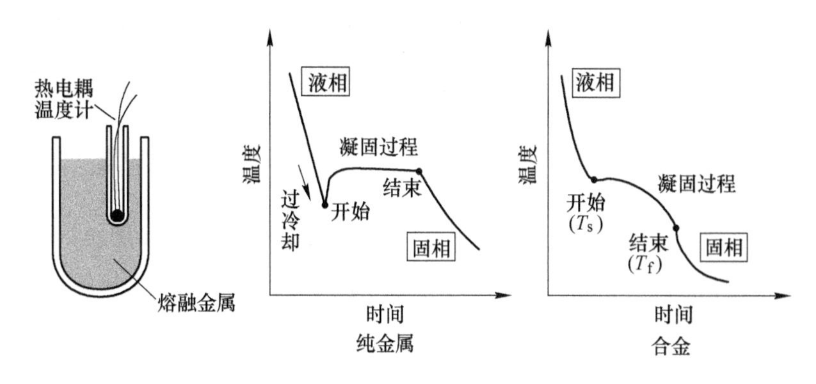

图 2-29 纯金属与合金的冷却曲线

这个维持一段时间不变的温度就是该纯金属的凝固温度或熔化温度。在此温度下纯金属完成了整个凝固过程。从液相到固相，由于需要释放凝固潜热，因此需要一段的等温凝固时间。另外，凝固开始前的温度下降则是由于凝固开始时需要过冷形成晶核的缘故。

2.10.2 合金因在一定温度区间内凝固，因此存在浓度变化

与纯金属的凝固曲线不同，熔融合金在凝固开始后温度下降减缓，而在凝固结束后再次加速降温（如图 2-29 右所示）。其中间并不存在一个固定的凝固温度，而是存在一个液固两相共存的温度区间。在此温度区间内，首先以凝固温度高的元素为主体形成固相，浓缩液相中的其他合金元素，再随着温度的不断降低逐步形成固相，因此产生连续的浓度变化。

2.10.3 无限固溶型合金相图

我们来看看 A 和 B 两种元素在组成范围内完全相互固溶（无限固溶型合金）的凝固过程二元相图（如图 2-30 所示）。其液相与固液相的边界为液相线，固液

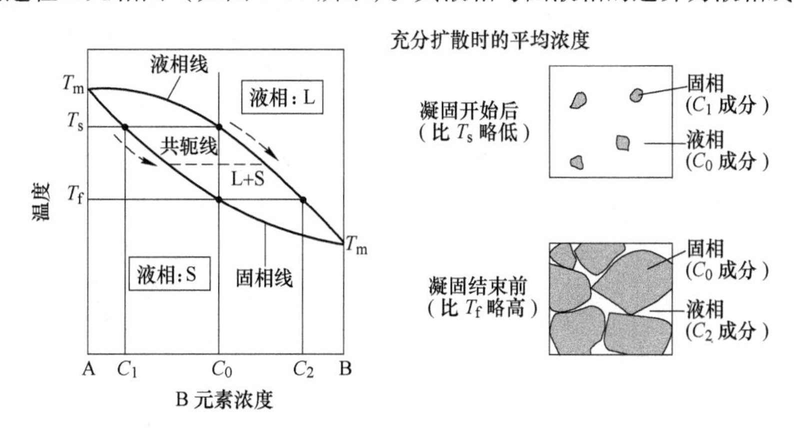

图 2-30 完全固溶型合金状态图（匀晶相图）及液固相浓度的变化

相与固相之间的边界为固相线。成分为 C_0 的合金溶液随温度冷却，首先在温度（T_s）处与液相线相交，在此温度下结晶析出成分为 C_1 的固相。随着温度的逐渐下降，液相中B浓度在不断升高，固相中的B浓度也在不断上升。在此固液相共存区域内的等温线我们称之为"共轭线"，其与液相线和固相线的交点代表两相的浓度平衡关系。

凝固结束时液相中B元素增加为 C_2。这时固相的平均浓度虽然仍为 C_0，但由于固相中元素扩散速度较慢，因此，固相则成为中心部位A元素富集，界面附近（最后凝固区域）B元素富集的非均匀组织（如图2-31所示）。从凝固开始到凝固结束过程中固相的成分差异较大。另外，从微观上看，结晶固化一般是按照树枝晶状态长大，使得液相在枝晶间凝固导致成分偏析。成分偏析是合金凝固时存在的自然现象，人类现在利用各种方法努力减少这种成分偏析。

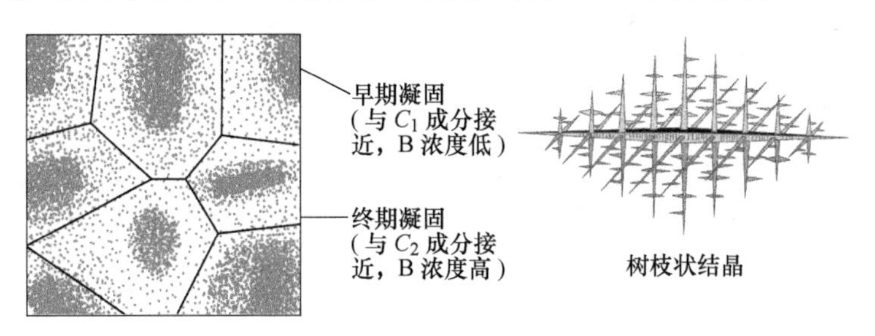

图2-31 合金凝固组织及浓度分布

2.11 共晶型合金的相图

2.11.1 固相元素如果无法固溶则形成两相分离

在上节的无限固溶型合金相图中，A、B结晶相为具有相同晶体结构的固溶体。而实际上随着温度的下降，还会形成相互分离的富含A元素的α固溶体和富含B元素的β固溶体。有时还会存在A-A或B-B原子间结合优于A-B间原子结合的情况。

在相图上，我们采用固溶线来分别表示α相区域、β相区域以及α+β双相共存区域（如图2-32所示）。相容性差的合金，虽然在高温下能够互溶，在低温下则会产生两相分离。而相容性好的合金，高温、低温均可相互互溶。

温度降低会增加A、B元素的分离趋势，这将更加促使α和β两相的分离。如果α相与β相的晶体结构发生变化，则固溶线的顶点会与液相线相交，形成共晶型状态图（如图2-33所示）。

2.11.2 共晶组织是在一定温度下凝固形成的层状组织

共晶型合金的特征是从液相中同时析出（凝固）α和β结晶的两种不同的相

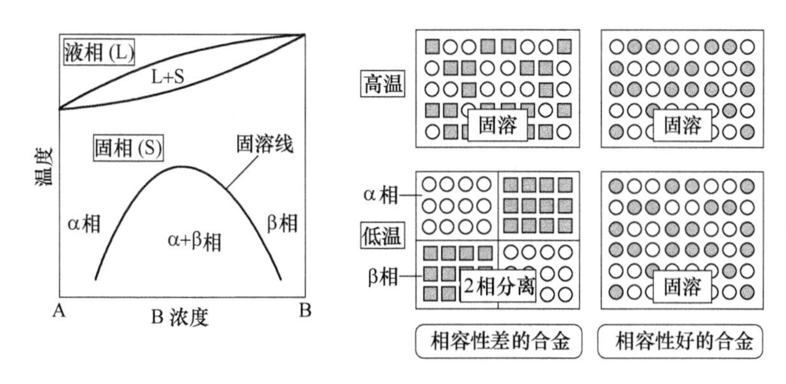

图 2-32　固相时两相分离的相图及元素分布

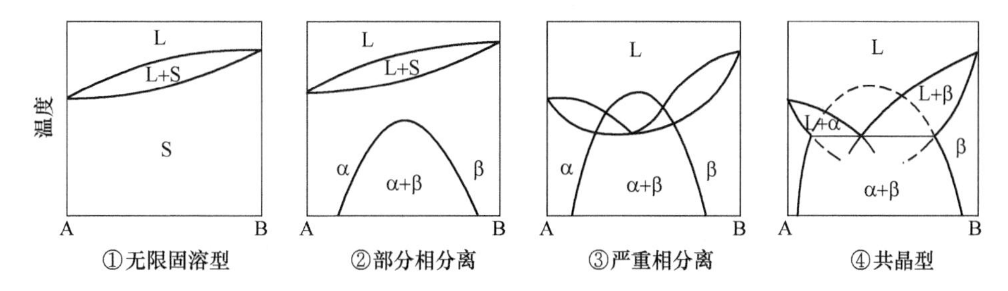

图 2-33　从无限固溶型到共晶型的相图变化

（共晶组织）。如果我们观察共晶成分（C_0）合金的熔融冷却曲线就会发现，其凝固曲线情况与纯金属凝固完全相同（图 2-34②中的 C_0 合金）。均为在某一特定温度下凝固，该温度我们称之为共晶温度，在此温度下液相层状析出成分为 A_0 的 α 相和 B_0 的 β 相（如图 2-34①所示）。共晶型合金凝固不存在无限固溶型固溶体的液固相共存过程，凝固组织的成分也不发生变化。

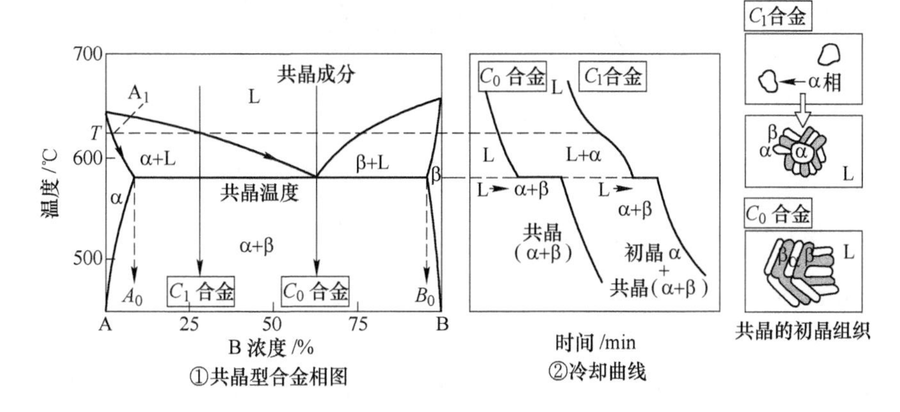

图 2-34　共晶合金的相图、冷却曲线及凝固组织

2.11.3 共晶成分以外形成初晶和共晶的混合组织

在共晶成分以外的 A_0-B_0成分区间内，则出现液固共存领域。例如，C_1成分的合金从液相开始冷却，当温度到达 T 时，首先结晶析出成分为 A_1的 α 相，在冷却速度变缓的同时，固相 α 相和液相中的 B 浓度同时增加，直至此时析出的 α 相的浓度为 A_0，液相的浓度变为 C_0。当冷却温度到达共晶温度时，以初晶 α 相（成分 $A_1 \rightarrow A_0$）为核心，C_0成分的液相中同时层状析出 A_0成分的 α 相和 B_0成分的 β 相。共晶凝固的相对量遵守（C_1-A_0）/（C_0-A_0）比例关系。而不足 A_0成分的合金到达共晶温度前即完成凝固过程，因此不发生共晶反应。在共晶温度以下，α 相沿着固溶线析出 β 相，β 相中析出 α 相。

2.12 金属间化合物和多元系相图

2.12.1 纯金属中有可能会出现难以预想的中间化合物

如果 A、B 原子间的电子云及相互间的作用满足一定的条件，即有可能形成一种具有简单 A-B 成分比（如 A_2B_3），出现与原晶体完全不同的结晶相，这种结晶相我们称之为中间相或者金属间化合物。一般来说，金属间化合物的晶体结构复杂、结构规整致密、硬度大、熔点高。具有一定固溶度的金属间化合物、在相图上形成一个成分幅度。而几乎没有溶解度的金属间化合物，在相图上用一条竖线来表示（如图 2-35 所示）。我们也可以将此类相图看成以金属间化合物为分界的两个相图合并而成。

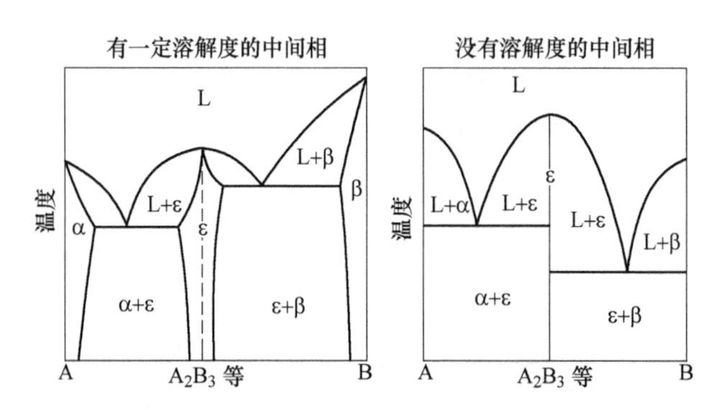

图 2-35 具有中间固溶体（金属间化合物）的状态图

金属间化合物具有各种独特性能，一般作为功能材料使用。如 Ni_3Al 熔点高、硬度高，一般用于耐热合金。TiNi 具有特殊的形变特性，被广泛用于形状记忆合金（第 118 页）。$Nd_2Fe_{14}B$ 作为永磁铁材料（第 142 页）使用。另外，金属间化合物的形成也可能导致材料的脆化，如不锈钢（Fe-Cr 合金）中的 α 相脆化

（第 91 页）就是其中一例。

2.12.2 各种类型的相图

相图中除了上述无限共溶型匀晶相图和共晶相图外，还有温度下降时液相被分离成两种成分不同的液相并分别固化的偏晶反应型，以及已结晶出来的某一成分的固相与剩余液相再次发生反应又生成另一种固相的包晶反应型（如图 2-36 所示）。

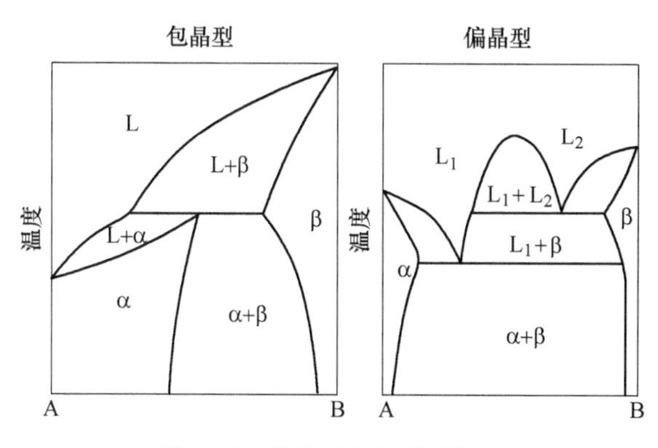

图 2-36　偏晶型和包晶型相图

铁（Fe）-碳（C）合金还存在固相时的相变（第 40 页），使得合金相图越发复杂，但基本上均为以上这四种相图的组合形态。另外，对三元系合金我们或采用三维来表示其三种元素变化，或采用某一温度断面上的正三角形相分布来表示其状态变化（如图 2-37 所示）。而对于四元系合金我们目前还无法表示。

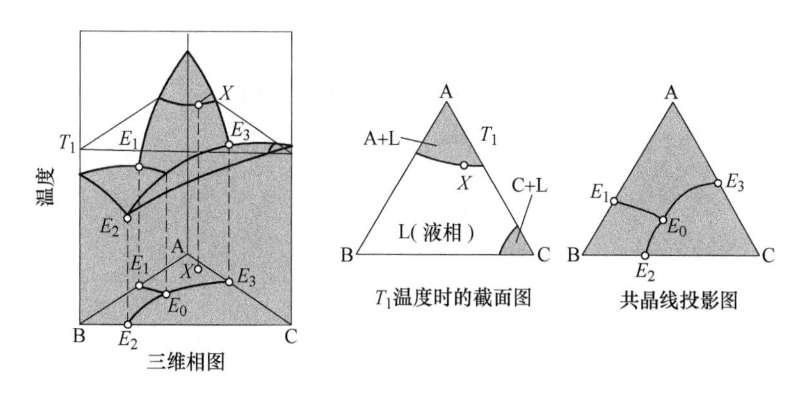

图 2-37　三元系相图的图例

相图表示的是不同温度下、不同成分的最稳定相的图示。但由于成分组成、热处理条件等因素，我们实际上得到的是各种亚稳相（非平衡相）。对于这些相出现的可能性，我们采用各相的成分和温度所获得的自由能曲线来表示。目前我们可以利用现有累积的大量热力学参数来计算出相应的自由能曲线及其热力学数据，并由此已经开发出许多计算方法和程序用数学方法计算出未知多元系合金的状态相图。

2.13 合金的自由能曲线

2.13.1 纯物质的自由能和相变

为了加深对相图的理解，我们首先复习一下基本的热力学原理（如图2-38所示）。在一定压力下相的自由能，我们称之为吉布斯自由能 G，其由焓 H、温度 T 和熵 S 来决定 $G=H-TS$。焓 H 是原子间结合能的总和，熵 S 是原子无序程度（自由度）的指标，T 是绝对温度（温度℃ +273.15）。热力学的基本原理告诉我们，物质自发向 G 值降低的方向变化，当 G 达到最低值时即处于平衡状态。在熔点（凝固点）温度，液固两相的自由能相等，低温时固相的自由能更低。

图2-38 自由能概念

（温度升高，会导致自由度 S 增大 G 下降，稳定度提高）

绝对零度时 $G=H$，随着温度的上升 T 和 S 逐渐增大，G 逐渐降低（如图2-39所示）。由于液相的 S 大于固相的 S，因此液相 G 比固相 G 的斜率更大，两相在熔点（凝固点）处相交。温度进一步上升，固相会吸收该温度下液固相之间 S 差值所对应的熔化热 H 而被熔化。

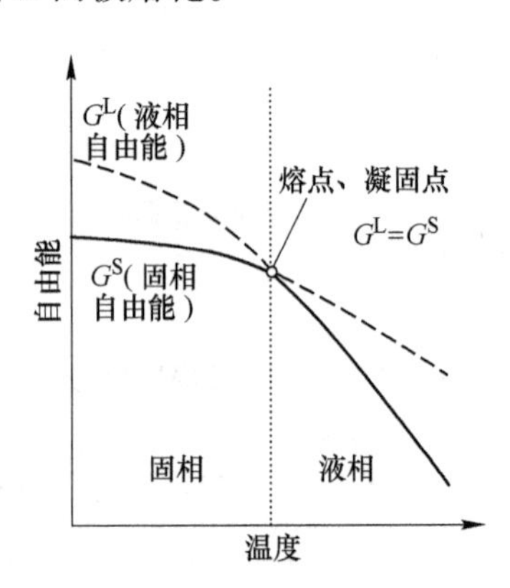

图2-39 纯物质自由能与温度的关系

2.13.2 利用自由能（G）曲线理解合金相图

由于 A-B 二元合金中两种成分的混合导致状态数增加，因此，混合焓 S 和 TS 均增大（如图 2-40 所示）。H（结合能）值则会因固相中 A 元素和 B 元素之间的相容性而变化。两元素相容性好则 H 下降，相容性差则 H 上升。各温度下的 G 值因是 H 和 $-TS$ 之和，因此，合金成分的组成浓度不同可导致 G 曲线中间部位下降（如图 2-40 ①、②所示）或上升（如图 2-40 ③所示）。

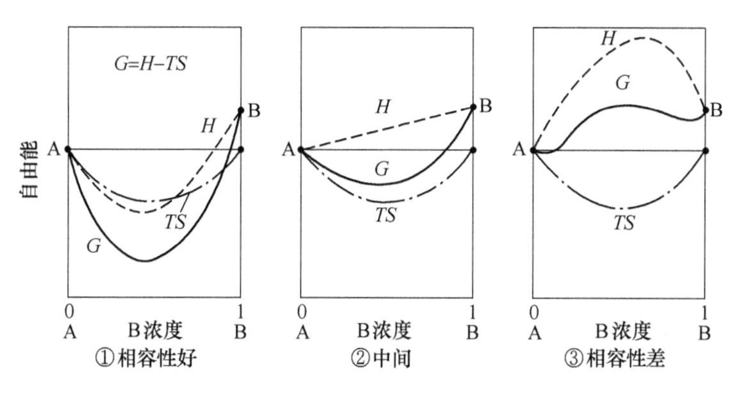

图 2-40 某一温度下的二元合金自由能曲线

我们现在假设某一温度下混合相容性差的合金。A 结晶（α）相、B 结晶（β）相中如果添加进其他元素（B、A）的话，G 曲线首先会由于少量混合而下降，然后再随着混合量的增加而上升（如图 2-41 所示）。而液相则因相容性的影响较小，即使大量混合 G 值仍下降。

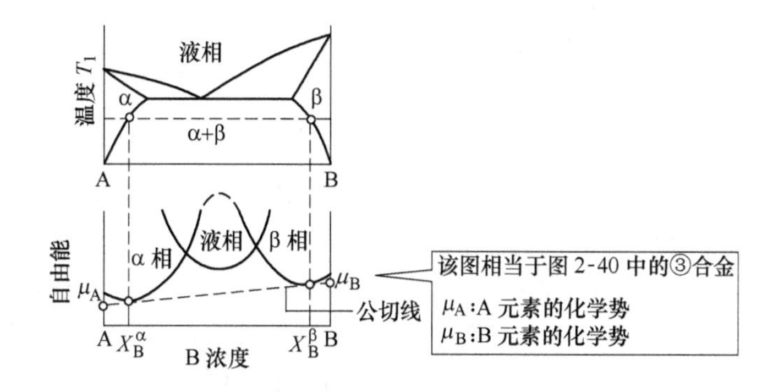

图 2-41 各相的自由能曲线与相图的关系

（温度 T_1，α 相与 β 相的自由能（G）曲线共切线与 A 轴相交获得两相中 A 原子的化学势（μ_A）。A 元素在两相中的自由能均不变。B 元素也同样。在此温度下，由于液相自由能高于 α 相和 β 相的自由能而不稳定，因此，中间浓度会形成 α 相和 β 相的两相混合组织）

在 T_1温度下分别得到 α 相、β 相和液相的 G 曲线，绘出 α 相和 β 相的公切线，这两个切点所对应的浓度为 T_1 温度下的两相浓度（固溶线）。该切线与 A 轴的交点即为 A 元素具有的自由能 μ_A（我们称之为化学势），A 元素在所有相中均有相同的自由能，也就是达到平衡。图 2-41 中，在 T_1温度下，液相 G 曲线位于公切线之上，因此为非稳定相。随着温度升高则液相的 G 值下降，则中央成分的液相会变成稳定相。

2.14 铁-碳相图

2.14.1 纯铁的固态相变和铁-碳二元相图

将纯铁（不含碳）从熔融状态冷却，首先液态纯铁在 1536℃时凝固成 δ-Fe（BCC），当温度降到 1392℃时固态相变为 γ-Fe（FCC），911℃时再次固态相变为与 δ-Fe 具有相同晶体结构的 α-Fe（BCC）。各相变温度下的晶体结构不同，密度也不相同（如图 2-42 所示）。其中加热到 A_3点时纯铁产生体积收缩现象在金属元素中绝无仅有。

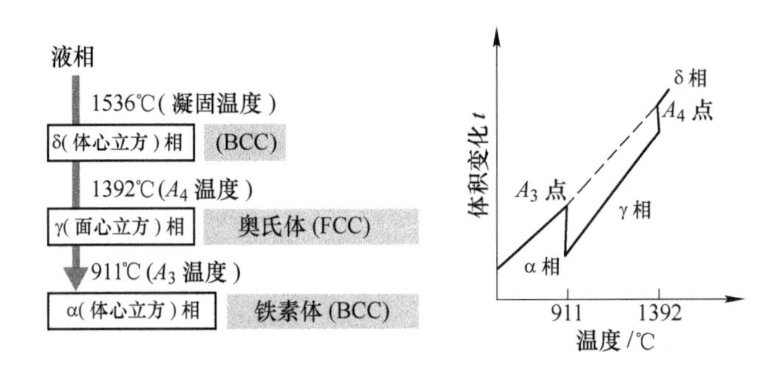

图 2-42 纯铁的固态相变

现在我们一起来看铁（Fe）-碳（C）二元相图。随着 Fe 中 C 含量的增加，液态铁的凝固点不断下降。当碳含量达到 4.3%（以下均为质量分数）时，在 1147℃发生共晶反应（如图 2-43 所示）。也就是说，液相中同时凝固析出含碳量 2.14% 的 γ 相和含碳量 6.69% 的渗碳体（Fe_3C）。铸铁在冷却凝固过程中析出石墨，但石墨的形成需要较大的体积膨胀和铁的扩散，因此，我们讨论的铁碳相图实际上是铁-渗碳体（亚稳定）相图。Fe-Fe_3C 相图中包含包晶、共晶和共析反应，碳元素在 γ 相中溶解度大，而在 α 相中溶解度极小。

2.14.2 共析反应、珠光体相变和碳元素的固溶线

参看图 2-43 中的 Fe-Fe_3C 相图我们可以发现，含碳量为 0.18% 的 Fe 在 1494℃时发生包晶反应，形成的初晶 δ 相被 γ 相包裹结晶析出。含碳量为 0.77%

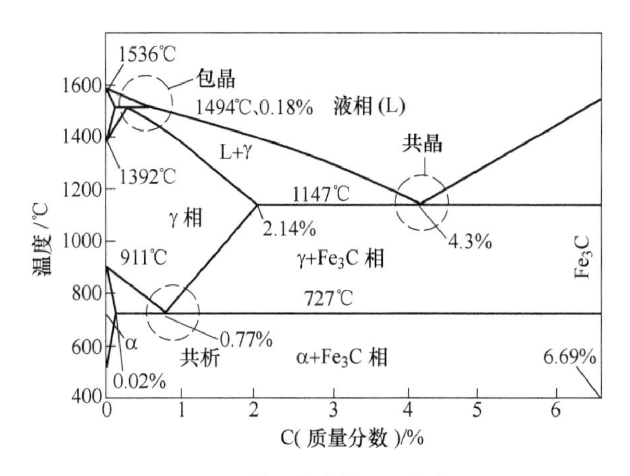

图 2-43 铁-渗碳体系平衡相图

的 Fe 在 727℃时发生从 γ 固相中同时层状析出 α 相和 Fe_3C 相的相变。由于这是固相间的反应，所以我们称之为共析反应。该层状组织经过轻微腐蚀，在光学显微镜下可看到层片状组织而被称之为珠光体。

碳在 γ 相中的最大固溶度为 2.14%，而在 α 相中的固溶度只有 0.02%。由于 γ 相为面心立方，晶格中间有一个巨大的八面体空隙可以容纳碳元素进入，而 α 相（体心立方）的晶格棱线处虽然也有较多的八面体空隙，但这些八面体的空间狭窄，碳元素的进入会导致晶格产生巨大的畸变。

2.14.3 利用奥氏体或铁素体形成元素进行合金设计

某些合金元素加入 Fe 中能扩大 γ 相区域，我们称之为奥氏体形成元素，如除 C 以外，还有 Mn、Ni 和少量的 Cr 等。反之，能扩大 α 相区域的元素我们称之为铁素体形成元素，如 Si、Al、V 和多量的 Cr 等（如图 2-44 所示）。调整这些合金元素的含量可使得 Fe 的相图发生各种变化，如在常温下可获得 FCC 组织的 Fe-Ni 合金，而 Fe-Si 合金则可导致 FCC 相变消失。通常采用调整合金元素种类与添加量再加上不同的热处理方式相结合来获得材料的不同组织。

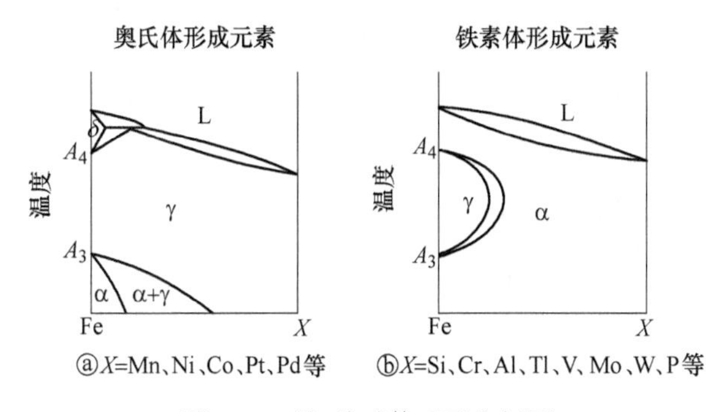

图 2-44 铁-渗碳体系平衡相图

2.15 平衡状态与反应速度

2.15.1 反应速度受驱动力和易动度的控制

我们到目前为止讨论的是合金在稳定状态时的平衡相图。但是实际上我们获得的合金或金属都并非处于平衡状态，而是处于反应过程中的准平衡状态。反应速度主要受驱动力（Driving Force）和易动度（Mobility）的影响（如图 2-45 所示）。驱动力是反应前和反应后的势能差（ΔE_P），相当于过冷度。而易动度是热振动翻越能级的概率［$\exp(-\Delta E_A/kT)$］，温度越高则易动度越大。能级阻碍反应的进行，其高度我们称之为活化能或形成能（ΔE_A）。其中，k 是玻尔兹曼常数，T 是绝对温度。

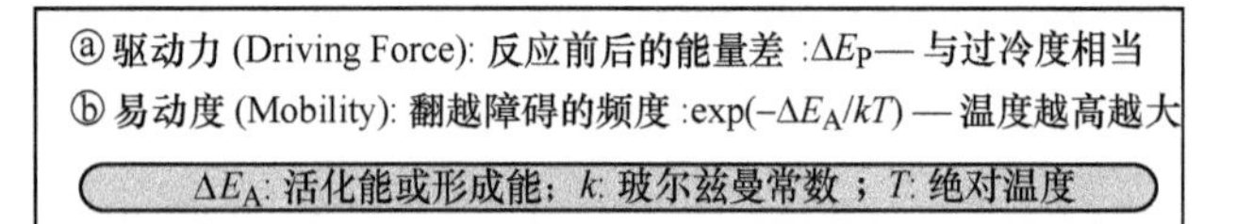

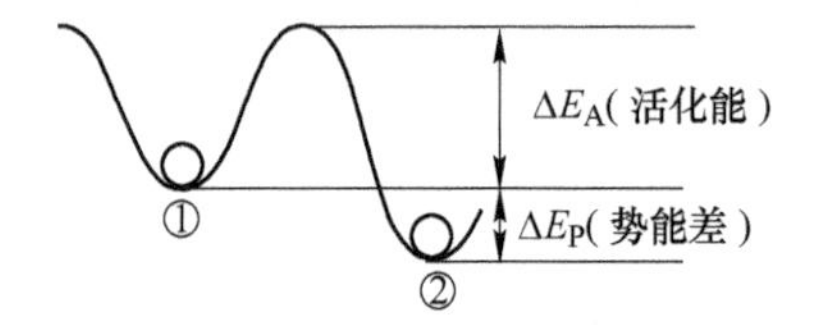

图 2-45 影响反应速度的因素

（反应速度决定于驱动力和易动度，易动度是活化能（山高）和温度的函数，温度越高，反应速度越快）

2.15.2 相变、扩散是热活化过程，驱动力来自于过冷度或浓度差

我们来看置换型固溶原子的扩散（如图 2-46 所示）。假设具有某一浓度差的 B 原子从状态①进行到状态②，导致 ΔE_P 能量降低。但是，B 原子要从状态①到

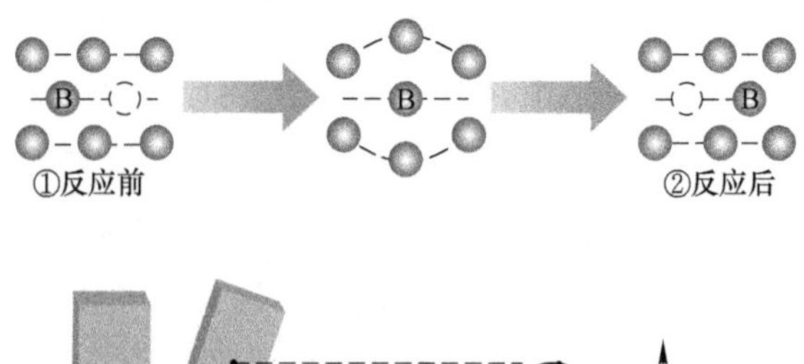

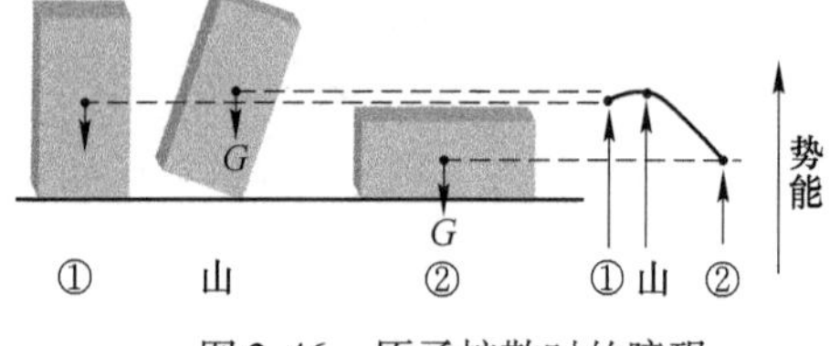

图 2-46 原子扩散时的障碍

达状态②的位置，必须穿过中间狭隘的通道，也就是说必须克服中间这个能量较高的状态才能到达更稳定的位置。这就像一个长方形积木翻倒的过程（如图2-46下图所示），其要达到更低位置，首先必须跨过一个重心较高的位置。这个山的高度就是活化能 ΔE_A。温度越高则晶格振动越发剧烈，翻越障碍（山）的频率就越高。我们称此过程为热活化过程。

反应的驱动力则为反应前后的能量差，对于相变来说就相当于过冷度。实际上纯金属不可能会在图2-29上所表示的凝固温度开始凝固，而必须低于此温度（第39页）。也就是说，凝固反应需要一定的过冷度。过冷度越大则反应速度越快。

2.15.3 反应速度用C曲线来表示

我们通常采用C曲线来表征固相中的相变或析出等反应速度（如图2-47所示）。鼻尖附近是反应最宜进行的温度。鼻尖上侧由于驱动力不足而导致反应速度低，鼻尖下侧则由于易动性即热活性较低，原子的扩散能力不足而导致反应速度亦较低。

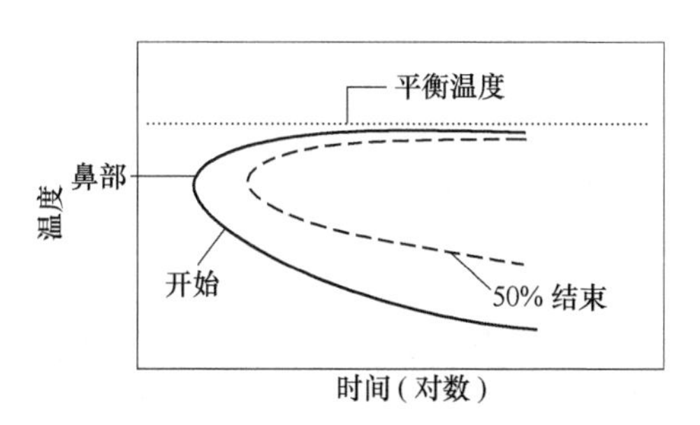

图2-47 表示反应速度的C曲线

2.16 形核与成长

2.16.1 新相形成的条件是需要具有新的界面形成能

金属相变中的一个重要的过程就是新相的形核过程。我们以液相中析出固相为例，首先必须在液相中形成固相的芽（核）胚。但是，要生成芽胚就必须在液相和固相之间产生界面，该界面的形成就会提高整个系统的自由能 G（如图2-48所示）。因此，芽胚的形成和生长就需要克服界面（表面）能的增大。

由于形成芽胚所需的能量与芽胚体积有关，一旦芽胚（新相）形成球形，随着芽胚体积的增大，其能量会按照芽胚半径的三次方成比例地下降。而界面能与其面积相关，界面能则以芽胚半径的二次方成比例地上升。因此，合计总能量就成为一个山形的曲线（如图2-49所示）。

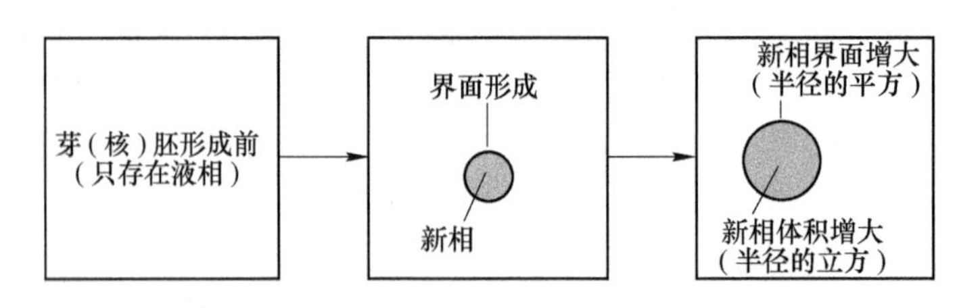

图 2-48 新相的形成过程

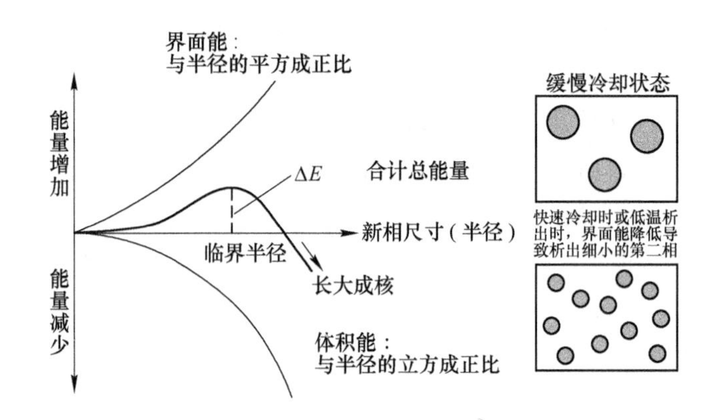

图 2-49 新相（芽胚）的大小与能量的关系

山形总能量曲线的顶点所对应的半径为临界半径，山的高度我们称为形核活化能或简称形核能。只有能翻越此山后总能量变小的芽胚才能继续长大成核。在芽胚成为核之前，原子存在一个结合和分离的过程，该过程我们称之为潜伏期。

固态相变、时效析出或重结晶等反应均符合上述成核原理，均存在一个形核和长大的过程。例如，过冷度（驱动力）大则反应的能量差大，导致临界半径变小，这样就可获得较为细小的析出物。另外，如果有能降低形核界面能的籽晶的话，就会在籽晶上优先形核，临界半径变小，反应速度加快。采用云中散布碘化银或干冰进行人工降雨就是基于以上道理。

2.16.2 无芽（核）胚生成的 Spinodal 分解

虽然大多数相变需要形核和长大，有些相变还存在不经过新相的形核，利用热波动造成浓度变化自发连续形成新相的相变过程，我们称这类相变为 Spinodal 分解或增幅分解。其结果是高浓度的 A 元素区和高浓度的 B 元素区交替出现，形成调幅状组织（如图 2-50 所示）。沉淀硬化型磁钢 Alnico 永磁材料（Fe-Al-Ni-Co 合金）就是利用以上反应对其富含 Fe-Co 的铁磁相和富含 Ni-Al 的顺磁相进行调幅状分散。不锈钢的 475℃ 脆性也是由于上述原因所造成的。

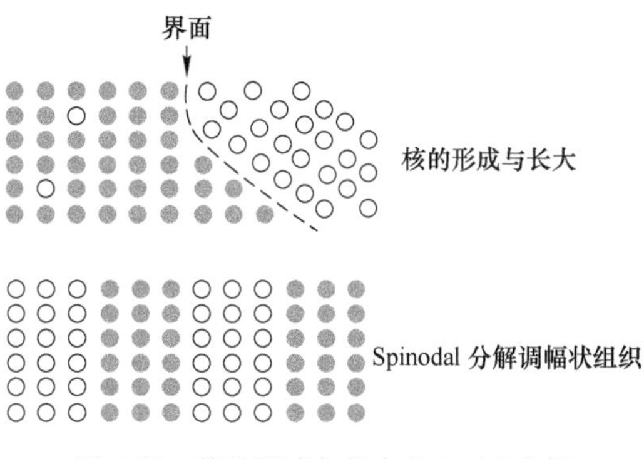

图 2-50 核的形成与长大 Spinodal 分解

同位素与放射能

稳定同位素和放射性同位素

门捷列夫当年是根据原子的重量（相对原子质量）排序制作了元素周期表。现在的元素周期表则是按照原子序号也就是阳离子数（=电子数）进行排序。各元素的重量主要是原子核的中子和质子的重量和。宇宙中存在原子序号相同（质子数相同）但中子数不同的元素，我们称之为同位素（Isotope）。迄今在自然界已经发现约 340 种各种元素的同位素。同位素中有稳定同位素和不断释放射线而衰减的放射性同位素（Radioisotope），其中稳定同位素有 273 种，放射性同位素有 60 多种。质量数小于 209 的同位素多数是稳定的，只有少数具有放射性；而质量数大于 209 的同位素全部是放射性的。

自然界中许多元素是由 2~5 种同位素混合而成，例如氧由 ^{16}O、^{17}O、^{18}O 三种同位素混合组成。当然，也存在由一种同位素单独组成的元素，如 Be、F、Na、Al 等共计 21 种元素。

利用碳的放射性同位素测定年代

自然界中碳（C）以原子量 12 的 ^{12}C、^{13}C、^{14}C 等多种同位素的形式存在。^{12}C 和 ^{13}C 的相对丰度分别为 98.89%、1.11%，而 ^{14}C 极其微量。前两种是稳定同位素，而 ^{14}C 则具有放射性，半衰期为 5730 年。也就是说通过不断地放射衰减 5730 年，其含量会降低为一半，但 ^{14}C 不会消失。这是由于 ^{14}C 主要是宇宙中子射线撞击空气中的氮分子（原子量 14）所产生的，因此大气中 ^{14}C 的丰度基本保持不变。而植物利用光合作用吸收并固定的 C 中，只有^{14}C会不断减少。因此，测定^{12}C与^{14}C的比例即可推定出植物的生存年代。目前，^{14}C的应用主要有两个方面：一是在考古学中测定生物或植物的死亡年代，二是以^{14}C标记化合物为示踪剂，探索化学和生命科学中的微观运动。

铀同位素与核发电

中国目前正在全力发展核电，然而想要让一座反应堆产生电能就必须要有核燃料，而最常见的核燃料便来自铀矿石。我国的铀矿资源占世界可开采铀资源的4%左右。虽然这两年也在发现一些铀矿，但数据上下浮动不大。

铀矿石有辐射，这是肯定的。但是，其辐射程度并没有大家想的那么可怕。研究表明，一个人在衣兜里揣个0.5kg左右的铀矿石，每天所受的辐射量也就跟戴一块夜光手表差不多。

自由界中存在的天然铀中（注意，天然铀不是铀矿石，它是从含铀很少的铀矿石中提炼出来的），99.3%为原子量为238的^{238}U，只有0.7%为吸收中子导致核分裂的^{235}U。这两者的化学性质没有差别，但将其加热反应变为气态UF_6后，利用其3个中子的质量差，采用每分钟高达4万~6万转的强力离心机可将^{235}U浓缩至2%~5%后，作为轻水型原子反应堆的核燃料使用。

^{238}U和^{235}U的半衰期分别为44.68亿年和7.04亿年，最终衰变转化成铅的稳定同位素^{206}Pb和^{207}Pb。U的半衰期跟地球的年龄差不多，所以衰变极其缓慢，只要不产生连锁反应对人体无危害，几乎可以认为是稳定元素。铀衰变的时候主要放出的是阿尔法粒子，而不是危险的伽马射线。但是，如果发生了核裂变，则会产生长半衰期和短半衰期的放射性同位素，同时释放出α射线、β射线和γ射线，因此具有极大的危险性。

目前，人类已经发现了119种元素。不过从理论上讲，比92号元素铀更重的元素在自然界基本不存在，几乎都是通过人工合成。

据共同社报道称，113号元素的最终定名由日本完全决定，这是日本乃至亚洲国家首次发现的新元素。

其实美俄团队报告的更早，但日本理化研究所2004年9月的数据更准确，相关资料称，中科院兰州近代物理研究所、高能研究所也在2004年发现了该元素。

俄美曾以“先到先得”为由争夺主导权，但日本在2004年、2005年、2012年成功合成了三次113号元素，方式是采用30号锌原子高速撞击83号铋原子，通过核聚变，且已知的原子核在衰变时连续6次获得了明确证据，赢得了国际认可。

2016年6月8日。国际纯粹与应用化学联合会发布公报称，在证实发现上述元素后，该组织邀请各元素的发现方为新元素命名。日本理化学研究所仁科加速器研究中心的科研人员将第113号元素以日本国名（Nihon）命名为Nihonium（缩写Nh），汉字为“鉨”。

其他新元素由美国和俄罗斯的科学家联合合成，他们将115号元素命名为以“莫斯科”英文地名拼写为开头的Moscovium（缩写Mc）；将117号元素命名为以“田纳西州”英文地名拼写为开头的Tennessine（缩写Ts），以纪念为研究作出重要贡献的位于美国田纳西州的美国橡树岭国家实验室。

此外，为向极重元素合成先驱者、俄罗斯物理学家尤里·奥加涅相致敬，研究人员将第118号元素命名为Oganesson（缩写Og）。第118号元素是人类目前合成的最重元素。

3 金属变形与组织控制

3.1 金属组织与结晶学的发展

3.1.1 从金属组织的可视化发展到相图

人类最早发现和使用的铁，来自于天空中落下来的陨铁。陨铁是含铁量较高的铁、镍和钴等金属的混合物。中国最早的关于使用铁制工具的文字记载是《左传》中的晋国铸铁鼎。在春秋时期，中国已经在农业和手工业生产上使用铁器。由于地球上的天然铁十分罕见，所以铁的冶炼和铁器的制造经历了一个漫长的时间。当人们在冶炼青铜的基础上逐渐掌握了冶炼铁的技术之后，铁器时代才开始到来。

但这期间人类对铁的本质还一无所知，直到 18 世纪法国大革命前，英国回转式蒸汽机发明后才开始知道软铁、钢和铸铁之间的区别是由于其中含碳量的不同所造成。当时人们开始逐渐理解了“铁的精炼是利用氧气将碳元素和其他诸元素氧化除去”、“渗碳是利用渗入碳元素进行硬化”以及“淬火可使钢铁变硬，但并没有改变其化学成分”等概念。

东征十字军带回罗马的大马士革刀[1]上的美丽花纹赢得了当时欧洲人的惊叹。法拉第等人曾尝试复制出同样的花纹却没有成功。但他们再现其美丽花纹的努力却促进了金属合金学和组织学的发展，最终发展出了合金相图。

金属通过研磨、腐蚀后利用显微镜金相观察的技术确立于 1864 年前后。19 世纪末，人们从金相显微镜中才看到了热处理产生的组织变化和渗碳体析出。

纯金属中加入合金元素后，会产生电导率随合金元素添加量增加而变化的现象，因而产生了合金元素固溶和析出的概念。另外，对冷却曲线拐点和热分析结果的分析，人类理解了相变会产生热效应。

罗伯茨 · 奥斯丁集以上知识之大成，于 1897 年发表了 Fe-C 相图，解明了铁中含碳量与温度和相之间的关系。这些研究进步均离不开热电偶温度计和元素分析技术的发展。

3.1.2 X 射线结晶学的确立以及对塑性变形的理解

X 射线被发现以后，1913 年确立了 X 射线衍射法。X 射线衍射法促进了结晶学

---

[1] 参考本章知识栏目。

的发展，使得金属的组织结构被逐渐揭开，最终诞生了位错理论（如图3-1所示）。

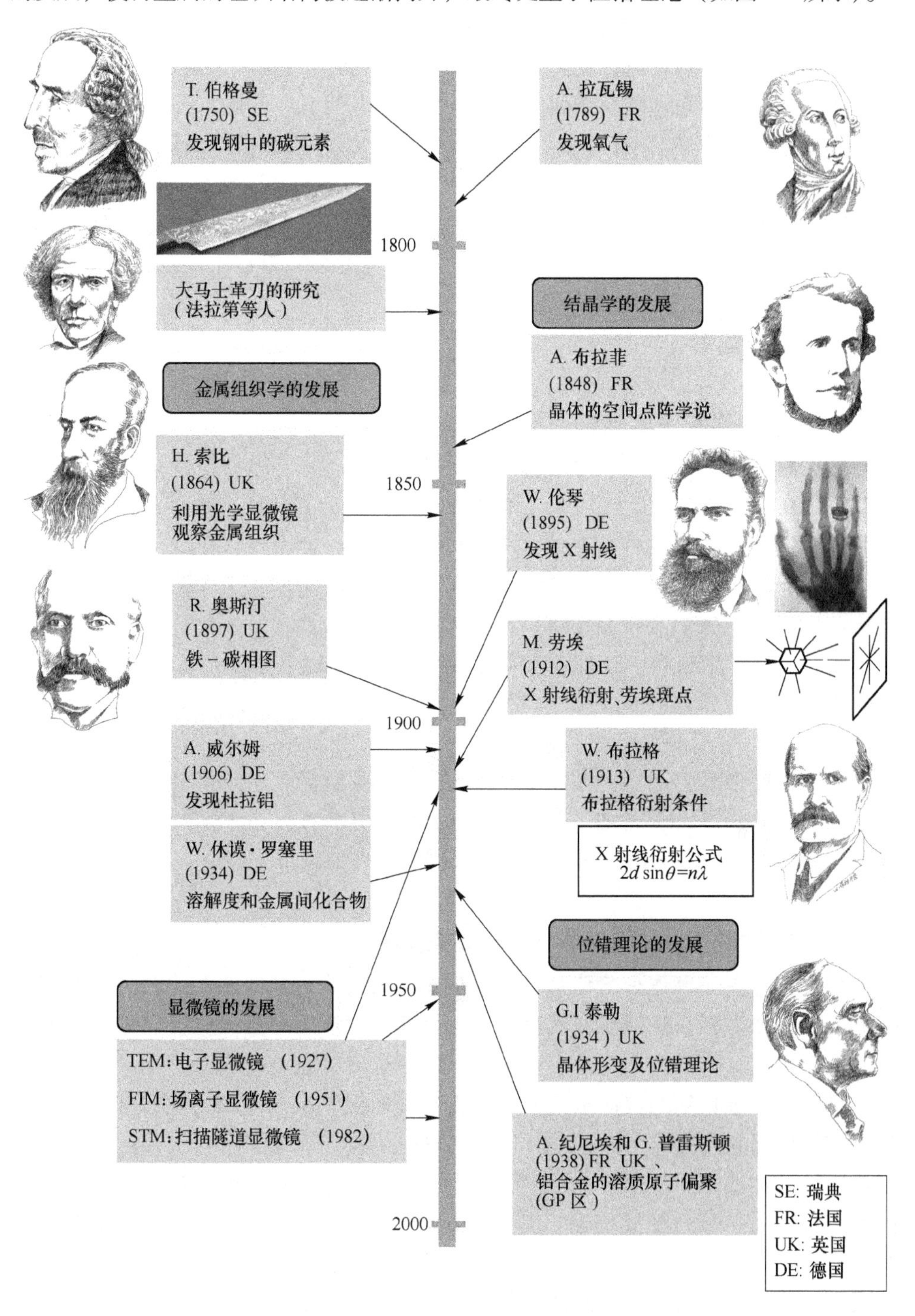

图3-1 人类对金属组织与结构的理解到位错理论

人类开始明白了铁的奥氏体相属于面心立方结构（FCC）。另外，随着1927年电子显微镜的发明，使得人类可以更微观地观察金属组织。1934年泰勒提出的塑性变形位错机制理论，完美地解释了“为什么金属会在低应力下变形?”这一长期困扰人类的问题以及金属的变形与强化机理。

随着显微技术的不断进步，现在的人类已经可以在原子水平上观察组织形貌。

本章首先阐述金属特有的变形机制，然后结合热处理和合金化对金属的强化机理和破坏现象等进行介绍。

3.2 金属的变形

3.2.1 金属具有延展性，可塑性加工

当我们将一块板状金属试样放在材料拉伸试验机上进行拉伸试验时可以发现，首先在极小的变形范围内载荷随变形直线上升，当金属开始伸长时载荷上升变缓，当试样截面出现收缩时载荷下降直至断裂。金属材料一般在断裂前会产生一段明显的拉伸变形，而陶瓷材料则不产生明显的伸长和收缩，载荷急速上升后突然断裂。树脂材料的拉伸变形情况则与温度有关，一般在较低的载荷下断裂，材料变形较小（如图3-2所示)。

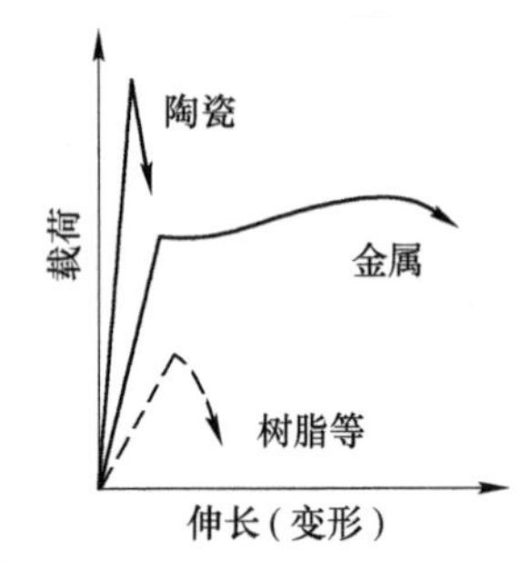

图3-2 各种材料的拉伸变形曲线

由于金属具有这种强韧性，即使存在少许缺陷仍可保证一定的强度和可靠性，因而被广泛地应用于各种结构材料，并可利用塑性加工做成各种形状予以使用。

3.2.2 弹性和塑性变形的应力-应变曲线

金属材料在外力作用下抵抗永久变形和断裂的能力称为强度。按外力作用的性质不同，主要有屈服强度、抗拉强度、抗压强度和抗弯强度等。工程上常用的是屈服强度和抗拉强度，这两个强度指标可通过拉伸试验测出。

我们通常所看到的拉伸试验上的应力应变曲线，是采用拉力除以样品的原始截面积所得到的公称应力（σ_n）与卡具之间的伸长率即公称应变（ε_n）之间的变化曲线（如图3-3所示）。去除载荷后能完全恢复原始长度的应力上限为弹性极限，对应的变形为弹性变形。其后发生塑性（永久）变形。塑性变形开始时的应力（通常为下屈服点）为屈服应力，最大的公称应力称为拉伸强度（强度极限)。由于金属铝没有明确的屈服点，因此我们将其应变达到0.2%时所对应的应力称之为屈服应力。

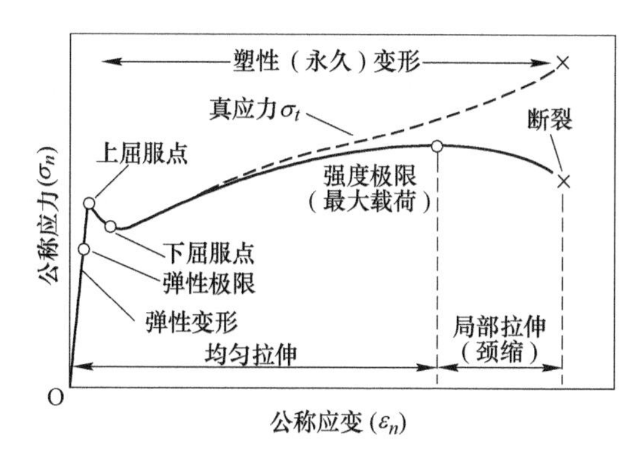

图 3-3 金属拉伸试验的应力应变曲线

由于试样横截面积在拉伸试验中会不断变化，因此，当应变较小时，两者之差不大。而当应变较大时，则应该采用真应力（σ_t）和真应变（ε_t）进行描述（如图 3-4 所示）。

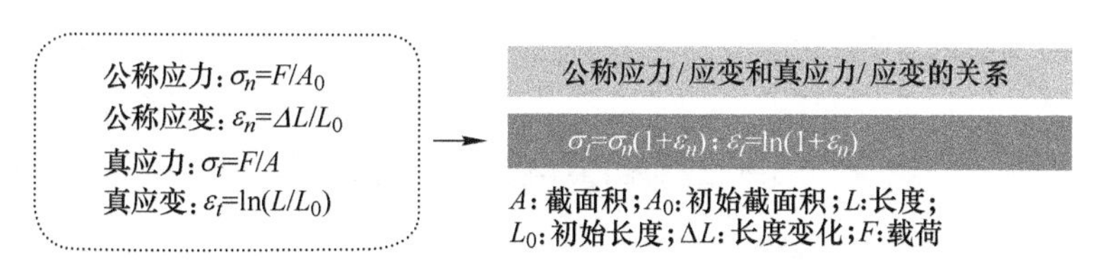

图 3-4 公称应力应变与真应力真应变

强度是指零件承受载荷后抵抗发生断裂或超过容许限度的残余变形的能力。也就是说，强度是衡量零件本身承载能力（即抵抗失效能力）的重要指标。强度是机械零部件设计时首先应满足的基本指标。机械零件的强度一般可以分为静强度、疲劳强度（弯曲疲劳和接触疲劳等）、断裂强度、冲击强度、高温和低温强度、在腐蚀条件下的强度和蠕变等不同类型。强度的试验研究是综合性的研究，主要是通过其应力状态来研究零部件的受力状况以及预测破坏失效的条件和时机。

3.2.3 弹性变形的斜率决定构造物的刚性

刚度（或称刚性）是指零件在载荷作用下抵抗弹性变形的能力。零件的刚度常用单位变形所需的力或力矩来表示，刚度的大小取决于零件的几何形状和材料种类（即材料的弹性模量）。而结构的刚度除取决于组成材料的弹性模量外，还同其几何形状、边界条件等因素以及外力的作用形式有关。分析材料和结构的刚度是工程设计中的一项重要工作。

固态金属的原子之间处于引力和斥力的弹性平衡状态，施加外力会导致原子之间压缩或伸长，外力去除后原子则恢复到原来平衡位置。弹性极限以下的应力和应变呈现一定的比例关系（如图 3-5 所示），我们称之为胡克定律。

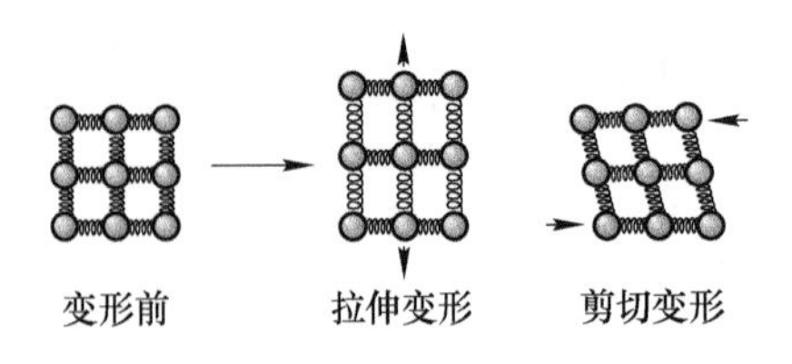

胡克定律

σ(应力)=E(弹性模量)×ε(应变)

应力	弹性模量
拉伸/压缩	杨氏模量
剪切	刚性率
等静压	体积弹性模量

图 3-5 弹性体的变形（胡克定律）

在胡克定律适用范围内，拉伸或压缩时应力与应变之比我们称之为杨氏模量E。它是表征材料性质的一个物理量，仅取决于材料本身的物理性质。杨氏模量的大小标志了材料的刚性，杨氏模量越大，越不容易发生形变。杨氏模量是选定机械零件材料的依据之一，是工程技术设计中常用的参数。杨氏模量的测定对研究金属材料、光纤材料、半导体、纳米材料、聚合物、陶瓷、橡胶等各种材料的力学性质均有着重要意义，还可用于机械零部件设计、生物力学、地质等领域。

将几种材料的杨氏模量（E）进行比较可以发现（见表 3-1），钢铁材料是金属铝的 3 倍，但却几乎是陶瓷材料的一半。虽然材料在弹性变形时的应变很小，但是却非常重要。建筑物的刚性就是由厚度等形状因子和其杨氏模量所决定的。

表 3-1 几种材料的杨氏模量

材 料	杨氏模量/GPa	材 料	杨氏模量/GPa
碳素钢	210	钛	116
铸铁	152	锰	324
铝	70	钨	410
镁	45	碳化硅	450
铜	130	三氧化二铝	350
镍	200	玻璃	80

铁的 E 是铝的 3 倍，铁的 E 与其含碳量有关。单晶铁的 E 与其晶体方向有关。

<100> 为 132GPa，<111> 为 285GPa。

出自：Wikipedia 等。

3.3 塑性变形原理

3.3.1 滑移变形和位错移动

当材料所受到的应力超过弹性极限后，连接相邻原子之间的“弹簧”将被切断，开始产生滑移变形。滑移就像一副扑克牌被散开那样，变形后的金属表面呈现出台阶波段状花样（如图 3-6 所示）。金属单晶的滑移变形，就像扑克牌散开一样，表面形成段差，随着变形的增加，晶面开始旋转，滑移方向逐渐与拉伸方向平行。

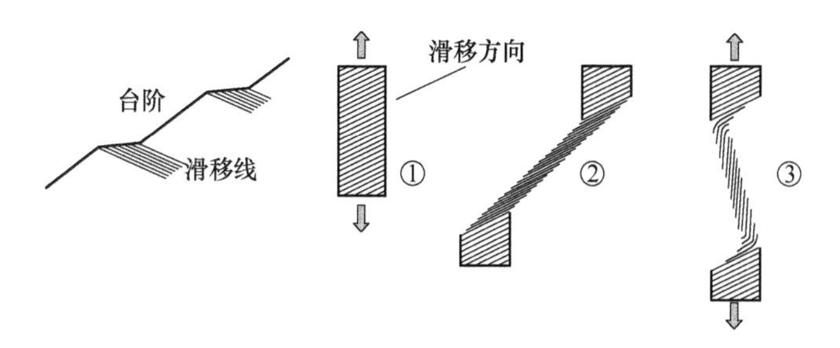

图 3-6 金属的滑移面的错位和晶面旋转

但是，金属的滑移变形与扑克牌被散开的形态不同的是，其晶面不是全体一致产生形变，而是在原子层面上像铺平地毯那样依次向前滑移（如图 3-7 所示）。地毯的褶皱从一端开始，移动到另一端后产生位置移动。位错经过类似的移动后，方才产生段差，发生形状改变。

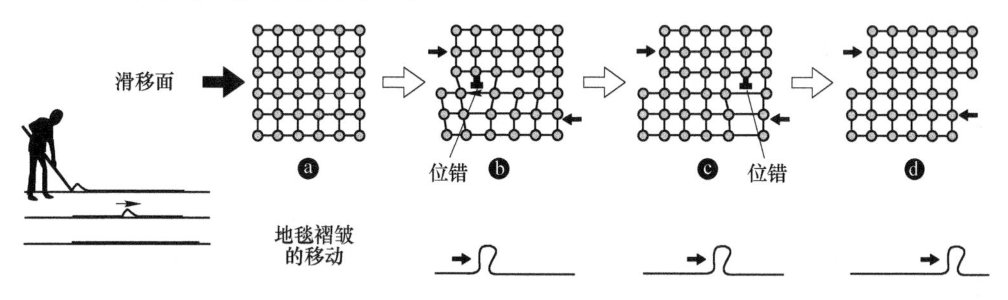

图 3-7 刃型位错的移动所导致的剪切（滑移）变形

晶体中的这个类似地毯褶皱处我们称之为位错，其为线状缺陷。扑克牌面则是滑移面。单晶中的位错（褶皱）可以从一端移动到另一端，相当于原子序列依次发生了位移传递。

3.3.2 晶体结构基本决定位错的滑移面与滑移方向

在塑性变形中，单晶体表面的滑移线并不是任意排列的，它们彼此之间或者相互平行，或者互成一定角度。滑移是指相邻的晶体部分沿着一定的结晶面（即滑移面）和一定的结晶方向（即滑移方向）上所发生的平移。滑移是晶体塑性变形的最普遍形式。一个滑移面和其上的一个滑移方向组成一个滑移系。每个滑移系均表示晶体进行滑移时可能采取的一个空间方向。假设其他条件相同，滑移系越多，滑移过程可能采取的空间取向就越多，塑性越好。

滑移系主要与晶体结构有关，几种常见金属晶体结构的滑移面和滑移方向见表 3-2。

（1）滑移面总是晶体的密排面，而滑移方向也总是密排方向。这是因为密排面之间的面间距离最大，面与面之间的结合力较小，滑移的阻力最小，故容易滑动。而沿密排方向原子密度大，原子从原始位置达到新的平衡位置所需要移动的距离小，阻力也最小。

表 3-2 几种金属的滑移面与滑移方向

金 属	晶体结构	滑移面①	滑移方向①
α-铁、钼	BCC	{110}，{211}，{321}	<111>
铝、铜、银	FCC	{111}	<110>
α-钛	HCP	{0001}，{10$\bar{1}$1}，{10$\bar{1}$0}	<11$\bar{2}$0>
镁、锌	HCP	{0001}	<11$\bar{2}$0>

① 米勒指数（第 82 页）。

（2）每一种晶格类型的金属都具有特定的滑移系。一般来说，滑移系的多少在一定程度上决定了金属塑性的好坏。但在其他条件相同时，金属塑性的好坏不只取决于滑移系的多少，还与滑移面原子密排程度及滑移方向的数目多少等因素有关。

面心立方金属的滑移面为 {111}，滑移方向为 <110>。面心立方晶体有 4 组 {111}，每组有 3 个滑移方向，因此其滑移系一共有 12 个。

体心立方金属，低温时滑移面一般为 {112}，中温时滑移面一般为{110}，高温时滑移面一般为 {123}，但滑移方向均为 <111>，所以滑移系一共有 12 ~ 48 个。

密排六方金属，滑移系有 3 个或 6 个。由于滑移数量较少，所以密排六方结构晶体的塑性通常较差。

图 3-6 所示的滑移线痕迹是晶体中的滑移面与晶体外表面的交线。

外力分解到滑移面和滑移方向上的分力，是施加在滑移系上的剪切力。当滑移面垂直方向和滑移方向与外力呈 45°时剪切应力最大，因此位错最易滑移（如图 3-8 所示）。

多晶金属变形时，首先位于最易滑移系上的位错开始移动，在受到结晶面的旋转和晶界等的阻碍一旦停滞，然后位错会在新的最易滑移系上又开始移动，这样不断传递下去，直至金属整体发生变形。

3.3.3 如果位错无法移动，则会产生双晶变形

由于 FCC 或 BCC 这样的立方晶格对称性良好，所以它们具有众多的滑移系。而像镁（Mg）、钛（Ti）等对称性不好的六方晶系金属，其具有的滑移系很少，因此非常难以变形。这时，孪晶变形就会代替位错滑移变形发生宏观塑性变形。

孪晶是在剪切力的作用下，位于某一特定的滑移面一侧的原子排列与另一侧的原子排列呈现镜像对称一样的原子整体移动，原子之间的间隔不变（如图 3-9 所示）。即使像钢铁等这样的 BCC 金属，在低温下滑移困难时也会发生孪晶变形。

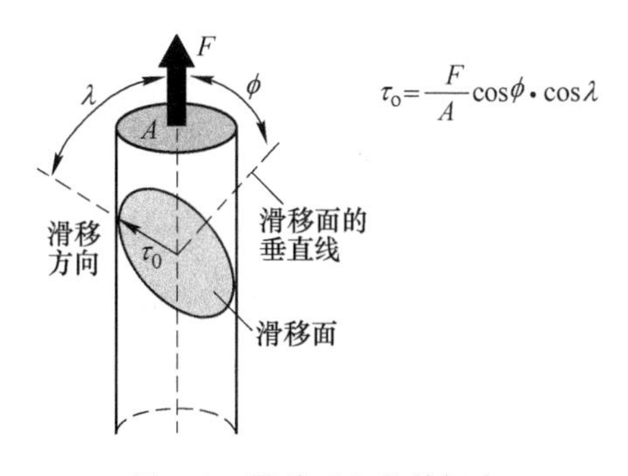

图 3-8 滑移面上的剪切力
（外力（F）施加的方向与结晶的滑移面符合上述关系。当 λ 和 ϕ 为45°时，剪切力 τ_0 最大）

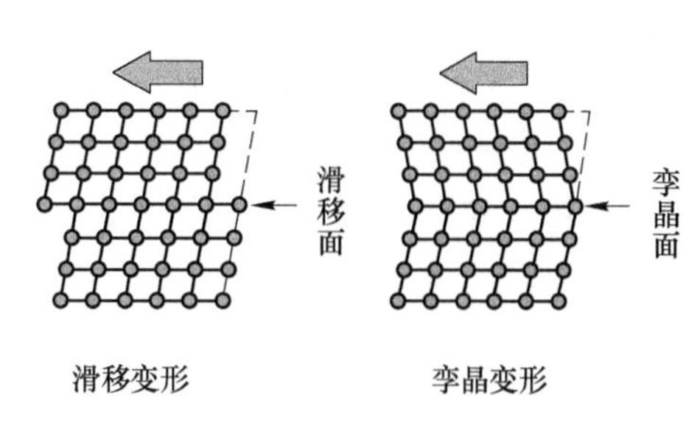

图 3-9 滑移变形与孪晶变形

3.4 钢铁的屈服现象及晶体晶界

3.4.1 铁的初始变形困难

即使是经过充分回火的金属内部也含有大量的位错等晶格缺陷。对于铝（Al）等面心立方金属，在外力的作用下材料内部业已存在的位错等晶格缺陷会成为新的位错源，导致位错数量急剧增加而产生宏观塑性变形（如图 3-10 所示）。

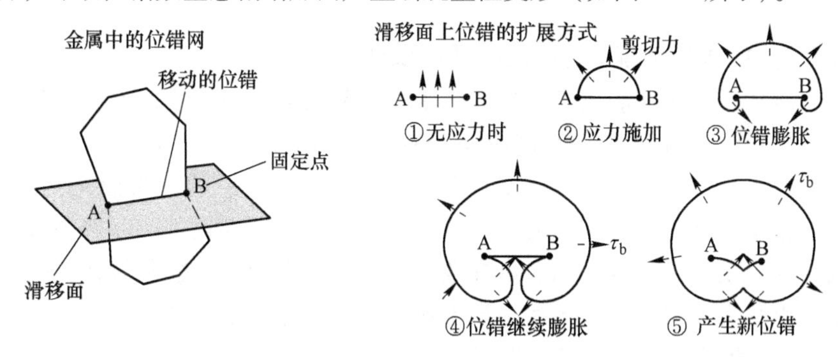

图 3-10 位错增殖导致宏观变形原理

而体心立方钢铁内部虽然也存在着大量位错，但由于刃型位错下部存在着少许的原子间距扩展，当间隙型或置换型溶质原子与刃型位错弹性交互作用时，如果交互能为负，溶质原子在基体中不会形成均匀分布，而是会偏聚在位错周围。这些被吸附的大量异类固溶原子，我们称之为柯氏气团（Cottrell Atmosphere）。BCC 钢铁中的位错被碳（C）、氮（N）原子等间隙型固溶原子固定而导致晶体中的位错很难移动。柯氏气团的产生阻碍了位错移动，因而产生固溶强化效果（如图 3-11 所示）。

因此，钢铁材料的初始变形需要更大的应力，这在应力-应变曲线上就表现出首先出现一个较高的应力（上屈服点）。一旦变形开始后则可移动位错数量大量增加，导致一个较大的屈服应力下降。变形首先从应力集中部位（试样的肩部）开始，当整体变形（形成吕德斯带：Luders Band）完成后加工硬化方才开始，导致应力再度上升（如图3-12所示）。

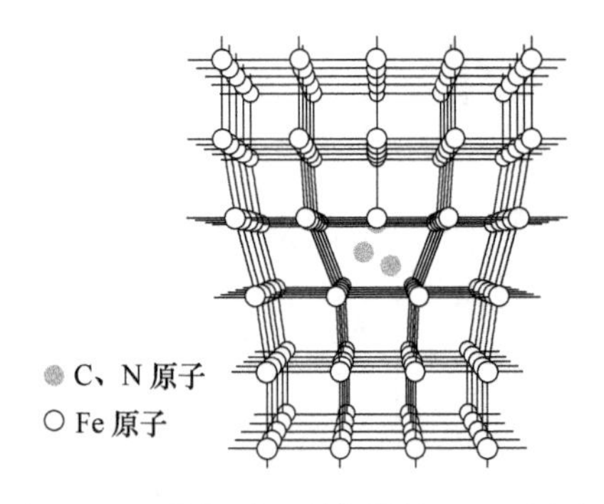

图3-11 偏析到刃型位错的C、N原子

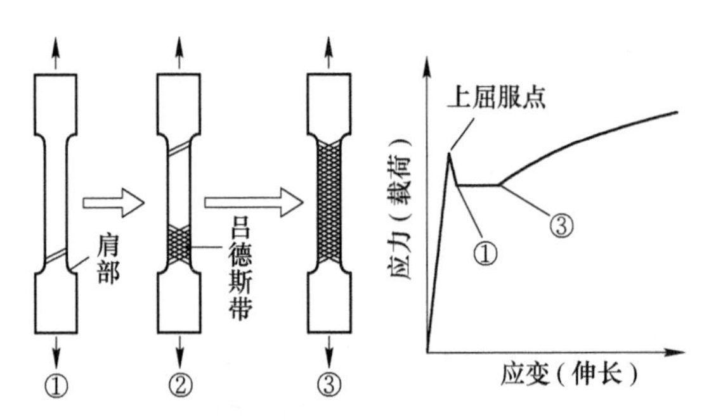

图3-12 低碳钢的拉伸试验

3.4.2 如果位错能移动的话，则导致顺利变形

如上所述，由于屈服点下降导致产生变形和未变形两部分，冷压成型的产品表面则会出现我们称之为“莱彻应变”花纹而影响产品的美观。因此，薄板轧板厂一般首先将板材回火后，再进行伸长率约1%的轻压延（表面光轧），导入可移动位错便于其后可较均匀的变形后，再发货给产品冷轧厂。但如果钢中固溶较多碳、氮元素的话，夏天高温可导致这些元素再次产生扩散和偏析，则又会导致位错难以移动，冷轧时会再次呈现出花纹，我们称之为应变时效。

3.4.3 晶界是位错移动的障碍

对于多晶体，当滑移系上移动的位错遇到晶界时，则会由于滑移面的改变而导致移动停滞。数条位错堆积后，随着应力的增加有些位错会穿越晶界传递到相邻晶粒上（如图3-13所示）。小晶粒虽然导致堆积应力小，但晶界障碍却增多，最终导致屈服应力升高。这就是金属强化的基本方法之一，我们称之

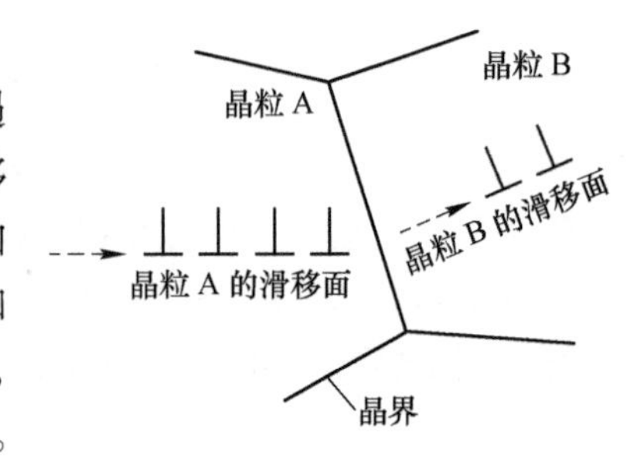

图3-13 位错的移动和转移

为细晶强化。

屈服应力与晶粒尺寸的-1/2 次方存在着直线关系，晶粒越小强度越高。我们称之为“Hall-Petch 关系式”，这在许多金属材料中均成立（如图 3-14 所示）。

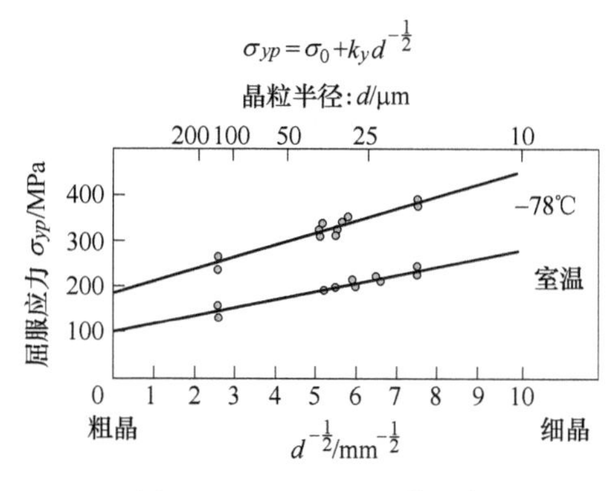

图 3-14 Hall-Petch 关系式

3.5 加工硬化与塑性各向异性

3.5.1 金属的韧性来源于其高加工硬化指数（n 值）

韧性表示材料在塑性变形和断裂过程中吸收能量的能力。韧性越好，则发生脆性断裂的可能性越小。韧性在材料科学及冶金学上指当承受应力时对断裂的抵抗，其定义为材料在破坏前所能吸收的能量与体积的比值。

随着金属变形的加大，越来越多的滑移系参与了进来，导致金属晶粒发生滑移和位错的缠结，使得晶粒被拉长、破碎和纤维化，金属内部产生了残余应力。这些都导致位错移动变的越发困难而发生“加工硬化”（如图 3-15 所示）。

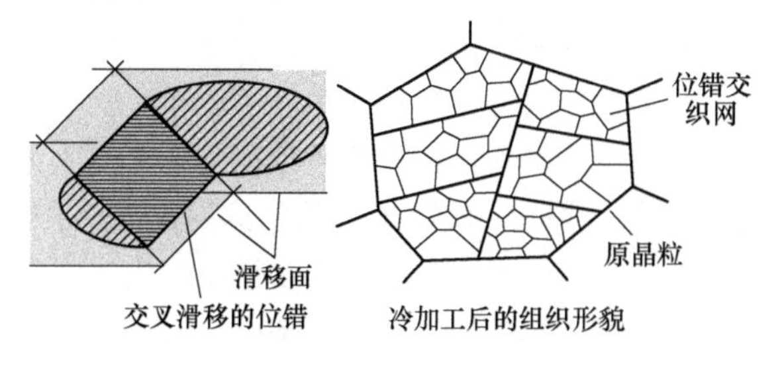

图 3-15 加工硬化机理

加工硬化给金属材料的进一步加工带来了困难。如在冷轧钢板的过程中会越轧越硬以致轧不动，因而需在加工过程中安排中间退火，通过加热消除其加工硬化。又比如在切削加工中会导致被加工工件表层变脆变硬，从而加速刀具磨损、增大切削力。但加工硬化有利的一面是它可提高金属的强度、硬度和耐磨性，特别是对于那些不能以热处理方法提高强度的纯金属和某些合金尤为重要。如高强度冷拔钢丝和冷卷弹簧等，就是利用冷加工变形来提高其强度和弹性极限。又如坦克和拖拉机的履带、破碎机的颚板以及铁路的道岔等也是利用加工硬化来提高其硬度和耐磨性的。

加工硬化的程度通常用加工后与加工前表面层显微硬度的比值和硬化层深度来表示。金属的真应力-真应变曲线如图 3-16 所示。它不像应力-应变曲线那样在载荷达到最大值后转而下降，而是继续上升直至断裂，这说明金属在塑性变形过程中不断地发生加工硬化，从而导致真应力必须不断增高，才能使变形继续进行，即使在出现缩颈之后，缩颈处的真应力仍在升高，这就排除了应力-应变曲线中应力下降的假象。许多金属在均匀变形阶段的真应力-真应变曲线可以用 $\sigma = F\varepsilon^n$ 来近似描述。这个 n 值我们称之为加工硬化指数，它表示的是金属由于塑性变形而强化（硬化）的速率。

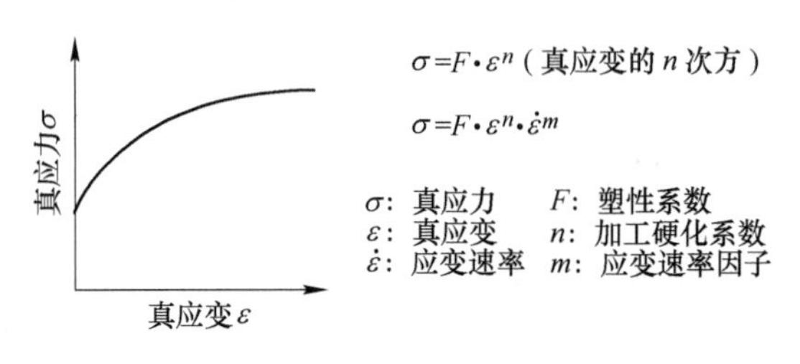

图 3-16 金属的真应力-真应变曲线

如果 n 值较高，集中应变所导致的颈缩会产生较大的加工硬化，这就会促使其他部位尽快开始变形（应变扩散），因此对 n 值较高的材料较难发生局部颈缩。但是如果应力到达公称应力-应变曲线的最大载荷点，也就是拉伸强度时，如果加工硬化不足就会产生收缩。因此，断裂伸长率是由初始的均匀伸长率和其后至断裂为止的局部伸长率两部分所组成。

对于冷轧等高速变形，还要考虑变形速率（$\mathrm{d}\varepsilon/\mathrm{d}t = \dot{\varepsilon}$）对硬化的影响 $\sigma = F\varepsilon^n\dot{\varepsilon}^m$。我们将 m 值称之为应变速率敏感指数或应变速率因子。

3.5.2 拉伸变形时，试样是厚度变薄还是宽度变窄（r 值）

采用板状试样拉伸时，在均匀应变变形阶段是厚度变薄还是宽度变窄对于金属薄板深冲性能（第 89 页）来说是一个非常重要的参数。我们将一定拉伸应变条件下的板厚变形与宽度变形的比（$\Delta\varepsilon_w/\Delta\varepsilon_t$）称之为塑性应变比（$r$ 值）（如图 3-17 所示）。它反映的是金属薄板试样拉伸时，宽度方向的应变与厚度方向的应变之比，或金属薄板在某平面内承受拉力或压力时，抵抗变薄或变厚的能力。该数值与薄板表面塑性变形的滑移面及滑移方向有很大关系，深冲用冷轧薄板的表面上所形成的结晶 {111} 面较多，而 {100} 面较少，r 值处于 1.5～2.5 左右。而热轧钢板的 r 值一般为 1 左右，属于各向同性。简单来说，当 r 值小于 1 时，说明材料厚度方向上容易减薄变形导致开裂，冲压性能不好。当 r 值大于 1 时，说明材料冲压成型过程中长度和宽度方向上容易变形，能抵抗厚度方向上变薄。厚度减薄是冲压过程中发生断裂的主要原因，故 r 值越大越有利于深冲性能。深冲冷轧成型均希望采用 r 值高的薄钢板。

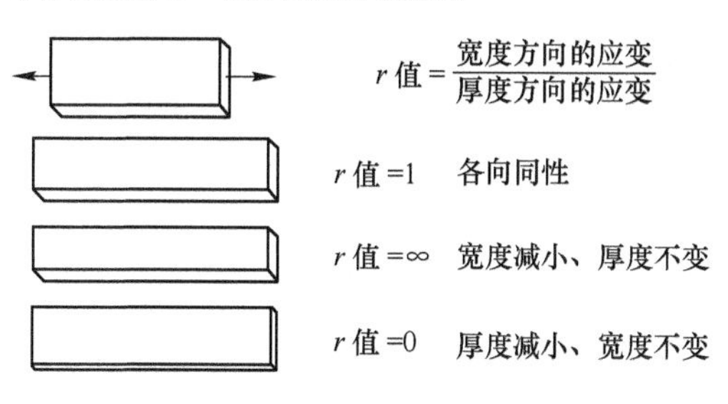

图 3-17　薄板试件拉伸的 r 值

3.5.3　应变速率敏感指数（m 值）导致超塑性

对于具有超细晶粒的金属或陶瓷，如果在高温时以极低的速率变形可获得百分之数百以上的伸长率，我们称之为超塑性。从图 3-18 中可以看出，超细晶粒的金属材料在缓慢拉伸条件下，会产生像橡胶一样的延伸而不断裂，即发生超塑性变形。这是由于 m 值较高，变形集中导致局部应变速率上升而产生硬化，从而引起其他部位开始变形。又由于晶粒非常细小，晶界滑移所产生的塑性变形导致了超塑性。

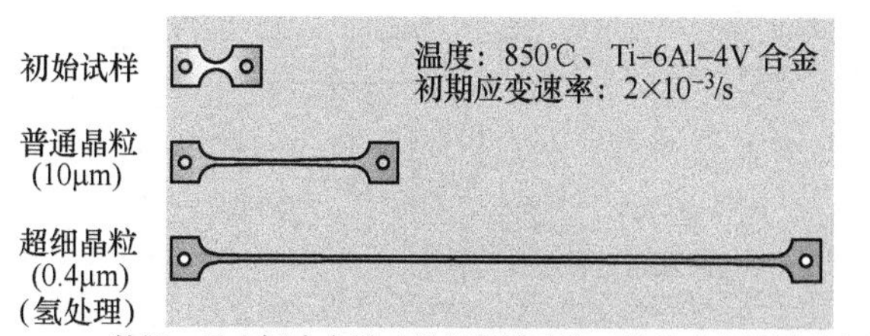

图 3-18　Ti 合金的超塑性拉伸

3.6　热处理基础知识Ⅰ

3.6.1　热处理主要适用于容易控制扩散的金属材料

金属热处理是将金属工件放在一定介质中加热、保温、冷却，通过改变金属材料表面或内部的组织结构来控制其性能的工艺方法。

前文我们曾讲述过金属的平衡状态、平衡反应和状态变化速度等。由于固体中的反应速度较慢，所以会形成各种各样的非稳定相，调整这些非平衡相即可达到对其组织结构进行控制的目的。

金属热处理的一个目的是利用元素的扩散获得一个成分均匀、接近于平衡状态的组织结构。另一个目的是通过高温相的快速冷却首先获得一个非平衡状态组织，然后再在某一个最佳温度下保温获得另一种亚平稳组织，或者采用热处理与机械加工组合、直接热加工（加工热处理）等方式来达到所需要的组织性能（如图 3-19 所示）。下面，我们主要以钢的热处理为例进行描述（如图 3-20 所示）。

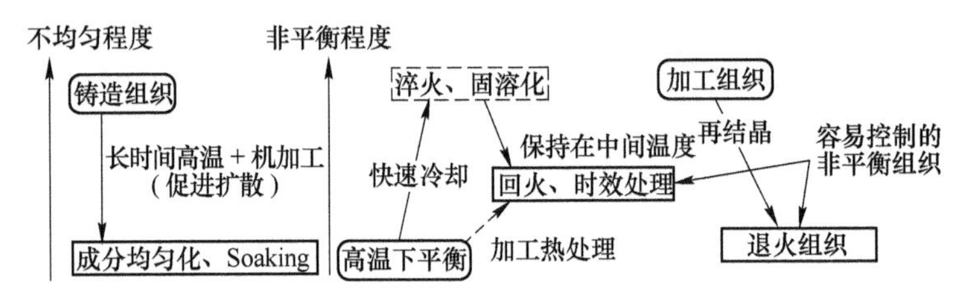

图 3-19　金属热处理概念图

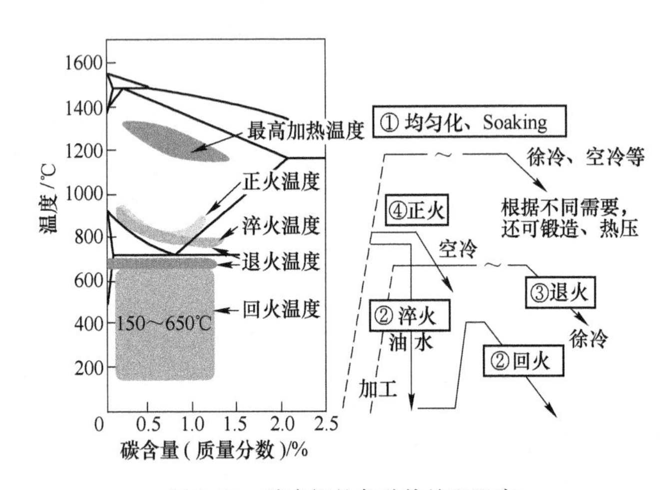

图 3-20　碳素钢的各种热处理温度

3.6.2　利用高温扩散获得均匀的组织：Soaking（均匀化处理）

合金钢的铸造组织中不可避免会产生成分偏析（第 32 页）。利用元素的扩散来达到均匀化的目的我们称之为 Soaking。例如 γ 铁（FCC）在 1200℃ 保持 1h，其中的置换型元素平均扩散数微米（10^{-3}mm）的距离，这样可大大减轻元素的偏析（如图 3-21 所示）。

虽然温度越高扩散的速度越快，但过高的温度也会引起偏析部位的熔融和晶粒粗大。因此，加热温度有个上限。热处理的加热温度受以下三种因素所决定：(1) 均匀化扩散所需要的温度；(2) 相变和固溶/析出温度；(3) 再结晶软化温

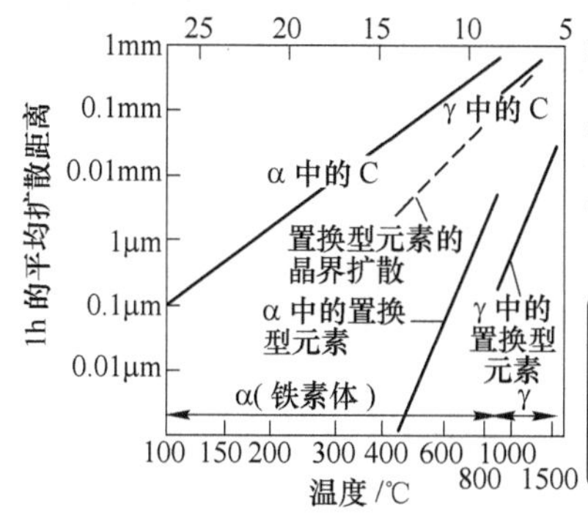

①C、N等间隙型固溶元素的扩散速度高，而Mn等置换型元素的扩散速度低。
②间隙型和置换型元素在γ相中的扩散速度均高于α相中的扩散速度。
③晶粒晶界因存在大量缺陷，两者在晶界上的扩散速度均较高。

扩散系数：$D[\mathrm{cm^2/s}]$，$D=A\exp\left(\frac{-\Delta E}{kT}\right)$
平均扩散距离：$x[\mathrm{cm}]$，$x=\sqrt{D\cdot t}$
t：时间 [s]

图 3-21　钢中各种元素的扩散距离

度。还要注意有些成分还会在某些温度范围内产生脆化。如果加热后再进行塑性加工引入晶格缺陷的话，则会进一步加速元素扩散。另外，塑性加工还有闭合凝固缺陷（孔洞）、细化晶粒的作用，这就是铁匠铺高温锻打的目的。

3.6.3　利用温度变化获得非平衡相组织：淬火和回火

从状态图上我们可以知道温度变化会导致平衡相组织发生变化。快速的温度变化则会导致扩散不及时而获得非平衡态组织。典型的非平衡态处理方法就是，首先在高温下固溶化处理（Solution Treatment）得到高温γ相固溶组织，再通过淬火（Quench）处理，常温下利用马氏体相变获得非平衡组织（如图3-19和图3-20所示）。

如果将淬火所获得的马氏体组织再次在某一中间温度进行加热，被强迫固溶进基体中的元素则会开始向平衡状态移动而产生偏析。由于再次加热的温度较低，扩散距离有限，因此只会析出微小的亚稳定相。我们称之为对材料进行最终强度调整的回火处理（Tempering）或时效处理（Aging）。

3.7　热处理基本知识 II

3.7.1　加工应变的释放：重结晶和退火

经过深冲冷轧或冷锻压处理后的金属，由于位错等晶格缺陷剧增而导致硬化，金属基体内部处于应变能大量聚集的状态。温度上升则会激发原子的活性，产生应变逐步释放而导致基体软化，我们称之为回复。

随着温度的继续升高，基体会产生晶格重组，导致应变被完全释放（如图3-22所示），这就是再结晶。用热处理专业术语就是退火（Anneal）。再结晶退火就是将经过冷变形加工的工件加热至再结晶温度以上，保温一定时间后冷却，使工件基体发生再结晶，从而消除加工硬化的工艺。再结晶退火可获得塑性加工性能优良的无应变等轴晶粒。通过对冷压金属板的再结晶处理，可获得结晶方位一致的织构（Texture），借此来对材料的深冲性能和磁性等进行调整。

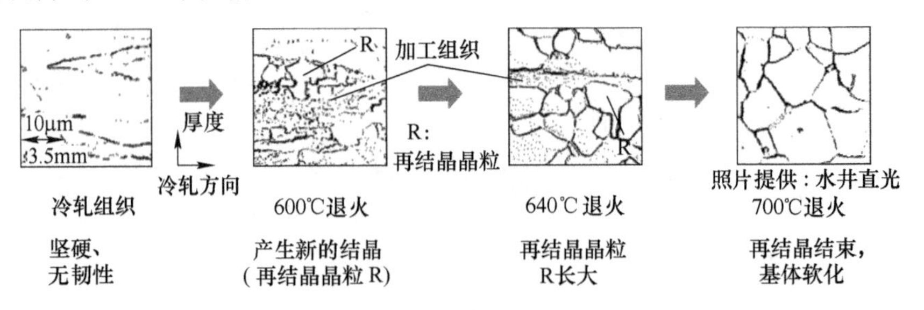

图3-22 冷轧钢板组织及退火时的再结晶

3.7.2 利用相变改善组织结构：正火

正火（normalizing），又称常化，如图3-23所示，其是将工件加热至 A_{c3}（A_c 是指加热时自由铁素体全部转变为奥氏体的终了温度，一般是从727～912℃之间）或 A_{cm}（A_{cm}是实际加热中过共析钢完全奥氏体化的临界温度线）以上30～50℃，保温一段时间后，从炉中取出在空气中或喷水、喷雾或吹风冷却的金属热处理工艺。其目的是在于使晶粒细化和碳化物分布均匀化。正火与退火的不同点是正火冷却速度比退火冷却速度稍快，因而正火组织要比退火组织更细小一些，其力学性能也有所提高。另外，炉外正火冷却不占用设备，生产率较高，因此实际生产中尽可能采用正火来代替退火。对于形状复杂的重要锻件，在正火后还需进行高温回火（550～650℃）。高温回火的目的在于消除正火冷却时产生的应力，提高韧性和塑性。

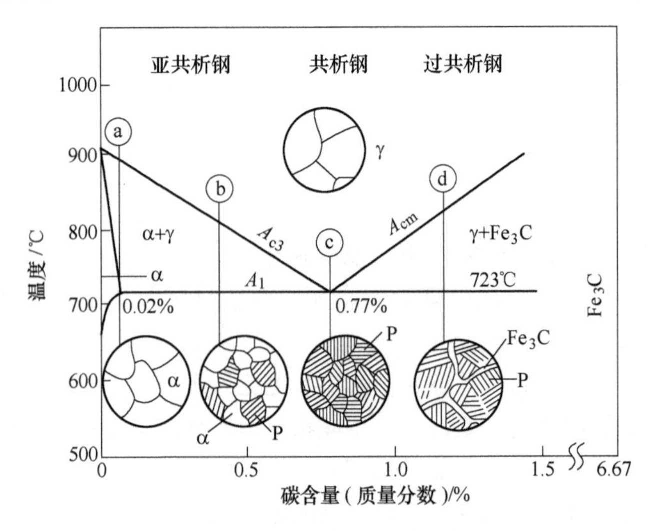

图3-23 碳素钢的正火组织

碳素钢在发生 α 相与 γ 相之间的固态相变时，晶体结构会发生重组（新相成核与长大）。α→γ 或 γ→α 相变会完全释放应变并将晶粒尺寸变得基本一致。亚共析钢（C <0.8%）获得的是 α 相和共析反应析出的珠光体混合组织，过共析钢（碳含量 >0.8%）获得的是渗碳体和珠光体相，而含碳量 0.77% 的共析钢则获得的是几乎 100% 的珠光体组织（如图 3-23 中的 P）。

正火的主要应用范围有：

（1）对于低碳钢，正火后硬度略高于退火，韧性也较好，可作为切削加工的预处理。

（2）对于中碳钢，可代替调质处理（淬火 + 高温回火）作为最后热处理，也可作为用感应加热方法进行表面淬火前的预备处理。

（3）对于工具钢、轴承钢、渗碳钢等，可以消降或抑制网状碳化物的形成，从而得到球化退火所需的良好组织。

（4）对于铸钢件，可以细化铸态组织，改善切削加工性能。

（5）对于大型锻件，可作为最后热处理，从而避免淬火时较大的开裂倾向。

（6）对于球墨铸铁，使硬度、强度、耐磨性得到提高，如用于制造汽车、拖拉机、柴油机的曲轴、连杆等重要零件。

由于正火后工件比退火状态具有更好的综合力学性能，对于一些受力不大、性能要求不高的普通结构零件可将正火作为最终热处理，以减少工序、节约能源、提高生产效率。此外，对某些大型的或形状较复杂的零件，当淬火有开裂的危险时，正火往往可以代替淬火、回火处理，作为最终热处理。

3.7.3 表面渗碳或渗氮强化：渗碳淬火、渗氮处理

由于侵入型固溶原子在金属基体中的扩散速度较快，钢铁表面的 C、N 原子可以通过气氛反应进入基体内部。渗碳就是将低碳钢或低合金钢（含碳量小于 0.25%）加热到 γ 相（930℃）附近，通过一氧化碳（CO）、甲烷（CH_4）、乙炔（C_2H_2：真空渗碳）等气体的分解反应将 C 渗入到 γ 相中，然后再通过淬火方式获得表层高碳含量的马氏体，来提高材料的表面耐磨性的方法（如图 3-24 所示）。渗碳淬火处理可使低碳钢的工件具有高碳钢的表面层，再经过淬火和低温回火，使工件的表面层具有高硬度和耐磨性的回火马氏体，而工件的中心部分仍然保持着低碳钢的韧性和塑性。渗碳工艺广泛用于飞机、汽车和拖拉机等机械零件，如齿轮、轴、凸轮轴等。

渗氮处理主要是将含有铝（Al）、铬（Cr）、矾（V）或钼（Mo）的合金钢加热到 450 ~ 570℃，利用氨气被分解成原子态的氮（N）渗入到钢铁基体内部，产生间隙强化和生成细微氮化物颗粒强化的方法。渗氮层深度较小（0.1mm）但硬化效果好，是一种对表面尺寸精度要求较高时常用的表面硬化方法。

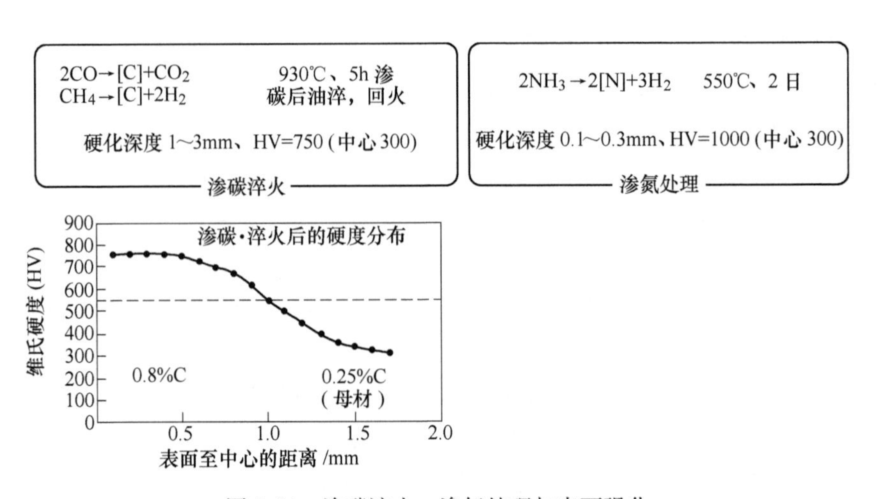

图 3-24 渗碳淬火、渗氮处理与表面强化

3.8 马氏体相变

3.8.1 无扩散的剪切型相变

通常的相变是一个起源于原子的扩散并经历形核和长大的过程。将钢加热到一定温度后迅速冷却，能得到一种使钢变硬、强度增大的淬火组织。1895 年法国人奥斯蒙发现其内部组织发生了变化，产生了一种新的组织，并以德国冶金学家马滕斯的名字将这种组织命名为马氏体。

人们最早只把钢中由奥氏体转变为马氏体的相变称为马氏体相变。20 世纪后，随着人类对钢中马氏体相变特征的深入研究，又相继发现了在许多纯金属和合金中也具有马氏体的相变特征，如钴（Co）、汞（Hg）、锂（Li）、钛（Ti）、钒（V）、锆（Zr）等金属和 Ag-Cd、Ag-Zn、Au-Cd、Au-Mn、Cu-Al、Cu-Sn、Cu-Zn、In-Tl、Ti-Ni 等合金。目前，广泛地把基本特征属马氏体相变型的相变产物统称为马氏体。

马氏体相变时没有穿越界面的原子无规则行走或跳跃，原子有规则地保持其相邻原子间的相对关系进行位移，这种位移是切变式变形，因而马氏体新相承袭了母相的化学成分、原子序态和晶体缺陷。

在一般合金的马氏体相变中，马氏体形成量虽然与温度有关，即随着温度的下降，马氏体相变体的形成量增大，而其极快的相变速度（10^{-7}s 以内）与相变温度无关。

碳素钢的马氏体相变会产生较大的体积膨胀，因此为维持形状不变许多晶粒会产生孪晶和滑移（如图 3-25 所示）而导致基体非常坚硬，表面还会出现起伏。

但是，Ti-Ni 等形状记忆合金的马氏体相则非常柔软，加热时还会可逆恢复至高温相，我们称之为热弹性马氏体（第 120 页）。

图 3-25 马氏体相变的剪切变形

3.8.2 钢中的马氏体因固溶碳原子，因此又硬又脆

1926 年俄罗斯科学家用 X 射线结构分析方法测得钢中的马氏体为体心立方结构，并认为马氏体是碳溶于 α-Fe 中而形成的过饱和固溶体，马氏体中的固溶碳即为原奥氏体中的固溶碳。碳素钢从 γ 相（FCC）急冷获得的马氏体，形成 c 轴伸长 1% ~4% 的 BCT（体心正方）晶格点阵。碳元素含量越高则 c 轴伸长越大，马氏体就越硬。γ 相与马氏体相之间，大致存在贝因位向关系（如图 3-26 所示）。

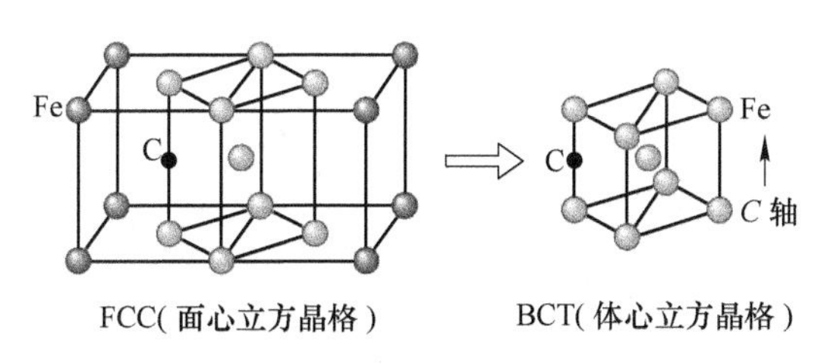

图 3-26 钢中奥氏体与马氏体的方位关系

将此马氏体组织在 200℃以上回火，碳元素会以铁碳化合物的形式在晶界上析出导致轴比下降，内应力部分释放脆性改善，这就是回火马氏体。另外，如果将 γ 相以低于淬火冷却的一个合适的中间速度冷却，使得铁原子无扩散而只有碳原子扩散形成碳化物，这就是贝氏体组织。它兼具高强度和高韧性，在实际使用中经常采用。

3.8.3 钢铁冷却组织的指南：CCT 和 TTT 曲线

可以利用奥氏体相在冷却过程中试样的长度变化来测得其相变状态（如图 3-27 所示）。α 相或珠光体相变时在高温产生体积膨胀，而马氏体相变则在低温发生膨胀。将其相变在不同的冷却速度曲线上表示出来就是连续冷却相变曲线（CCT 曲线），这在组织控制中经常使用（如图 3-28 左图所示）。

急冷到一定温度后保持一段时间所获得的相变组织我们称之为等温相变曲线（TTT 曲线）。共析钢在 550℃附近有一个鼻部，其上部发生珠光体相变，在其鼻部下部保持温度则会产生连续冷却时不会出现的贝氏体相变（如图 3-28 右图所示）。

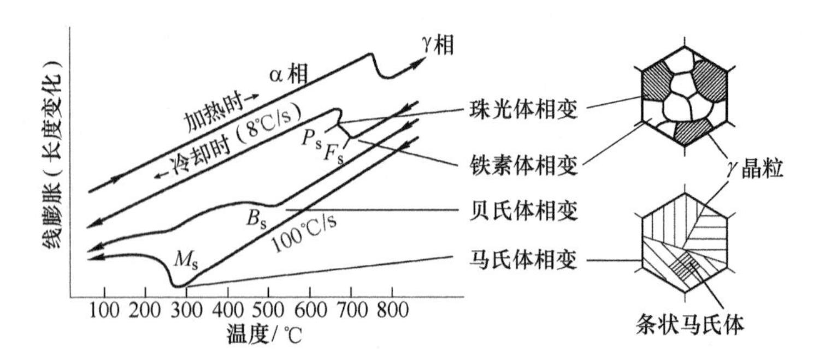

图 3-27　碳素钢加热及冷却时的线膨胀曲线
（来源：平川賢爾ほか「機械材料学」朝倉書店，1999）

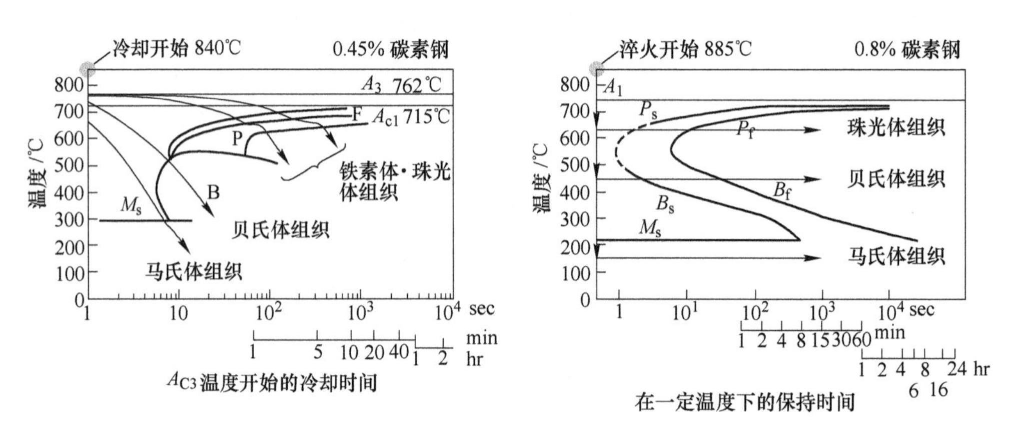

图 3-28　CCT 曲线和 TTT 曲线

3.9　回火时效

3.9.1　利用不同温度下固溶元素的溶解度差异进行时效硬化

高温下合金元素被固溶，急冷后在低温下长时间保存，基体中的固溶元素会随着时间的延长析出细小的亚稳定相而硬度提高，我们称之为时效硬化。

让我们来看铝（Al）-铜（Cu）二元合金相图中 Al 的一侧，室温下的 Al-Cu 合金稳定相为 Al 结晶（α 相）和 θ 相（$CuAl_2$）二相共存相（如图 3-29 所示）。高温 α 相最大可固溶 5.7% 的 Cu，但 200℃时几乎完全不固溶。利用这个溶解度差异，从高温急冷至 200℃ 以下进行时效处理，就能获得强度极高的杜拉铝（Duralumin）。

3.9.2　杜拉铝的硬度来自于亚稳析出物所产生的晶格变形

低温时随着时间的增加，Al-Cu 合金的硬度会分两个阶段上升，然后再下降。首先是在 α 相（Al 晶格）的 {100} 面上富集 Cu 原子导致晶格变形阶段

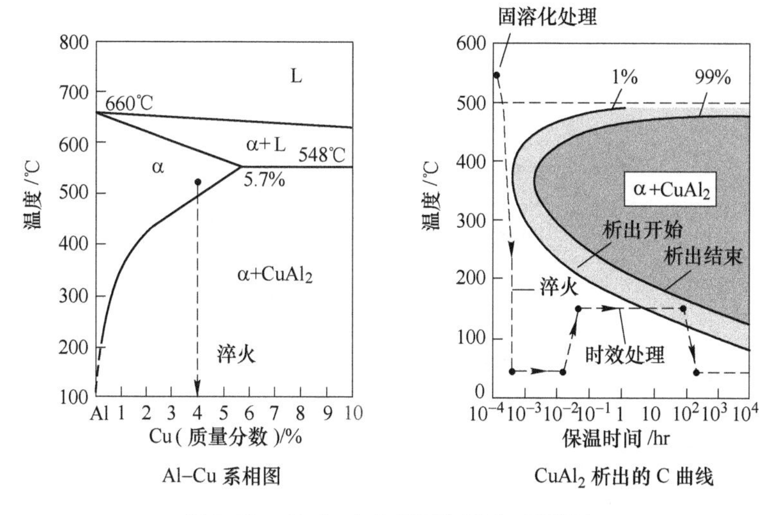

图 3-29 Al-Cu 合金相图与淬火（固溶）

（GP Ⅰ），然后是形成中间相（θ″：GP Ⅱ）再次导致晶格变形硬化阶段。当平衡相 θ 相（$CuAl_2$）析出时则会导致硬度下降（如图 3-30 所示）。这些在特定晶面上的析出物我们称之为共格析出物，其对基体的硬化能力极强。

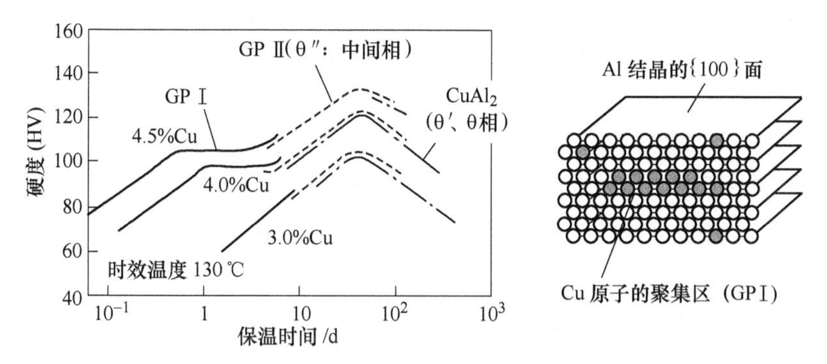

图 3-30 Al-Cu 合金的时效硬化与 GP 区

以上这种在平衡相析出之前亚稳相析出的现象，在铁（Fe）-碳（C）等合金系急冷时也会出现。也就是说，在非平衡度较大的合金系中，利用较快的反应速度首先达到亚稳状态的话，再通过时效即可获得。首先形成固溶亚稳相（GP 区），然后该亚稳固溶体中的过饱和固溶元素（Cu）逐渐减少，最后逐渐恢复到稳定状态（θ 相）（如图 3-31 所示）。这个析出相的变化过程我们称之为复原。

3.9.3 利用马氏体相变和时效强化获得马氏体时效钢

低碳钢中添加 17% ~30% 的镍（Ni）、钴（Co）等合金元素，高温淬火获得

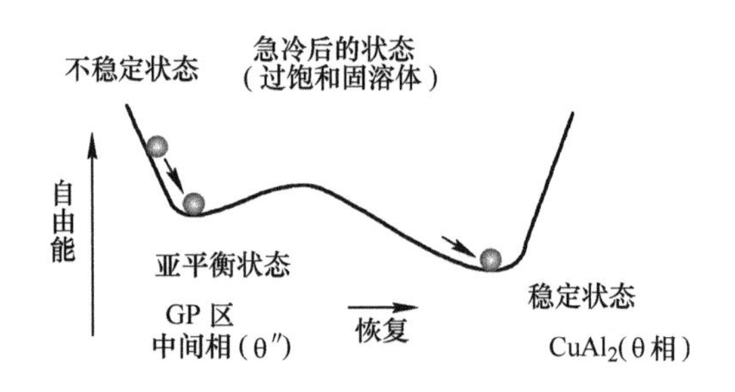

图 3-31 亚稳定相的析出

马氏体，机加工后进行时效处理析出金属间化合物，就能获得强度极高（2GPa）、韧性良好的材料。这种材料兼具马氏体强化和回火时效强化两大特点，我们称之为马氏体时效钢（如图 3-32 所示）。汽车自动变速箱（CVT）中的传动带使用的就是这种材料。

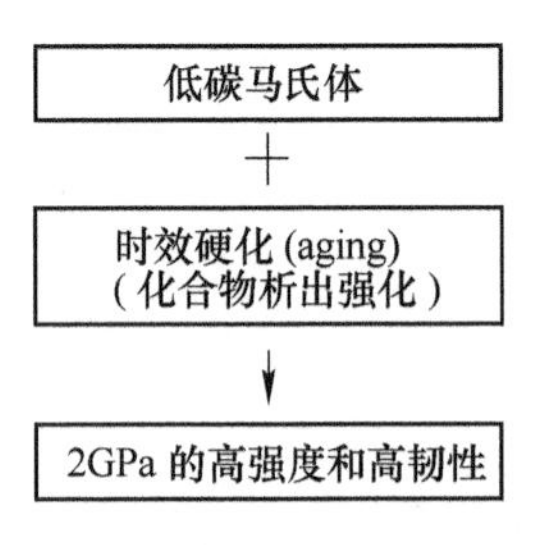

图 3-32 马氏体时效钢

3.10 高强度化的原理

3.10.1 我们希望获得高强度、高塑性和低脆性的材料

如果能够阻碍或抵抗金属组织中位错的滑移，则可获得高强度的材料。这主要是通过添加合金元素和热处理来达成的。由于退火材料的应力-应变曲线面积（塑性变形量）不会有太大的变化，因此通常来说提高强度则会带来相应的塑性下降（如图 3-33 所示），同时还容易带来脆性。材料开发者的重点是要选择对塑性降低和脆性影响较小的强化方法，或根据具体使用要求采用适当的材料强化方法。

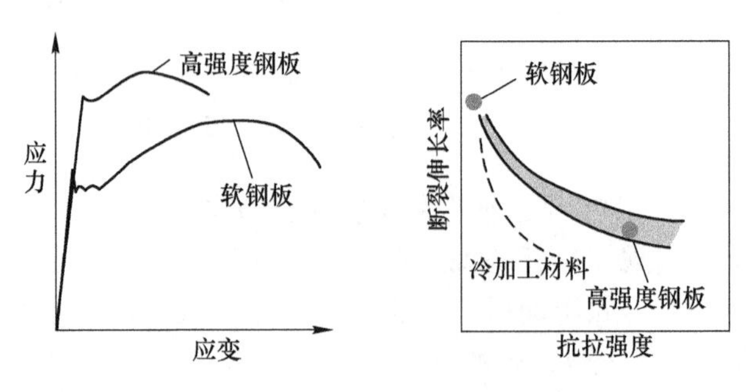

图 3-33 强度升高则导致塑性下降

3.10.2 材料强化的基本方式：固溶强化、析出强化和细晶强化

在各种强化方法中，固溶强化就是通过添加原子尺寸相异的合金元素，使得

基体的晶格产生弹性应变而提高强度的方法（如图 3-34 所示）。这是对塑性影响最小的强化方法。硅元素（Si）、磷元素（P）等的原子半径小于铁元素（Fe），所以在钢铁材料中作为固溶强化合金元素被普遍使用。

强化方法	固溶强化	析出强化	位错强化	细晶强化	分散强化
钢铁材料的强化实例	Si、P、Mn 合金化	NbC、VC、Mo_2C	冷压加工等	强加工 +NbC	添加氧化物粉末
特征	塑性降低较小，但强化能力亦较小	被广泛使用，但有时对塑性影响较大	加工成本低，但塑性降低较大	加热会导致软化	广泛用于耐高温材料等
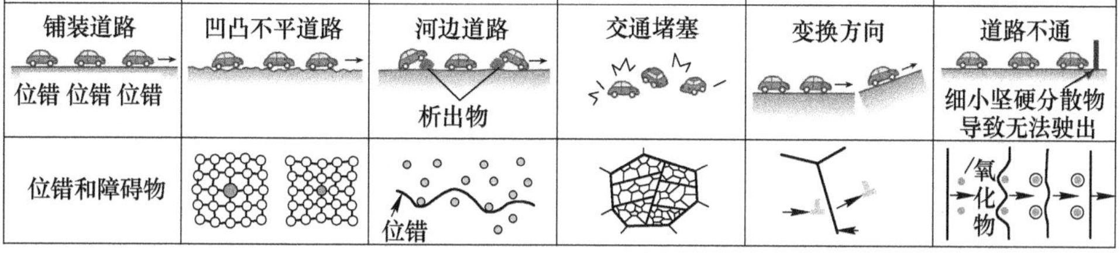 铺装道路 位错 位错 位错	凹凸不平道路	河边道路 析出物	交通堵塞	变换方向	道路不通 细小坚硬分散物导致无法驶出
位错和障碍物		位错			氧化物

图 3-34 各种金属的强化方法

析出强化的例子，除了像杜拉铝那样通过时效处理析出共格相导致基体晶格变形外，还有利用第二相化合物析出给位错移动形成障碍的强化方法。析出强化的效果大，但脆性也大。

第二相化合物析出强化是碳素钢的基本强化方法，最常见的是 NbC 或 VC 析出相强化。高碳合金钢通过淬火、在 500℃以上回火时析出 Mo 碳化物（$M_{23}C_6$）或金属间化合物进行的二次硬化就是其中一例（如图 3-35 所示）。

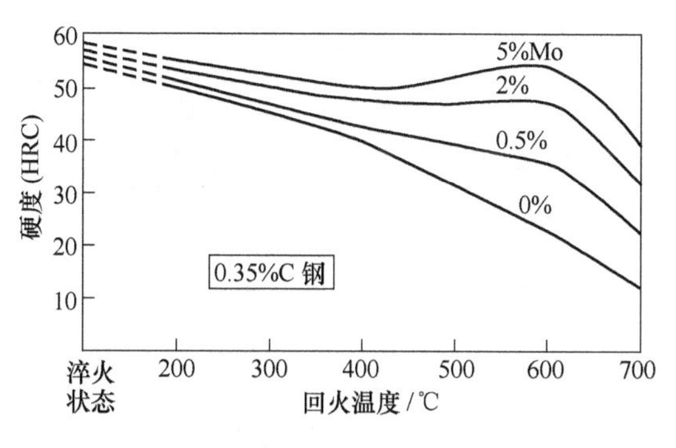

图 3-35 合金工具钢的二次强化

3.10.3 高温材料的分散强化

由于细晶强化对塑性影响小，且能有效提高韧性，因此是一种理想的强化方式。但是焊接时却有可能带来热影响区晶粒粗大的危险。另外，压延加工等虽然会导入大量位错带来位错强化而被广泛使用，但其却导致塑性大大下降，故而不太适用于金属加工。

高温下使用的材料，通常采用在基体中分散热稳定性好的硬质颗粒，给位错运动带来障碍的分散强化方法。具体应用有铜（Cu）中弥散三氧化二铝颗粒或铁中弥散 Y_2O_3 以及 Ni 基合金中的 ODS 合金（氧化物弥散强化）等。上述材料采用溶解-铸造方法很难做到硬质颗粒的均匀分散，一般采用粉末冶金法制造（122 页）。

3.11 微量成分的控制与应用

3.11.1 控制微量不纯物质降低危害

金属中必定会存在一些微量的不纯物质。金属中普遍被认为的不纯物质有氧（O）、氢（H）、氮（N）、磷（P）、硫（S）等非金属成分。这些非金属成分主要是通过原材料、冶炼时的空气吸收所带来的。其一般不在母相中固溶，而是作为夹杂物浓缩偏析在晶界。这些物质虽然极其微量，但非常有必要去除（见表 3-3 和图 3-36）。

表 3-3 钢中杂质的危害、防止对策及利用

元素	形态	主要危害	防止对策	对策的目的	有效利用	含有量①
O	氧化物	缺陷、裂纹	添加 Al、Si	采用脱氧剂去除	析出核	<10
S	FeS	热脆性	添加 Mn	MnS 稳定化	易切削性	<40
P	晶界偏析	晶界裂纹	添加 B	晶界强化	强化	<120
N	固溶	应变时效	添加 Al、B	形成 AlN、BN	晶粒控制	<30
H	缺陷偏析	氢脆	真空处理	减压去除	—	<0.1
Cu	表面富集	表面裂纹、缺陷	原料精选	防止原料混入	耐蚀性	<0.03
Zn	蒸汽	溶解污染环境	蒸发去除	防止残存	不明	无

① 以高炉/转炉钢为例（ppm）。

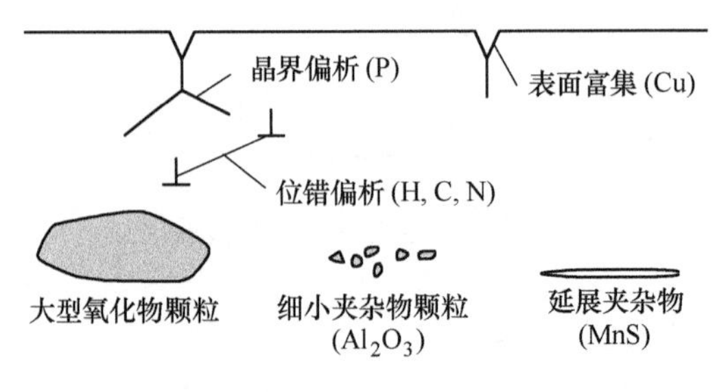

图 3-36 钢中杂质的危害、防止对策及利用

氧在钢中作为氧化物存在，导致内部缺陷和开裂，特别是刃具用钢铁材料中的 Al_2O_3 含量需要严格控制。硫会形成低熔点化合物（FeS）引起钢在热加工时开裂，即产生所谓的热脆，通常采用添加锰（Mn）形成 MnS 使其稳定。P 通常偏析于晶界导致晶粒脆化，因此尽量降低。N 导致应变时效，通常采用添加 Al 或硼（B）来生成 AlN 或 BN 予以固定。H 极易在夹杂物界面或位错部位聚集，导致高强度钢氢脆，通常采用真空熔炼等方法尽量降低。

电炉钢的最大问题是混杂废铜线的废钢所带来的铜污染。由于在精炼时无法去除，因此对于原料必须严格精选。另外，由于汽车大量使用镀锌钢板，因此，如何防止废钢中的锌（Zn）混入也是一个问题。

3.11.2 利用氧化物、碳化物、氮化物和热加工工艺综合控制材料组织结构

还有利用不纯物质改善材料性能的例子。我们曾描述过金属在凝固或相变过程中，其内部的氧化物、TiN 等会成为新相的核，这在焊接部位能获得组织细化等效果而提高热影响区的韧性（如图 3-37 所示）。另外，由于 MnS 可提高钢材的易切削性能，所以有时还特意添加 S 元素。

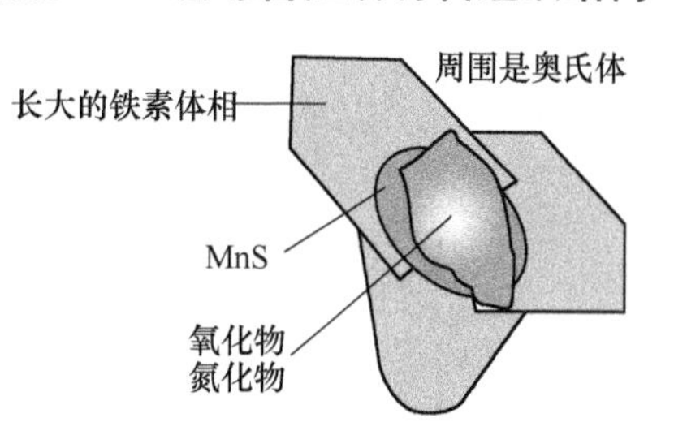

图 3-37 以氧化物为核的铁素体相形核与生长

微量的铌元素（Nb）、钛元素（Ti）等能形成 NbC、TiC 等第二相产生析出强化。特别是热轧或锻造加工时，上述元素高温固溶后，在后续的热加工过程中，会适时在相变时或相变后产生加工/再结晶、$\gamma \to \alpha$ 相变和第二相析出过程，最终获得强度和韧性俱佳的效果（如图 3-38 所示）。我们称之为 TMCP 钢（Thermo-Mechanical Control Process：热机械控制工艺）。

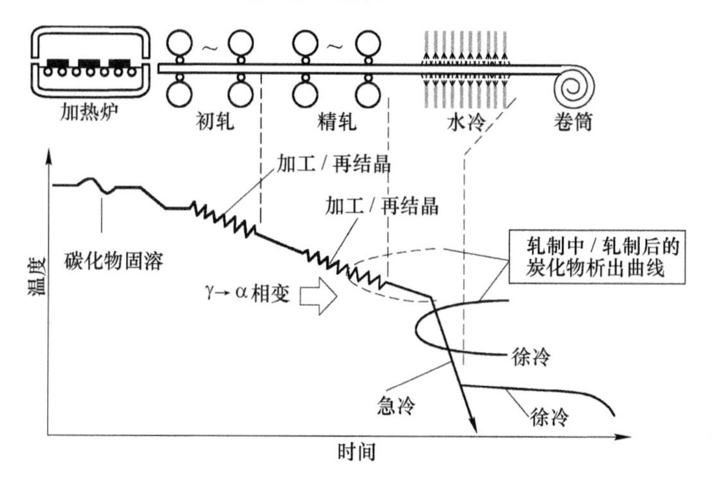

图 3-38 热机械加工处理 TMCP

3.12 断面与破坏形式

3.12.1 塑性破坏与危险的脆性破坏

金属在发生较大变形后的破坏是塑性破坏。破坏断口一般呈纤维状或韧窝状，色泽灰暗，断口面多存在夹杂。夹杂附近有微小的空洞存在。宏观显示为杯锥状断口（如图3-39所示）。

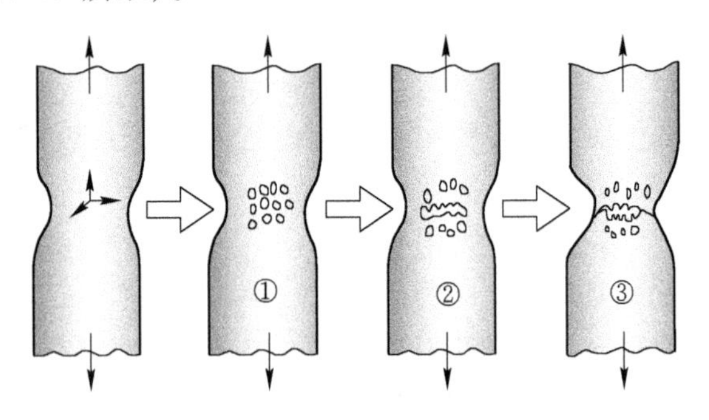

图3-39 金属的塑性破坏

而脆性破坏是几乎没有塑性变形、破坏前无明显预兆的破坏。这是一种危险的，几乎不吸收能量的瞬间破坏形式。脆性破坏有解理（晶内）破坏和晶界（沿晶）破坏。这两种破坏均极易在低温下发生。体心立方的铁在低温或高速变形时，产生塑性变形时（位错滑移）所需的应力急剧上升，但解理面或晶界面间的结合强度并不随温度有太大改变。因此，当温度降到转变温度以下时，由于结合强度小于塑性变形应力，因此极易发生脆性破坏（如图3-40所示）。

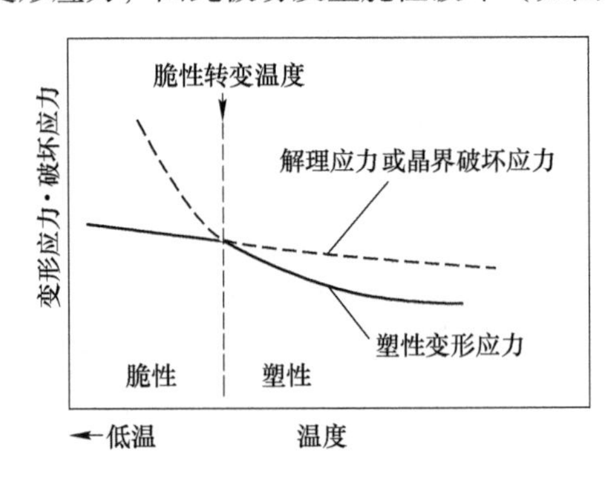

图3-40 低温所引起的脆性破坏

3.12.2 解理破坏的特征

解理破坏是BCC或HCP金属在低温或高速变形时沿着晶内一定结晶学平面

分离而形成的破坏。铁的解理面为｛100｝面，断面为银白色，宏观断口常呈现放射状撕裂棱形，即所谓人字纹或河川花样（如图 3-41 所示）。通过不同温度下的夏比冲击试验，我们将金属材料从塑性破坏到脆性破坏的转变温度称之为脆性转变温度，并用此温度作为材料的一个评价指标（如图 3-42 所示）。

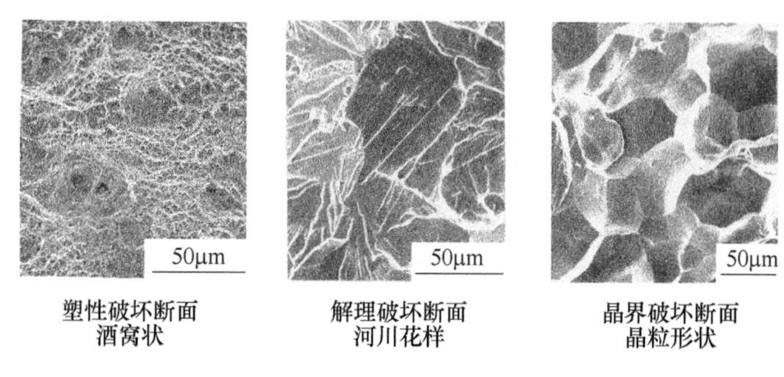

图 3-41　断面的电子显微镜照片

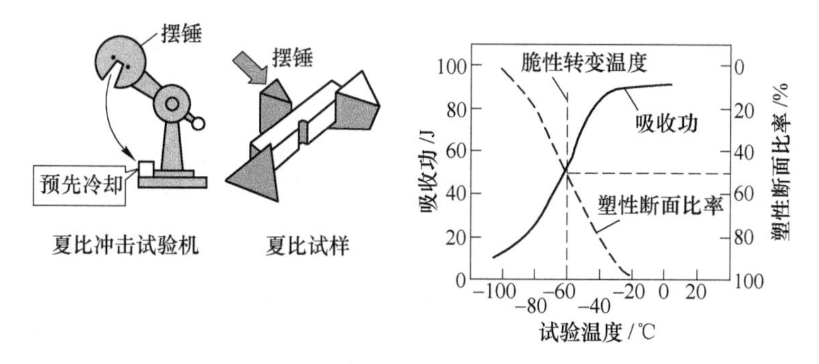

图 3-42　夏比冲击试验及脆性转变温度

产生脆性的主要原因是由于裂纹、低温变形或高速变形所造成的，因此首先必须想办法去除裂纹等缺陷的存在。如果能使热处理前的奥氏体晶粒细化并且分散结晶位向，则可使断面粗糙而导致脆性转变温度下降。

3.12.3　晶界破坏的特征

晶界破坏不仅仅在高强度钢上发生，在含磷（P）量较多的脱碳钢中也极易发生。晶界是晶粒中最薄弱的部位，极易产生杂质偏析或外部元素侵入而导致破坏。防止晶界破坏的对策是细化晶粒、添加硼（B）元素来提高晶界结合力等方法。

3.13　延迟破坏和应力腐蚀破坏

3.13.1　经过一段时间后突然发生的破坏——延迟破坏

在一定静载荷条件下，经过一定的时间后突然间发生的破坏我们称之为延迟破坏。最早是将黄铜（Cu-Zn 合金）板深冲成弹壳后，在其后的存放过程中产生的一种破坏（如图 3-43 所示）。现在，不锈钢冲压成型板也经常发生类似现象。这可通过成型后去除残余应力来防止。

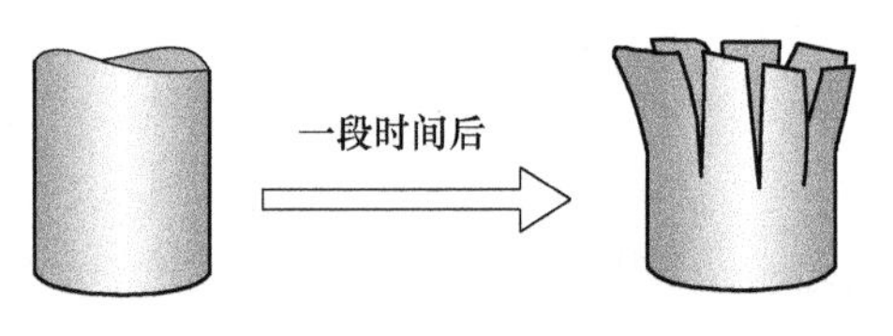

图 3-43 深冲成型后延迟破坏

20 世纪 70 年代，桥梁或建筑物上使用的 1200MPa 以上高强度螺栓的延迟破坏成为了一个巨大的隐患（如图 3-44 所示）。由于雨水或结霜而产生的腐蚀导致所产生的氢元素进入钢基体，当氢含量超过阈值（1×10^{-6}左右、原子比约为 50×10^{-6}）时，则会产生龟裂而导致破坏（氢脆）。

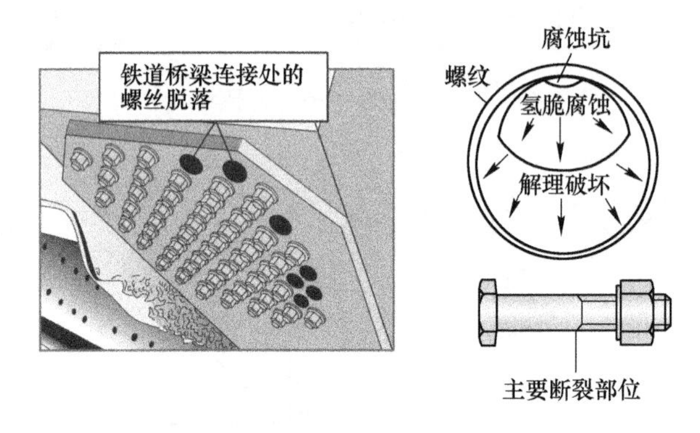

图 3-44 桥梁高强螺栓脱落及螺栓断口

氢脆导致的延迟破坏原理推测是侵入的氢原子：（1）降低金属原子之间的结合力；（2）促进微裂纹尖端的滑移变形；（3）氢原子聚集成团导致体积膨胀。对于电镀螺栓的除锈酸洗和电镀同样会导致氢原子侵入，因此电镀后必须实施 200℃脱氢处理。

铁在常温下几乎不固溶氢元素（$<0.001\times10^{-6}$），但是 0.1ppm 以下的氢原子很容易进入到位错、空洞等晶格缺陷处并扩散开来。这种扩散性氢元素含量越高，同时钢材的强度越高，则越容易产生氢脆破坏。

3.13.2 几乎所有的合金都会产生应力腐蚀

金属材料在特殊的腐蚀环境下施加较低的拉伸应力时也会发生突然破坏，我们称之为应力腐蚀破坏（SCC）。碳素钢、不锈钢、铝合金、铜合金等几乎所有的合金都会发生 SCC 破坏。即使材料表面基本完整，只要有极少的保护膜被破坏，氢原子就会通过腐蚀缺陷进入材料内部导致裂纹迅速扩展（如图 3-45 所示）。

核反应堆所使用的不锈钢（18Cr-8Ni）管道，熔结时的焊接热产生碳化铬，导致晶界附近铬的固溶量下降（我们称之为锐敏化）而极易产生晶界应力腐蚀。因此，核反应堆不锈钢管道加工需要进行严格的残余应力控制等管理（如图 3-46 所示）。

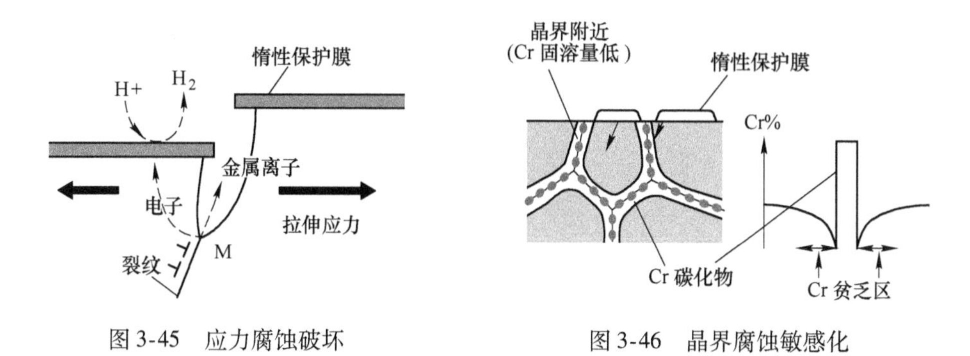

图 3-45 应力腐蚀破坏　　图 3-46 晶界腐蚀敏感化

3.14 疲劳破坏和蠕变破坏

3.14.1 循环往复的低应力也会导致破坏

对于能承受住一次性载荷，但在同样载荷下多次往复加载却导致破坏的现象我们称之为疲劳破坏。90% 的零件失效都是疲劳破坏。裂纹从起始点开始扩展的断口形貌是贝壳形貌（Beach mark）（如图 3-47 所示）。裂纹的起始点一般位于应力集中部位或夹杂物附近，贝壳状条纹之间可观察到显微扩展条纹（Striation），这是应力振幅所导致的显微变形（位错滑移）轨迹。

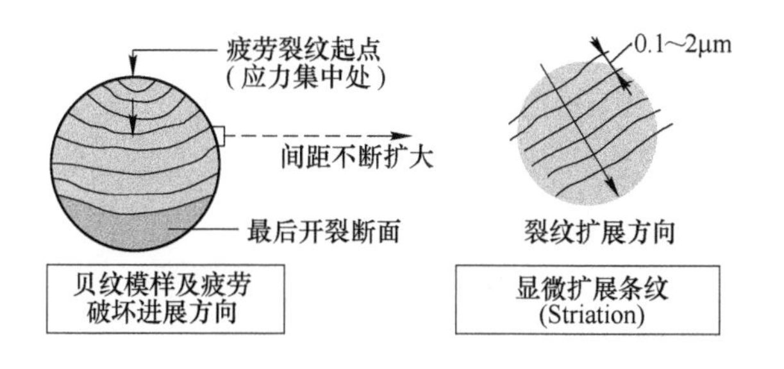

图 3-47 疲劳断口的贝壳形貌

疲劳破坏前的应力振幅与循环次数对数的关系我们称之为 S-N 曲线。大多数的钢铁材料都是随着应力的降低而破坏的循环次数增加。但当应力降到某个数值以下后，即使循环次数达到 10^7 次以上也不会断裂（如图 3-48 所示）。我们把这个应力数值称之为疲劳极限（或称时间强度）。钢铁材料的疲劳极限大约是其拉

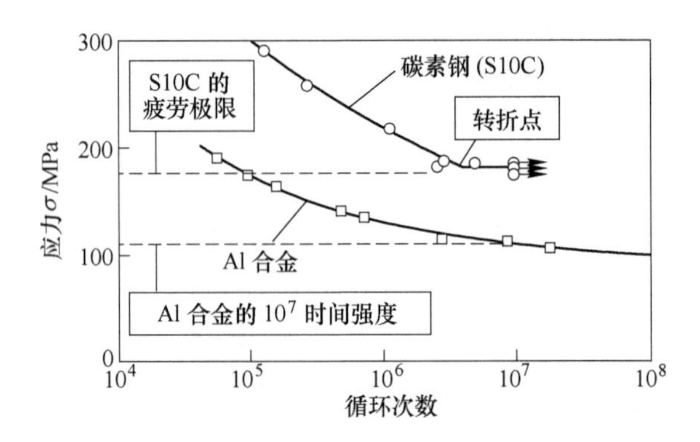

图 3-48 *S-N* 曲线：判定疲劳破坏应力

伸强度的一半，而大多数铝合金几乎不存在疲劳极限。

3.14.2 高温环境下材料的蠕变变形和蠕变破坏

如果将承受一定应力的材料置于高温环境，则其应变会随着时间的延长而增大直至破坏。我们将这种现象称之为蠕变破坏。一定温度、一定应力条件下的应变随时间的变化曲线我们称之为蠕变曲线。该曲线分为迁移蠕变、稳定蠕变和加速蠕变（缩颈开始）这三个阶段（如图 3-49 所示）。稳定蠕变阶段的时间最长，在此阶段由于变形产生的加工硬化和元素扩散导致的应变回复（软化）相互消长，所以变形速率基本保持恒定。

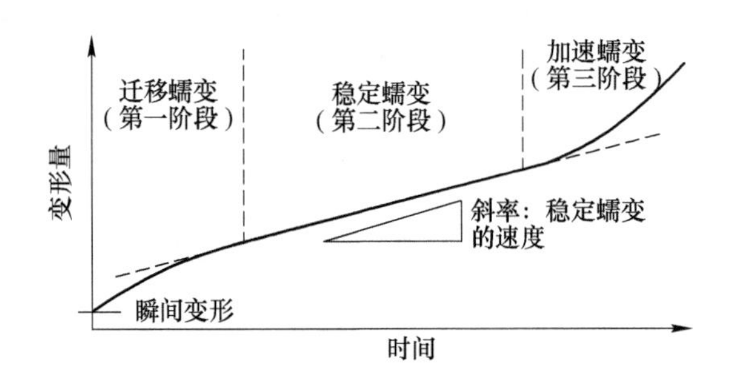

图 3-49 蠕变曲线

不锈钢中的铁素体（BCC）和奥氏体（FCC）相比，奥氏体的扩散速度较小因而应变回复速度较小。由于奥氏体中存在加工硬化，因此奥氏体的变形速度小，耐蠕变性好。

火力发电厂的大型锅炉管道等在设计上必须重点考虑蠕变破坏曲线。图 3-50 所示是应力载荷与破坏时间之间的对数关系曲线。通常，设计允许应力为 10 万小时（11 年半）的蠕变应力。在此基础上再参照强度参数等因素来确保管道的安全。

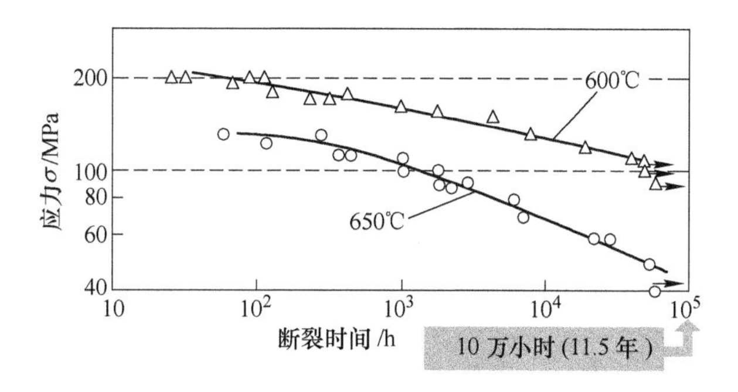

图 3-50　蠕变破坏曲线

1. 米勒指数表示法

(1) 立方晶系 (FCC、BCC)。晶体结晶的特点是原子按照一定的周期排列。根据其排列方向和排列面的不同，产生磁性、弹性模量、表面能等性能的差异。我们一般采用米勒指数来表示排列方向（晶向指数）和排列面（晶面指数），如图 3-51 所示。

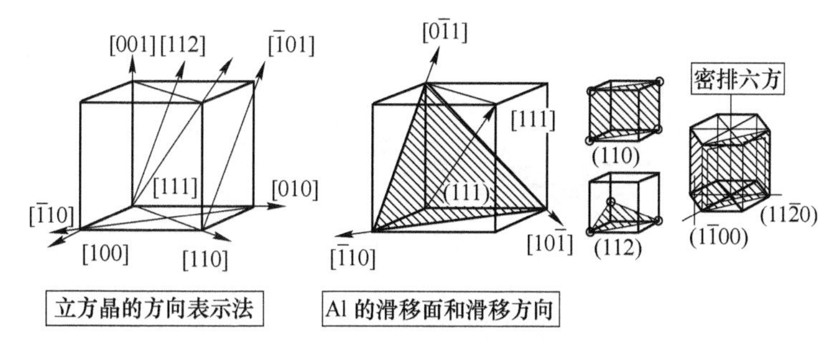

图 3-51　立方晶系和六方晶系

排列方向以某个原子点开始用矢量表示（三维坐标表示），排列面用该面的垂直方向（法线）矢量表示。排列面用 (hkl)，排列方向用 [uvw] 来表示。例如，金属铝的一个滑移系为 (111) $[\bar{1}10]$，它表示位错在 (111) 面上的 $[\bar{1}10]$ 方向滑移。由于面指数和面上的方向互为直角，因此 $hu + kv + lw = 0$。(111) 面、$(\bar{1}11)$ 面、$(1\bar{1}1)$ 面和 $(11\bar{1})$ 面是等价的，故总称为 {111} 面。[110]、[101]、[011]、$[\bar{1}10]$、$[1\bar{1}0]$ 和 $[10\bar{1}]$ 在方向上也是等价的，故用 <110> 来表示。因此，金属铝的滑移面一般采用 {111} <110> 来表示。其共有四个 {111} 滑移面，每个面有三个 <110> 滑移方向，因此金属铝共计有 12 个位错滑移组合。

（2）六方晶系（HCP）。在其底面用夹角为120°的四轴来表示，面指数采用（hkil）来表示。由于 h + k + i + l = 0，因此也可以用（hkl）来表示。面指数与面上的方向不直交。

2. 世界三大名刃：大马士革刀、日本刀和马来克力士剑

大马士革刀为世界名刃之首，它之所以如此锋利，主要是因为其锻造方法与众不同。现代科学家经过研究发现，大马士革弯刀独特的花纹竟然是由无数肉眼难以看到的小锯齿状组成的，正是这些小锯齿状不但增加了大马士革弯刀的威力而且成就了其美轮美奂的花纹，使其成为刀具收藏界的极品。真正的大马士革钢又被称为结晶花纹钢，是古代粉末冶金和锻造技术完美的结合（如图 3-52 所示）。大马士革钢刀上的花纹基本上是两种性质不同的材料，亮的地方是纯的雪明炭铁，硬度比玻璃还大，暗的地方属于沃斯田铁和波来铁。整体含碳量在1.5% ~2.0%之间，在韧性高的波来铁中均匀散布着比玻璃还硬的雪明炭铁，使得大马士革钢刀具有非常锋利的刀锋，以及坚韧而不会折断的刀身。大马士革钢的花纹和折叠钢有明显的差别，大马士革钢的花纹比较细致，看起来比较自然，黑白的对比也比较大。由于古代有在刃上喂毒的习惯，很多大马士革钢的刀刃呈现黑色的现象，在黑色的刀刃上分布着亮晶晶的雪明炭铁，古代波斯人把它形容成像夜空中的繁星一样漂亮。

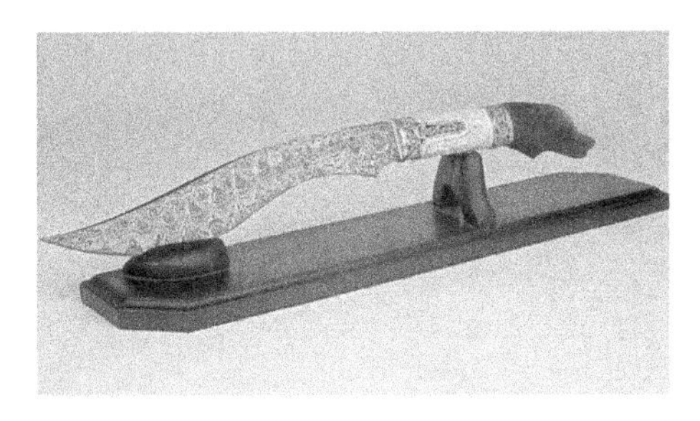

图 3-52 大马士革刀

不管您是否愿意，目前世界公认第二位的名刃是日本武士刀（如图 3-53 所示），而不是中国的唐刀。唐刀作为中国冷兵器发展的高峰，不仅伴随着唐帝国的建立、昌盛、荣辱悲欢，也成功地影响了整个亚洲的冷兵器文化，其中仪刀和横刀的发展成为以后的佩刀；仪刀向东流传到高丽和日本，并进化成为其本民族的冷兵器；向西南则成为藏刀的祖先；陌刀在以后的演化中成为宋刀，其变化出来的数种长刀都为后世流传。但是随着时间的流逝，许多制刀工艺失传，中国刀走上了追求廉价且工艺简单易于大规模装备的路线，而由唐仪刀演化而来的日本刀却日趋精良。明朝倭乱时，明军装备的单手廉价腰刀已经无法和倭刀相对抗。日本刀全称为平面碎段复体暗光花纹刃。虽然是唐仪刀的传承，但是在日本本土随着战争的锤炼，其姿态和锻造也发生了巨大的变化，由于日本本土的资源匮

乏，铁矿和高温燃料不足，钢铁的性能受到限制，为了解决刀刃锋利并保持很好的硬度，同时刀身又要保持适当的弹性，日本刀开始采用三明治式的锻造技术（刀体分为脊铁、皮铁、芯铁、刃铁）。脊铁和皮铁属于中碳钢，可以充分展现铸造匠师的技巧及手法，强化美术观感；芯铁属于低碳钢，目的在于为刀剑提供一定的柔韧性；刃铁则是高碳钢。由于使用材料的性质不同，在淬火的时候金属内部产生的应力不同，刀刃开始变得有弧度，从此日本刀逐渐脱离中国唐刀的影响，发展成为具有典型日本特色的冷兵器。

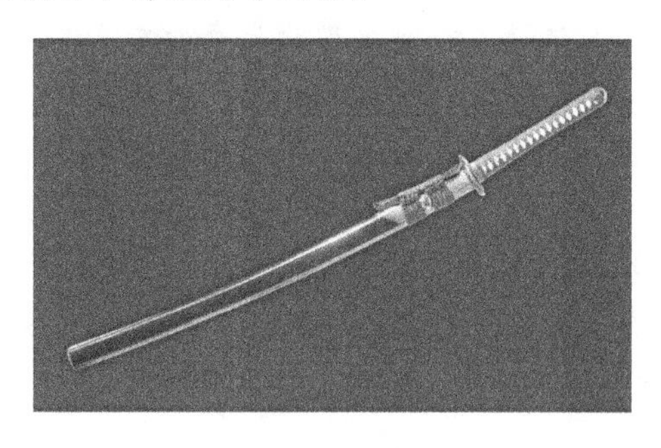

图 3-53　日本刀

马来克力士剑指的是自菲律宾至印度一代古代马来民族所用的剑，不止马来群岛地区，也并不单指马来西亚一国，主要包括爪哇、苏门答腊、巴厘等诸岛（如图 3-54 所示）。马来克力士剑兴盛于 13 世纪的满者伯夷王国，属于糙面陨铁焊接花纹刃中的顶尖精品，精美绝伦。其制造工艺极为精细，仅反复锤锻入火一道工序就要重复 500 次左右，刃上的夹层钢有 600 层之多。史料记载，三国时期，魏太子曹丕爱剑，曾招楚越良匠为其打造百辟刀剑，也不过是在打造刃身时入火 100 次。

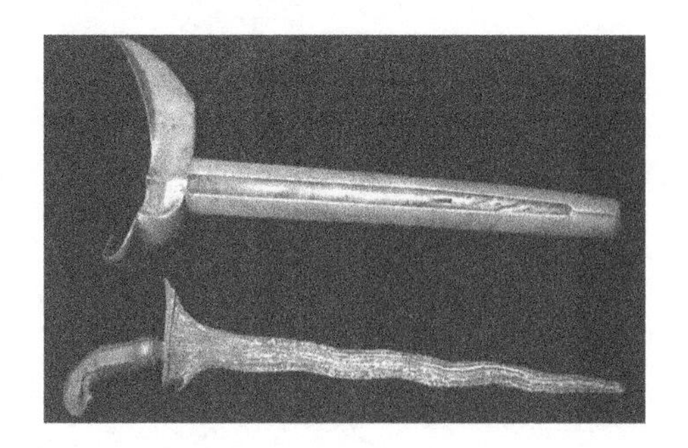

图 3-54　马来克力士剑

1739 年，荷兰人攻占爪哇，他们纷纷从马来人手中抢夺刀剑，带回自己的国家，并以拥有一把克力士剑为荣耀。现在，荷兰大大小小的博物馆陈列品，欧洲各国王室贵族、收藏家和博物馆都以能收藏到上佳的马来克力士剑而自豪。

带有讽刺意味的是，克力士伴随着马来人对侵略者的英勇抵抗一起威震西方，马来人输了战争，但克力士却赢得了荣誉。遗憾的是，自白种人统治以后，禁止马来人佩戴克力士，马来制刃家渐少，铸刃术逐渐湮灭。所以，虽然目前在马来西亚仍有人制克力士，外型也没有改变，但是真正按古法打造的克力士却已经失传了。

中国的冷兵器时代格外漫长。华夏大地自古征伐不断，金戈铁马之声踏碎了众多君王的残梦，也造就了辉煌的兵器文化。干将、莫邪的造剑故事，龙泉、太阿等上古名刃，至今为人传诵。以花纹刃为代表的中国兵器铸造术，始自远古，盛于春秋战国，衰于秦汉。秦灭六国之后，秦始皇收天下之兵，聚之咸阳，销锋镝，铸以为金人十二。一批善铸兵器的能工巧匠被坑杀，侥幸逃脱的远避他乡，东至东瀛，西逾中亚，南抵马来。从此，花纹刃的铸造技艺在中土失传，而大马士革花纹刀、马来人的糙面焊接花纹刃、日本的暗光花纹刃开始名播天下。一段文明在本土衰亡，却在异域结下奇异的果实，读来不知是悲是喜。

4 结构材料和强度材料

4.1 人类与金属的关系

4.1.1 铁制品具有3700年的历史，是现代文明社会的基础

制铁业兴盛于公元前12～17世纪的古赫梯帝国。史书上有公元前1269年埃及王朝的拉美西斯二世向古赫梯帝国订购铁器的记载。赫梯帝国灭亡后，制铁技术开始向世界各地扩散。

中国有与铜器制造技术相交错的独立的制铁史。秦始皇时代（公元前221年）已经设置了铁官。铁器主要是作为武器和农耕用具而发展起来。特别是后汉（公元25～）发明了高炉铸铁法的雏形，导致铸铁开始大规模地应用于武器和货币的生产制作。

欧洲于15世纪后完善了高炉法，铁器开始被大量生产。18世纪蒸汽机的发明与使用带来了欧洲的产业革命。用铁制（铸铁制）桥梁代替木石制桥梁最早出现于1781年的英国。19世纪后半叶开始大量出现了可机加工的钢铁，导致了铁路、大型船舶和兵器等的诞生。

从公元7世纪左右开始，日本一直采用铁矿砂和木炭，用脚踏风箱方式生产铸铁。1901年官营八幡制铁所采用高炉-转炉法的第一台炼钢炉点火，直至今日一直是其主要的钢铁冶炼生产方法。

4.1.2 铝、镁、钛主要利用电力冶炼

自古人类就知道了金、银、铜、铁、铅、锡、汞、碳、硫磺这九种元素，而其他金属则是在18世纪后人类发明了利用电解等方法提取纯金属，才使其工业化生产成为可能。金属铝是在1855年巴黎世博会上以采用电解法从“黏土中得到的银”首次亮相。看到这种新材料的拿破仑三世立即对其进行资助以用于武装骑兵的盔甲。

金属镁（Mg）于1886年开始工业化生产，现在主要采用热还原法。纯金属钛的生产最早始于1910年以后，现在主要采用Mg还原法进行生产。稀土类金属的工业化应用则是1961年以后的事情。

图4-1简要地描述了人类钢铁文明的发展史和轻金属的诞生年代。从图中可

以看出，炼铁技术业已具有3700年以上的历史，而铝、镁、钛等年轻金属则只有不到200年的历史，均产生于人类懂得使用电力以后的年代。炼铁时所需要的巨量木炭导致了大量繁茂的森林树木被砍伐。而利用焦炭还原钢铁的成功，才使得人类真正地迈进了工业化时代。

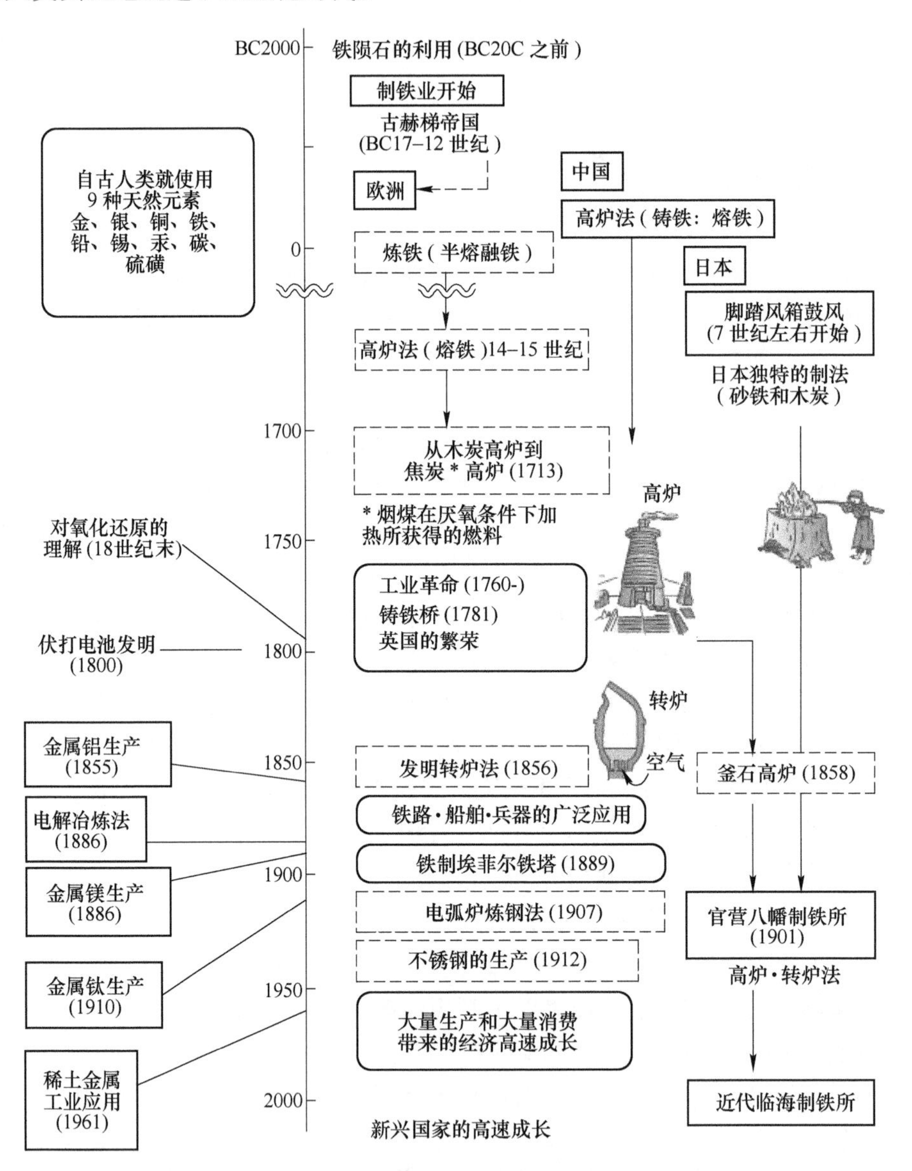

图4-1 近代钢铁制造技术的发展和新型金属的诞生

本章主要对支撑社会文明的金属，特别是结构材料方面的知识在前章学习的基础上进行讲述。

4.2 制铁方法和钢铁材料概论

4.2.1 巧妙地利用铁碳相图，采用间接制铁法制铁

钢铁是从高炉上部投入铁矿石（氧化铁）和焦炭进行还原反应从而进行生产，但首先获得的不是纯铁，而是含碳量4%以上的铸铁。这是由于从铁碳状态图上来看，越接近共晶成分的固溶体，其熔点越低的缘故。然后再将铸铁移至转炉内，吹入氧气后将大部分铁中的碳元素与氧发生反应 C + O→CO 脱碳后方才能获得钢铁。

由于脱碳过程的温度更高，因此可获得含碳量更低的铁。夹杂物也会与氧元素发生反应形成浮在铁水上的炉渣而被除去。我们将首先使过量的碳元素溶入铁中，然后再去除的方法称之为间接法。但由于整个过程均处于熔融状态，因此可高速并自由地调节其碳含量。制铁法就是巧妙地利用 Fe-C 相图的生产方法（如图 4-2 所示）。将高炉中获得的铸铁（ >4% C）转入转炉中进行脱碳和 2 次精炼获得钢。将钢加热到奥氏体温度区域后，再进行轧制和相应的冷却，即可获得所需要的晶体组织。

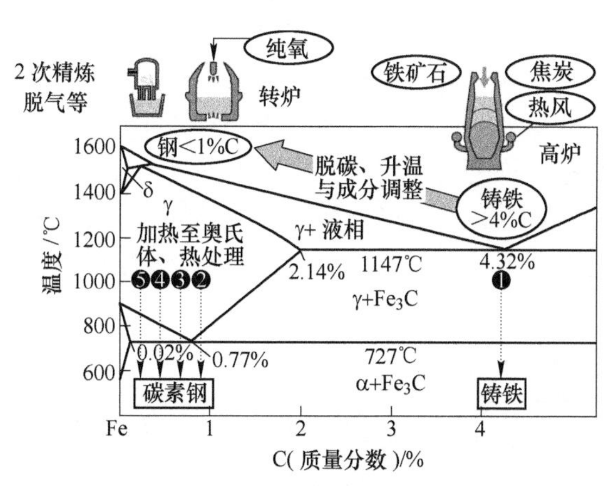

图 4-2 铁-碳相图和钢铁冶炼方法

由于通过以上方法所获得的含碳量约为 1% 以下的铁具有极高的强度和韧性，为了与普通铁（iron）或含碳量高的铸铁相区别，我们特别称之为钢（steel）。铸钢是经过成分调整后，再通过连铸或浇注进行铸造-锻造后，所得到的具有一定形状的钢铸片。

4.2.2 高强度的高碳钢和易加工与焊接的低碳钢

高碳钢铸造成型后，经过在奥氏体（γ）温度区域加热、锻造等加工和热处理后，控制材料的结晶组织、元素的固溶及析出等，即可获得所需要的性质。对

钢的性能影响最大的元素是碳含量，碳素钢的分类见表4-1。高碳钢具有优异的强韧性，而低碳钢则具有良好的加工和焊接性能。添加了铬、钼等其他合金元素的钢则被称之为合金钢。

表4-1 碳素钢的主要种类和特征

编号	含碳量	代表钢种	热处理	特 征	主要用途
①	2.5%~4.5%	铸铁（FC）	无	石墨	铸造物、轧制轴
②	0.6%~1.1%	高碳钢（SUJ）	Q/T	碳化物、耐磨	弹簧钢、工具钢
③	0.2%~0.6%	碳素钢（SC）	Q/T	马氏体、硬度	齿轮、机械结构材料
④	0.05%~0.25%	低碳钢（SM）	热轧	焊接性好	船舶、建材、结构材料
⑤	<0.08%	低碳钢（SPC）	回火	加工性好	机动车车身面板

表中，①铸铁中虽析出大量的柔软石墨，但无法塑性加工。②、③碳含量0.2%~1.5%的碳素钢成型后，再经过Q/T（淬火、回火）后可用于机械零件使用。④、⑤中的含碳量在0.2%以下，主要用于焊接结构件或加工品使用。我们一般称④、⑤类为普通钢、②、③类与合金钢称为特殊钢。

4.2.3 使用量最多的钢铁材料是建筑用钢和汽车用钢板

含碳量0.3%以下的碳素钢，经过成型后不用进行热处理即可大量用于大型建筑物，这种钢材我们称之为普通钢。而机械零件所使用的高碳钢（SC钢等）、合金钢和不锈钢则被称为特殊钢。日本的普通钢和特殊钢的生产比率约为4:1。普通钢的最大用途是建筑用钢（建筑物和土木工程）和机动车用薄板（如图4-3所示）。另外，采用铁矿石-高炉-转炉法生产的钢材和以废旧钢材为主要原料的电炉钢的生产比例大约为3:1。下面，我们简要介绍各种碳素钢的用途和性质特征等内容。

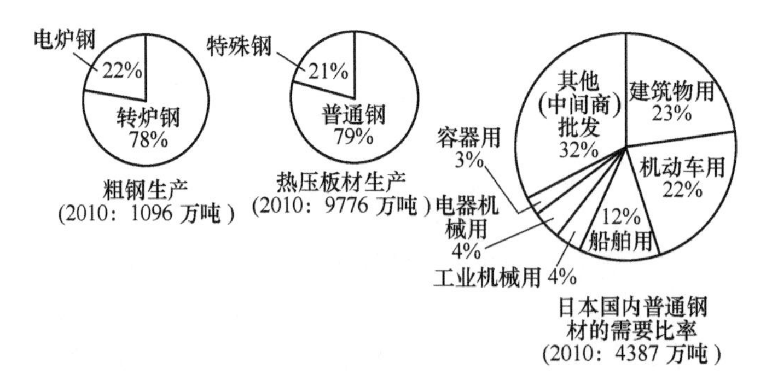

图4-3 日本2010年度钢材产量及用途[1]

[1] 日本国内每年约生产1亿吨粗钢。大部分用于建材（型钢、条钢线材、厚板、薄板）和机动车（薄板）、第二位是船舶（厚板）。数据来源：日本钢铁联盟。

4.3 高碳钢和工具钢

4.3.1 铁和渗碳体结构可获得4000MPa的高强度

将含碳量约0.8%的共析钢从奥氏体温度区域急冷至530℃附近并保温一段时间即可获得非常微细的铁素体和渗碳体的层状组织（微细珠光体）（第61页）。这种热处理法我们称之为韧化处理（Patenting）。经过这种处理的共析钢在其后的拉丝冷拔过程中不易拉断。通过多次这种热处理和冷拔操作，即可制成弹性极限极高的钢琴钢丝（SWP、SWRS钢材）等线材（如图4-4所示）。

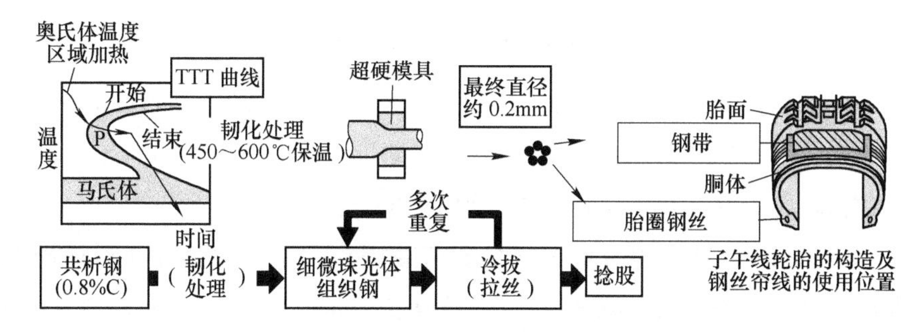

图4-4 共析钢的韧化处理及钢丝帘线

以车辆轮胎中所使用的钢丝帘线为例。生产钢丝帘线用的盘条质量要求严格，一般采用含碳0.67%~0.72%、抗拉强度为1050~1150MPa，且波动值不大于100MPa，直径为5.5mm、盘重约0.8~2.5t的盘条。盘条的尺寸公差一般要求±(0.2~0.3)mm。钢质要求纯净，夹杂物特别是SiO_2、Al_2O_3和氮化物等脆性夹杂物尽可能少，且一般尺寸应在10μm以下，少量夹杂物尺寸可在10~15μm之间。盘条只允许有轻微偏析，晶粒度为2~5级，表面不得有裂纹、折叠、铁瘤、锈斑和粗糙表面等缺陷，允许脱碳层不能大于横截面积的3%，深度小于0.15mm。盘条质量不仅影响成品帘线的力学和物理性能，而且还影响钢丝在拉拔和捻制中的工艺性能。为了提高帘线与橡胶的附着性，在最终拉拔前还必须镀黄铜。成品钢丝的表面应光亮清洁，不得有油污脏物，表面黄铜镀层厚度为0.2~0.4μm，铜锌成分比为7:3。经过以上处理，直径为0.2mm的超高强度（UHT）型钢丝帘线的拉伸强度可高达4000MPa（4GPa）。最后一道工序是捻股合绳，捻股是将多根镀有黄铜表面的钢丝按一定的结构捻制成紧密螺旋形状的绳股。合绳则是将捻好的股再次捻制成绳。

4.3.2 渗碳体的球化可导致基体软化和碳化物组织均匀分散

球化渗碳体组织可极大地提高高碳钢的机械加工性能。在共析温度（A_1点）以上略高温度（700～760℃）长时间加热的话则会导致层状渗碳体减少并球化（如图4-5所示）。渗碳体球化后的高碳钢可进行机加工处理。加工完成后，再通过淬火、回火处理即可用于所需要的刃具等工具材料（SK材料）。

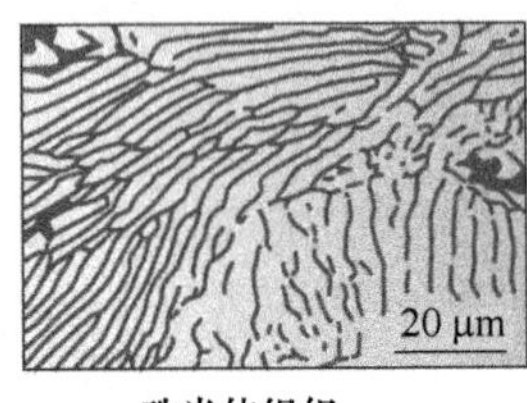

珠光体组织

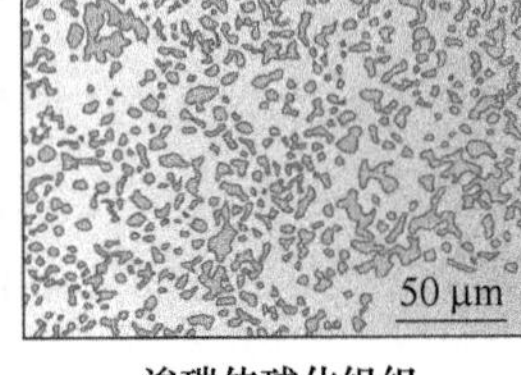

渗碳体球化组织

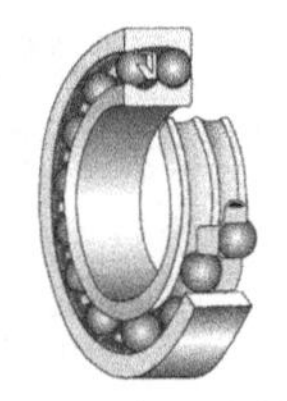

轴承钢使用实例

图4-5 共析钢（0.8%C）的组织和轴承钢

对于轴承等对耐磨性要求高的材料，还需要在马氏体中分散很硬的硬质细小颗粒。我们所说的轴承钢（SUJ钢），就是添加1%的铬（Cr），并使1μm以下的球状碳化物均匀分散在基体中，含碳量约1%的过共析钢。

4.3.3 坚硬、稳定的合金碳化物能有效提高钢材的耐热性和耐磨损性能

碳素工具钢的最大缺点就是极易生锈和热稳定性差。高速切削刀具在工作时所产生热量会迅速分解碳素钢中的渗碳体（Fe_3C）。添加钨（W）、铬（Cr）和钼（Mo）等元素后可使得工具钢在600℃的高温下保持其高温强度，成为切削性优良的高速钢（SHK、0.85%C-18%W-4%Cr-1%V钢等）或合金工具钢（SKS、SKD钢，合金元素总量在5%以下）（见表4-2和图4-6）。特别是高速钢，还可以利用空冷和高温回火的碳化物析出获得二次硬化效果。如果需要刀刃具有良好的耐热性，则必须使用合金工具钢或高速钢。特别是高速钢中含有大量的碳化物，因此具有良好的耐热性和耐磨损性能。金属带锯一般为双金属锯条，锯体采用高碳钢而刃部则采用高速钢。

表4-2 工具钢的种类和应用实例

种　类	JIS记号	成　分	组织	碳化物	特征	用途
碳素工具钢	SK1-7	0.6%～1.5%C	回火马氏体	Fe_3C	价格便宜，但易生锈	刀具、发条等
合金工具钢	SKT、SKS、SKD	添加W、Cr、V、Mo（<5%）		Cr系、Mo系碳化物等	耐磨损性好	冷轧模具、量具等
高速钢	SKH	大量添加W、Cr、V、Mo		W6C、VC、Mo2C等	耐热性好（600℃）	高速切削工具（高韧性）

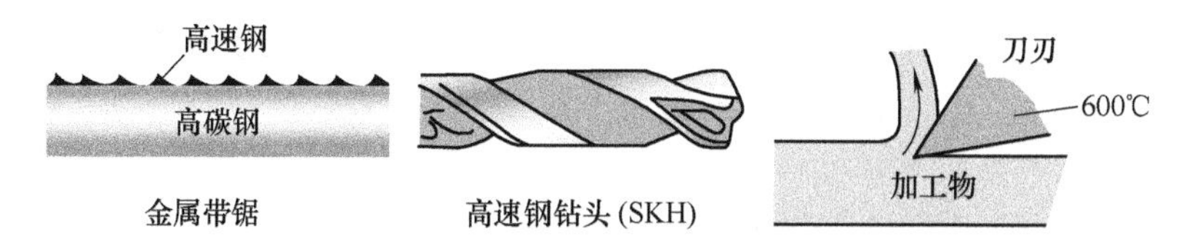

图 4-6 共析钢（0.8%C）的组织和轴承钢

4.4 焊接结构钢

4.4.1 大型结构件需要电弧焊接

建筑物、船舶等大型结构物需要将型钢或厚钢板等钢铁材料焊接组装起来。电弧焊是通过焊丝与母材之间产生电弧，利用焊丝的熔滴将母材连接起来的常用加工方法。为了防止熔融金属被氧化，焊接时焊缝需要助焊剂或者惰性气体（二氧化碳等）覆盖。

埋弧焊（Submerged arc welding，SAW）是一种电弧在焊剂层下燃烧进行焊接的方法，具有可大电流（大热量）、焊接质量稳定、焊接效率高、无弧光及烟尘少等优点，使其成为造船、桥梁、建筑、压力容器、管道等重要钢结构件制作中的主要焊接方法（如图 4-7 和图 4-8 所示）。

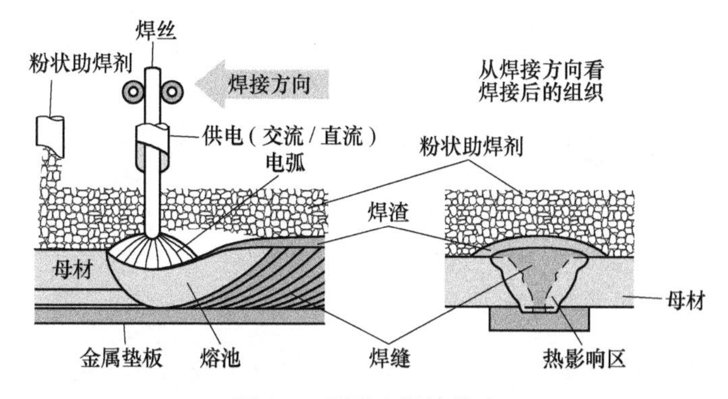

图 4-7 埋弧电焊熔接法

（资料：溶解学会编「新版 溶接·接合技术特论」产业出版，2005）

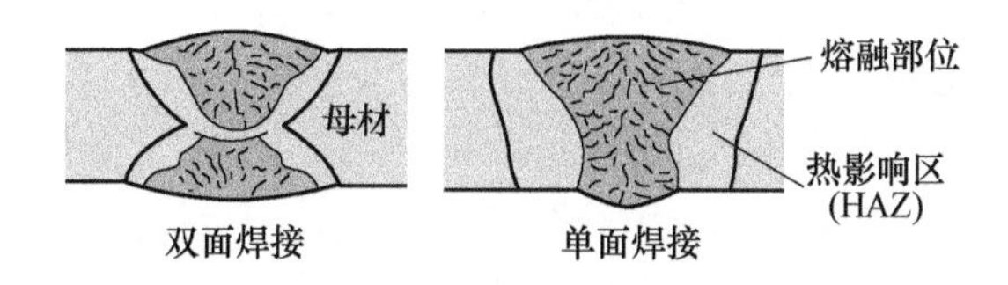

图 4-8 双面焊与单面焊的断面组织

由焊接方法连接的接头称为焊接接头（简称接头），它由焊缝、熔合区、热影响区及其邻近的母材组成。在焊接结构中的焊接接头起两方面的作用，一个是连接作用，即把两焊件连接成一个整体。另一个是传力作用，即传递焊缝所承受的载荷。

焊接可分为双面焊接和单面焊接两种，从图 4-8 可以看出，双面焊接的优点是热影响区较小，成型好，焊缝质量高，一般可用于比较厚的容器、钢结构和钢板的焊接。

4.4.2 高温加热和急速冷却会导致热影响区又硬又脆，极易断裂

焊接的最大问题是低温断裂。焊接后由于热胀冷缩会产生很大的内应力，导致焊接部位氢原子扩散而极易发生延迟破坏。特别是含碳量较高的钢材，其焊接部位（熔合区及其附近的热影响区（HAZ））硬化程度更高，更易发生低温断裂（如图 4-9 所示）。

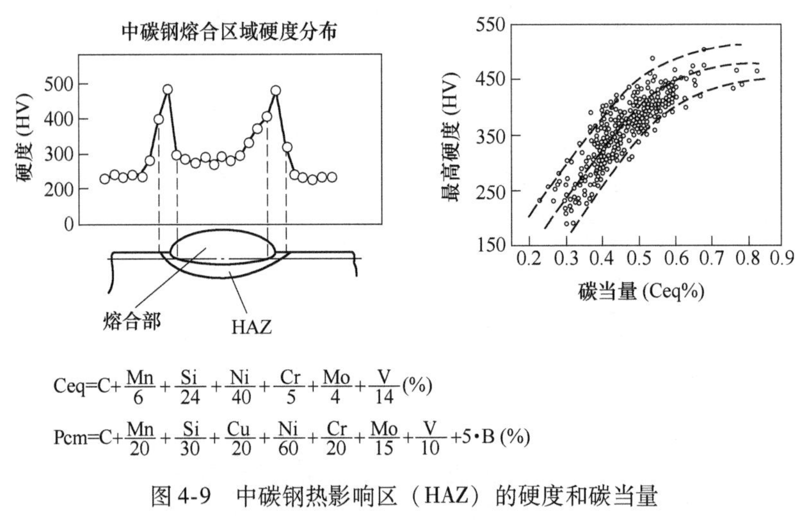

$$Ceq=C+\frac{Mn}{6}+\frac{Si}{24}+\frac{Ni}{40}+\frac{Cr}{5}+\frac{Mo}{4}+\frac{V}{14}(\%)$$

$$Pcm=C+\frac{Mn}{20}+\frac{Si}{30}+\frac{Cu}{20}+\frac{Ni}{60}+\frac{Cr}{20}+\frac{Mo}{15}+\frac{V}{10}+5\cdot B\ (\%)$$

图 4-9 中碳钢热影响区（HAZ）的硬度和碳当量

（资料：社会法人 日本溶接协会，2004）

焊接件焊缝低温断裂事故频发，如二战时期美国有 205 艘全焊接标准战船发生了断裂事故，其中有 10 艘在平静的港湾停泊时突然一断为二，1998 年西安液化石油气站因紧固螺栓发生低温疲劳断裂导致 2 个 $400m^3$ 的球罐发生特大爆炸事故以及 2001 年四川宜宾市南门中承拱桥因吊杆脆断造成大桥坍塌等。

大型结构物用钢材一般使用碳素结构钢（SS 钢），由于没有碳含量限制，需要焊接时，对于含碳量 0.2% 以下的钢材，一般采用添加合金元素锰（Mn）等作为强化元素（SM 钢或 SN 钢）。由于焊缝区的硬度受到含碳量和合金元素的影响，可以根据其碳当量（Ceq）和焊接裂纹敏感性指数（Pcm）来预测最大硬度，必要时还可以采用焊接前后加热的方法，降低最高硬度和内应力。

造船钢板需要大热量焊接，其 HAZ 区温度可高达 1250℃，因此极易导致晶

粒粗大而使得焊缝韧性不足。另外，冷却时还会产生硬质相（岛状马氏体相）而导致脆性。因此，从防止晶粒粗大和产生铁素体形核核心以促进铁素体相变的角度，需要充分利用基体中含有的 Ti 氧化物、Ca 和 Mg 硫化物以及 BN 等。船用钢板采用适当降低碳当量的同时，利用在焊接高温下仍然极其稳定的钛（Ti）、镁（Mg）等碳化物和硫化物的充分分散以阻止晶粒粗大，同时利用 TiO_2、BN 等成为铁素体形核核心并抑制硬质相形成（如图 4-10 所示）。利用微量成分的固溶/析出以及低温轧制的复合工艺 TMCP（第 71 页），可使低碳钢同时获得高强度和高韧性。

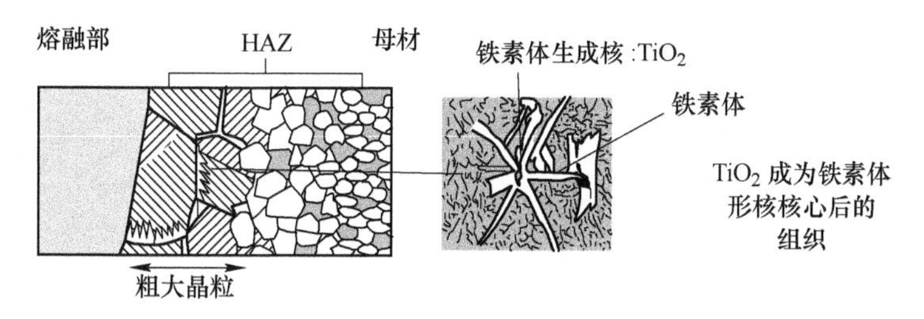

图 4-10 焊接热影响区（HAZ）的组织改善
（资料：NIPPON STEEL MONTHLY. 2003. 12）

4.5 冲压成型用钢板

4.5.1 精确控制碳含量生产出丰富多彩的钢板

通常采用含碳量 0.07% 以下的低碳钢热轧钢板（SPH 钢）或冷轧钢板（SPC 钢）冲压成型，再经过焊接组合连接后，用于汽车、钢管等各种构造物和容器。将热轧钢板表面的氧化皮去除，再通过冷轧即可达到表面具有美丽纹路的冷轧钢板。冷轧后退火（680 ~ 820℃）虽然可将碳元素完全固溶，但是随后的快速冷却会导致铁素体中的固溶碳析出，基体会产生应变时效而出现成型时变形不均匀的凹凸缺陷（如图 4-11 所示）。

彻底解决以上过饱和碳元素析出问题的是 IF 钢（Interstitial-Free 钢）。在碳含量极低的钢（0.002%）中添加过量的钛（Ti）或铌（Nb）（Ti∶C = 4∶1）元素，使其与固溶的碳元素形成稳定的 TiC、NbC 析出，可导致固溶碳含量更低（如图 4-12 所示）。实用 IF 钢板希望形成较多的 TiN 和 TiS，故此添加了较多的合金元素 Ti。随着这些年来脱碳精炼转炉技术的不断进步，使得超低含量碳素钢的量产成为了可能并获得了大量的实际应用。

反之，如果残留适量的微量碳（0.001%），在冲压成型及焊接组合后，在其后的喷涂后烘烤加热时（170℃、20min、2 ~ 3 次），则会产生应变时效导致屈服点上升 40MPa 左右，因而被普遍应用于汽车车门板（如图 4-13 所示）。这种烘烤硬化型冷轧钢板，具有冲压成型时非常柔软，车体组装后则足够强韧，具有即使厚度减少10%~20%也不会产生凹凸及不易被划伤的特点。6000系的铝合金（第111页）也采用了相同的烘烤热处理来提高强度。

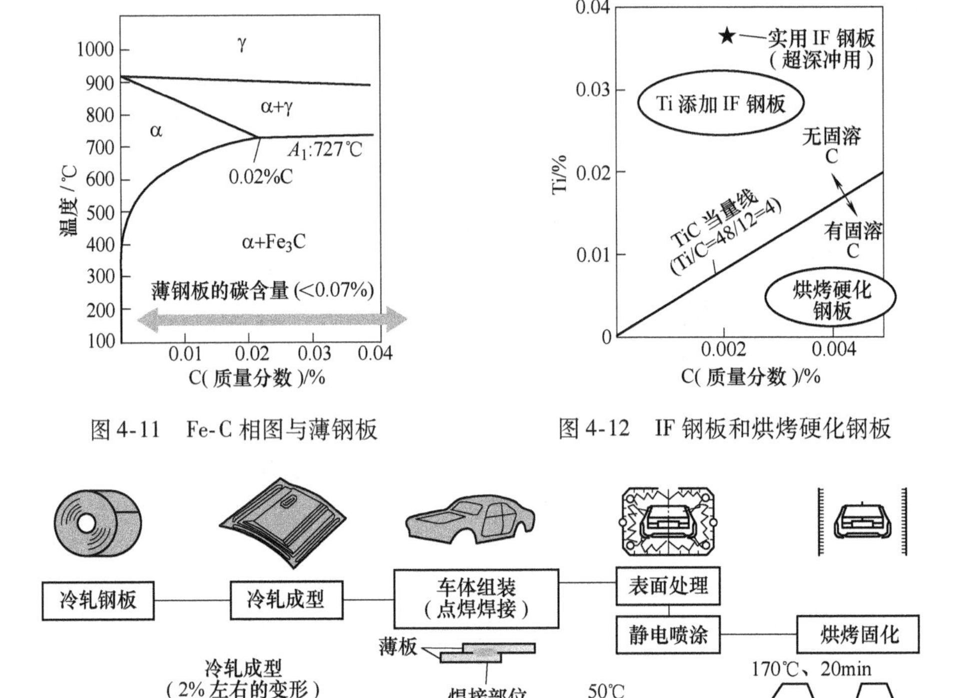

图4-11 Fe-C相图与薄钢板

图4-12 IF钢板和烘烤硬化钢板

图4-13 车体成型、组装及烘烤固化处理

4.5.2 深冲成型时 *r* 值、拉伸成型时 *n* 值非常重要

冷轧钢板在深冲成型时，如果边缘（耳）部位容易收缩的话，流动的材料可及时填补至冲头内部才不会导致深冲断裂（如图4-14所示）。也就是说深冲成

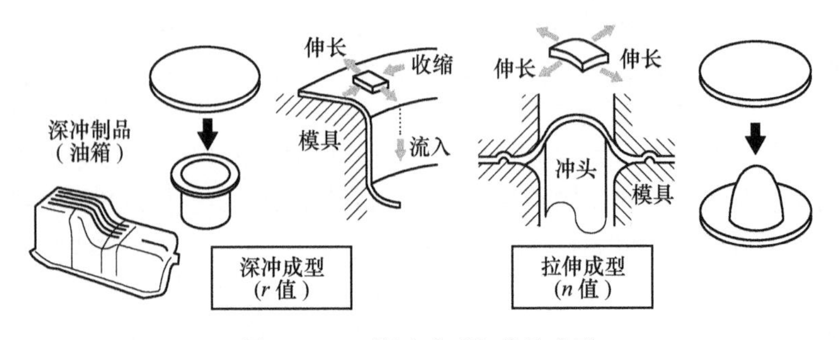

图4-14 IF深冲成型与拉伸成型

型希望采用具有较高塑性应变比（r 值）的钢板。

塑性应变比 r 值，是评价金属薄板深冲性能的最重要参数。它反映金属薄板在某平面内承受拉力或压力时，抵抗变薄或变厚的能力。它与多晶材料中结晶择优取向有关。塑性应变比 r 定义为将金属薄板试样单轴拉伸到产生均匀塑性变形时，试样标距内，宽度方向的真实应变与厚度方向的真实应变之比。当 r 值小于 1 时，说明材料厚度方向上容易变形减薄、致裂，冲压性能不好。当 r 值大于 1 时，说明材料冲压成型过程中长度和宽度方向上容易变形，能抵抗厚度方向上变薄，而厚度减薄是冲压过程中发生断裂的原因，故 r 值越大越有利于深冲性能。

而对于拉伸成型，则需要抑制材料流动，因此希望其加工硬化指数（n 值）高，裂纹难以形成的钢板。

硬化指数 n 值是表明材料冷变形硬化的重要参数，对板料的冲压性能以及冲压件的质量都有较大的影响。硬化指数 n 大时，表示冷变形时硬化显著，对后续变形工序不利，有时还必须增加中间退火工序以消除硬化，使后续变形工序得以进行。但是 n 值大时也有有利的一面，能使工件有很好的刚性。

由于具体的成型产品形状一般较为复杂（如扩孔、弯曲加工成型等），因此一般对钢板的综合成型性有较高的要求。上述的 IF 钢板兼具高 r 值与高 n 值，特别适用于汽车外门板或复杂部件成型的要求，因此又被称之为超深冲钢板。

4.6 不锈钢的基本知识

4.6.1 什么是不锈钢

不锈耐酸钢简称不锈钢，它是由不锈钢和耐酸钢两大部分组成的。简而言之，能抵抗大气腐蚀的钢叫不锈钢，而能抵抗化学介质腐蚀的钢叫耐酸钢。但不锈钢在氯离子存在下的环境中（比如食盐、汗迹、海水、海风、土壤等）腐蚀很快，甚至会超过普通的低碳钢。

“不锈钢”仅仅是一种统称，它可以表示一百多种工业不锈钢。不锈钢按热处理后的显微组织可分为奥氏体不锈钢（主要是 Cr18-Ni18 系及其衍生）、铁素体不锈钢、马氏体不锈钢（主要是 Cr13 系列）、奥氏体-铁素体双相不锈钢及沉淀硬化不锈钢五大类。奥氏体型是无磁或弱磁性，马氏体或铁素体是有磁性的。

4.6.2 Cr 会形成惰性氧化膜抑制生锈

如果钢中含有 10.5% 以上的铬（Cr），其可与空气中的氧气结合在钢铁表面形成一层非常稳定的薄惰性氧化层（钝化膜）。另一方面，铬的加入还使得铁基固溶体电极电位提高。一般来说，为了保持不锈钢所固有的耐腐蚀性，基本必须含有 12% 以上的铬。钝化膜厚大约 3nm，主要成分为铬的水和氧化物。透过它可以看到钢表面的自然光泽，使不锈钢具有独特的外观。而且，如果钝化膜受到机械损坏，暴露出的新钢体表面会和大气再次反应进行自我修复，重新形成钝化膜，继续起保护作用（如图4-15所示）。钝化膜的产生极大地提高了钢铁的耐腐蚀性，因而被称之为不锈钢（Stainless，SUS）。如果再添加合金元素钼（Mo）的话，则氧化膜会更加致密，修复效果会更好。而如果铬含量不足10.5%，由于所形成的氧化膜缺乏足够的铬元素，会导致氧化层的惰性和再修复性能不足而产生基体整体腐蚀或局部穿孔腐蚀（点蚀），存在内应力的奥氏体不锈钢，则会产生局部应力腐蚀（如图4-16所示）。

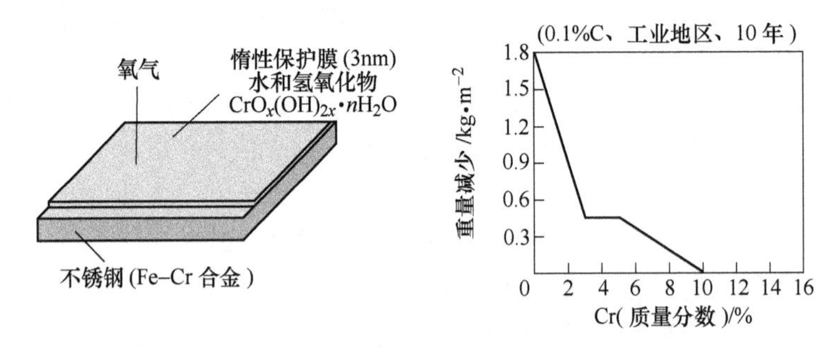

图4-15 钝化膜的形成与Fe-Cr合金的耐环境腐蚀性

（资料：ステンレス協会 HP）

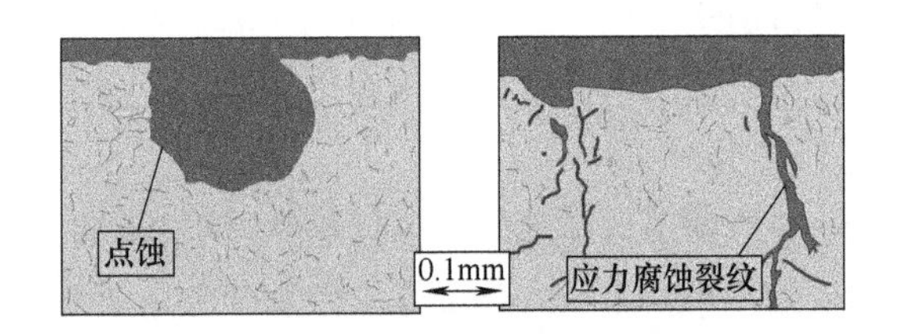

图4-16 点蚀与应力腐蚀裂纹

4.6.3 铁-铬合金中存在的σ相或相分离，是导致脆化的原因

从Fe-Cr相图（如图4-17所示）可以看出，当Cr含量少于7%时，其扩大奥氏体（γ）相。Cr含量超过7%则扩大铁素体（α）相，当Cr含量高于12%以上则形成α单相。

当Cr含量达到46%左右时则会形成σ相（脆硬的金属间化合物）。因此，如果钢基体中Cr含量较高，在600～800℃长时间加热后，σ相会在晶界处结晶析出而导致材料脆化。另外，在475℃附近加热时，则会产生低Cr固溶量的α相和高Cr固溶量的α相之间的Spinodal分解（第44页），短时间内即可导致严重的脆化（如图4-18所示），我们称之为475℃脆性。可通过高温加热及快冷的方式改善此475℃脆性。

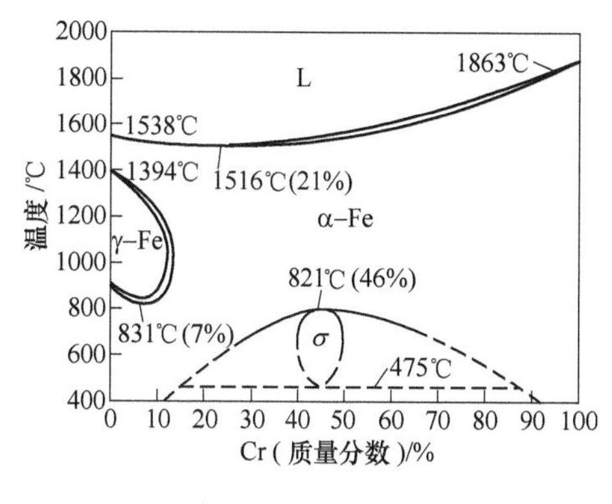

图4-17 Fe-Cr相图

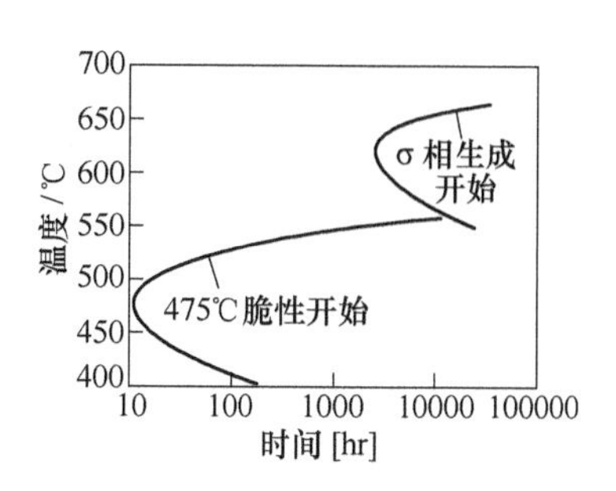

图4-18 高Cr钢的脆化温度
（资料：日本溶接協会HP）

4.6.4 晶界形成铬的碳化物导致腐蚀开裂

钢中含有的碳元素必然会与Cr相结合，形成$Cr_{23}C_6$等碳化物。对于奥氏体系不锈钢，高温加热虽然可以将这些碳化物固溶，但在焊接时焊接热则会导致碳化物再次在晶界析出使其周围的Cr含量下降，从而引起晶界腐蚀裂纹（如图3-46所示）。为了消除以上缺陷，一般采用焊接后再次固溶热处理，或将C含量降到0.02%以下以及添加4倍以上C当量的钛（Ti）或铌（Nb），以形成稳定的TiC或NbC。

4.7 各种各样的不锈钢

4.7.1 舍夫勒组织图

按照基体的结晶相分类，不锈钢可分为α系、γ系和α+γ系等。舍夫勒组织图（如图4-19所示）表征的是不锈钢焊缝金属的化学组成与相组织之间的定量关系图。这是舍夫勒（Sehaeffler）根据实测的不锈钢手工电弧焊的焊缝组织统计绘成的组织图（1949年）。利用此图，可依据金属的化学组成推算出焊缝金属的相组织及铁素体量。通过调整焊缝金属的化学组成，可控制铁素体的适当含量，以防止焊接热裂纹产生，这是改善不锈钢焊接性的有效方法。舍夫勒组织图把焊缝的室温组织与［Cr］和［Ni］所表示的焊缝成分联系起来。Cr当量是把各铁素体化元素，按其铁素体化的强烈程度折合成相当于若干铬元素后的总和。Ni当量是把各奥氏体化元素，按其奥氏体化的强烈程度折合成相当于若干镍元素后的总和。从图中可以看出，18-8奥氏体不锈钢（SUS304，图4-19②处）为非稳定的γ系，也就是说，在退火状态下的18-8奥氏体不锈钢中部分γ相也可能会发生马氏体相变。

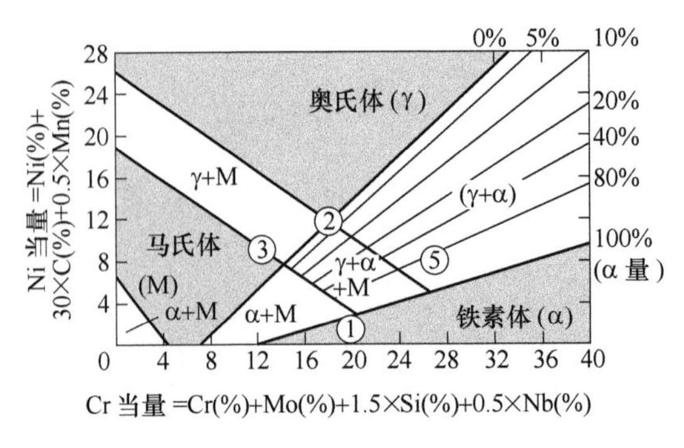

图 4-19 舍夫勒组织图

4.7.2 铁素体系不锈钢：近年来性能大幅提高

含铬量在15%~30%之间，常温下以铁素体组织（体心立方晶体结构）为主的不锈钢称为铁素体不锈钢（400 系）。这类钢一般不含镍，有时还含有少量的Mo、Ti、Nb等元素，具有导热系数大，膨胀系数小、抗氧化性好、抗应力腐蚀优良等特点，多用于制造耐大气、水蒸气、水及氧化性酸腐蚀的零部件。但其存在塑性差、焊后塑性和耐蚀性明显降低等缺点，因而限制了其应用。

含17%铬（Cr）的合金钢（SUS430：1Cr17）目前在家庭厨具、汽车和热交换器等方面获得了广泛应用（见表4-3）。特别是随着近年来冶炼技术的进步，如炉外精炼技术（AOD或VOD）的应用使得钢中碳、氮等间隙元素含量大大降低，因此铁素体不锈钢的耐腐蚀性和加工性能均有了大幅度的提高。

表 4-3 主要不锈钢种类及其用途

种　类	晶体结构	代表钢号	代表成分	拉伸强度/MPa	主要特点	用　途
铁素体不锈钢	BCC	SUS430	17Cr-0.1C	>420 (500)	耐腐蚀性好、价格便宜	厨房用具、洗碗机、壶、锅等
奥氏体不锈钢	FCC	SUS304	18Cr-8Ni-0.08C	>520 (645)	耐腐蚀性、加工性和低温韧性好，非磁性	建材、餐具、化工建材
马氏体不锈钢	BCC	SUS420J2	13Cr-0.3C	>540 (→1700)	耐磨损、耐腐蚀、高强度	轴承、刀具
沉淀硬化不锈钢（M+析出）	BCC	SUS630 (17-4PH)	16Cr-4Ni-4Cu-Nb	>1000 (1350)	高强度（Cu等失效析出）	切削工具、轴承、弹簧及医疗器械等
奥氏体-铁素体不锈钢	BCC+FCC	SUS329J1	25Cr-4.5Ni-2Mo	>590 (810)	耐海水腐蚀、耐点蚀性高	航空工业、火箭导弹、化学工厂罐体等

铁素体不锈钢价格不仅相对较低且性能稳定，同时具有许多独特的特点和优势，在许多原先认为只能采用奥式体不锈钢的应用领域，铁素体不锈钢正在成为一种极为优异的替代材料。铁素体不锈钢不含镍，主要元素为铬和铁，铬是不锈钢中的主要耐腐蚀的元素，因此其价格相对稳定。

但是，我们可以从前页的 Fe-Cr 相图（如图 4-17 所示）中看出，铁素体不锈钢中如果 C 含量过低，则从高温液态到室温无 γ 相变，因此室温下极易获得具有粗大结晶组织的制品，导致压延薄板或冲压制品时变形不均匀而沿着压延方向产生宽数（mm）、高数（μm）的褶皱（Ridging），如图 4-20 所示。

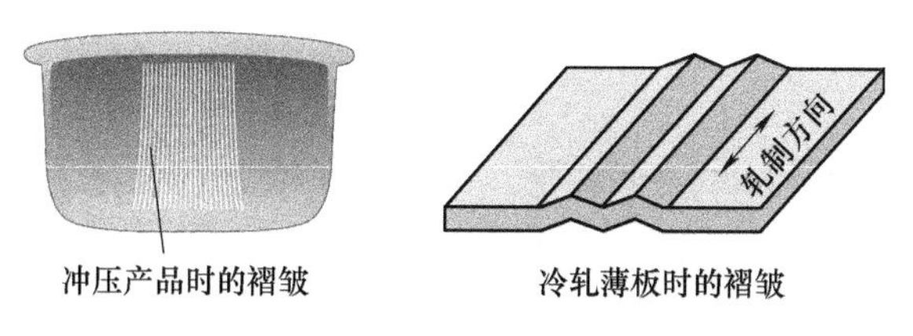

图 4-20 铁素体不锈钢成型后的褶皱

4.7.3 奥氏体系不锈钢：世界的主流产品 18-8 不锈钢

奥氏体不锈钢，是指在常温下具有奥氏体组织的不锈钢。钢中含 Cr 约 18%、Ni 8%~10%、C 约 0.1% 时，可形成较为稳定的奥氏体组织。1913 年在德国问世的奥氏体不锈钢，在不锈钢中一直扮演着最重要的角色，其生产量和使用量约占不锈钢总产量及用量的 70%，钢号也最多。中国常用奥氏体不锈钢的牌号就有 40 多个，最常见的就是 18-8 型不锈钢。

在 FCC 相添加 8% 以上的镍（Ni）即可获得 18-8 型 304 不锈钢（SUS304：1Cr18Ni9）。虽然 Ni 的添加导致 304 价格较高，但由于其具有极好的耐腐蚀性，因此被广泛地应用于高级餐具、建材和化工产品。Ni 具有延缓锈蚀的效果，并在高温下有促进碳化铬固溶，增加基体铬固溶量的效果。

奥氏体不锈钢无磁性而且具有高韧性和塑性，但强度较低，不可能通过相变使之强化，仅能通过冷加工进行强化，如果添加 S、Ca、Se、Te 等元素，则可获得良好的易切削性。

由于 304 不锈钢中部分 FCC 相在机加工时不太稳定，其变形会产生加工诱发相变（TRIP）生成导致马氏体，出现显著的加工硬化。该性质导致 304 不锈钢具有高强度、高塑性并且成型性非常良好的特点（如图 4-21 所示）。奥氏体（γ）系 SUS 退火后通常为非磁性的 FCC 相，晶体中可发现大量的双晶组织。机械冷加工变形会产生加工诱发相变产生马氏体，不但会导致加工硬化，还会导致加工后的产品带有磁性。

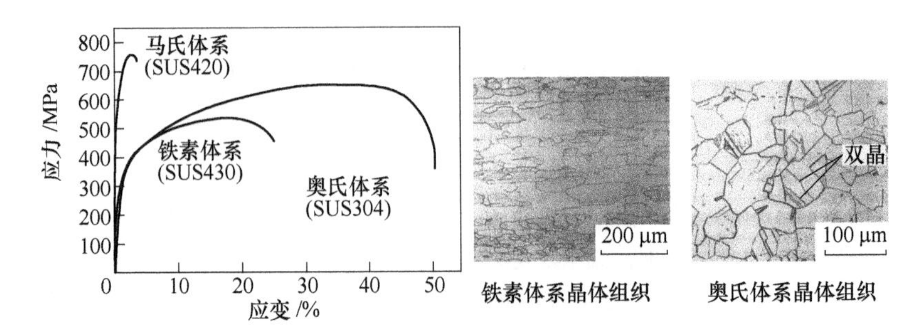

图 4-21 不锈钢的应力应变曲线和组织形貌

（资料：平川賢爾等「機械材料学」朝倉書店，1999）

4.7.4 马氏体系、沉淀硬化系、双相系不锈钢

随着铁素体（α）系中碳含量增加，高温时形成 γ 相，在其后的淬火/回火热处理时就会获得马氏体系不锈钢（SUS420：2Cr13）。马氏体不锈钢是可以通过热处理（淬火、回火）对其性能进行调整的不锈钢，也就是可硬化的不锈钢。由于硬度高、耐腐蚀，故广泛应用于刀具、喷嘴、轴承等方面。马氏体基体中如果时效析出 Cu 相或 Ni-Al 化合物则获得沉淀硬化系列不锈钢（SUS630：0Cr17Ni4Cu4Nb），广泛应用于航空零件。另外，在化工方面还利用 α 系与 γ 系的长处，制造出能有效抑制应力腐蚀裂纹或点蚀的 α + γ 相的双相系不锈钢（SUS329）。

4.8 耐热合金

一般说，金属材料的熔点越高，其可使用的温度限度就越高。如用热力学温度（K）表示熔点，则金属熔点 T_m 的 60% 被定义为理论上可使用的温度上限 T_c，即 $T_c = 0.6T_m$。

随着温度的升高，金属材料的力学性能显著下降，氧化腐蚀的趋势也相应增大。因此，一般的金属材料都只能在 500 ~ 600℃ 下长期工作，能在大于 600℃ 高温下工作的金属通称为耐热合金。“耐热”是指其在高温下仍能保持足够的强度和抗氧化性。

4.8.1 可承受 600℃高温的建筑用耐火钢

建筑用耐火钢定义为用于钢结构建筑或高层大型建筑，在 600℃、1 ~ 3h 内的屈服强度大于室温屈服强度的 2/3，并在一定条件下具有防火抗坍塌功能的工程结构钢。

如果常温强度高，但发生火灾时钢材迅速软化则无法放心地应用在大型建筑物上。通常建筑用钢材的耐热强度在450℃以下。对于立体停车场，要求发生火灾时为确保钢材温度不超过350℃而必须涂覆耐火涂层。

近年开始逐渐普及无涂层的耐火钢（FR钢）。FR钢可确保600℃时的屈服强度仍然达到常温规格值的2/3以上（如图4-22所示）。它是通过添加钼（Mo）、铌（Nb）等元素，维持Pcm（第88页）不变而获得足够的高温强度。

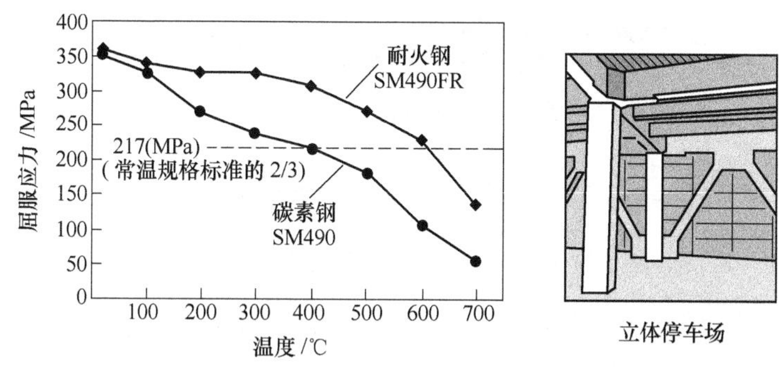

图4-22 耐火钢的屈服强度与温度的关系

4.8.2 建筑物用耐热不锈钢系材料

如果要求短时间的耐热性，提高材料的高温强度即可达到。但对于长时间工作于高温环境下的结构材料，还必须考虑高温下的耐腐蚀性和耐蠕变性能（第76页）。通常在600℃附近使用普通不锈钢即可。而在更高温度下使用的材料一般是在不锈钢基础上再添加Si、Mo、W等元素所得到的耐热钢（SUH钢）。在700~800℃以上则使用超合金，1000~1100℃以上则必须使用陶瓷与金属的复合物金属陶瓷（ODS合金等：第69页）。表4-4表示根据使用环境温度不同大致对应的耐热材料。

表4-4 使用温度与耐热材料

服役温度/℃	耐 热 材 料
<350	碳素钢
<450	Mo钢、Cr-Mo钢
<600	不锈钢（SUS）
>600	耐热钢（SUH）
>700	Fe基超合金
>800	Ni基超合金
>1000	金属陶瓷（复合材料）

为了提高热效率，现在火力发电站一般将水加热至高温、高压的超临界状

态[1]送至蒸汽轮机发电（如图 4-23 所示）。因此锅炉管道必须能够长时间承受 560℃、24.5MPa 以上的高温高压。火力发电站目前一般使用的是高蠕变强度、FCC 中的元素扩散小并且很难被软化的 γ 系不锈钢耐热钢管。

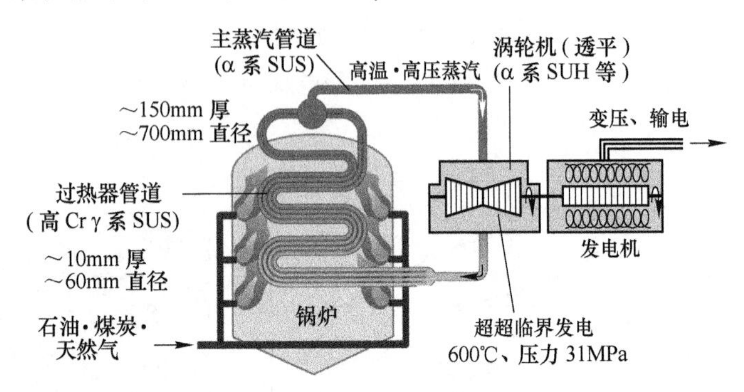

图 4-23 火力发电锅炉与流程简图

对于时断时续工作的火力发电站，由于热胀冷缩效应，大口径蒸汽管道在运行和停止时会出现较大的尺寸变化，往复多次就会产生应力。550～600℃以上奥氏体（γ）不锈钢的蠕变强度虽然更加优越，但是由于热膨胀应力问题，大口径厚壁的主蒸汽管道通常使用线膨胀系数小的铁素体系或马氏体系不锈钢（见表 4-5）。

表 4-5 耐热不锈钢各种性能对照

性 能	铁素体系（α：BCC）	奥氏体系（γ：FCC）
蠕变强度	小	高○
扩 散	快	慢○
线膨胀系数	小○	大
热传导系数	大○	小
钢种例	Fe-12Cr	Fe-18Cr-8Ni
用 途	主蒸汽管道	过热器管道
价 格	便宜○	较贵

注：○表示优点。

为了进一步提高热效率，目前发电技术正在向超超临界（600℃、31MPa）方向发展，这就需要开发新的耐热材料。

[1] 超临界：当水达到 374℃、22MPa（220 大气压）以上时，则水兼具气液两相的双重特点。这种状态我们称之为超临界状态。既具有与气体相当的高扩散系数和低黏度，又具有与液体相近的密度和对物质良好的溶解能力。另外，密度对温度和压力变化十分敏感，只需微小的变化，即可大幅地连续改变其密度。

4.9 超级合金

4.9.1 700～800℃以上就必须使用超级合金

航空发动机和发电站燃气轮机中的材料则必须承受更高的温度和应力（如图4-24所示）。当工作温度达到700～800℃以上时，则必须使用铁（Fe）基、镍（Ni）基或钴（Co）基的超级合金（Super alloy）。

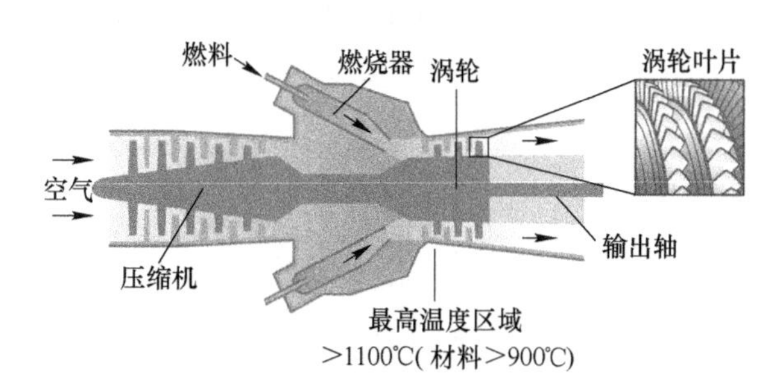

图4-24 工业汽轮机构造

Ni基合金的基体成分是金属镍（Ni），其主要强化相是我们称之为γ′相的Ni_3Al金属间化合物的析出强化（如图4-25所示）。该相由3个Ni原子和1个Al原子规则形成，与Ni基母相（γ相：FCC）相比，晶格间距仅有1%的差别。γ′相的共格析出（第66页）导致母相晶格畸变。高温下该化合物依然能稳定存在而抑制蠕变强度下降。除此之外，还添加钨（W）、钌（Ru）、铼（Re）等多种元素以提高其固溶强化性能，提高高温强度。

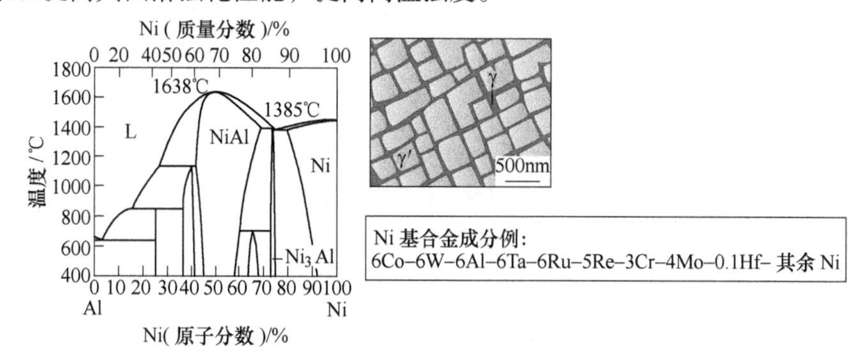

图4-25 Al-Ni相图和Ni母相（γ）中析出γ′相[1]
（资料：NIMS NOW，2009.10）

[1] 耐用温度1100℃的镍合金中，γ相（Ni）中共格析出金属间化合物γ′相（Ni_3Al）。利用晶格变形和合金元素固溶强化的复合作用获得高温强度。

例如，蒸汽轮机工作原理是将压缩空气加热成为高温高压气体，推动涡轮旋转。燃气涡轮的入口温度（气体温度）为1500℃，其内部的涡轮叶片即使采用内部气冷、表面陶瓷隔热涂层等保护，叶片材料的温度依然高达900～1000℃，同时还要承受高速旋转所带来的巨大离心力，故此采用超合金材料。转动部位要求使用能够承受1000h以上137MPa拉应力的材料，高温部位采用柱状晶镍基合金甚至开发出单晶合金（如图4-26所示）。单晶涡轮叶片是利用冶炼炉的温度差从一颗籽晶上慢慢沿着<100>方向凝固生长所获得的。由于单晶材料中不存在导致高温变形和开裂的晶界，因此其强度可靠性极高。如果没有籽晶则叶片会形成柱状晶晶体结构，而如果没有凝固温差则会形成等轴晶晶体结构。

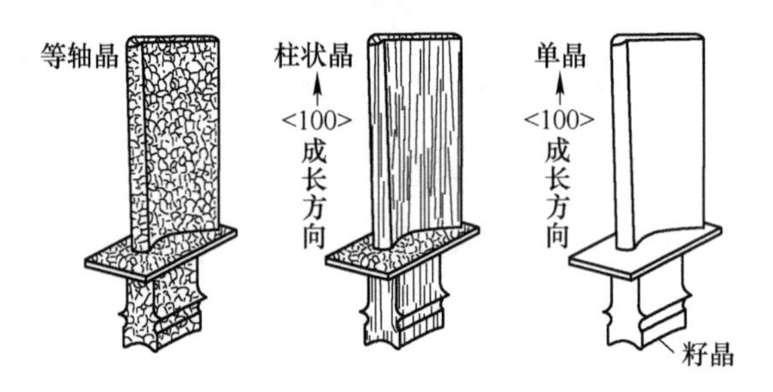

图4-26 Ni基合金涡轮叶片的晶体组织

4.9.2 发动机排气阀需要耐高温和耐磨损的材料

随着汽车发动机效率的不断提高，排气温度不断上升，汽车发动机相关材料的耐热性能也变得越发重要。例如发动机排气阀工作在高温废气环境中，并受到气缸盖阀座的循环冲击和滑动作用，因此要求能承受700℃高温和耐磨损性能优良的材料（如图4-27所示）。排气阀材料一般采用含铬14%以上的高铬耐热钢（SUH31对应GB：4Cr14Ni14W2Mo）等材料，并经过表面渗氮处理。

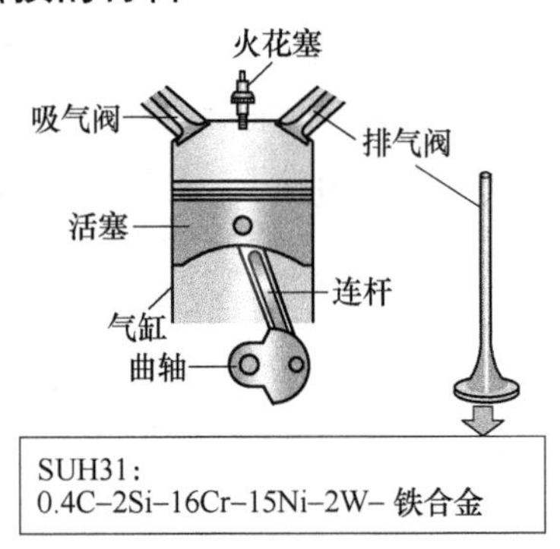

图4-27 发动机结构及排气阀

4.10 核反应堆发电基本原理

4.10.1 日本国内的商用核反应堆都是轻水炉

核反应堆发电与火力发电同样都是利用高温高压水蒸气推动汽轮机涡轮叶片转换出能量发电。但是其水蒸气温度约为300℃，比火力发电约低200℃，因此热效率也相对低。日本国内的商用核反应堆分为将反应炉中所产生的蒸汽（约7MPa、70大气压）直接驱动涡轮叶片的沸水堆（BWR）和炉芯通入未沸腾的高压水（15MPa），再通过二次热交换使水沸腾并驱动涡轮叶片转动的压水堆（PWR）两种类型（如图4-28所示）。沸水堆结构简单、热效率相对较高，但驱动涡轮叶片的蒸汽带有辐射性，因此需要更为严格的防护。

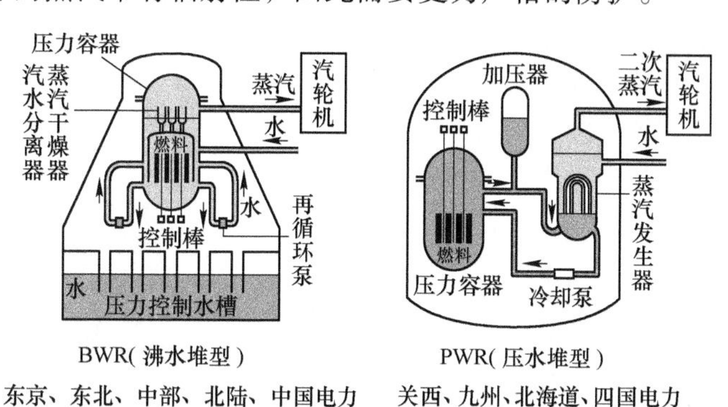

图4-28 核反应堆的构造（轻水型）

4.10.2 水不光具有热传导功能，还具有中子减速功能

铀235（^{235}U）在裂变成小原子核（如$^{137}Cs+^{95}Kr$或$^{131}I+^{102}Y$）和中子（2~3个）时，会产生质量损失（如图4-29所示）。这部分质量的损失则会释放出巨大的能量。生成的中子为高速中子，随后其在与水分子的多次冲突后逐渐减速成为热中子，再与其他^{235}U相遇时又会发生连锁核裂变反应。水（普通的水）不仅仅具有吸收热量的功能，它还具有高速中子的减速作用。这种反应堆我们称之为轻水堆。除此之外，还有使用重水或石墨作为减速材料的核反应堆。

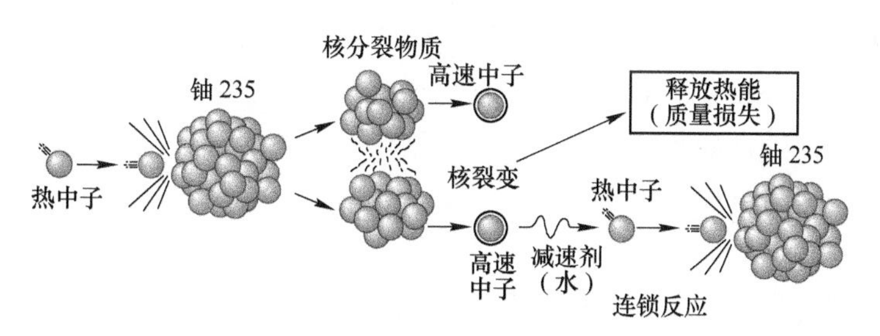

图4-29 核反应堆的核反应

4.10.3 铀燃料、燃料组件和控制棒的配置

天然铀中原子量为238的^{238}U占99.3%，而原子量为235的^{235}U仅占0.7%（第46页）。因此，轻水堆一般采用含2%~5%^{235}U的浓缩氧化铀（UO_2）作为

燃料使用。烧结成圆柱状的核燃料（芯块）与氦气一起被密封在直径 12.5mm、厚 0.9mm、长 4.5m 的锆合金的燃料棒包壳内（如图 4-30 所示）。每 50～200 根锆合金燃料棒组装成一个整体我们称之为核电燃料元件。

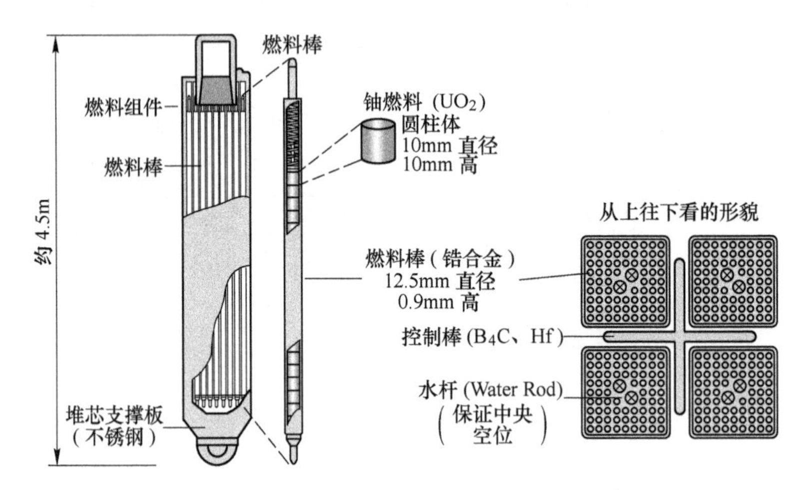

图 4-30　核反应堆中的燃料元件（BWR）[1]
（资料：2008 原子力・エネルギー図面集）

为了控制连锁反应，在核电燃料元件之间还安装含有中子吸收物质（慢化剂）的控制棒。BWR 从下面、PWR 从上面插入控制棒。

4.11　核反应堆用材料

4.11.1　中子反应控制材料

世界上第一座核裂变反应堆于 1942 年 12 月 2 日在芝加哥大学达到临界。那是一座以天然铀为燃料、石墨为减速剂的实验性反应堆。现在轻水炉所使用的燃料不是天然铀，而是浓缩铀。

中子与金属的反应采用吸收截面积（靶恩 barno：$10^{-28}m^2$）来表示，该值越大就说明中子越容易被吸收。

从各元素对热中子的吸收截面积来看（见表 4-6），由于氢原子具有与中子最接近的质量，因而其减速效率最高。重氢和碳的吸收截面积最小因此不利于吸收。吸收截面积小的元素（H、C、Al、Zr）一般被用于慢化剂材料或燃料棒包壳材料。

---

[1] BWR 就是利用在燃料组件中通过插入控制棒来控制核反应速度。

表 4-6 元素、材料的热中子吸收截面积

元素名称	原子序号	记号	存在比重/%	热中子吸收截面积/b	使用方法
氢	1	H		0.332	慢化剂（轻水）
·氢	同位素	^{1}H	99.985	0.332	
·重氢	同位素	^{2}H	0.015	0.0005	慢化剂（重水）
硼	5	B		759	控制棒（B_4C）
·硼	同位素	^{10}B	19.6	3837	控制棒
·硼	同位素	^{11}B	80.4	0.005	
碳（石墨）	6	C		0.0034	慢化剂
铝	13	Al		0.22	
锆	40	Zr-1Sn		0.18	燃料棒包壳
不锈钢	材料	SUS304		约 3	各种部件
镉	48	Cd		2450	控制棒
钆	64	Gd		46000	初期反应调整材料
铪	72	Hf		105	控制棒

而控制核反应速度的控制棒，则由热中子吸收截面积大的硼同位素^{10}B、碳化硼（B_4C）、铪（Hf/板状或管状）、镉（Cd）等强烈吸收中子又不发生裂变的材料制成。PWR 反应堆则通过水中添加硼酸（H_3BO_3）调节。钆（Gd）一般作为反应堆启动时的反应控制材料。

4.11.2 燃料棒包壳管采用的是锆-锡合金

锆（Zr）与钛均属于ⅣB 族过渡元素。常温时为六方晶胞，与氧或氮的结合力强，高温时可与水反应产生氢气。锆是一种稀有金属，具有惊人的抗腐蚀性能、极高的熔点、超高的硬度和强度等特性，因此被广泛用在航空航天、军工、核反应及原子能等领域。

用于燃料棒包壳的材料是添加了 1%～2% 锡（Sn）的锆合金（Zircaloy：1.45Sn-0.10Cr-0.13Fe-0.05Ni-Zr）。该材料具有耐水腐蚀、高温强度好、熔点高（1767℃）和热中子吸收截面积小等特点。它可以承受核燃料块的高温并迅速将其热量（中心部 1800℃以上）传导至周围的冷却水（280℃）(如图 4-31 所示)。为了防止 BWR 中可能发生的应力腐蚀，包壳内层还需要包覆一层纯锆膜。

4.11.3 管道材料采用奥氏体系不锈钢

原子炉的容器和管道系统主要采用的是耐应力腐蚀性良好的 γ 系不锈钢。为了降低其感应放射性，尽量限制易被感应放射的钴（Co）、锰（Mn）等合金元素的添加量。制作控制棒卡具、放射性废弃物保管容器等则采用添加 1% 硼（B）的不锈钢材料。

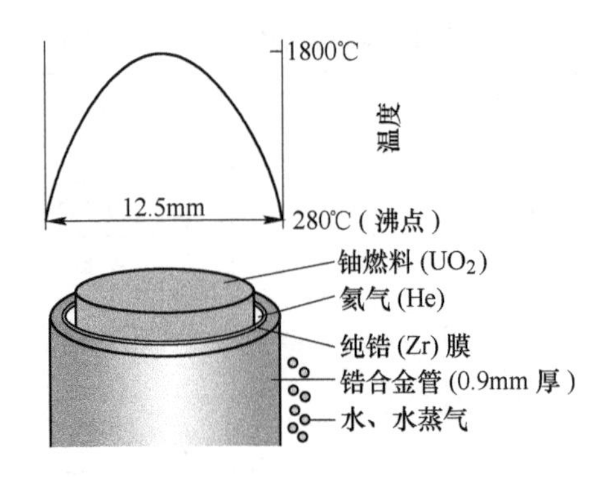

图 4-31 燃料棒中的温度（BWR 工作时）[1]

另外，对于长期暴露在高速中子下的高压容器（低合金钢），其内部会逐渐产生晶格缺陷增加并聚集，导致夏比冲击试验的冲击吸收能韧性下降、迁移温度上升。因此需要定期监测其韧性值（如图 4-32 所示）。日本玄海核电站 1 号机（PWR）的监视试验片（加速辐照）33 年之间的迁移温度上升了 63℃。

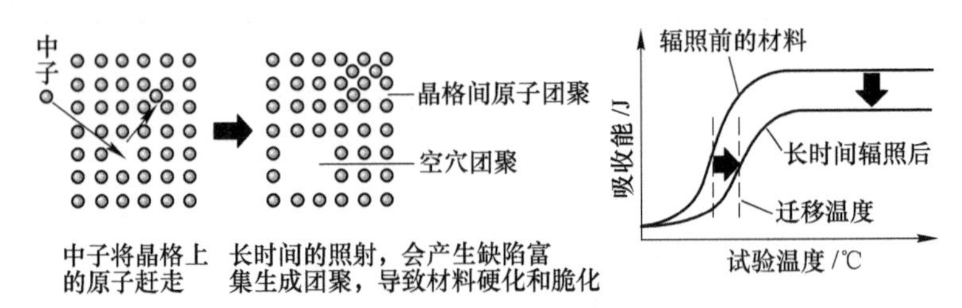

图 4-32 中子的辐射脆性
（资料：原子力安全・保安院资料）

4.12 低温用材料

低温技术业已成为目前尖端科学技术的一个重要组成部分。低温技术的发展和应用，又伴随着低温用材料，首先是低温用金属材料的研究与开发。近年来，低温金属材料的研究业已成为材料科学的一个重要分支。

4.12.1 极低温使用 FCC 金属，对于 BCC 的钢铁材料则需要采取相应的防脆措施

钢铁材料的一个最大弱点就是低温脆化。强度良好的 BCC 金属遇到低温则会由于滑移变形困难，产生脆性破坏（第 72 页）。而铝（Al）、铜（Cu）或奥氏

[1] 铀燃料中心的高温迅速被燃料棒外部的水吸收，导致降温幅度极大，燃料棒上部冷却水沸腾，产生大量气泡。

体（γ）不锈钢等 FCC 金属在低温下则不会出现脆化问题，甚至可以使用至 -200℃以下（如图 4-33 所示）。当温度低于 -50℃以下时，BCC 碳素钢极易低温脆化，因此必须适当添加合金元素镍（Ni）来减少脆性。从图 4-33 中可以看出，添加合金元素 Ni 可导致脆性迁移温度下降，有效避免低温脆性的发生。9% Ni 钢基体中形成大量残留奥氏体，导致迁移温度大大降低（夏比冲击试验：第 73 页）。而 FCC 金属虽然不存在低温脆性，但其线膨胀系数较大，因此在使用时也应采取适当的措施。

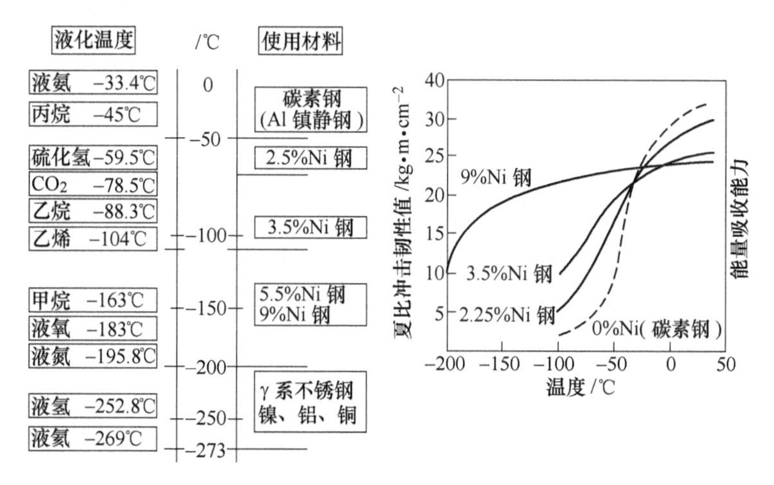

图 4-33 各种气体的液化温度及对应的低温材料

（资料：大和久重雄.「JIS 铁钢材料入门」大河出版，1978）

4.12.2 LNG 船采用 FCC 金属，但热膨胀导致的变形是个问题

人类越来越多地使用天然气来代替石油以减少 CO_2 排放。天然气的运输一般采用液化天然气运输船（LNG 船）和天然气管道这两种方式（如图 4-34 所示）。日本目前主要采用 LNG 船来运输液化天然气。

采用 LNG 船运输液化天然气，必须将天然气（主要成分为甲烷）冷却至 -160℃以下的液态。运输罐内侧采用铝板或 γ 系不锈钢板，而外侧则采用韧性好的高强钢板。但是，由于 FCC 金属的线膨胀系数较高，则会出现 LNG 灌充前后发生尺寸变化较大的问题。目前，开始大量采用内侧使用线膨胀系数小的因瓦合金（Fe-36% Ni：第 133 页）薄板作为隔热层的运输罐结构。

4.12.3 LNG 储藏罐采用 Ni 合金钢，输气管道采用 TMCP 钢

陆地 LNG 储藏罐主要采用 700MPa 级的 9% Ni 钢（SL9N 结构钢）。利用 Ni 元素对 γ 相的稳定化作用在回火马氏体中残留数% 的奥氏体，使得低温韧性获得大幅度改善（如图 4-33 所示）。-100℃以下的液化乙烯（LEG）储存罐则采用的是 3.5% Ni 钢（SL3N）。

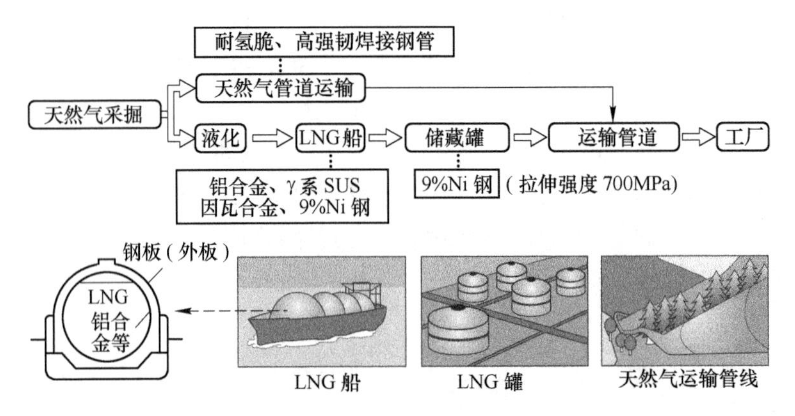

图 4-34 天然气输送与储存用低温材料

另外，全世界各地铺设的天然气运输管道要求耐高压、高的安全性以及耐极地寒冷地带低温等要求。如要求使用能承受 700MPa 的内压不会变形、低温韧性好、耐硫化氢等腐蚀性气体的大口径焊接钢管。这种钢管使用的是利用 TMCP 技术（热机械控制工艺：第 71 页）制造的低温用钢板（厚板焊管）。

4.13 铝合金

4.13.1 铝的制备、赤泥与铝合金分类

首先利用拜耳法从铝土矿中提取氧化铝，再通过冰晶石-氧化铝熔盐电解法将氧化铝还原制备成含量约为 98% 的金属铝锭。从铝土矿中提取氧化铝的同时，会产生大量的工业固体废弃物——赤泥。因含有大量氧化铁而呈红色，故被称为赤泥。因矿石品位、生产方法和技术水平的不同，大约每生产 1t 氧化铝要排放 1.0～1.8t 的赤泥。据估计，全世界氧化铝工业每年产生的赤泥超过 6×10^{7}t，2007 年我国赤泥年排放量达到 4000 万吨，2010 年达到 4500 万～5000 万吨，累计赤泥堆积量已达几亿吨，全部露天堆存，并且大部分堆场坝体用赤泥构筑。目前，人们日益关注赤泥堆放给环境带来的危害，例如赤泥的堆放不仅占用大量土地，耗费较多的堆场建设和维护费用，而且存在于赤泥中的碱向地下渗透，造成地下水体和土壤污染。裸露赤泥形成的粉尘随风飞扬，污染大气，对人类和动植物的生存造成负面影响，恶化生态环境。随着赤泥产出量的日益增加和人们对环境保护意识的不断提高，最大限度地限制赤泥的危害，多渠道地利用和改善赤泥已迫在眉睫。

铝合金分为变形铝合金与铸造铝合金两大类，种类繁多，图 4-35 是铝合金的类型及牌号一览表。

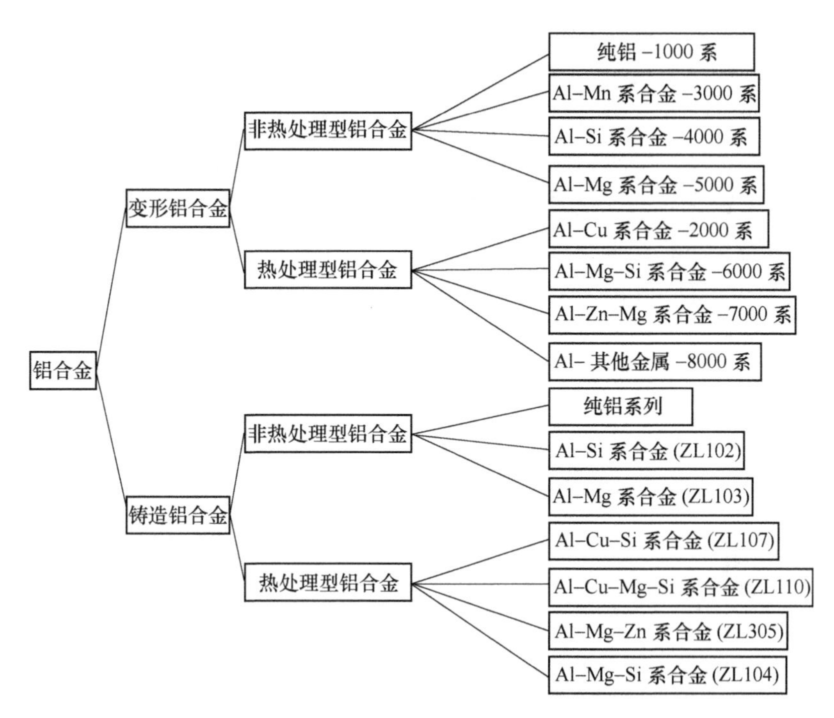

图 4-35 铝合金类型及牌号

4.13.2 铝发现至今仅仅 200 年，是可以柔硬自如的材料

铝（Al）与氧的结合能力非常强，氧化物很难被还原，因此铝从发现至今只有短短的 200 年。日本目前的铝锭（氧化铝电解品）几乎全部进口，包括再生铝在内每年大约生产 350 万吨的铝制品，大部分用于压延品和铸造产品（如图 4-36 所示），其中 40% 用于汽车零件。

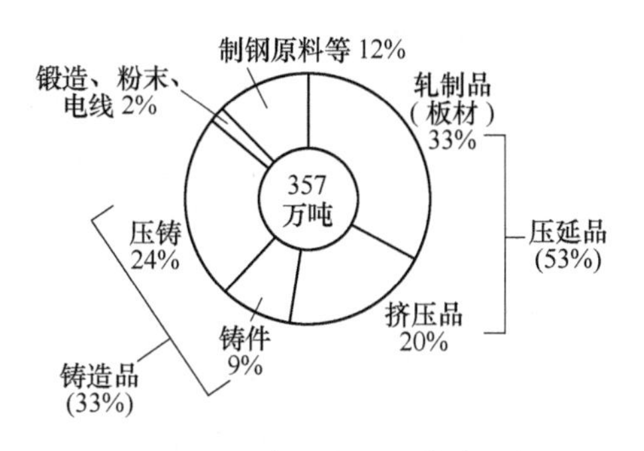

图 4-36 日本铝制品的构成比例

（资料：日本アルミニウム協会（2009 年度））

金属铝由于质量轻、导热性和导电性好、延展性优良而获得广泛应用。虽然

表面可生成不到 10nm 的致密的惰性保护膜（Al_2O_3）使其耐大气腐蚀性好，但其抵抗盐酸、碱和海水的能力较差。

纯铝的强度很低，但通过添加铜（Cu）、镁（Mg）、锌（Zn）等合金元素，可导致细微析出物产生而获得时效硬化。我们将其称之为热处理强化型铝合金。

4.13.3 铸造铝合金首先应考虑选用流动性良好的 Al-Si 合金

铸造用铝合金的典型代表是 Al-Si 合金（AC3A：ZL102），我们一般称之为 Silumin。其硅含量刚好位于 12%，具有优良的液态流动性，铸造时凝固收缩少、无热裂和疏松倾向、气密性较高等铸造所需要的性能（如图 4-37 所示）。凝固组织为 Al 和 Si 的共晶组织，可通过铸造时添加 0.1% 以下的强脱氧剂金属钠（Na）或氟化钠（NaF）导致 Si 结晶细微析出来控制组织结构。添加 Cu 或 Mg 可提高材料的强度。对于薄板或复杂形状的铸造可以采用压铸法生产（第 114 页）。

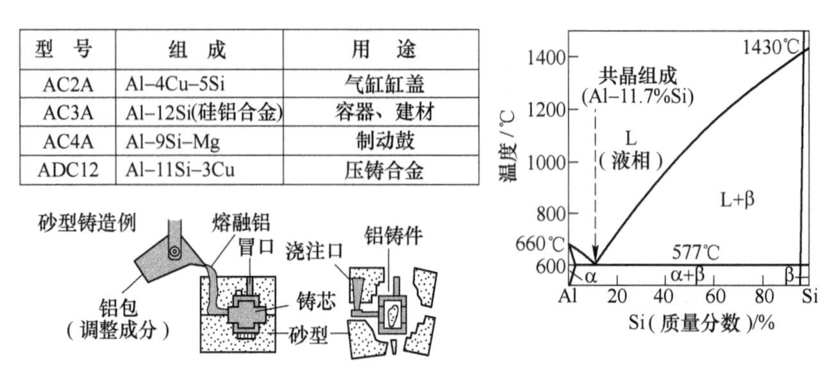

型　号	组　成	用　途
AC2A	Al–4Cu–5Si	气缸缸盖
AC3A	Al–12Si(硅铝合金)	容器、建材
AC4A	Al–9Si–Mg	制动鼓
ADC12	Al–11Si–3Cu	压铸合金

图 4-37　铸造铝合金及 Al-Si 系状态图

4.13.4 各种各样的压延材制品可采用压延、锻造、挤出等方式加工

压延材是指通过压延、锻造或挤出方式生产出来的产品。合金型号以 4 字开头（见表 4-7）。非热处理型为 1000 系的纯铝、3000 系的 Al-Mn 合金（制罐材料）和 5000 系的 Al-Mg 合金（建材），这些材料可以通过加工硬化和固溶强化手段调整材料强度，并具有耐腐蚀的特点。我们日常见到的铝箔（厚度 10 ~ 15μm）则是首先采用双层 1000 系铝合金压延，然后剥离而制成的。

剩下的属于可热处理强化的热处理型铝合金，铝窗框架就是采用 6000 系铝合金加热后直接从模具中挤压成型制成（第 113 页）。

表 4-7　延伸材 Al 合金及其应用

合金系列	组成成分	主相	类　型	应　用
1000 系	纯铝	单相	非热处理	电线、铝箔
2000 系	Al-4Cu	两相	热处理	飞机、油压部件

续表 4-7

合金系列	组成成分	主相	类 型	应 用
3000 系	Al-Mn	单相	非热处理	罐、容器、房梁
4000 系	Al-12Si	两相	均可	锻造活塞、耐磨部件
5000 系	Al-2Mg	单相	非热处理	建材、船舶、车辆
6000 系	Al-Mg-Si	两相	热处理	建筑装饰、门框、车辆
7000 系	Al-5Zn-Mg-Cu	两相	热处理	飞机、体育用具

4.14 航空用材料

4.14.1 杜拉铝最为普遍，但其最大的问题是应力腐蚀开裂

以前飞机机体80%都是铝合金材料，主要采用的是杜拉铝（Duralumin）。由于节能减排的需要，现在开始大量使用复合材料（CERP）和钛合金（如图4-38所示）。

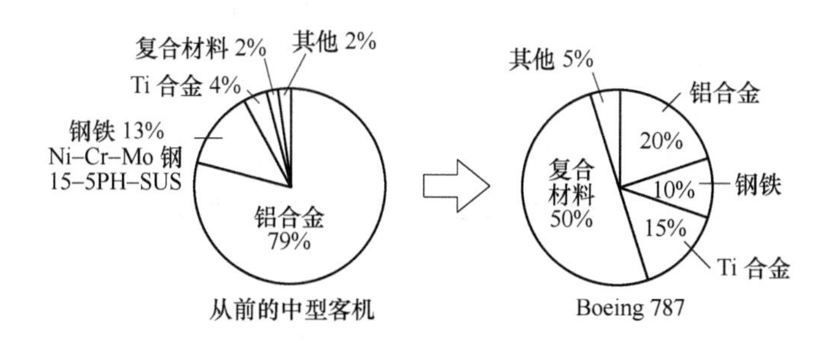

图 4-38 航空客机用材料构成

（资料：波音公司资料）

杜拉铝属于（2000 系）Al-Cu-(Mg) 合金，采用低温时效处理析出细小的 GP 相强化基体（第 66 页）。该合金于 1906 年由德国冶金工程师威尔姆在迪伦（Düren）偶然发现。日本当年的零式战斗机的机翼骨架采用的就是这种材料。该铝合金基体的拉伸强度不到 275MPa，但经过时效处理后的拉伸强度可高达600MPa 以上。7000 系是在杜拉铝中又添加了较多的合金元素 Zn 的铝合金，我们称之为超超杜拉铝。iPhone 7 采用的就是属于航空系列的 7000 系铝合金 7075，属于铝镁锌铜合金（见表 4-8）。7075 的硬度比普通铝材高出 60%，同时密度只是不锈钢的 1/3，也就是说更轻更硬。现在想掰弯它几乎不可能了。

表 4-8 杜拉铝的种类与性质

合金编号	名　称	成分例	时效后的强度例	析出例
2017	杜拉铝	Al-4Cu-0.5Mn-0.5Mg	400MPa	Al_2Cu
2024	超杜拉铝	Al-4Cu-0.5Mn-1.5Mg	500MPa	Al_2CuMg
7075	超超杜拉铝	Al-5.5Zn-1.5Cu-2.5Mg-0.3Cr	600MPa	$MgZn_2$、$Al_2Mg_3Zn_3$

杜拉铝最大的弱点就是非常容易产生应力腐蚀裂纹（第 74 页）。可以通过添加合金元素铬（Cr）、表皮复合热包覆耐腐蚀好的纯铝或铝合金（包硬铝：Alclad）（如图 4-39 所示）以及将机体内湿度降到 15% 以下防止结露等方法予以解决。

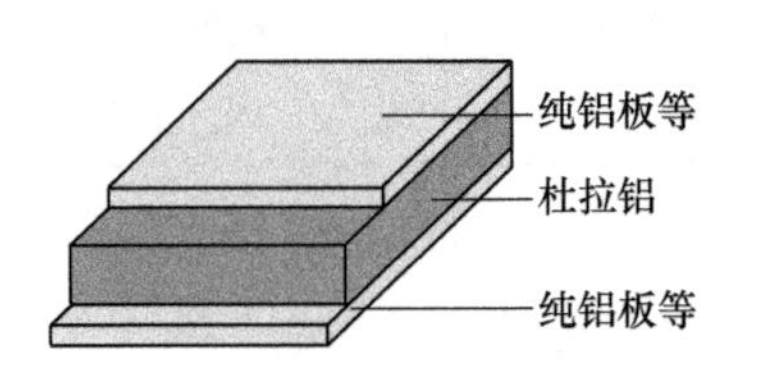

图 4-39 Alclad 的构造

4.14.2 未来是碳纤维复合材料、钛合金与铝合金的竞争

2011 年开始商用的波音 787 梦幻客机（Dreamliner）的机体大量采用了 PAN 系碳纤维复合材料（CFRP）和钛合金（如图 4-38 所示）。CFRP 是将聚丙烯腈（PAN）纤维在 2000～3000℃ 炭化制成的碳纤维（5μm）编织成单方向织物，再浸润至环氧系树脂中制成中间材料（预浸材料：Prepreg），然后再将数张预浸材料在高压釜中约 130℃ 温度下硬化成型制成（如图 4-40 所示）。CFRP 具有钢铁强度的 10 倍而密度却只有其 1/4，不存在腐蚀问题，因此被称之为梦想中的材料。但广泛使用中仍存在着耐热性低、难以被再利用和成本高等问题。

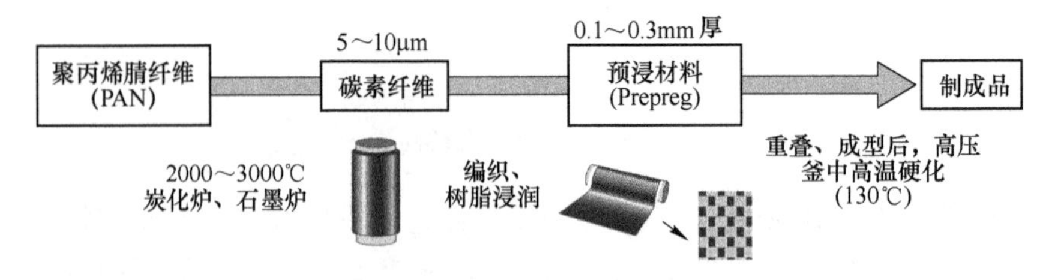

图 4-40 PAN 系碳素纤维制成纤维强化塑料（CFRP）
（资料：日機装株式会社 HP）

与波音 787 相抗衡的欧洲空中巴士（Airbus）公司的 A350 除了 CFRP 之外还采用了 Al-Li 合金骨架。Al-2% Li 合金是目前广受瞩目的具有高强度、刚性提高 12%、密度降低 6% 的新型轻量高强度铝合金。但是，其作为主要的结构材料似乎也存在一些问题。另外，2012 年初试飞的三菱支线客机（MRJ）主翼原计划也采用 CFRP，但由于机翼形状配合等问题最终换成了铝合金。

4.15 汽车用材料

4.15.1 汽车车身为薄钢板轧制+焊接成型

普通乘用车车体重量约1t，虽然减重对乘用车的节能减排具有重要的意义，但却不能像飞机那样不计成本。金属铝的杨氏模量为铁的1/3，密度也为其1/3（见表4-9）。相同厚度的金属板在弹性极限内拉伸的话，Al的伸长率是铁的3倍。一般认为实际构造物的刚度等于杨氏模量与板厚的1~3次方的乘积，因此人类尝试用铝板来代替钢板。但是由于焊接和成本等方面的因素，在日本目前还未获得任何进展。

表4-9 铁、铝、镁的性能比较

性 能	铁	铝	镁
密 度	7.8	2.7	1.74
杨氏模量/GPa	211	71	45

从碰撞安全性方面来考虑，特别是高速碰撞变形时钢板具有无可非议的优越性，因此日本主要在车体高强度钢板方面进行了大量的研究开发。例如，梁柱（Pillar）和增强部位以前使用的是强度450MPa的钢板，最近开始普及600~1200MPa的各种高强度钢板（如图4-41所示）。高强度钢板一般存在加工性差等问题，现普遍采用轧制前残留约20%的奥氏体，成型过程中产生马氏体相变的TRIP钢板（C-Si-Mn钢）或TWIP钢板（含30%Mn，形变时产生大量双晶导致硬化，生产成本较高）或热轧成型后淬火硬化获得1000MPa以上强度的热处理硬化高强度钢板。双相钢板则为铁素体与马氏体的混合组织，具有高n值的特点（第58页）。

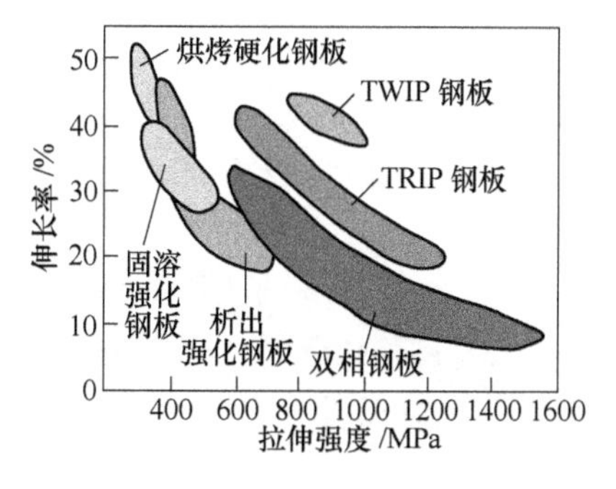

图4-41 高强薄钢板的强度与塑性

4.15.2 高档车开始增加铝合金的使用量

欧美高档车车体目前正在推进铝合金轧板的使用。引擎盖、行李箱以及部分车门部件已经开始采用了5000系（Al-5%Mg）或6000系（Al-Mg-1%Si-Cu）的热挤压板材（如图4-42和图4-43所示）。采用热挤出工艺可以制备出各种各样复杂形状的铝制品。6000系铝合金则是在挤压后涂装热处理时可析出细微金属间化合物Mg_2Si强化的时效硬化合金。但使用时需要注意的是铝合金与钢制骨架结合部位之间的电位腐蚀防护。

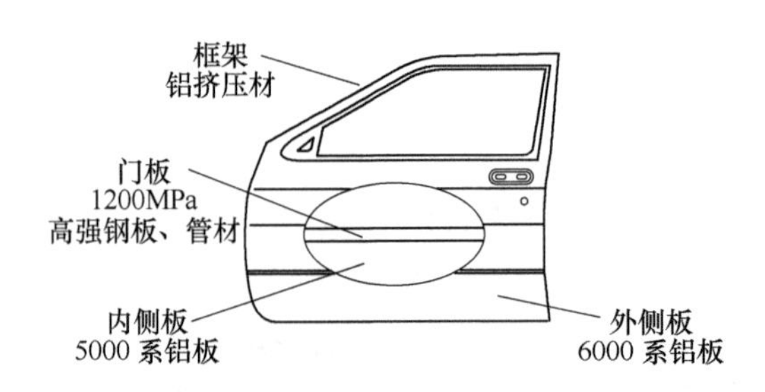

图 4-42 铝合金板在车门上的应用

缓冲器等可拆装部件已经开始采用铝挤压材（中空成型材）代替高强度钢板。这导致了重量更集中于车辆中心部位，有效改善了车辆的操控性。车轮轮毂（Wheel）也从轧制钢板改成了美观的铸铝或锻造铝合金轮毂（ZL104 锻造铝合金）。热交换器（Radiator）也已经从铜质换成了铝质制品。

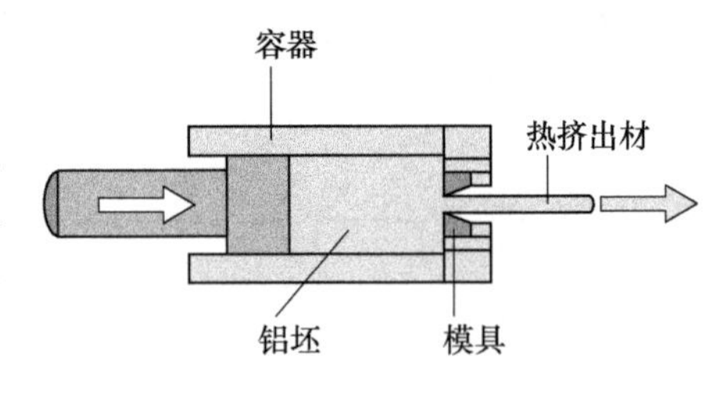

图 4-43 铝合金的热挤出

4.16 镁合金

镁元素广泛存在于菱镁矿（碳酸镁）$MgCO_3$、白云石（碳酸镁钙）$CaMg(CO_3)_2$、光卤石（水合氯化镁钾）$KCl \cdot MgCl_2 \cdot H_2O$ 中。工业上利用电解熔融氯化镁（熔盐电解法）或在电炉中用硅铁等（硅热还原法）使其还原而制得金属镁。

4.16.1 密度小但加工性能差

镁元素（Mg）比铝元素的原子序数小一位。其原子最外壳轨道上有两个电子。镁元素活性极强，粉末极易在大气中燃烧。虽然金属镁在常规环境中会形成惰性膜而具有耐腐蚀性，但是在酸、海水、水中可被腐蚀，因此根据其使用环境要求不同必须进行重度防腐涂装。Mg 的密度是 Al 的 2/3，是实用金属中最轻的金属。但是由于其晶体结构为密排六方晶（HCP）结构，滑移方向有限，因此常温的加工性能较差。

日本所有的镁锭全部进口。2007 年共进口 4.7 万吨，其中用于铝合金添加金属约占 70%，防腐材料等约占 5%，约 25% 用于结构材料。作为结构材料使用的金属 Mg 几乎全部采用压铸法生产。

4.16.2 采用压铸法可生产各种形状的工件

对于电脑、手机等携带用通信设备，考虑到结构强度和散热等要求，一般更喜欢采用金属材料而不是树脂材料。例如笔记本电脑的框体一般采用压铸铝合金材料，需要重量更轻时则采用镁合金材料。

广泛使用的铸造镁合金 AZ91 的主要成分为 Mg-9% Al-0.7% Zn，其金相组织为 α 相（Mg 结晶相）中强化析出 $Mg_{17}Al$ 或 MgZn 等第二相（如图 4-44 所示）。还有在此基础上添加 Zr 或 Ce 进行强化。飞机部件、汽车方向盘、电脑框架等一般采用压铸法或采用半熔融状态时的射出成型（触变注射成型法：Thixomold）生产极薄制品（如图 4-45 所示）。压铸法投入的是熔融态 Mg 合金，而触变注射成型法投入的是固态金属粉末，在半熔融状态下射出成型。该方法具有熔液不与空气直接接触的特点，对制作极薄制品非常有利。

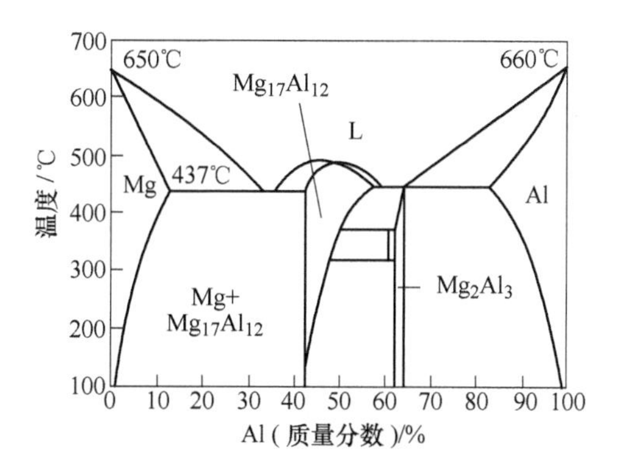

图 4-44 Mg-Al 合金相图

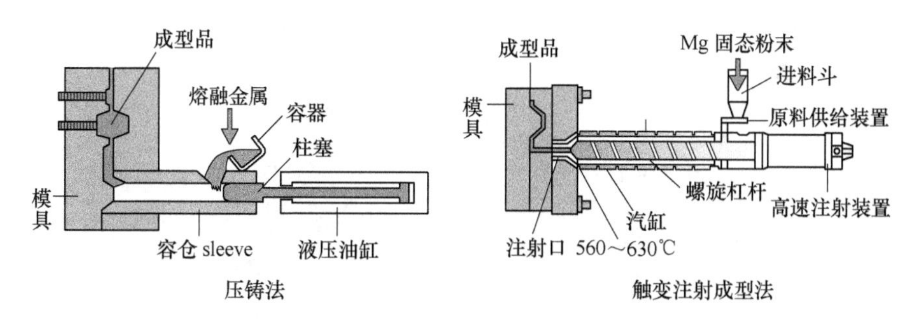

图 4-45 Mg 合金压铸法与触变注射成型法
（参考：株式会社日進製作所HP；株式会社日本製鋼所HP）

以前 Mg 合金在循环利用时会出现杂质过量等问题，现在随着成分调整技术的进步正逐步获得了解决。

4.16.3 Mg 合金的加热挤出、加热轧制成型法

轧制、挤出用 Mg 合金的成分一般为 AZ31（Mg-3% Al-1% Zn）。室温下该成分 Mg 合金的加工性能极差，而加热到 250℃以上则会大大改善其轧制成型性能。

超轻量笔记本电脑的框体和盖板就是采用压铸法或加热轧制法制成。正因为 Mg 合金成型困难，成品盖板在室温下具有很难凹陷变形的优点。

4.17 纯钛

在高温、惰性气体保护气氛中，用镁还原四氯化钛（$TiCl_4$）制取金属钛的方法，是金属钛生产的主要方法之一。还原产物主要采用真空蒸馏法分离出剩余的金属镁和 $MgCl_2$，获得海绵状金属钛（镁热还原法）。另一种是采用金属钠还原四氯化钛（$TiCl_4$）的生产方法，我们称之为钠还原法。目前，两种方法在工业生产中均获得应用。

4.17.1 钛是金属中的超级明星，从发现至今仅仅只有百年

在需要轻量、耐腐蚀和耐热性好的场合，一般使用纯钛（Ti）或钛合金。

Ti 的密度约为铁的 60%，特别是经过合金化后，其强度可大幅度提高，并且具有接近 400℃的耐热性。人类获得金属钛仅仅只有 100 年时间，特别是二战结束后才开始获得广泛的工业应用。

日本主要利用进口的钛矿石制成四氯化钛（$TiCl_4$），然后利用金属镁（Mg）将其还原成海绵钛，再压块作为电极进行真空电弧熔化最终制成金属钛锭。

全世界海绵钛的最大生产国为俄罗斯，其次为日本（20%～30%），但最近中国的钛产量也在急剧上升。

钛合金在欧美主要用于航空客机和战斗机，其成分几乎均为 Ti-6Al-4V。日本在化工工业和民用行业 90% 以上采用的是纯钛（如图 4-46 所示）。

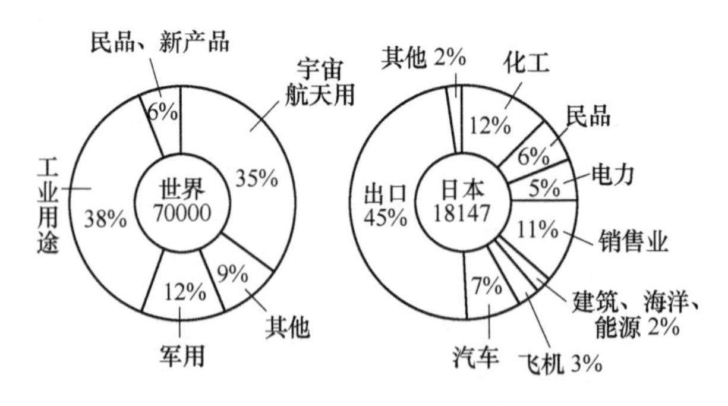

图 4-46 金属钛的市场及应用

4.17.2 常温下是难以变形的 HCP 晶体结构，温度上升则会变成较易加工的 BCC 晶体结构

Ti 属于 3d 过渡元素，与氧的亲和力极强，在大气中能形成稳定的钝化保护膜（数 nm）。特别是在海水及碱性环境中具有极强的耐腐蚀性能。

常温下金属钛的晶体结构为密排六方（HCP：α 相），α 相则由于只有底面上的 <11$\bar{2}$0> 滑移方向，因此滑移变形非常困难，主要通过孪晶产生变形，故其难以加工。当温度超过 882℃ 以上时，金属钛则转变为体心立方（BCC：β 相），β 相的加工性能优良（如图 4-47 所示）。但由于 α 相内部可以产生孪晶变形，因此常温下金属钛比金属镁的加工性略好。

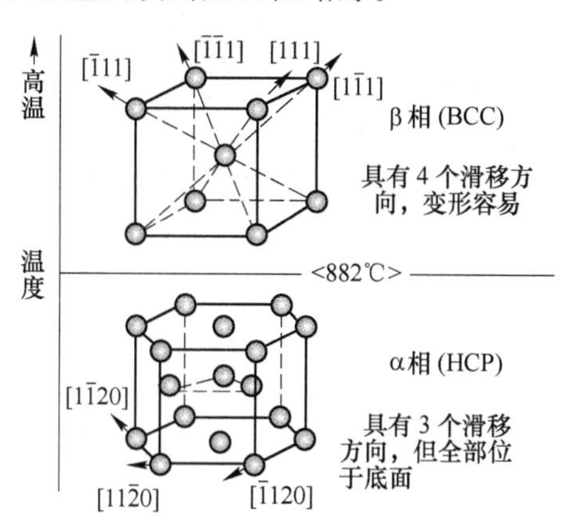

图 4-47　钛的晶体结构及滑移方向

4.17.3　纯钛在工厂、建筑物上的使用在不断扩大

氧、氮、碳、铁等许多元素均可以固溶在金属钛中而导致其强度发生很大变化，因此，工业用纯钛按照杂质含量的不同分为 4 类（见表 4-10）。从表中可以看出，杂质量不同导致纯钛的级别不同。根据不同强度需要可选择 4 种不同的氧含量纯钛。我们称之为 CP 钛（Commercially Pure）。

表 4-10　工业用纯钛的杂质含量与强度

JIS	氧/%	铁/%	拉伸强度/MPa	用途例
1 级	0.05	0.05	270/410	海水淡化、热交换器、深海潜水艇、生物材料、大型摩托车的消声器、防盐雾腐蚀屋顶、建材、手表、手机壳等
2 级	0.10	0.05	340/510	
3 级	0.18	0.08	480/620	
4 级	0.30	0.22	550/750	

纯钛主要用于海水淡化工厂或化学工厂的热交换器、防盐害腐蚀屋顶等。另外，还应用于火力发电站或核电站中汽轮机的凝汽器。当高温高压蒸汽通过蒸汽轮机后，被数万根海水冷却管道冷却成水再流回反应堆内。这个凝汽器（热交换器）采用的是耐腐蚀性强的钛管（直径 25mm、厚 0.5 ~0.7mm），采用薄壁钛管可基本解决金属钛热传导不良的缺点。

海水管道以前普遍采用铜合金，但由于海洋污染导致铜管极易穿孔等问题，近年来也开始普遍采用纯钛管（如图 4-48 所示）。

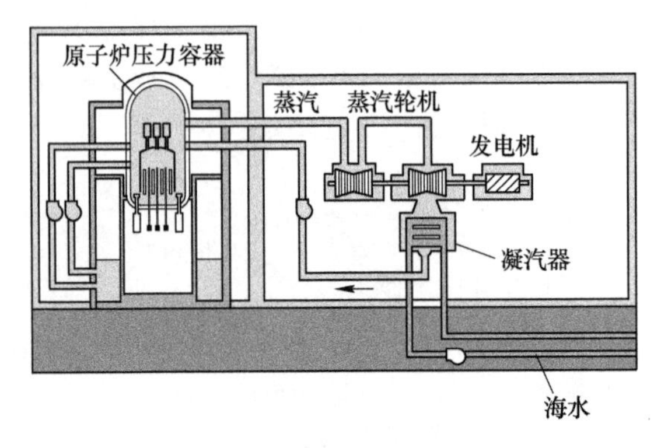

图 4-48 核电站中的凝汽器

4.18 钛合金

4.18.1 合金化可提高钛合金的强度与加工性

钛合金可通过适当调整硬质 α 相（HCP）和较软质 β 相（BCC）之间的分布状态，再利用固溶强化等方法来获得各种优异的性能。根据钛合金相的稳定性，可将其分为 α 合金、α + β 合金和 β 合金三种（如图 4-49 所示）。从图中可以看出，纯 Ti 中添加钒（V）、钼（Mo）等 β 相稳定化合金元素，会导致 α 相与 β 相之间相对量的变化，因此可以调整其加工性能及强度等。β 相急冷虽然在 M_s 温度下开始马氏体相变，但其不会像钢铁材料那样变脆硬。

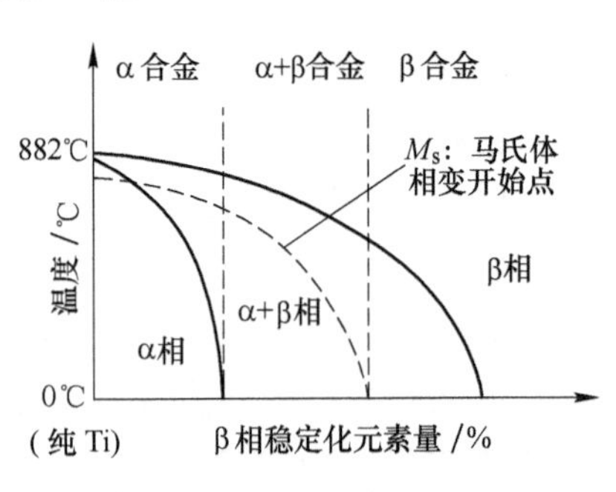

图 4-49 纯钛及三种钛合金

α 相稳定化元素（稳定 α 相、提高相变温度）有铝（Al）、碳（C）、氧（O）和氮（N）等。其中铝（Al）是钛合金中的主要合金元素，它对提高钛合金的常温和高温强度、降低密度、增加弹性模量等均有明显效果。

β 相稳定化元素（稳定 β 相、降低相变温度）又可分为同晶型和共析型两种。前者有钼（Mo）、铌（Nb）、钒（V）等，后者有铬（Cr）、锰（Mn）、铜（Cu）、铁（Fe）、硅（Si）等。锆（Zr）、锡（Sn）等对相变温度影响不大。

4.18.2 钛合金主要为 Ti-Al-V 合金，β 合金也日益受到关注

钛合金的生产成本较高，但其强度可以涵盖 300 ~ 1200MPa，因此获得了广泛的应用。α 型合金具有高杨氏模量、耐热性好和焊接性好等优点，而 β 型合金

则具有高密度、高强度和加工性好等优点。α+β型合金兼具其优缺点。战斗机机体普遍采用的是主成分为Ti-6Al-4V的α+β型钛合金。而最近低杨氏模量的β型钛合金的应用成为了研究的热点。

α合金的典型代表是Ti-5%Al-2.5%Sn合金。该合金虽然加工性能差，但是通过铝（Al）和锡（Sn）元素的适当固溶强化可获得良好的高温强度和低温韧性匹配，被广泛应用于火箭液体燃料罐（见表4-11）。

表4-11 钛合金的种类与特征

种类	成分	用途	特征
α型合金	Ti-5Al-2.5Sn Ti-0.2Pd	火箭液体燃料罐 盐酸、硫酸用容器	高温强度、低温韧性良好、耐腐蚀性好
α+β型合金	Ti-6Al-4V Ti-8Al-1Mo-V Ti-6Al-2Nb-1Ta	飞机结构材料 飞机发动机 人工股关节	高强度、高韧性 高耐蠕变特性 生物适应性优良
β型合金	Ti-13V-11Cr-3Al Ti-15V-3Cr-3Sn-3Al	飞机、自行车齿轮 高尔夫球头、眼镜架	加工性良好、高强度 低杨氏模量

α+β合金的典型代表是Ti-6Al-4V合金。由于存在β相，因此除了在500℃以上具有良好的热加工性能外，还可通过适当热处理获得高强度，是一种适用性最为广泛的钛合金。例如，回火后的抗拉强度为980MPa，固溶时效处理后其强度可高达1170MPa。400～500℃的比强度为实用金属材料中最高（如图4-50所示）。因此，α+β型钛合金普遍在战斗机机体、燃气轮机压缩机的前部获得了广泛应用。

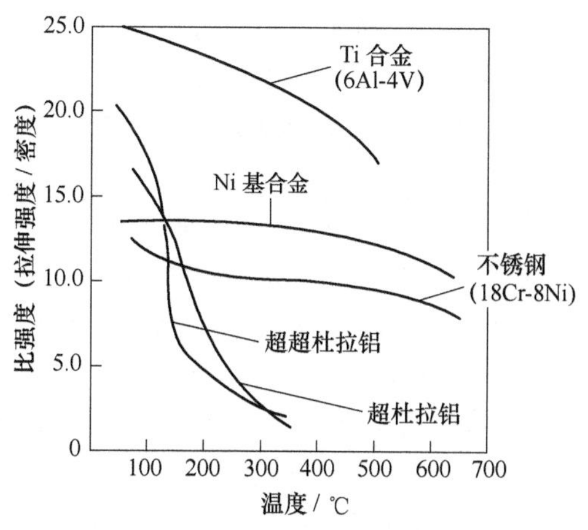

图4-50 实用金属的比强度对照

（参考：航空实用事典）

β 合金为添加钒（V）、铬（Cr）或钼（Mo）等合金元素，室温下即能获得 β 相，因此具有良好的加工性能。通常采用在 β 单相区淬火后，时效析出细小的 α 相来获得高强度。V 或 Mo 的过量添加会导致密度增加。近年来，利用 β 相具有较低的杨氏模量制成的弹性材料、高尔夫球头、眼镜框、生物材料等方面的应用也在日益扩大。

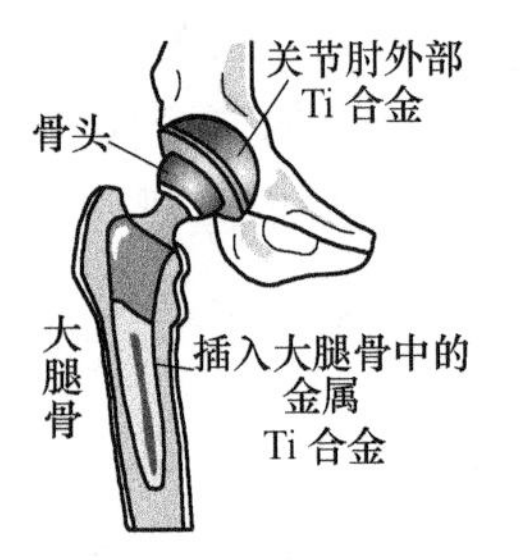

图 4-51 人工股关节的应用
（参考：日本ストライカー株式会社 HP）

由图 4-51 中可以看出，由于 Ti 合金的生物相容性优良，经过碱钝化处理后埋入人体可促进与人体骨质的尽快结合。由于 V 具有生物毒性，因此生物用合金主要采用不含 V 的 Ti 合金。目前，正在研究开发与人体骨质具有相近低杨氏模量（35GPa）的 Ti 合金。

4.18.3 金属钛的热传导率低，因而切削性能差

钛（Ti）虽然具有许多优异的性能，但是其最大的难点在于切削性能差。机加工切削时，由于 Ti 合金的低导热性导致切削刀具尖端热量集中，形成锯齿状切屑，极易产生刃尖损坏而降低刀具寿命。因此，Ti 合金切削加工时必须慎重选择刀具、切削速度和切削润滑油。

4.19 形状记忆合金和超弹性合金

4.19.1 可逆马氏体相变导致形状恢复

合金被任意变形为某一形状之后，一旦加热到某一温度，它又可魔术般地恢复成原来的形状，我们称这类合金为形状记忆合金。而在外力作用下产生远大于其弹性极限的应变量，去掉载荷时又能自动恢复其变形的合金我们称之为超弹性合金（如图 4-52 所示）。而由于普通金属材料的塑性变形会产生大量的位错，因此无法恢复原状。

形状记忆合金的典型代表为 Ti-50% Ni（原子分数）合金（镍钛诺：Nitinol）。这是 20 世纪 50 年代末，美国海军实验室的 Buehler 和 Wiley 发明的一种具有独特形状记忆效应（也称为机械记忆）的工程合金。Nitinol 一词是指那些接近于等原子量 NiTi 合金的总称。该词后缀 nol 是美国海军武器实验室的代号。Nitinol 合金系列中最常用的代表性合金是 55-Nitinol 合金。此类合金通常成分范围是 53%~57% Ni（质量分数），余量为 Ti，是 TiNi 金属间化合物。这种成分的合金之所以具有形状记忆能力，是因为在变形过程中材料内部产生了受温度和应力共同影响的热弹性马氏体相变的缘故。而碳素钢中的马氏体相变，因相变时产生的体积应变过大而无法恢复原状。

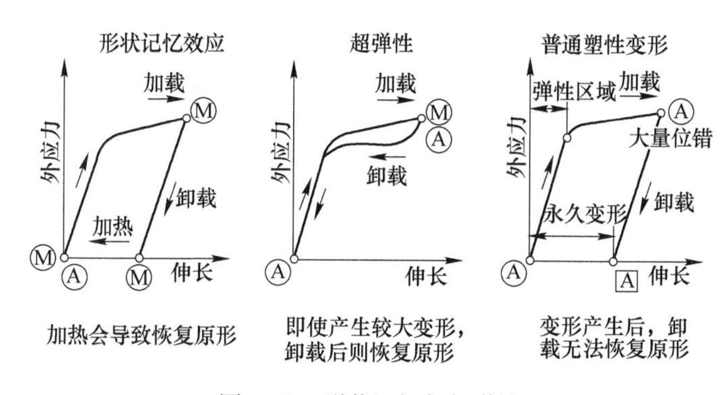

图 4-52　形状记忆与超弹性

Ⓜ—马氏体相；Ⓐ—奥氏体相

4.19.2　形状记忆根据孪晶比例变化而变形，加热可导致形状恢复

金属的塑性变形是由于位错移动所引起的（如图 4-52 和图 4-53 右所示）。一般来说，晶体中的位错移动后的原子晶格排列不变，只是相邻的原子之间发生了位移。将 Ni-Ti 合金或 Cu-Al-Ni 合金（A 相：奥氏体）在某个温度以下（M_d 点）变形时，其发生的不是滑移变形，而是（应力诱发）马氏体（M）相变（图 4-53）。也就是说，发生的是相邻原子之间结构维持不变条件下变形。因此，当载荷去除后如果 A 相发生逆相变（恢复到元原子排列状态），则会导致形状也得到恢复，这就是超弹性。

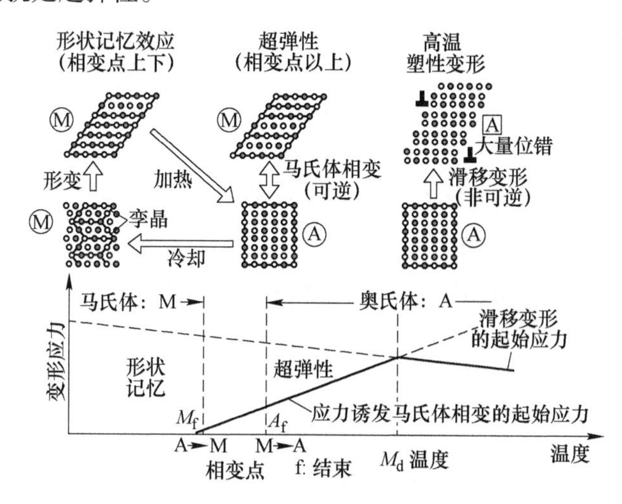

图 4-53　超弹性与形状记忆原理图

如果 A 相在某一温度（M_f相变点）以下冷却发生的是（热弹性）马氏体相变（如图 4-53 左所示），金属内部晶体通过产生大量的孪晶来消除剪切应变，保持外形形状不变。当施加外力后，晶体维持马氏体的原始排列，只是孪晶的比例

发生了变化，导致即使去除载荷，依然恢复不了原始形状。但如果将温度升高到A相稳定温度（A_f相变点）以上，则会发生逆相变恢复到原始的原子排列状态，外形也就得到了恢复。这就是形状记忆效应。通过增减Ni、Co或Cu的成分比例，可将A_f相变点在－30～100℃之间进行调整。

4.19.3 超弹性、形状记忆合金广泛应用于工业及医疗领域

超弹性材料现在已经广泛应用于眼镜框、牙科与矫形外科、介入治疗用导管（如图4-54a所示）等方面。形状记忆效应合金则在热水恒温龙头、连接紧固件和自扩张性支架等方面广泛使用（如图4-54b所示）。

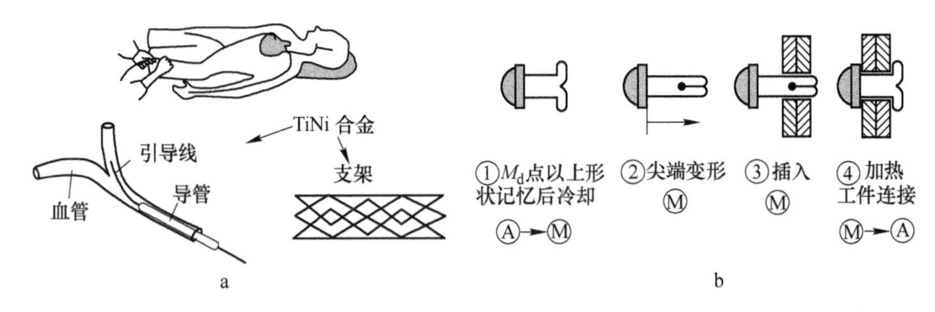

图4-54 形状记忆合金在医疗与工业上的应用

a—医疗血管导管使用例；b—工业紧固螺栓使用例

90%的TiNi合金在医学领域的应用是利用其超弹性性能，另外10%的应用是利用其形状记忆效应。

4.20 钨与超硬合金

目前主要采用湿法冶金技术从钨（W）矿石中分离和提取金属WO_3，再通过氢气还原的方法获得金属钨粉。

4.20.1 高熔点钨采用粉末冶金法制造

纯钨（W）的熔点为3380℃，是金属材料中熔点最高、蒸气压低、高温也极其稳定的金属。其19.3的密度是铅（Pb）的1.7倍，导电率约为铝的1/2，线膨胀系数极小。由于金属W的熔点极高，因此金属钨制品通常采用粉末冶金法制作。

中国是世界上最大的钨储藏国，日本所需要的钨原料几乎全部从中国进口。60%的钨用于超硬合金（WC粉末），20%用于高速钢或耐热合金的添加元素（Fe-W/第88页），剩下的部分为利用其高熔点、不易蒸发的特性用于灯泡灯丝或利用其高密度、低膨胀系数等特性用于放射线隔离材料、光学仪器或化学仪器材料等（如图4-55所示）。

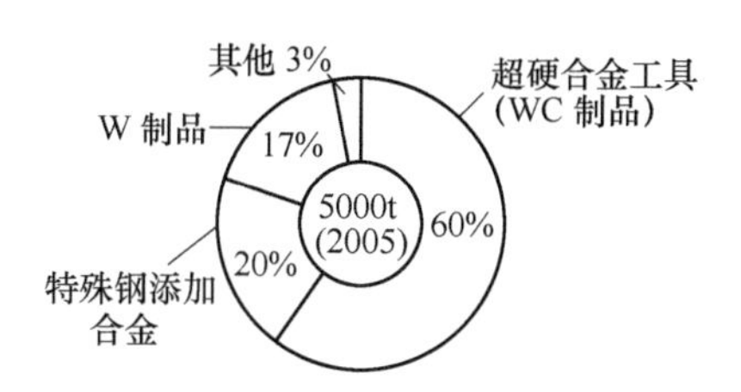

图 4-55 日本 W 的年使用量及用途
（参考：金属資源レポート(2006)）

金属钨制品的生产，首先是利用氢气等还原性气体将钨的氧化物粉末还原成粒径为 2 ~ 5μm 左右的钨粉末，然后将各种原料粉末放入特种橡胶制的模具中在 100MPa 以上的等静压（CIP）下成型❶，在氢气气氛中预烧后，再在氢气气氛中超高温（2800℃以上，电阻加热）烧结（如图 4-56 所示）。金属颗粒之间结合后会产生约百分之十几的收缩。最后，再经过锻造、拉丝等机加工制成各种钨（W）制品。

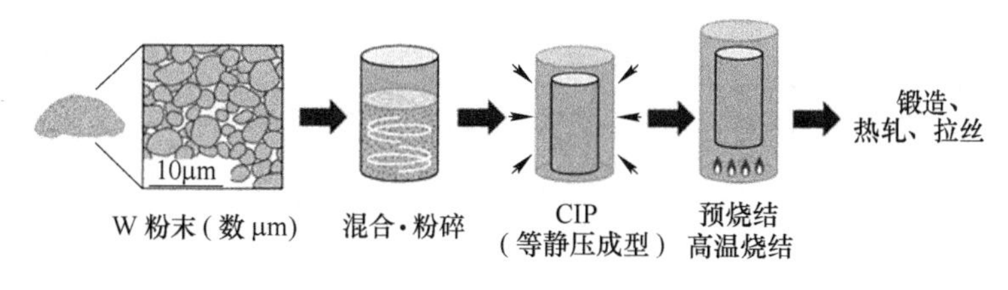

图 4-56 纯 W 制品的制造方法
（参考：日本タングステン株式会社HP）

4.20.2 钴包裹碳化钨形成的硬质合金

将碳化钨（WC）粉末与钴（Co）或镍（Ni）粉末混合烧结后得到硬质合金（Cemented Carbide）（如图 4-57 所示）。硬质合金具有硬度高、耐磨性极佳等优点，被广泛应用于切削刀具、金属模具以及拉丝模具等方面。

WC 粉末是采用 W 粉末与 C 粉末混合、碳化制成的。WC 的熔点高达 2900℃，具有极硬、杨氏模量极高的特点（见表 4-12）。由于极高硬度的 WC 被韧性较好的 Co 或 Ni 所包裹，因此不但高温强度好而且不易破损。硬质合金中所使用的碳化物中，WC 具有最优的热传导率和杨氏模量，因此，硬质合金均以 WC 为主，再添加 TiC 或 TaC 以进一步提高其耐氧化性和硬度。另外，将 WC 粉

---

❶ 等静压成型：分为冷等静压成型（CIP）和热等静压成型（HIP）两种。CIP 是将粉末放入橡胶制的模具，再在水/油中加高压均匀压缩。HIP 是在高温下再施加均匀高压烧结。压力一般为 10 ~ 200MPa 之间。

末的颗粒度降低至 0.5μm 可进一步提高硬度。作为切削工具，硬质合金比高速钢更硬、使用寿命更长。

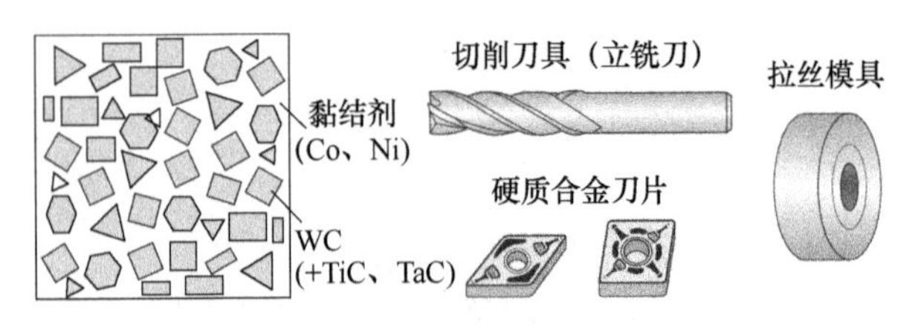

图 4-57 硬质合金的组织结构与应用

表 4-12 各种碳化物（硬质合金用）的物理性质

性 质	WC	TiC	HfC	VC	NbC
硬度（HV）	1780	3100	2900	2100	2400
热传导率/W·(m·K)$^{-1}$	29.3	24.3	6.3	4.2	14.2
杨氏模量/GPa	706	315	284	268	339
晶体结构	六方晶体	NaCl	NaCl	NaCl	NaCl

参考：日本金属学会编《金属データブック改訂 4 版》丸善，2004。

4.21 粉末冶金

4.21.1 极易制成形状复杂的小尺寸零件

汽车发动机、驱动部件等形状复杂的汽车零件通常可以采用粉末冶金法高效生产。例如，将 100μm 左右的铁（Fe）粉与 10μm 左右的铜（Cu）粉、镍（Ni）粉和碳（C）粉混练后，填充至金属模具，压缩成型（如图 4-58 所示）。然后在连续炉中烧结，再经过机加工整形即可。

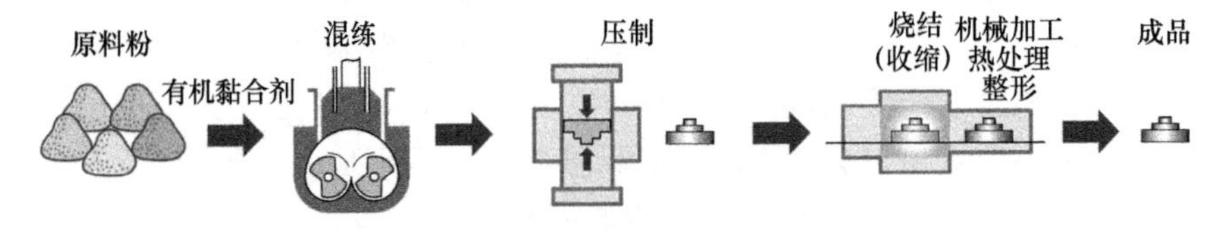

图 4-58 粉末冶金工艺流程简图
（参考：日本粉末冶金工業会 HP）

粉末冶金法具有可生产复杂形状零件、采用模具大量生产的特点。虽然烧结时存在较大收缩以及难以获得 100% 密度的缺点，但可以利用残存的气孔浸油，用于耐磨轴承。

粉末冶金方法能直接压制成接近最终尺寸的压坯，而不需要或很少需要随后的机械加工，故能大大节约金属，降低产品成本。用粉末冶金方法制造产品时，其金属的损耗只有1%~5%，而采用一般熔铸方法生产的产品，其金属的损耗可能会高达80%。

4.21.2 烧结是利用表面能作为驱动力进行材料致密化的方法

烧结的原理虽然非常复杂，但大致可分为固相烧结和液相烧结两大类。都是利用粉末表面能的减少作为扩散驱动力使颗粒结合与致密化的过程（如图4-59所示）。

陶瓷烧结主要是固相烧结，而硬质合金则是液相烧结。硬质合金的烧结首先是金属钴（Co）变成液体，然后与WC固相表面相互溶解，并在其他部位再结晶析出形成固相颗粒并长大。液相烧结时液相与固相之间的浸润性极大地影响其烧结致密度。

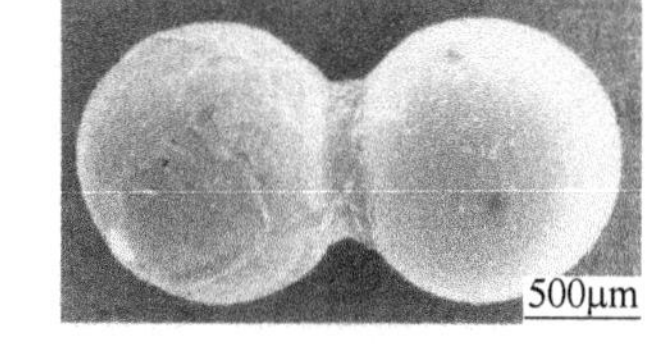

图4-59 金属粉末颗粒间的熔合

提高粉末细度，增加粉末形状的不规则性虽然能够提高表面积而更易于烧结。但粉料越细，流动性越差。在加压成型时不容易均匀充满模具，经常会造成成型件存在空洞、边角不致密、层裂、弹性失效等问题。因此，通常需要通过造粒的方法来减小粉末间的结合力，将粉末颗粒变为粒状以提高其流动性（如图4-60所示）。

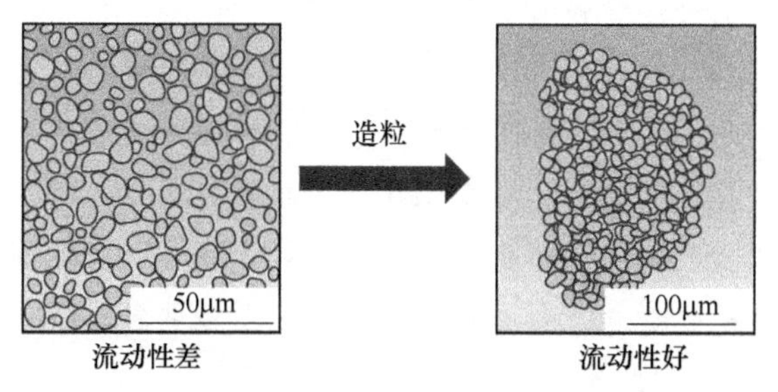

图4-60 造粒导致的粉末粒径变化

4.21.3 金属原料粉末采用熔融金属吹入水/气体中速冷获得

粉末冶金用金属粉末是将熔融金属通过喷嘴喷出，在水或气体中快速冷却而获得。水雾化法可获得数μm至十几μm的不定型细微粉末，但无法防止表面氧化。钛（Ti）或铝（Al）合金粉末采用的是气体雾化法。一般采用的是氩气（Ar）或需要急冷时采用导热性良好的氦气（He）。除此之外，金属原料粉末还有电解析出法等化学反应法、研磨法、粉末颗粒对撞法以及大块材料粉碎法等机械方法制备（如图4-61所示）。

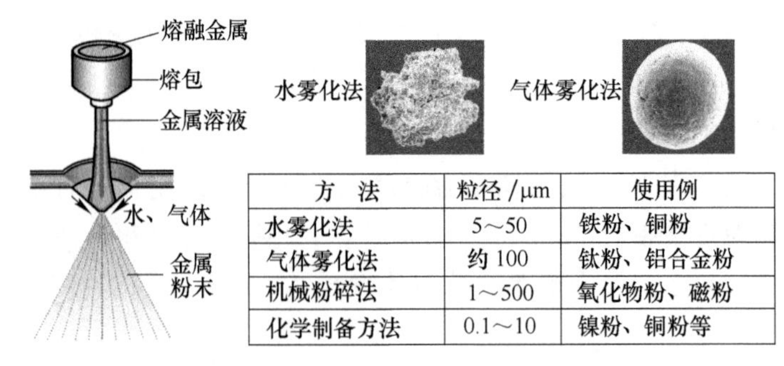

方　法	粒径 /μm	使用例
水雾化法	5～50	铁粉、铜粉
气体雾化法	约 100	钛粉、铝合金粉
机械粉碎法	1～500	氧化物粉、磁粉
化学制备方法	0.1～10	镍粉、铜粉等

图 4-61　粉末冶金用原料粉末制备方法

（参考：大阪特殊合金株式会社 HP）

小知识

1. 抗震建筑与钢材

建筑物可以通过以下 4 种方法来提高其抗震能力：（1）采用高屈服强度钢材，作成高刚度框架的建筑物。（2）允许钢材产生少量变形，借以吸收地震能量，防止建筑物倒塌。（3）安装支撑阻尼减震器，利用其变形吸收地震的能量。（4）建筑物底部安装较易变形的板状橡胶组成减震构造。

2. 高层建筑利用阻尼减震器和钢材的变形防止倒塌

最近的高层钢筋水泥建筑在遇到大地震时，首先是通过阻尼减震器（图 4-62c）变形，然后是梁部钢材（图 4-62b）产生变形以吸收能量，再通过高强度框架（图 4-62a）来最终保护建筑物的完整。其中图 4-62c 可采用油等黏性液体或采用低屈服强度钢材来达到。图 4-62b 则是根据日本《新耐震设计法》的要求采用 1994 年制定的 SN（规格）钢材。SN 钢材的屈强比（屈服强度/抗拉强度）较低，具有较好的变形能力，因而具有较高的能量吸收能力。另外，由于其碳含量（第 87 页）较低，因此不易产生焊缝脆化。

3. 东京天空树®的防震措施

以日本东京天空树的防震措施为例（图 4-63）。首先在东京天空树®四周设置高强度的钢管作为骨架，中央芯柱（楼梯）为二层钢筋水泥结构，其内部连接阻尼减震器，中央芯柱上部采用安装的钢锤在地震时通过摇摆晃动来吸收地震能量的五重塔减震构造。五重塔的特征是塔中心有一根“芯柱”，就是贯穿塔中心从地面一直到塔顶的一根柱子。这根柱子在发生地震时，可以消减约 50% 的震动。

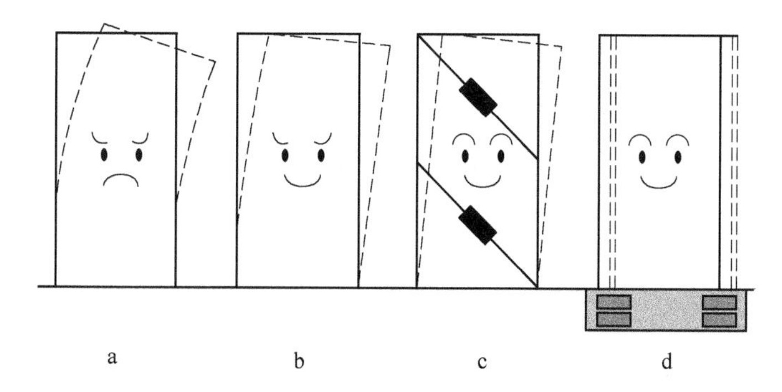

图 4-62 钢筋水泥高层建筑的抗震结构

a—高刚性框架结构；b—高变形能力结构；

c—减震结构（阻尼减震）；d—免震结构（板状橡胶）

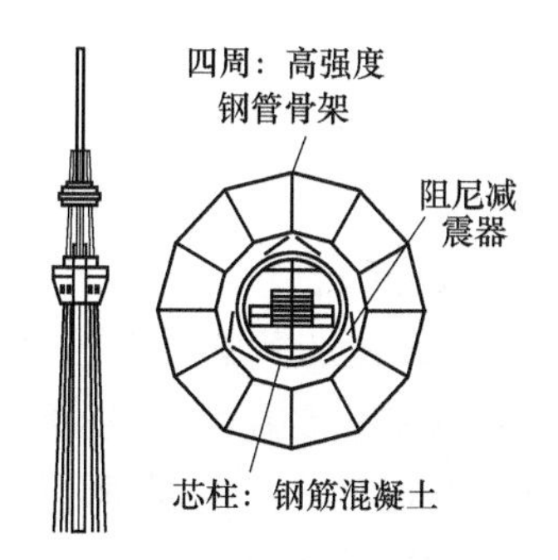

图 4-63 东京天空树®的结构

5 金属功能材料

5.1 电子材料的发展

5.1.1 铜是最古老的金属，也是现代最主要的电子功能材料

铜（Cu）是人类最早使用的一种金属。公元前 40 世纪人类就开始利用硫化铜矿石在大气中加热获得金属铜。后来获知加入锡（Sn）可以导致熔点下降和强度上升，从此迎来了青铜器时代。另外，人类还曾经将黄铜作为货币使用。到了现代，Cu 业已成为人类文明不可替代的一种导电材料。

5.1.2 电磁感应是电子学的起点

远在两千多年前的春秋战国时代，中国便有了“磁石召铁”的记载。人类对电的科学理解，起源于英国物理学家威廉·吉尔伯特 1600 年发表的《磁石论》，这是物理学史上第一部系统阐述磁学的科学专著。在这部伟大的著作中记录了磁石的吸引与排斥以及对电现象的研究内容。吉尔伯特用琥珀、金刚石、蓝宝石、硫黄、明矾等做样品做了一系列实验。发现经过摩擦，它们都可以具有吸引轻小物体的性质。他认识到这是一种物质普遍具有的现象，因此根据希腊文琥珀引入了“电”（electric）一词，并且把类似琥珀这样经过摩擦后能吸引轻小物体的物体称为“带电体”。静电荷与磁性虽然都吸引物质，但在本质上是完全不同的东西。

18 世纪荷兰莱顿大学物理学教授马森布洛克发明了莱顿瓶，在物理学上第一次能做到储存电荷并对其性质进行研究。1800 年意大利物理学家伏打发明了电池，为物理学研究提供了稳定的电流源，从而打开了电磁作用这块未知领域，真正揭开了人类电磁时代的大幕。1820 年丹麦物理学家奥斯特发现了电流和磁针相互作用以及电流产生磁场的现象，并用拉丁文发表了划时代的论文《关于磁针上电流碰撞的实验》而轰动了整个欧洲。其后法国的安培发现了右手螺旋法则以及英国的法拉第发现了奥斯特定律的逆定律——磁电感应定律。

大约同时期，人类明白了将线圈环绕铁棒，通过电流可获得强磁场以及利用天然磁石和电导线可得到回转机（马达），导致了 1879 年电力机车的发明。随着电力机车的发展，高压输电线和变电装置等技术获得了不断地完善与提高。

人类对电与磁的理解，导致了电子学的飞速发展（图 5-1）。

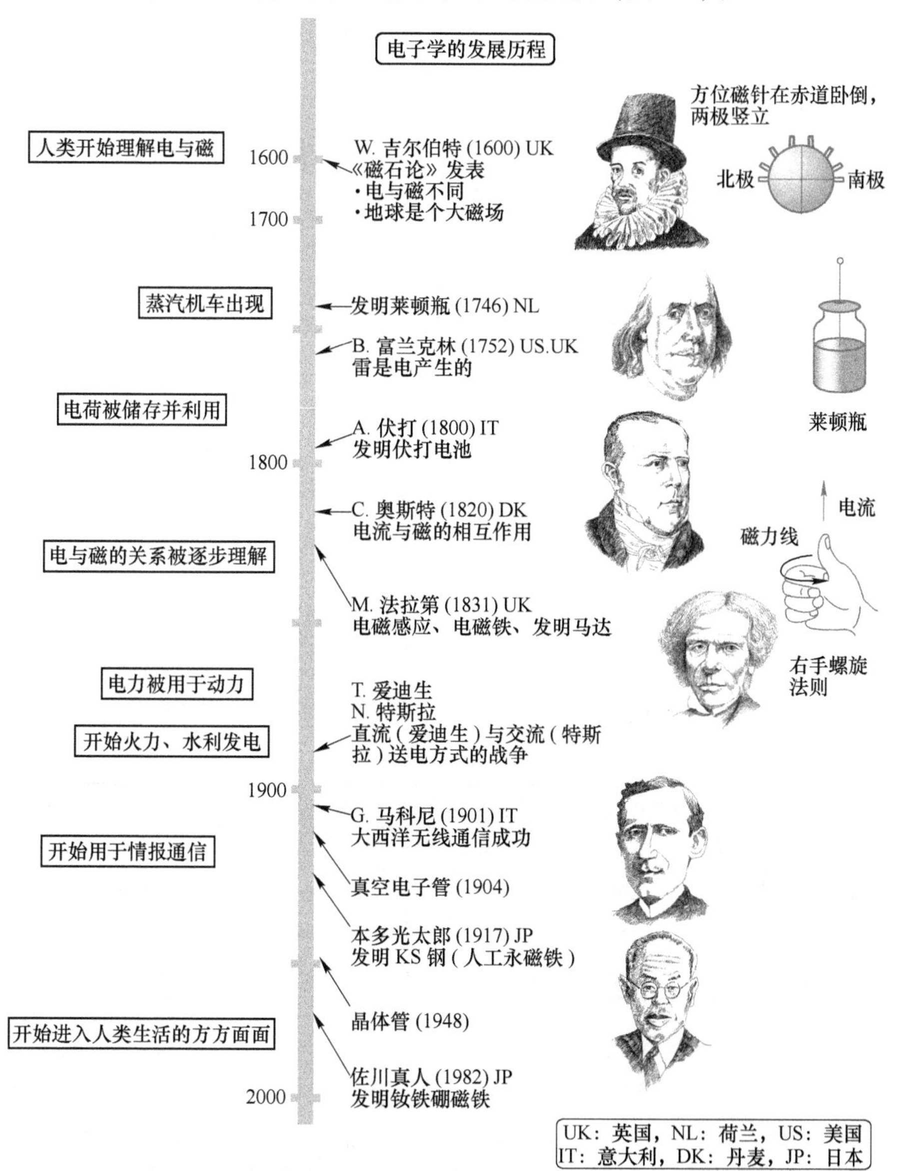

图 5-1　人类对电与磁的理解，导致了电子学的飞速发展

5.1.3　金属是信息时代的基础

在此同时，信息通信技术也在发生着变革。1888 年发现了电磁波，1901 年成功实现了跨大西洋无线通信，随后是真空电子管和晶体管的发明。日本自从 1917 年本多光太郎发明强力磁钢（KS 钢）以来，在磁材料研究方面始终位于世界前列，直至 1982 年发明了钕磁铁。

本章就支撑电子技术发展的电功能材料、电磁材料、磁性材料进行简要的介绍。

5.2 纯铜

5.2.1 日常的电线使用的是韧铜，音响器材使用的是无氧铜

铜（Cu）为面心立方（FCC）晶体结构，因此具有良好的加工性能。另外，耐海水等的腐蚀性良好。Cu 的电导率和热导率仅次于银（Ag）（第 25 页），在导电材料、电器用品、热交换器具等方面获得了广泛的应用。日本利用电解熔炼法加工进口铜矿石获得电解铜。2009 年日本共生产电解铜 98 万吨，其中约 64% 用于制作电线，35% 为铜的压延制品（铜制品 49%，黄铜制品 45%），其他产品（铸造等）约占 1%。

通常的导电电缆或电线使用的是韧铜（表 5-1）。但是由于韧铜中含有较多的氧元素，氢元素侵入后容易产生脆化。因此利用真空溶解法将氧含量降低到 0.006% 以下获得无氧铜（OFC）。无氧铜由于电导率更高、音质更好而被普遍应用于音响器材或电子乐器。

工程上采用相对电导率来表征金属材料的导电性能，即与国际标准软铜的电导率（电导率 $1.7241\times10^{-8}(\Omega\cdot m)^{-1}$）为 100% 标准的百分比值（%IACS，International Annealed Copper Standard）。无氧铜的相对电导率为 100% 以上。

表 5-1 纯铜的组成与用途

种　类	典型代号	电导率/%IACS	Cu 纯度	特点与主要用途
无氧铜（OFC）1 类	C1020	102	>99.96%	音响器材用线材
无氧铜（OFC）2 类	C1011	102	>99.99%	电子管及高真空应用
韧铜（TPC）	C1100	101	>99.90%	一般电线、密封垫片
磷脱氧铜（P-DCu）	C1220	82	>99.90%	导热管、密封垫片等

5.2.2 铜的导电性好但密度大

铜的最大缺点是密度（$8.96g/cm^3$）高、强度较低。从发电厂出来的高电压、高电流经过大跨度架空的高压线传输，希望电缆的质量尽可能轻。因此高压电缆线一般采用 IACS 为 60% 的铝（Al）绞线（芯部为钢芯线）（图 5-2）。这是由于根据电阻计算，当 Al 的横截面为铜的 1.7 倍时，其密度仍仅为铜线的 1/3，即使考虑铁芯线的质量，其整体质量仍为铜线的 50%。

目前，正在研究采用新型氧化铝纤维增强铝基导线来取代现有的铝绞线钢芯，经测试比强度提高 2～3 倍，电导提高 4 倍。虽然新型金属基复合材料 MMCs 导线的价格较贵，但是可以降低建造支撑塔成本的 15%～20%，并且可以提高输电能力并降低电耗。

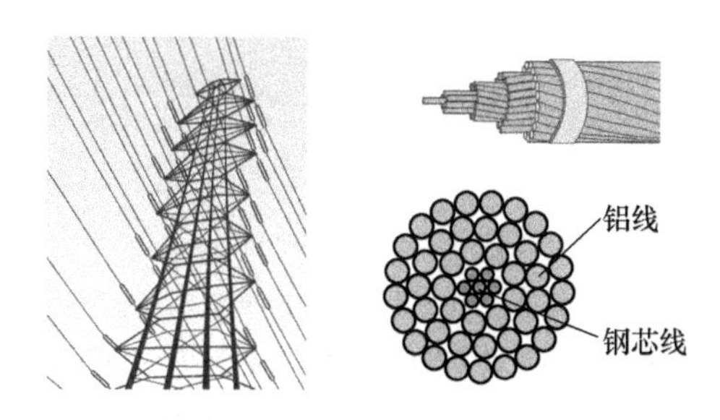

图 5-2 高压架空电缆断面图

5.2.3 电路板、电池使用的铜箔：压延法和电解法

可通过压延的方法将铜锭压延至厚度约 7μm 的铜箔。压延铜箔主要在锂离子电池的碳电极（负极，第 184 页）上的集电体或手机折叠部位的柔性印刷电路板上使用。

除了压延铜箔，还有从溶液中直接获得电解铜箔。将鼓状阴极在硫酸铜溶液中边通电边拉出即可获得铜箔。鼓状电极面的铜箔表面光滑，而溶液面粗糙。但粗糙面与树脂基板附着性良好，因此被广泛用于印刷电路板（图 5-3）。

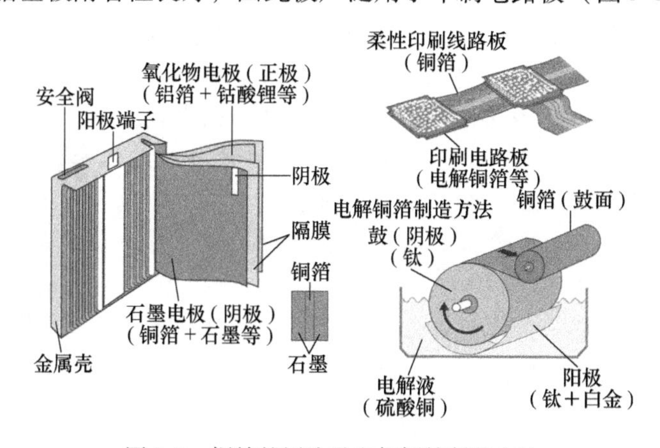

图 5-3 铜箔的用途及电解铜箔制造方法

5.3 纳米铜

5.3.1 纳米技术是当今材料科学研究中最热门的领域之一

纳米材料是指在三维空间中至少有一维处于纳米尺度或者由纳米尺度的物质为基本结构单元所组成的超细颗粒材料。纳米材料的尺度在 1 ~ 100nm 之间。由于纳米材料尺寸小，比表面积大而且含有较多的缺陷，纳米材料具有很多普通材料所无法比拟的奇特性质，因而在力学、光学、医学、电学、机械化学等诸多领

域表现出良好的应用前景。

近年来纳米铜已经引起了国内外的广泛关注，铜纳米材料作为重要的工业原料，在制备高级润滑油添加剂、导电浆料、高效催化剂以及抗菌剂等方面不但具有优异的性能，而且可大大降低原材料成本，因而具有广阔的应用前景。

但是由于纳米铜的化学性质十分活泼，暴露在空气中很快被氧化，同时存在稳定性和分散性较差等问题，因此研究制备稳定性和分散性良好、尺寸和形貌可控的铜纳米材料的方法及其性能已经成为了纳米材料领域的研究热点。

5.3.2 纳米铜的制备方法多种多样

纳米铜的制备方法多种多样，关键在于如何控制粒子的尺寸、形貌及稳定的形态，同时满足简单易行、低成本、产率高、绿色环保等要求。虽然铜纳米材料有着广阔的应用前景，其制备技术也取得相当可观的成果，但其大多数制备和性能研究还处于实验室阶段。一般来说，纳米铜的制备方法有微乳液法、电爆炸法、直流电弧等离子体法和溶剂热法等四种。

5.3.3 目前国内较高性价比的纳米铜制备技术

译著者采用专利纳米铜制备技术，制备出了目前国内具有较高性价比的高浓度、高悬浮性纳米铜无水乙醇悬浊液（图5-4），其放置数月仍可保持良好的悬浮状态。纳米铜的平均颗粒粒度 $D_{50}\approx$95nm（图5-5）。满足了纳米铜工业化生产的简单易行、低成本、产率高和绿色环保等要求。该粒度尺寸分布的纳米铜颗粒具有强度高、超塑性、导热性高和熔点高的特性，具有优异的工业零件摩擦表面抗磨及缺损表面自修复的功能。

利用以上制备技术，译著者业已开发出铜基纳米减摩涂料和纳米铜润滑油（脂）添加剂两大系列产品。

图5-4 纳米铜悬浮液

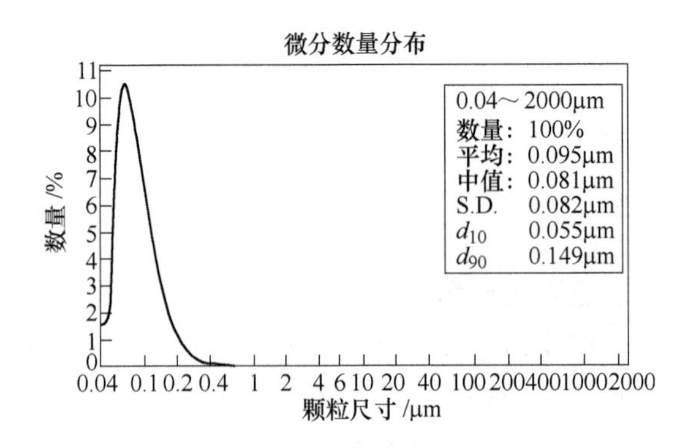

图5-5 纳米铜颗粒粒度分布

目前铜基纳米减摩涂料业已在替代油套管镀铜接箍方面展现出非常良好的应用前景。真正实现了绿色环保、节能减排、降低成本和降低生产加工难度的目的。

纳米铜润滑油（脂）添加剂则可极大地降低汽车能耗及尾气污染，延长发动机寿命。目前也在积极推广中。

5.4 铜合金

5.4.1 黄铜为铜锌合金，青铜为铜锡合金

世界上生产量最大的铜合金为含锌（Zn）20%以上的黄铜（Brass）（表5-2）。含30% Zn以下的7/3黄铜为加工性良好的α（FCC）单相，但Zn含量超过40%（6/4黄铜）则会析出β相（CuZn相），导致铜合金基体硬化，添加较多合金元素Zn时，会导致黄铜从金黄色变为黄色（图5-6）。黄铜在日语中又被称为“真鍮”，在乐器或电气产品中被广泛使用。

表5-2 主要铜合金的成分与特征

种 类	代表记号	成 分	特征与用途例
7/3黄铜	C2600	Cu-30% Zn	加工性好。电器用品等
铝青铜	C6140	Cu-7% Al	耐海水腐蚀性好。船舶、化学工业
磷青铜	C5212	Cu-8% Sn-0.2% P	耐疲劳，弹性好。用于开关等
铍青铜	C1720	Cu-2% Be-0.3% Co	强度高，弹性与电导性俱佳。电极
白 铜	C7060	Cu-10% Ni	热交换器、凝汽器、日元（50和100日元硬币）
洋白（洋银）	C7541	Cu-14% Ni-20% Zn	装饰品、日元（500日元硬币）

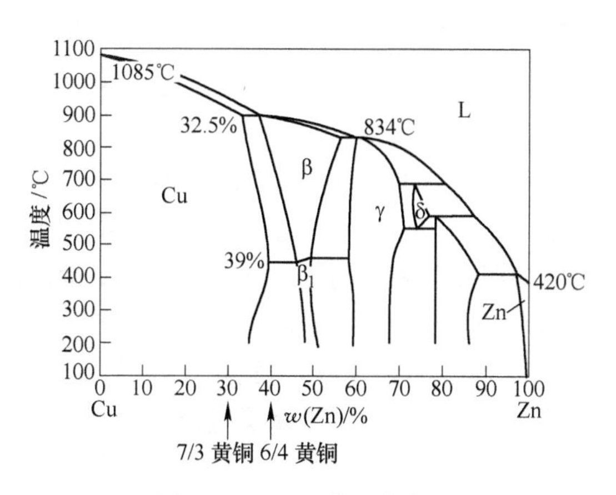

图5-6 Cu-Zn合金状态图

青铜（Bronze）是铜与锡（Sn）的合金。青铜本来的颜色为银白色或红铜色，绿色为铜锈的颜色。添加除锌（Zn）以外的其他合金元素的铜合金均被称为青铜。奥林匹克铜牌又被称为青铜牌（Bronze Medal）就是这个含义。除此以外，铜镍（Ni）合金被称为白铜（Cupronickel），镍黄铜被称为洋白（镍银），被广泛用于制作硬币。日币中的1日元为铝质，5日元为黄铜质（Cu-40% Zn），10日元为青铜质（Cu-3% Zn-2% Sn），50日元、100日元和500日元为白铜质（Cu-25% Ni）。2000年为了防止假币，500日元硬币从白铜质地改成了镍黄铜质地（洋白：Cu-20% Zn-8% Ni），其质量和电导率也产生了变化（图5-7）。

金属铝 黄铜(Cu–40%Zn) 青铜(Cu–3%Zn–2%Sn) 白铜(Cu–25%Ni) 镍黄铜(洋白)(Cu–20%Zn-8%Ni)

图5-7 日本硬币的组成及质地成分

5.4.2 导电性与强度均为良好的铍铜合金

添加合金元素虽然能提高铜（Cu）的强度，却大大降低了电导率。但强度高而电导率下降少的是铍（Be）铜合金。添加0.4%~2%的Be元素，利用高温熔化和低温时效处理析出细微Be合金相，可获得1300MPa以上的抗拉强度（图5-8）。与磷青铜一样，铍青铜被广泛应用于弹簧或电极开关等方面。而添加0.4%~1.2%的Cr铜则被广泛应用于点焊的电极（第90页）。

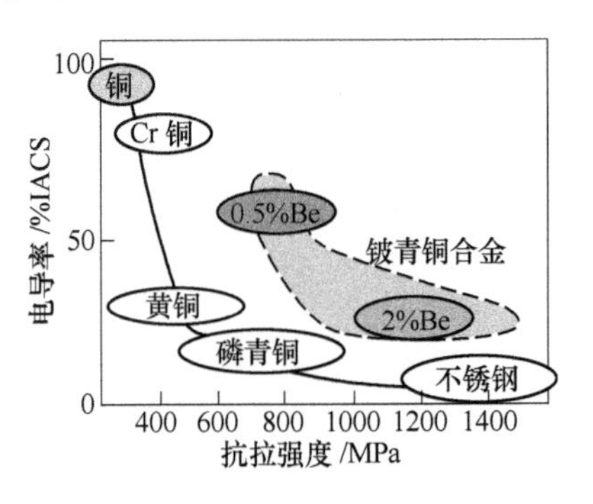

图5-8 铍青铜合金的特性

5.4.3 半导体连线从铝改为铜

过去，半导体的导线主要采用金属铝（Al）。这是由于Cu与硅（Si）的相容性较差，使用铜导线极易产生短路等故障。随着集成电路尺寸的急剧缩小，带来了铝导线电阻过大的问题。伴随着防止Si和Cu相互扩散的阻隔层等制备技术的进步，2000年左右开始改为Cu导线。其后为了防止Cu污染将溅射法改为了电镀法，同时在制备时又采取了密封隔离措施。

液晶电视显示屏尺寸的扩大也同样带来了电阻过大的问题，其配线也正在从金属铝（Al）或金属钼（Mo）向Cu线转换。许多电子元件也由于放热、电导率和成本因素等因素正在向其最适宜的金属材料方向转换。

5.5 调整线膨胀系数和热传导率

5.5.1 通常希望金属材料的线膨胀系数小而热传导率大

温度升高会导致晶格上的原子振幅加大而产生膨胀。金属的线膨胀系数小于树脂，大于氧化物和玻璃（图 5-9）。钢筋（Fe）与水泥的线膨胀系数都在 $10^{-6}K^{-1}$ 左右，因此我们可以放心地使用钢筋混凝土。

对于精密的电子产品如 IC（集成电路），为了减少放热所带来的应变，特别需要考虑 Si、玻璃与金属的线膨胀系数匹配。我们当然希望使用热传导良好的铜（Cu）或铝（Al），但由于其线膨胀系数分别为 $16.8\times10^{6}K^{-1}$ 和 $23\times10^{6}K^{-1}$，而硅（Si）和玻璃则分别为 $2.4\times10^{6}K^{-1}$ 和 $9\times10^{6}K^{-1}$。因此，如果直接将它们复合在一起，则温度变化会导致电子元件变形甚至破坏。可伐合金虽然与玻璃的线膨胀系数最相近，但其热传导率极低。因此，针对电子部件或发光元件的放热，一般使用 Cu 与具有低线膨胀系数的钨（W）组成的 30% Cu-W 金属基复合材料（采用粉末冶金方法制作）。

对于太阳能电池板组件，从多晶硅（Si）薄片中引出电流的导线如果采用普通的铜线或铝线，则由于热胀冷缩有可能导致 Si 薄片（0.2mm）破裂，因此一般采用不会给 Si 片施加应力的软 Cu 等材料（图 5-10）。

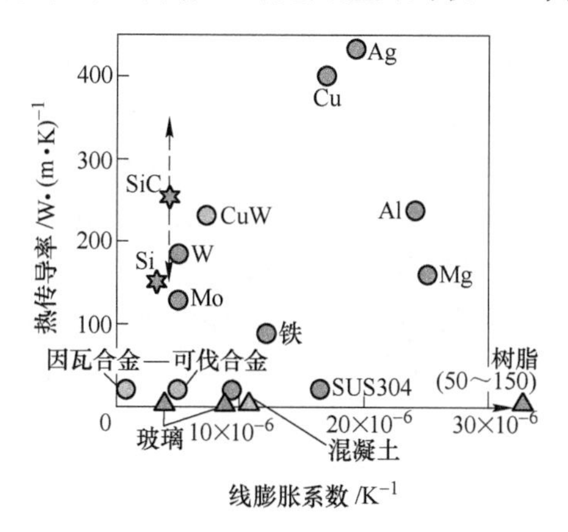

图 5-9 各种材料的热传导率和线膨胀系数

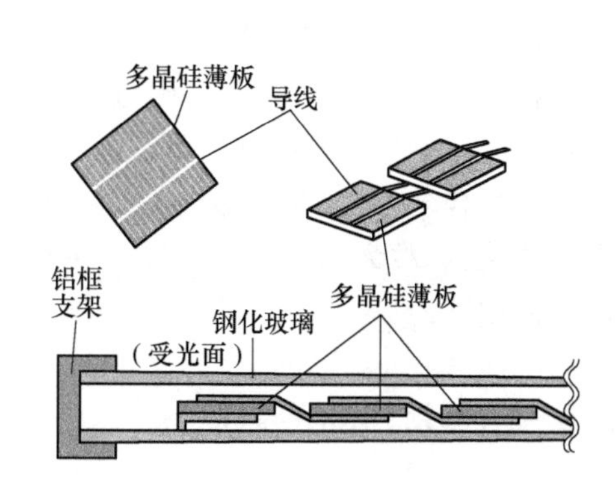

图 5-10 太阳能电池多晶硅基板
（参考：株式会社 SUMCO HP）

5.5.2 铁与镍可制成线膨胀系数为零的合金

玻璃、陶瓷与金属进行封装时通常采用可伐合金（Kovar：29% Ni-17% Co-Fe 合金）。其在 30～400℃之间的线膨胀系数为 $4.8\times10^{-6}K^{-1}$ 左右，与硬质玻璃

（硼硅盐）的线膨胀系数接近。另外，可伐合金与硬质玻璃的相容相好，气体密封性能佳。

对于采用树脂封装的 Si 基板上的 IC 引线（针脚），一般采用铜合金，而对于要求具有高可靠性、高气密性的 CPU（中央处理器）等电子元件，则必须使用陶瓷或玻璃进行封装，因此要求封装材料与 Si 的线膨胀系数相匹配，引线材料一般采用 Fe-42% Ni 合金（图 5-11、图 5-12）。而对于一般的树脂封装型 IC 元器件，则采用铜合金（Cu-Fe 合金等）作为引线材料。

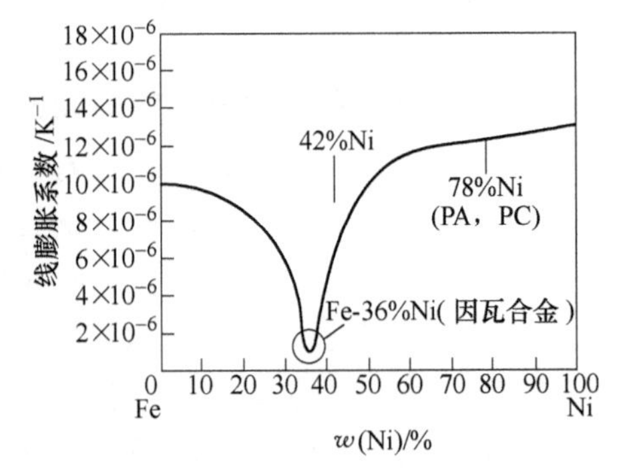

图 5-11 Fe-Ni 合金的线膨胀系数

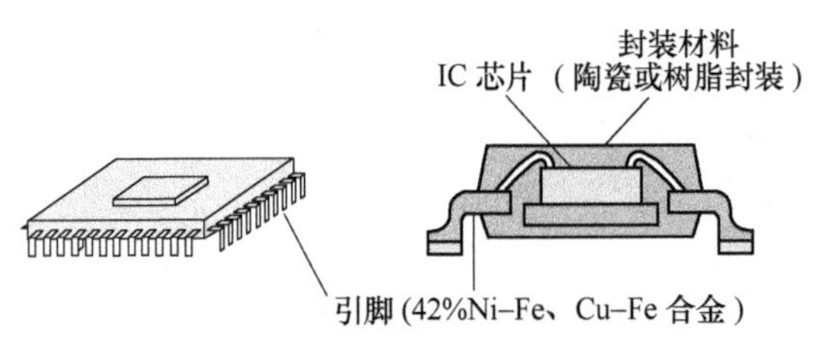

图 5-12 IC 芯片的引脚

常温附近线膨胀系数最小的是 36% Ni-Fe 因瓦合金（Invar：不变的意思）。当铁镍合金中镍（Ni）含量为 36% 时，在常温附近其线膨胀系数可降到最低值（图 5-11）。这是由于在室温附近，温度导致的热膨胀被铁磁性变化导致的收缩所抵消。上章介绍过的高压电缆用芯线，为了减小通电发热所产生的下垂也有的采用因瓦合金作为钢线。另外，Fe-78% Ni 合金的起始磁导率最高（即小磁场即可被磁化），故命名为坡莫合金（Permalloy），意即导磁合金。其亦可作为磁屏蔽材料使用。

5.6 磁性材料的基础知识

5.6.1 什么是铁磁体的自发磁化

铁（Fe）、钴（Co）、镍（Ni）等属于铁磁性晶体。其自发磁化是由晶体内部的微小磁畴（微小磁铁）中的磁矩规则排列所产生的（图 5-13）。磁化时需要能量最低的方向称为该磁性晶体的易磁化方向。体心立方铁（Fe）单晶体的易磁化方向为 <100>，面心立方镍（Ni）单晶体的易磁化方向为 <111>。Fe 共计具有 6 个 <100> 易磁化方向，通常这些方向都是无规则的，因此对外不显示出磁性。一旦被缠上线圈并通上电流或外加磁场，则会导致晶体内部磁畴的磁化方向一致而对外显示出强磁性，也就是成为电磁铁（软磁铁）。

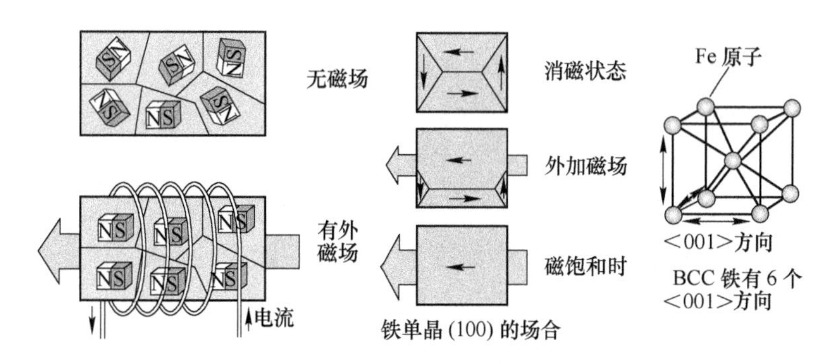

图 5-13 强磁性体的磁畴随外磁场的变化

5.6.2 软磁性（Soft）与硬磁性（Hard）材料

磁化过程可以用磁化曲线（*B*-*H* 曲线）来描述。它表示的是磁化强度随外磁场变化的曲线，反映材料在外磁场下的变化规律。磁化曲线的横轴是外部磁场（*H*），如电流与线圈圈数的乘积。纵轴为被磁化材料的磁感应强度（*B*）（图 5-14）。

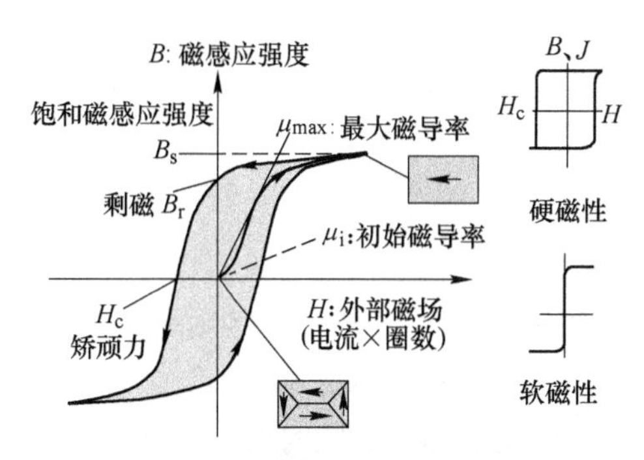

图 5-14 磁滞回线（*B*-*H* 曲线）

线圈内通入电流后形成外磁场 *H*，处于该磁场中的材料内部的微小磁畴越来越多地沿着外磁场方向偏转，对外则显示出磁性。如果所有磁畴均与磁场方向相同时则达到磁场饱和，我们称之为饱和磁感应强度（B_s）。用磁导率（μ）即 *B*-*H* 曲线上的斜率来表示材料磁化的难易程度。

随着线圈电流的降低，材料的磁感应强度（*B*）也随之下降。但其不会沿着原路下降，而是下降得更加缓慢，这种现象我们称之为磁滞。线圈电流为零时，材料的磁感应强度（*B*）并不会同时返回为零。我们将外磁场（*H*）为零时的材料磁感应强度称之为剩磁化强度（B_r）。如果要使材料的磁感应强度为零，则必须通入反向电流即施加一个反向磁场。我们称这个反向外加磁场为磁矫顽力（$-H_c$）。H_c 大的材料其 B-H 曲线的滞后大。我们将 H_c 小（瘦）的材料称之为软磁（Soft）材料，而将 H_c 大（胖）的材料称之为硬磁（Hard）材料。

5.6.3 超过居里温度，铁磁材料会变为顺磁材料

纯铁加热到910℃会转变成奥氏体，而在770℃则会发生从铁磁体转变为弱磁性顺磁体的铁磁相变。我们称此温度为居里温度（T_c）（图5-15）。金属点阵热运动的加剧会影响到磁畴磁矩的有序排列，当温度达到足以破坏磁畴磁矩的整齐排列时，磁畴则被瓦解，平均磁矩变为零，铁磁物质的磁性消失变为顺磁物质。铁磁性消失时所对应的温度即为居里温度。

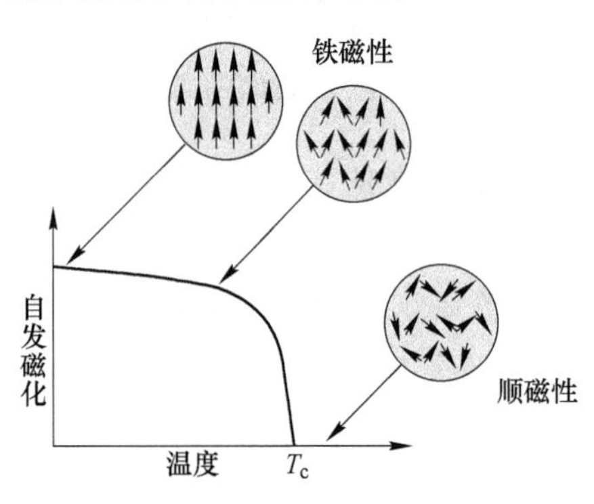

图5-15 居里温度（T_c）与磁相变

5.7 软磁钢板

5.7.1 织构硅钢片中利用Si提高合金电阻率、控制结晶方位

软磁性钢铁材料主要为有织构的硅钢片和无织构硅钢片两种。织构硅钢片主要用来制作各种变压器、电动机和发电机的铁芯。世界硅钢片产量约占钢材总量的1%。硅钢片是在纯铁中加入3%以上的硅元素（Si）。从Fe-Si状态图（图5-16）上来看，Fe-3%Si为无 γ 相的BCC单相组织，因此采用高温退火（1200℃）可获得特定方位的大晶粒组织。

具体的生产方法是首先将上述的硅铁热轧、冷轧，获得0.2~0.35mm厚的薄板后，中间退火使加工组织发生一次再结晶，析出MnS、AlN的细微第二相抑制晶粒长大。然后再在1200℃高温再结晶回火，晶粒沿压延面{011}和压延方向<100>结晶并长大（图5-17）。如果在电磁线路中将此压延方向<100>与磁场方向设计成同向，则相同电流不但会产生更大磁化强度，而且 B-H 曲线会变得更为瘦高，磁滞现象更小。这就是选择织构的理由。

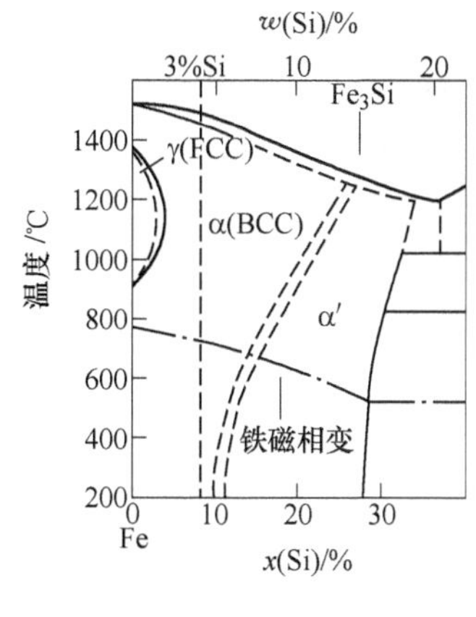

图 5-16 Fe-Si 相图

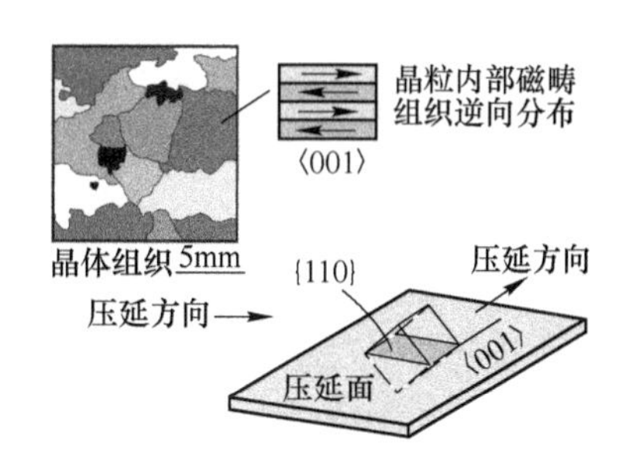

图 5-17 织构硅钢片的晶体组织

变压器中的铁芯，一般是将硅钢片沿着压延方向制成卷绕状或叠片式结构。一端是初级线圈，另一端是次级线圈。当初级线圈中通有交流电流时，铁芯（或磁芯）中产生交变磁场，在次级线圈中产生感应电压（或电流）。次级线圈的圈数少则会导致电压下降，圈数多则会导致电压升高（图 5-18）。

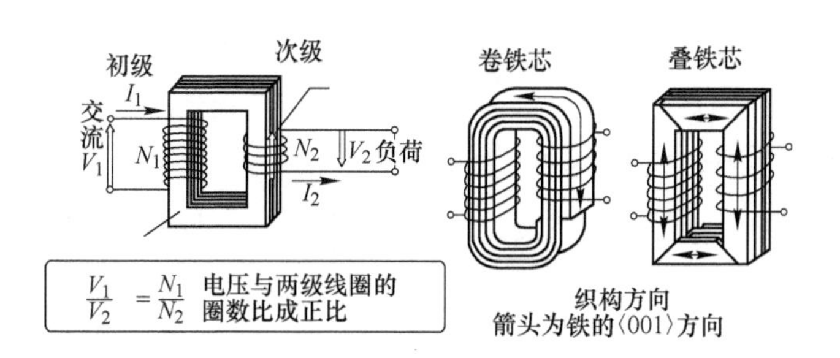

图 5-18 变压器铁芯构造与织构硅钢片

5.7.2 为了减少交变磁场中的涡电流损耗，铁芯大多采用叠片式结构

将大块导体放在交变磁场中时，大块导体中也会出现感应电流。由于导体内部处处可以构成回路，任意回路中所包围面积的磁通量都在变化，因此，这种感应电流在导体内自行闭合，形成涡旋状，故称为涡电流。如果导体的电阻越小则涡电流越大，导致巨大的能量损耗。由于涡电流发生在与磁场变化方向垂直的平面上，在软磁钢板中增加 Si 含量以增加阻抗的同时，将硅钢片做成尽可能薄的叠片式结构（叠铁芯）也能尽可能地降低涡电流（图 5-19a）。马达中定子使用的则是 0.5mm 厚的无织构取向硅钢片的叠片状结构铁芯，由于感应的是旋转的转子，因此定子不需要采用织构材料（图 5-19b）。

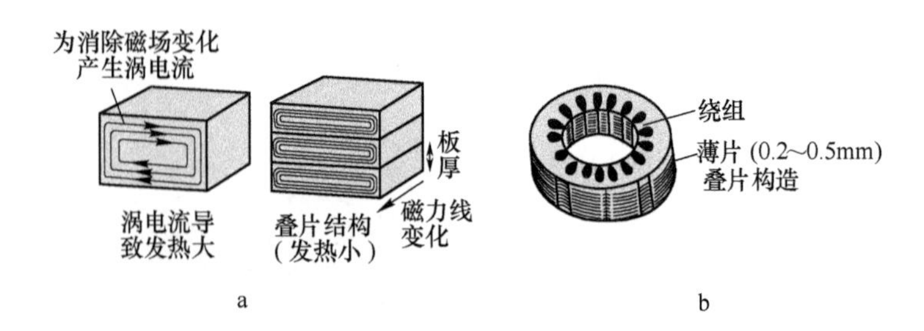

图 5-19 涡电流与马达定子的构造

a—外加磁场时涡电流的产生；b—马达定子的叠片无织构电磁片

高频下工作的铁芯采用 6.5% Si 钢片。硅含量高的硅铁电阻率高，磁致伸缩[1]为零而且磁性能良好。但是硅含量高的硅铁极脆。该材料一般采用 3% Si 的薄硅铁片高温加热，再通过表面渗硅的方法获得。

5.8 非晶软磁薄带

5.8.1 输电和配电过程中有 5%的电能损失

在日本，从发电厂到工厂或各家庭为止约有 5% 的电能配送损失。其中电阻损耗 1%~2%，3 ~4 次的变电所及变压器的变压带来 3%~4% 的损耗。日本属于配送电损失较小的国家，其他国家电力网系统的能耗损失更大。变压器损失大致分为空载损耗和负载损耗两部分（图 5-20）。

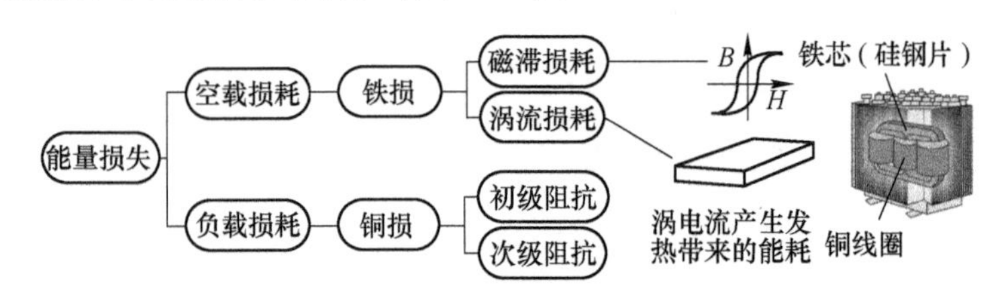

图 5-20 变压器所带来的能量损失

空载损耗是变压器材料的磁滞损耗和涡流损耗所引起的，我们称之为铁损。只要在初级线圈加载交流电压，无论有没有负荷，则次级线圈必然会产生能量损失。而变压器铁芯上绕制的大量铜导线电阻也会消耗一定的能量，这部分损耗会变成热量而被消耗，我们称之为铜损。铜损与负荷电流的平方成正比。

只要变压器有一次电压就一定有铁损产生。电压一定，铁损就一定。铜损则

---

[1] 磁致伸缩是指在外加磁场下，铁磁材料的长度会在磁化方向发生微小的改变，这种性质叫做磁致伸缩（magneto-striction）。在交流电作用下铁磁物质的伸缩是导致噪声、振动的主要原因。

不同，其大小主要取决于负荷电流的大小。

变压器是按照最大负荷进行设计的。但工厂并不总是处于最大负荷，节假日和晚上几乎全部是铁损所带来的能量消耗。一般实际负荷率大多在40%以下。图5-21是单相30kV·A油浸式配电变压器在不同负荷率条件下的变压器能损曲线。在通常40%的负荷率时，降低空载损耗（铁损）就显得非常重要，也就是说我们需要磁滞损耗和涡流损耗更低的磁性材料。

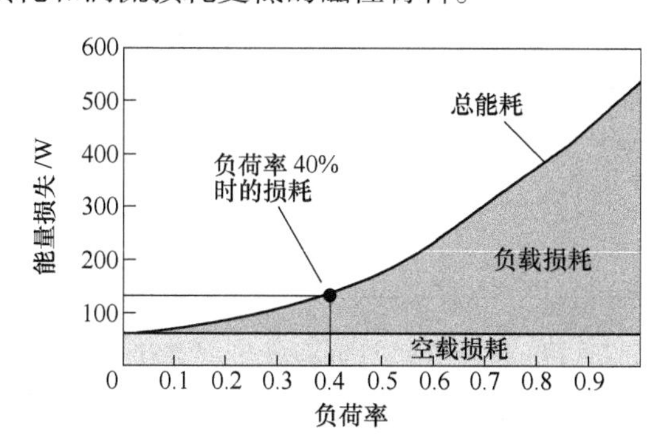

图5-21 不同负荷率所造成的变压器能损

（参考：日立金属資料）

5.8.2 空载负荷（铁损）损失小的非晶态合金

将Fe-B-Si合金熔化，通过喷嘴喷到水冷式铜制滚筒表面，以10^6℃/s以上的冷却速度急冷，则该合金来不及结晶，常温下即可获得仍保持高温液态晶体结构的非晶态合金薄带（0.025mm厚）（图5-22，第30页）。该薄带不但没有前述硅钢片的织构，而且显示出极高的磁导率和极低的磁滞损耗。另外，非晶态合金电阻率高，导致涡流小因而铁损也大大降低。其空载损耗是现有硅钢片的1/5～1/2。

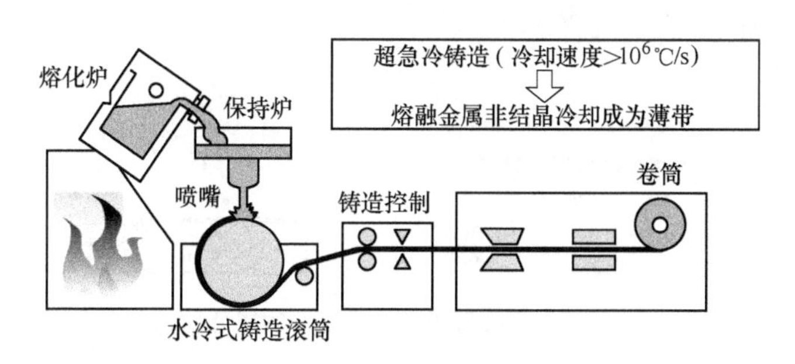

图5-22 非晶态合金薄带的生产方法

（参考：日立金属資料）

日立制作所采用非晶态金属薄片来替换现有硅钢片制作了马达的试制品。由于非晶态金属芯的磁导率较高，可降低铁损，因此配套使用的磁铁可以不使用昂贵的钕磁铁，而使用便宜的铁氧体磁铁，马达的效率提高到93%。

非晶态金属目前是最受关注的变压器用节能减排新材料（表5-3）。

表5-3 变压器用铁芯材料性能对比

性　　能	织构硅钢片	Fe-B-Si 非晶态薄片
磁饱和强度 B_s/T	2.03	1.56
电阻率/μΩ·m	0.50	1.37
板厚/mm	0.23	0.025
铁损/W·kg^{-1}	0.44	0.07（极小）
特　征		B_s 低（需要大型化） 磁致伸缩率大（噪声）

非晶态合金的最大问题是其饱和磁感应强度（B_s）比硅钢片小，因此，相同功率的变压器尺寸较大。另外，其磁致伸缩率较大导致电磁噪声较大以及由于厚度较薄而导致铁芯制造成本较高等问题。但这些问题目前正在被逐步克服，其实际的应用正在不断扩大。

5.9 铁氧体（铁的氧化物）

5.9.1 各种各样的铁氧化物

将铁在空气中高温加热，表面则会生成数微米厚的黑皮，这是一个距表面越近含氧量越高的多层氧化物组织结构。从表层开始首先是 Fe_2O_3（赤铁矿、3价、暗红色），然后是 Fe_3O_4（磁铁矿、2～3价、黑色）和 FeO（方铁矿、2价、黑色），其中95%的厚度是FeO层。而水带来的铁锈则是 Fe_2O_3（红锈）和 $Fe(OH)_2$（氢氧化铁）等的混合物（图5-23）。

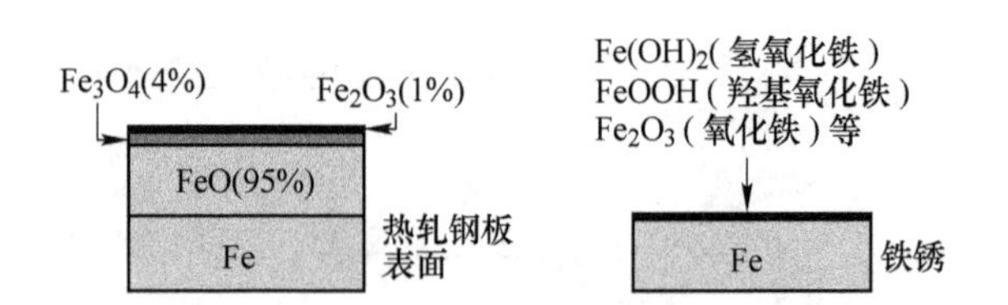

图5-23 钢板氧化黑皮与铁锈的成分构造

5.9.2 铁为铁磁性、氧化铁则为亚铁磁性

在众多的铁的氧化物中，能够被磁铁吸引的只有 Fe_3O_4 和 γ 型 Fe_2O_3（表5-4）。

表 5-4 铁的氧化物种类与特征

成 分	矿物名	铁价数	晶体结构	磁 性	颜 色
α-Fe_2O_3	赤铁矿	3 价	三方晶系	顺磁性	红色
γ-Fe_2O_3	磁赤铁矿	3 价	尖晶石晶系	强磁性	茶色
Fe_3O_4 $FeO \cdot Fe_2O_3$	磁铁矿	2 价、3 价	反尖晶石晶系	强磁性	黑色
FeO	方铁矿	2 价	NaCl 型	反强磁性	黑色

铁（Fe）、钴（Co）、镍（Ni）为显示强磁性的铁磁性物质。这是由于原子中的孤电子自转均为同一方向（第21页）。氧化铁的强磁性则来源于对电子自旋上下旋转数量差所产生的磁性，我们被称之为亚铁磁性（图 5-24）。

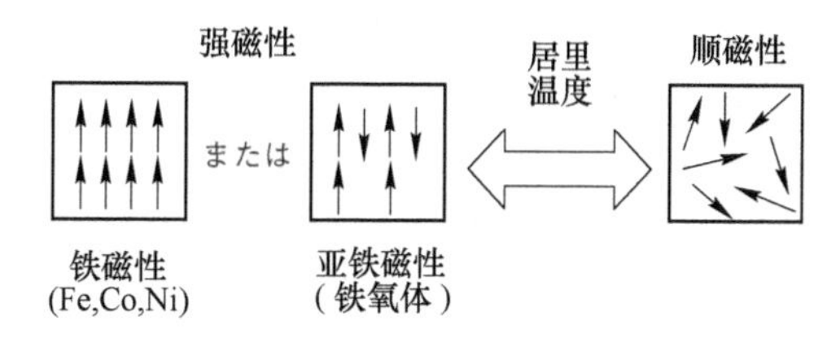

图 5-24 铁与铁氧体的磁性

氧化铁虽然没有铁那么强的磁性，但是由于其电阻率为金属的 10^5 倍以上，很难产生涡电流，因此即使不用做成叠片式结构也能应用于高频领域。

5.9.3 高频元件中的软磁铁氧体和小型马达中的硬磁铁氧体

以 Fe_2O_3 为主要成分的铁系磁性氧化物被称为铁氧体。铁氧体分为软磁性和硬磁性两种，均为20世纪30年代分别由日本（东京工业大学）和荷兰发明，是现代高频通信器件的基础。

软磁铁氧体的成分为 $MO \cdot Fe_2O_3$，M 主要为锰（Mn）、钴（Co）、镍（Ni）、锌（Zn）等二价金属离子（表 5-5）。

表 5-5 实用铁氧体的种类和用途

成 分	晶体结构	晶 系	M 元素	磁性	用 途
$MO \cdot Fe_2O_3$	尖晶石晶系	立方晶	（Zn）、Mn、Ni、Co	软磁性	高频变压器
$MO \cdot 6Fe_2O_3$	磁铅石结构	六方晶	Sr、Ba、La	硬磁性	永久磁铁

MnZn 或 NiZn 铁氧体通过粉末成型和烧结制成，被广泛地应用于 10 ~ 100kHz 以上高频区域的直流变压器、滤波器以及 IH 电饭锅（20 ~ 60kHz）的磁性回路（继电器）等（图 5-25）。而硬磁铁氧体的成分为 $MO \cdot 6Fe_2O_3$，M 主要为锶（Sr）或镧（La）。在汽车电动窗用马达中广泛使用。虽然其磁性不是那么强劲，但其最大的优点是价廉、磁性稳定而且制作方便。

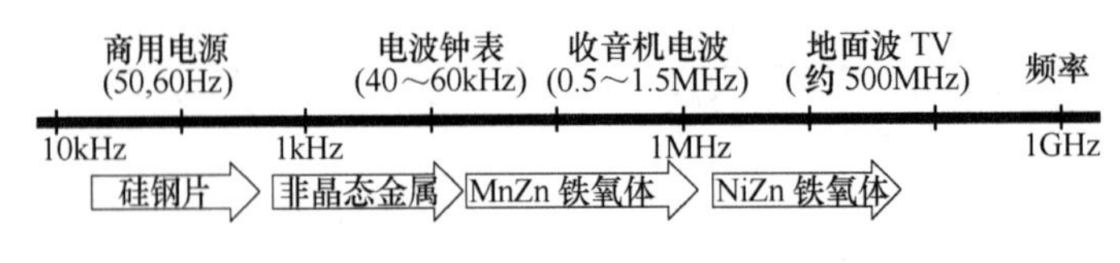

图 5-25　电波频率与对应的软磁材料

5.10　稀土类永磁材料

5.10.1　领先世界的日本磁性材料研究

软磁材料绕上线圈通上电流就能成为磁铁，一旦切断电流则其磁场立即消失。即使切断电流依然能保持强磁场的则是永磁材料（图 5-26）。从磁化曲线上来看，永磁材料具有大剩磁化强度（B_r）和大矫顽力（H_c）的特征。退磁曲线上任何一点的 B 与 H 的乘积即 BH 我们称为磁能积，而 $B \times H$ 的最大值称之为最大磁能积（$(BH)_{max}$）。永磁材料性能的好坏采用最大磁能积（$(BH)_{max}$）来表征（图 5-26）。

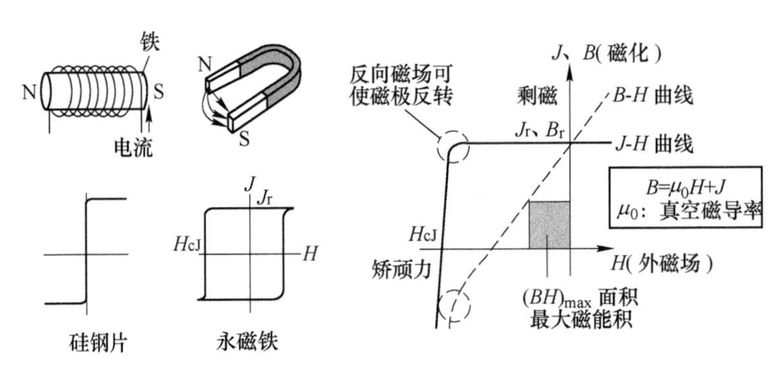

图 5-26　什么是永磁铁

1917 年，日本东北大学的本多光太郎首先发明了 KS 钢（Fe-Co-W-Cr）。随后，东京大学的三岛德七发明了 MK 合金（Fe-Ni-Al），东京工业大学的武井武发明了 OP（铁氧体），导致永磁材料的磁能积不断提高。近百年来，日本不断继承磁性材料的研究传统，在磁性以及磁性材料研究领域一直处于世界领先地位（图 5-27）。

5.10.2　超强磁性的稀土永磁材料

20 世纪 50 年代后，随着稀土金属工业化生产方法的不断进步与完善，最终导致了稀土类永磁材料的发明。1966 年美国发明了钐钴（SmCo）永磁合金，1982 年日本住友特殊金属的佐川真人发明了钕铁硼（Nd-Fe-B）稀土永磁合金（简称钕磁铁），使得永磁材料的磁能积获得了巨大的飞跃。钕铁硼永磁材料是

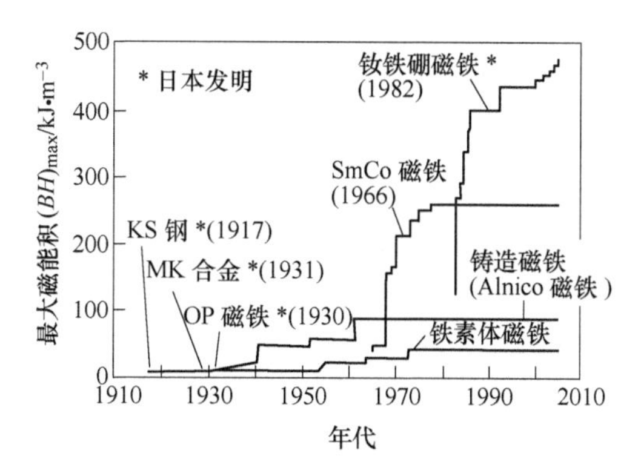

图 5-27 永磁铁与最大磁能积
（参考：日立金属株式会社）

以金属间化合物 $Nd_2Fe_{14}B$ 为基础的永磁材料。主要成分为稀土元素钕（Nd）、铁（Fe）和硼（B）。为了获得不同性能，稀土元素钕（Nd）可用部分镝（Dy）、镨（Pr）等其他稀土金属替代，铁也可被钴（Co）、铝（Al）等其他金属部分替代，硼的含量较小，但却对形成四方晶体结构金属间化合物起着重要作用，使得化合物具有高饱和磁化强度，高的单轴各向异性和高的居里温度。稀土类永磁材料主要有 $Nd_2Fe_{14}B$、$SmCo_5$、Sm_2Co_{17}、$Sm_2Fe_{17}N_x$ 等特定的金属间化合物。

5.10.3 钕磁铁粉末在磁场中成型，采用液相烧结法制作

钕磁铁的生产方法如下：首先将原料进行真空熔化，然后流至水冷铜辊表面急冷获得 Nd-Fe-B 合金。通过吸氢处理将其粉碎（氢碎），再通过机械法将其粉碎成单磁畴尺寸（约 3μm）大小的粉末。在磁场中将粉末磁场取向后压力成型，再高温烧结并时效处理。烧结时，熔点较低的富 Nd 相（非磁性相）熔化并按照结晶方位将 $Nd_2Fe_{14}B$ 颗粒（强磁性相）紧密结合，再进行研磨和表面处理即可。这时的状态还不带磁性，再经过大电流上磁后即可得到永磁铁（图 5-28）。图 5-28 为利用磁光克尔效应显微镜观察到的磁区结构形貌照片，烧结后 $Nd_2Fe_{14}B$ 结晶（晶粒尺寸为 5 ~ 7μm）按照相同方向分布，浓淡相间条纹即为正反向的磁区形貌。

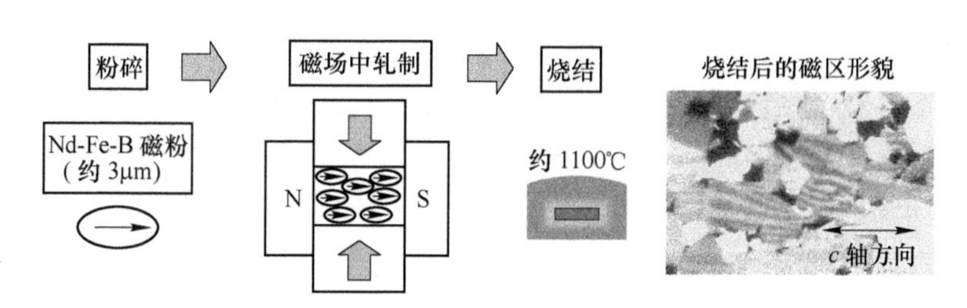

图 5-28 钕磁铁的制造方法及磁区形貌

5.11 耐热钕磁铁

5.11.1 为了提高钕磁铁的耐热性，需要添加镝元素

钕磁铁具有最大的磁能积是由于 $Nd_2Fe_{14}B$ 结晶（正方晶型）具有大的饱和磁化强度（J_s）和高的磁晶各向异性（图 5-29）。前者主要是铁，而后者主要是 Nd 在起作用。磁晶各向异性（E_A 面积）具有在晶体的易磁化轴（c 轴）方向以外的其他轴方向上难以被磁化的特性。消磁状态下晶粒的 c 轴方向只由正负方向的磁畴所构成，加磁后则变成了单向磁畴。使用的时候即使加上反向磁场磁畴也很难转向（图 5-30）。

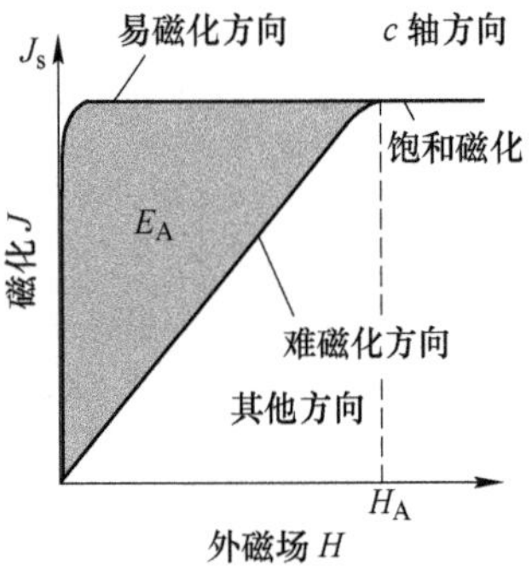

图 5-29 高的磁晶各向异性是永磁体的关键

钕磁铁最大的敌人是温度。由于其居里温度较低（310℃），一旦使用温度超过 80℃ 则极易产生反向磁畴，从而丧失永磁铁的特性。E_A 面积越大则逆磁区（磁性反转）越难以发生，由于 $Dy_2Fe_{14}B$ 的 E_A 面积要比 $Nd_2Fe_{14}B$ 的 E_A 面积更大，添加镝元素（Dysprosium）可进一步提高 5%～10% 的磁晶各向异性，因而提高了矫顽力（H_{cJ}）和耐热能力。通过添加 Dy 置换部分 Nd 或采用晶界渗 Dy 来进一步提高磁化强度的稳定性，可将钕磁铁的使用温度提高至 200℃。

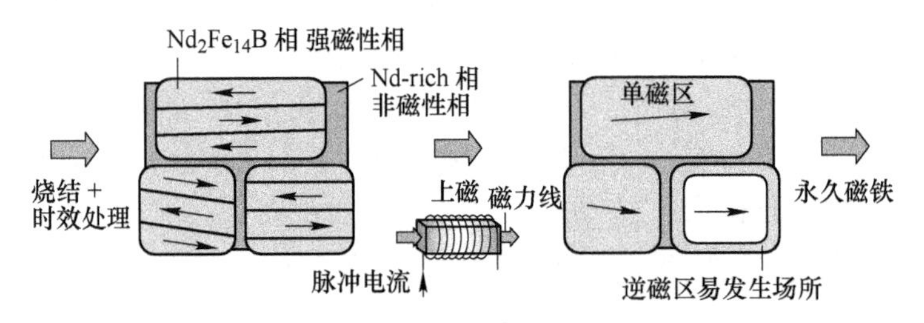

图 5-30 磁晶各向异性与永磁铁

5.11.2 Nd 在地球上分布较广，而 Dy 分布集中

为了了解 Dy 是什么物质，让我们再复习一下元素周期表中的稀土元素。稀土类元素包括周期表中的第 3 族的钪（Sc）、钇（Y）和镧系共计 17 种元素。比地球上锡（Sn）元素含量 2.5×10^{-6} 还高（图 5-31）。以前包括美国在内的世界各处均有开采，而现在 96% 以上均来自于价格便宜的中国。

稀土类元素除了用于永磁材料外，还广泛用于荧光材料、研磨剂和磁性薄膜等方面。Nd 在地球上的存在较多。如果不计成本的话，Nd 在世界各地均可开

	轻稀土类元素							重稀土类元素					参考	
元素符号	Y	La	Ce	Pr	Nd	Sm	Eu	Gd	Tb	Dy	Ho	Er	Ag	Sn
元素序号	39	57	58	59	60	62	63	64	65	66	67	68	47	50
地壳丰度	20×10^{-6}	16×10^{-6}	33×10^{-6}	3.9×10^{-6}	16×10^{-6}	3.5×10^{-6}	1.1×10^{-6}	3.3×10^{-6}	0.6×10^{-6}	3.7×10^{-6}	0.8×10^{-6}	2.2×10^{-6}	0.08×10^{-6}	2.5×10^{-6}
·磁性用途		○		○	◎	◎		○	◎	◎				
·光学用途	○	○	○	○			○	○			○	○		

矿石组成成分

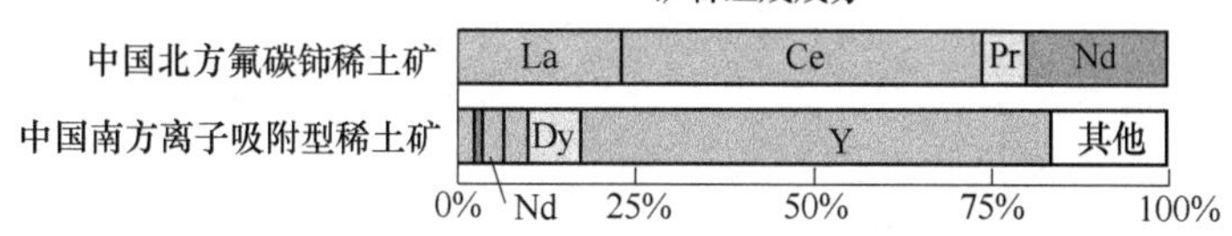

图 5-31　主要稀土类的地壳丰度及用途

（参考：USGS Minerals Information）

采。但提高钕磁铁的耐热性所需要的镝（Dy）或铽（Tb）只有中国南方的离子吸附型稀土矿[1]才有出产。为了消除该资源的过度集中，目前世界各地都在寻找类似资源。

5.11.3　在逆磁畴易出现区域提高 Dy 浓度以降低添加量

面对 Dy 资源的不足，钕磁铁中如何减少 Dy 添加量的相关研究正在不断深入。由于逆磁区易发生在制品表面或晶界附近，因此，为了只增加这些部位的 Dy 浓度，正在研究对粉体进行预处理使得晶粒附近 Dy 浓度增加，或烧结后采用 Dy 化合物涂敷，再通过热扩散等方法进行处理。

日本的金属和磁性材料的研究

从冶金学开始

日本的专业化金属研究始于 1877～1878 年到东京大学理学部赴任的年轻外国教师的热心指导。在采矿冶金学（金属冶炼）专业，许多学生都受到了来自于德国的 30 岁教师内特的指导，其中之一就是野吕景义。野吕先生在欧洲留学归国后担任东京大学教授，为官营八幡制铁所（1901 年开业）的设立鞠躬尽瘁。

---

[1] 离子吸附型稀土矿又称风化壳淋积型稀土矿，主要分布在我国江西、广东、湖南、广西、福建等地。20 世纪 60 年代末首先在江西省龙南足洞被发现，之后相继在福建、湖南、广东、广西等南岭地区被发现，但以江西比较集中、最大。离子吸附型稀土矿是一种国外未见报道过的中国独特的新型稀土矿床。经过几十年的研究发现，该类型矿具有分布地面广，储量大，放射性低，开采容易，提取稀土工艺简单、成本低，产品质量好等特点。

1915 年日本钢铁协会成立，野吕先生就任初代会长。

物理学的开始

物理学方面，则是英国的开尔文勋爵的弟子 23 岁的尤文及 5 年后从英国来日的 27 岁的纳特。他们的专业是磁学。尤文测定了铁的磁化曲线，后因发现磁滞回线而闻名。可以想象当时的年轻教师和学生们的研究热情。在纳特手下学习磁致伸缩的长冈半太郎，后来于 1904 年提出“土星型原子模型”而为世人所知。其后长冈半太郎先生对东北（帝国）大学的设立及日本物理学的发展贡献甚大，1931 年担任大阪（帝国）大学第一任校长。

磁性、磁铁研究的发展

长冈先生的弟子本多光太郎在德国留学后，进入新设立的东北大学。1917 年本多先生发明出性能优异的永磁铁（KS 钢），并于 1919 年在东北大学创设了钢铁研究所（现在的金属材料研究所）。在研究铁单晶磁化曲线等磁学的同时，本多先生着力于提高东北大学重视实际应用研究的学风，为企业培育了大量的人才。1937 年本多先生就任日本金属学会初代会长。磁性和磁铁的研究成果通过金属材料研究所扩散至日本全国各大学，曾在该研究所学习过的佐川真人于 1982 年在住友特殊金属株式会社发明了钕磁铁。

6 金属表面化学

6.1 材料与环境的界面

6.1.1 材料与环境的相互作用

环境对材料的作用主要为机械外力、温度变化导致材料内部发生变化（如疲劳、蠕动变形、环境脆性等）和化学反应、吸附、脱离等主要发生在材料界面附近的变化（如腐蚀、磨损）这两大类型。由于材料暴露于环境中，因此大部分材料的失效首先会从表面开始。

界面是指固体、液体、气体中任意两种不同相的交界面。表面则是指固体与真空或气体之间的界面。固液界面的固体一侧也多称为表面。实际使用中多为固液或固气界面（表面）。

表面是指固体表层一个或数个原子层的区域。由于表面上的金属粒子（分子或原子）没有与之相结合的邻居粒子，因此处于较高的能量状态。图 6-1a 为金属表面原子尺寸（10^{-10} ~ 10^{-9}m）示意图，除具有 1 个至数个原子层的段差（扭折、段差）外，还存在空穴、吸附原子和分子等各种表面结构缺陷。界面原子与环境中的其他原子、原子团、分子、离子等会发生相互作用来降低其界面能，导致界面的物理化学性质与固体内部明显不同。界面还会因与环境中不同的物

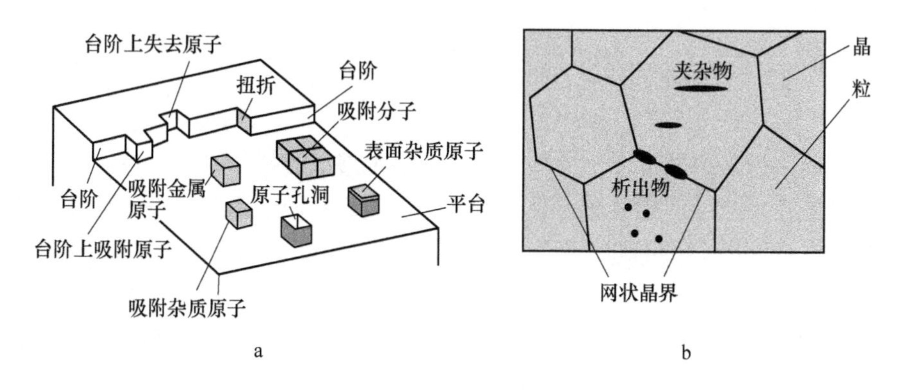

图 6-1　界面是各种缺陷（非均匀性）的集中场所

质、温度、湿度等相接触而引起不同的结构或性质的变化。材料界面各种尺寸为 $10^{-6} \sim 10^{-3}$ m 的缺陷是腐蚀的源头。与晶粒尺寸大小相近的非均匀物质（图 6-1b）对腐蚀的影响极大。多晶材料的失效大多起源于晶界、非金属夹杂或析出物（第 31 页）。

6.1.2 界面是材料与环境创造的新世界

界面上极易产生新的物质或者其他相组织。洁净的金属表面如果接触到空气环境则氧原子会立即被表面吸附，并在极短的时间内生成透明的氧化物超薄薄膜。空气中该薄膜即使被破坏也会立即得到修复。高温下该氧化膜会成长变厚，而如果环境中含有湿气则会引起氧化膜变质，这就是金属生锈。氧化膜既有像金属钛上生成的保护性致密惰性膜，也有像铁锈那样的非致密性疏松膜。热力学上的界面被近似为厚度无限小，而根据研究对象和技术范围以及人类所需要的不同功能，实用上的物质表面可以扩展至一定范围的（图 6-2）表面金属原子层。

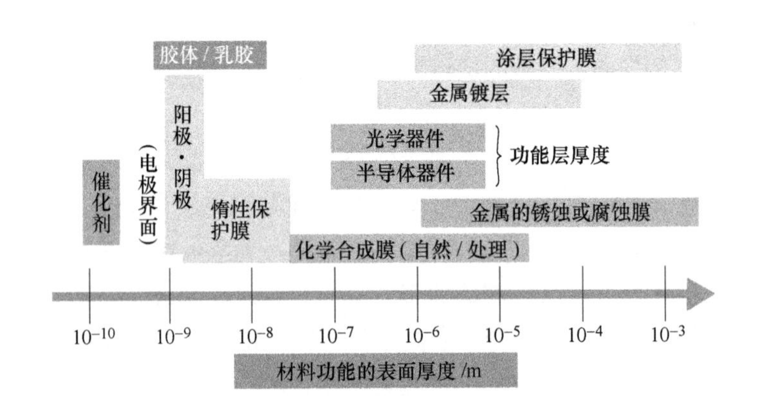

图 6-2 不同功能材料的实用表层厚度

如果将金属这样的电子传导物质与电解质水溶液这样的离子传导物质放在一起，在其界面上就会产生电势，根据电势的不同，界面上的阳极失去电子会发生氧化反应，而阴极会获得电子而发生还原反应（第 153 页图 6-10）。这种电子的交换会导致激烈的氧化/还原反应（图 6-3）。电势的高低不仅取决于材料的种类，还受到环境物质的离子浓度的支配。金属表面并排存在着水和金属离子，与电容器表面类似（第 157 页图 6-13）。

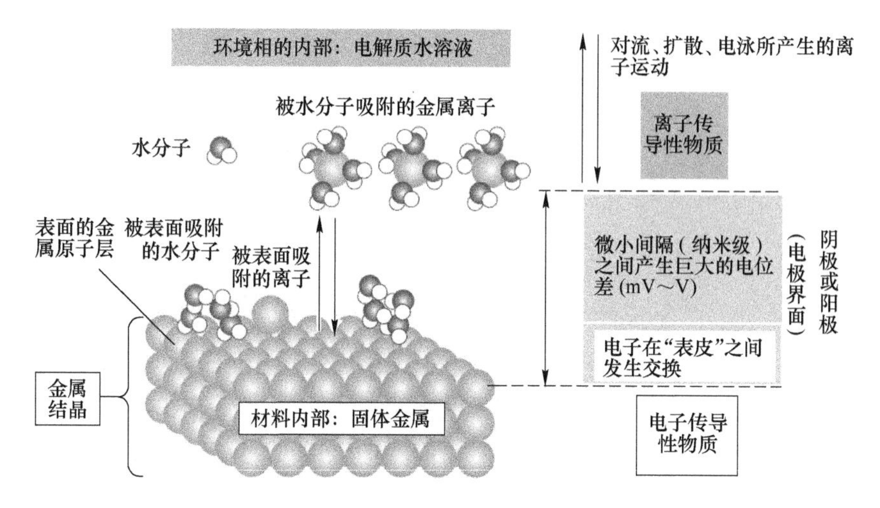

图 6-3 电子交换 = 氧化/还原反应发生场所

6.2 电子传导与离子传导

6.2.1 电流是带电粒子的流动

电流（A）是在电场（V/m）的作用下，带正负电荷的粒子在物质内部或真空中的移动所产生的带电粒子流。携带电荷的带电粒子（Carrier）在物质内部或在真空中的密度以及移动的难易程度决定了电流的大小。带电粒子主要分为超微小的电子和与之相比体积巨大的离子两大类。在显像管中 2kV 的电场加速下，电子以大约 9% 光速的超高速在真空中移动。而金属导线中的带电粒子密度虽然高达 10^{28} ~ 10^{29} 个/m^3，但在 100V/m 的电场下，其平均移动速度却只有 1 ~ 10 m/s。这是由于带电粒子在运动过程中会不断与热振动的原子、晶格缺陷或不纯物质等障碍物发生碰撞而受到阻碍。水溶液中，离子与水分子的结合导致带电粒子体积巨大，因此其移动速度更为缓慢。例如，在 6% 的氯化钠（食盐）水溶液中，带电粒子密度虽高达 10^{27} 个/m^3，但其平均移动速度却仅为 1μm/s 左右。

6.2.2 电导体

电导体（Conductor）是指像金属或石墨那样存在大量摆脱原子约束并可自由移动的电子，宏观上表现为电阻率很小且易于传导电流的物质（第 24 页）。即使同为碳元素成分，也有电导体石墨和电子结合紧密、宏观上不导电的绝缘体金刚石这两种物质（图 6-4）。石墨晶体中与六边形底面相平行的方向上电导率高，而垂直方向电导率低，因此其存在各向异性的导电性（室温下石墨的电导率：六边形底面平行方向为 $0.2 \times 10^7 (\Omega \cdot m)^{-1}$，六边形底面垂直方向为 $0.002 \times 10^7 (\Omega \cdot m)^{-1}$）。

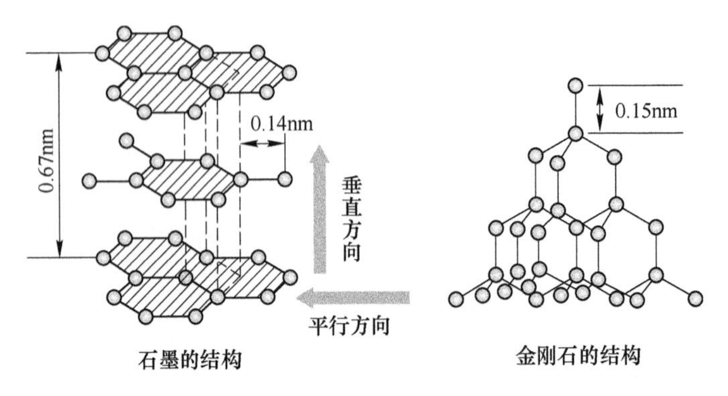

图 6-4 电子导体：自由移动的电子流

6.2.3 离子导体

中性原子或原子团失去电子会变成阳离子，如果获得电子则会变成阴离子。加上电场使这些带电离子移动而产生电流的物质我们称之为离子导体。金属的电导由电子运动引起，半导体的电导由电子或空穴的运动引起，而离子导体则不同于导体和半导体，它的电荷载流子既不是电子，也不是空穴，而是可运动的带电离子。带电离子亦有带正电荷的阳离子和带负电荷的阴离子之分，相应地也就有阳离子导体和阴离子导体之别。离子导体可以是液体（电解质水溶液、有机溶媒溶液、高温熔融盐）或固体（离子交换树脂、导电性高分子、高温固体氧化物）。其电导率比金属要低 5 ~ 7 个数量级，亦服从欧姆定律（电压 = 电流 × 电阻）。

图 6-5 为轿车用铅蓄电池 30% 硫酸水溶液中的放电原理图（电导率：约 $10^2(\Omega \cdot m)^{-1}$）。从图中可以看出，在电离的水溶液中，在电场的作用下络合氢离子 H^+ 与 HSO^{4-} 离子在水溶液中形成电流，由于水溶液中氢离子的运动速度较快，因此其占据了水溶液中约 80% 的电荷运送量，而 Pb^{2+} 离子只贡献了约 20%

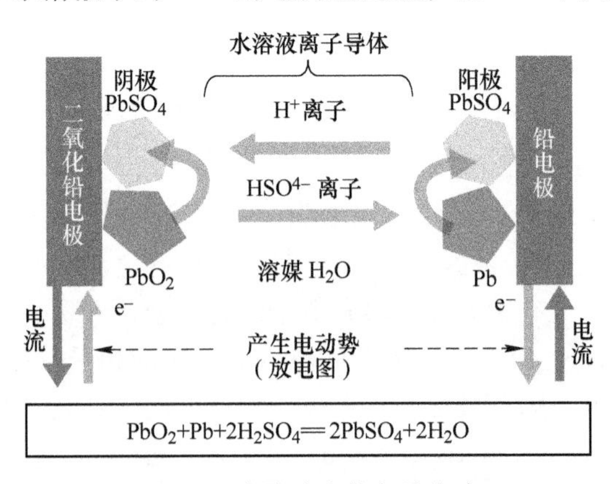

图 6-5 水溶液中的离子移动

（第182页图6-47）。

图6-6为安装在汽车发动机高温排气管上的氧传感器（固体离子导体）中的氧离子运动示意图。氧传感器利用陶瓷敏感元件（稳定化氧化锆：$Zr^{4+}_{0.85}Ca^{2+}_{0.15}O^{2-}_{2-0.15}$，电导率：5（$\Omega\cdot m$）$^{-1}$）测量出高温排气管道中的氧电势，再根据化学平衡原理计算出所对应的氧浓度，以达到监测和控制发动机燃烧空燃比的目的。这是电喷发动机控制系统中关键的传感部件。氧传感器的工作原理与电池相似，传感器中的氧化锆元素起类似电解液的作用。其基本工作原理是在一定条件下（高温和铂催化），利用氧化锆内外两侧的氧浓度差，产生电势差，且浓度差越大，电势差越大。将混合燃烧后废气中的含氧量与大气中的氧含量（21%）差所产生的电势差反馈给电子燃油喷射系统的电脑，通过对空燃比进行反馈控制，来控制汽车尾气排放，减少汽车尾气对环境的污染，提高汽车发动机燃油燃烧质量。图6-6中白色点线处为空穴，氧离子依次通过占据不同的空穴位置来获得移动。

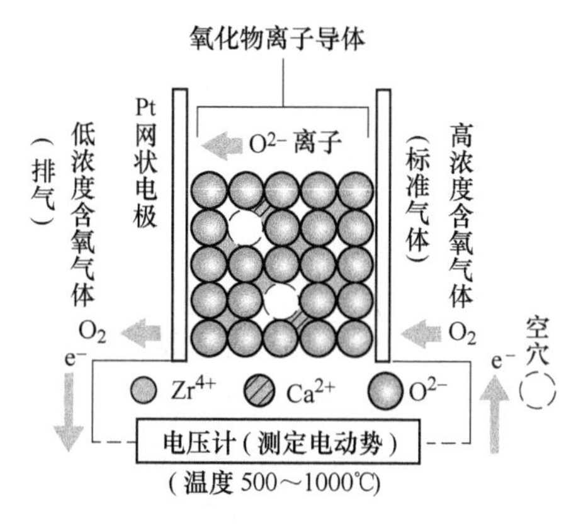

图6-6 固体氧化物中的离子移动

6.3 水溶液中的金属离子

6.3.1 电解质水溶液

钠离子（阳离子）与氯离子（阴离子）通过正负电荷相互吸引，形成了牢固离子键结合的氯化钠（食盐）晶体（第28页图2-22）。氯化钠晶体溶解到水中后，钠离子和氯离子被分离。我们把物质溶解于水或受热熔化而离解成自由移动离子的过程称作电离。溶解物质（水）被称为电解质，该氯化钠水溶液即为离子导体。由于水分子为极性分子，即水分子中的正、负电荷中心不重合而形成偶极，离子与水分子间的结合力（配位结合）要大于离子之间或水分子之间的结合力，因此，4个水分子中的氧原子一侧会与带有正电荷的钠离子相结合，6个水分子中的氢原子一侧则会与带有负电荷的氯离子相结合❶（图6-7）。酸性越强则水分子解理出的氢离子就越多，形成与4个水分子相结合的络合氢离子

---

❶ 离子分为单纯离子和单纯离子与水分子结合后形成络合离子两种。水溶液中的络合离子是络合物的一种。络合物为一类具有特征化学结构的化合物，由中心原子或离子（统称中心原子）和围绕它的称为配位体（简称配体）的分子或离子，完全或部分由配位键结合形成。

$[H(H_2O)_4]^+$。水分子之间的这种相互作用导致水溶液成为间隙较多的液体，使得各种分子或离子更容易被溶解进去。与金属腐蚀密切相关的大气中的氧分子，室温下在水中的溶解度能达到数毫克（mg/L）的浓度。

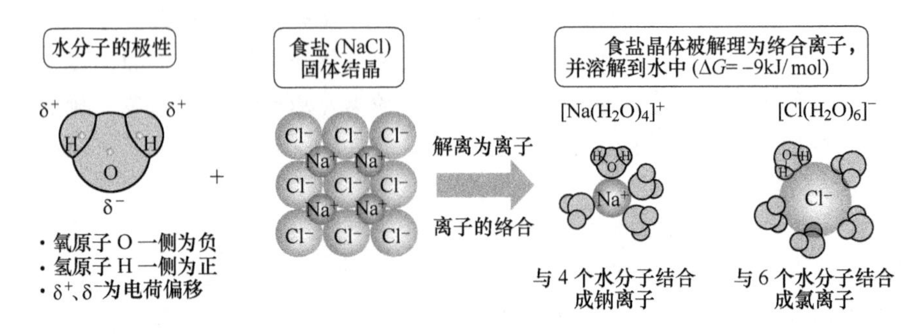

图 6-7 水溶液中离子的络合

6.3.2 水溶液中的金属络合物

金属失去电子的倾向我们称之为离子化倾向。离子化倾向在真空和水中的表现完全不同。如果将难溶于水的金与活性强的铝相比较，真空中金更容易成为 +1 价的阳离子，而在水溶液中铝反而更易变成 +3 价的阳离子（图 6-8）。金属在水中更容易被离子化。这是由于金属离子更容易被水溶液中的极性水分子、氰基、卤素等所吸引而形成稳定的金属络合物。金属离子尺寸越小、电荷数越高就越容易与水分子结合。水溶液中金属的离子化倾向还与阴离子的种类等环境因素有关。以铁为例，真空中铁可以失去 2 个电子变成二价铁离子，但其与 6 个水分子结合变成铁的络合离子所需的能量则更低（图 6-9）。如果含有氰基的话，则更容易形成稳定的六氰合亚铁离子 $[Fe(CN)_6]^{4-}$。

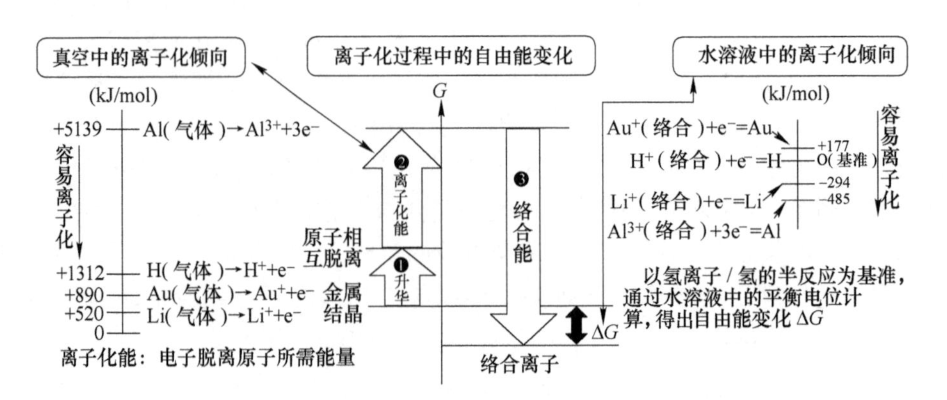

图 6-8 金属的离子化倾向

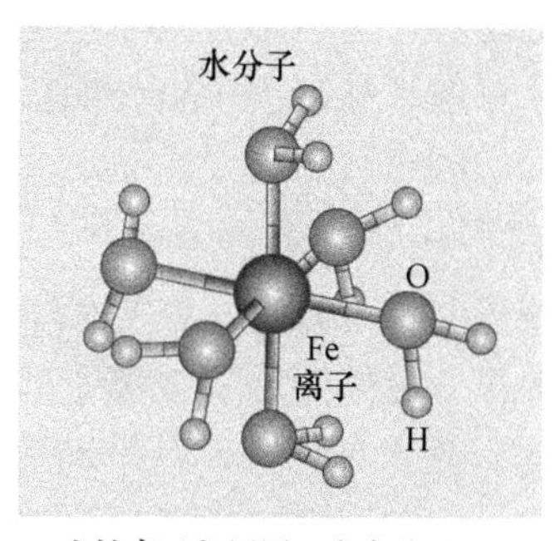

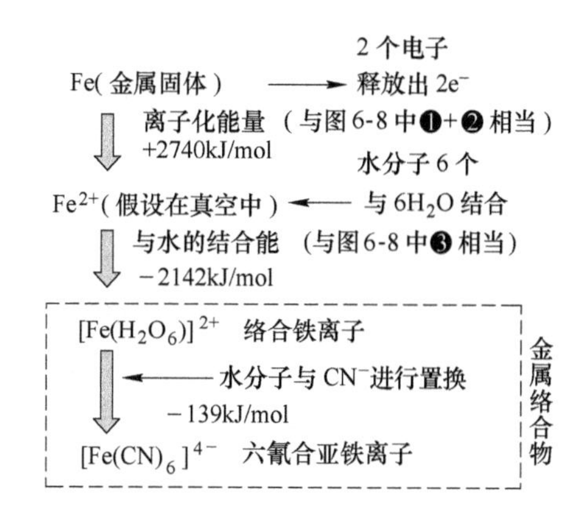

图6-9 水溶液中的金属络合物

6.4 界面上发生的电化学反应

6.4.1 电子导体/离子导体/电子导体结构间的运行机理

图6-10为1个离子导体被2个电子导体夹在中间所构成的电化学基本结构。在阳极和阴极附近数纳米的区域内会产生数毫伏至数伏的电势差，形成超强电场，电子在此强电场中进行交换。电子导体（电极）、离子导体中所含的溶媒、阴离子以及原子团等浓度高且最易释放电子的物质，在异相阳极界面上释放出电子。而最易吸收电子的物质则在异相阴极界面上接受电子。将阳极和阴极与外电路连接成回路，电子就会从低电势位置向高电势位置流动形成电流（电子的流动方向与电流的流动方向相反）。离子导体中带正负电荷的离子流动产生电流，并且正负电荷总数保持相等以维持离子导体整体的电中性，而界面上参与反应的离

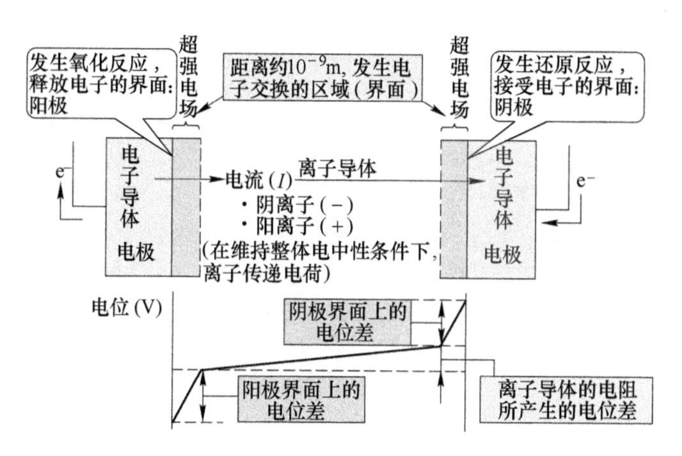

图6-10 电子导体与离子导体界面上的化学反应

子数不一定与离子导体中运动的带电粒子数相等。在工业电解或实用电池中，为了尽量减少离子导体的阻抗所带来的能量损失，一般尽量减小阳极与阴极之间的距离，同时添加一些可提高电导率但并不参与反应的电解质。

6.4.2　异相界面间的电子交换反应：氢离子＋氧离子＝水

图6-11a是稀硫酸水溶液的电解原理图。外部电源（直流）在界面上产生电势差，使得界面上发生非自发的化学反应。按照离子导体中原子或离子数量的多少排序，水溶液中分别有 H_2O、H^+、HSO_4^-、SO_4^{2-} 这4种物质，其中最易释放电子的物质是 H_2O，而最易接受电子的物质则是 H^+。如果在外部加上足够的电压，阳极附近的 H_2O 则释放出电子分解为氧气 O_2 和 H^+，并向铂电极提供电子 e^-。铂电极本身作为阳极并不会被溶解。铂阴极电极附近的 H^+ 接受电子 e^-，产生氢气 H_2。

图6-11b为燃料电池原理图。其利用界面上自发的化学反应产生电流和电压，向外部提供电能，与水的电解是正好相反的化学反应。作为电子导体的铂电极除了分别构成阳极与阴极的界面外，还有提高反应速度的催化剂作用。

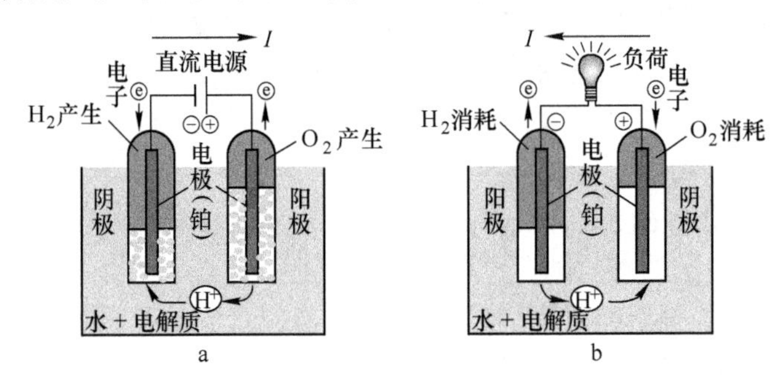

电子导体：铂（电极）；离子导体：低浓度硫酸、H_2O、溶解 O_2 分子、溶液中的各种离子（H^+、HSO_4^-、SO_4^{2-}）。

电解：外部电流（直流）在阴极和阳极上引起非自发反应；电池：化学能转化为电能（直流）的自发反应。

	电解 水分解成氢气和氧气		电池 氢气和氧气合成为水
总反应	$2H_2O = 2H_2 + O_2$	逆向的化学反应	$2H_2 + O_2 = 2H_2O$
阳极半反应	$2H_2O \rightarrow O_2 + 4H^+ + 4e^-$		$2H_2 \rightarrow 4H^+ + 4e^-$
阴极半反应	$4H^+ + 4e^- \rightarrow 2H_2$		$O_2 + 4H^+ + 4e^- \rightarrow 2H_2O$

图6-11　电解与电池是相互逆向的反应

a—水的电解；b—燃料电池

（参考：燃料電池实用化推進協議会 HP）

电化学反应是氧化还原的电子释放与接受的反应。离子导体的界面将两个电子导体（正负电极）的电子传递相隔离，每个电极部分被称作一个半电池，每个半电池分别发生着氧化或还原反应，即电极反应被称作原电池的半反应。阳极半反应与阴极半反应相加所得到的总反应式中不出现电子的传递。利用半反应式不仅可以清楚地看出半电池中的物质变化，还可以用来配平氧化还原反应（称为半反应式法或离子-电子法）以及计算出不同浓度下电极的电动势。

6.5 用电流表征化学变化量

6.5.1 将界面上的化学变化速度换算成电流

从阳极与阴极的化学半反应式可以看出，反应物（等式左边的物质）、生成物（等式右边的物质）与电量（上式中的电荷数量）之间呈现一定的定量关系。这是由于体系总质量与电荷数必须遵守物质守恒法则（法拉第的质量与电荷守恒法则）。电导体与离子导体界面上的反应量与电流的关系如下：

物质的摩尔变化量 $N = i/(zF)$

物质的质量变化量 $W = NM$

式中，i 为电流密度，A/m^2；z 为与反应式相关的电子数；F 为法拉第常数，As/mol；M 为相对原子质量或相对分子质量，kg/mol；N 的单位为 $mol/(m^2 \cdot s)$；W 的单位为 $kg/(m^2 \cdot s)$。

金属的析出速度或腐蚀速度与电流密度的关系如下：

$$r = 3.15 \times 10^{10} Mi/(dzF)$$

式中，i 为电流密度，A/m^2；r 为年腐蚀速度，mm/y；d 为密度，kg/m^3；M 为金属的摩尔质量，kg/mol。

实际工业应用中涉及腐蚀所带来的材料劣化速度，电镀或金属冶炼等工业电解中的生产效率、收率以及电池中的电极活性物质的利用率等均可根据以上原理进行定量计算。

6.5.2 界面上物质变化量与通电量的关系

电流与外部导线中单位时间内流过的电子数量成正比关系。阳极和阴极的电流 I(A) 与电子流动在方向上相反，但在数量上却是相等的。电子通过界面的电流量与阳极和阴极上所产生的物质的变化量成正比。其换算系数我们称之为法拉第常数 F，相当于每摩尔电子携带约 96500C/mol 电荷的电量。1mol 采用阿伏伽德罗常数约为 6.0×10^{23} 个/mol。化学变化指标中，单位面积上的电流即电流密度 $i(A/m^2)$ 与反应面积 $S(m^2)$ 是最重要的两个参数。微粒或多孔物质的反应面积不是采用其表观面积而是实际的表面积。

6.5.3 用电流密度表征金属的析出速度或溶解速度

金属阳极的溶解反应或阴极的析出反应可以根据法拉第法则获得上述的关系

式。金属的腐蚀程度与腐蚀电流密度，金属电镀的析出速度与其对应的电解电流密度之间的关系，可按照大约 1mm/y≈1A/m² 来记忆。这是由于在金属材料中，摩尔体积（*M/d* 比）几乎不变，氧化还原反应所涉及的电子数为 2～3 个，并且各种金属的摩尔质量/密度也大约相同。图 6-12 为金属在各种界面上的反应速度示意图。金属的腐蚀程度按照惰性膜形成、化学转化膜、全面腐蚀及局部腐蚀（穿孔腐蚀、晶间腐蚀等）的顺序急剧增加。金属的析出速度则按照化学镀、铜冶炼、铝冶炼、钢带高速电镀的顺序增加。

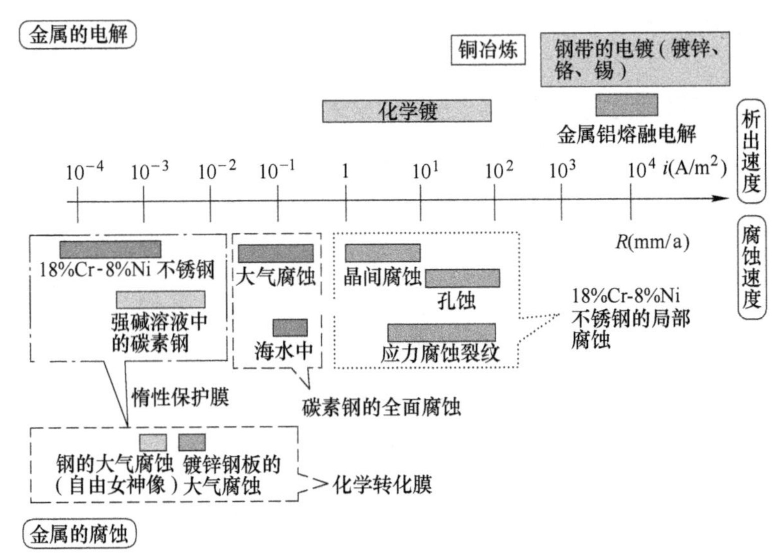

图 6-12 金属的析出速度与腐蚀速度

6.6 用电位表征化学平衡

6.6.1 界面上电子交换反应的平衡电位 E_{eq}

图 6-13 为金属 M 固体晶体与其水络合金属离子 M^{z+} 在界面间进行 ze^- 电子交换的示意图。在界面上，金属表面上的电子群与水溶液中的络合金属离子群形成相向的强电场。通过此界面，金属离子获得电子成为金属的速度与金属失去电子而被溶解成金属离子的速度达到平衡。宏观上来看界面反应似乎达到了反应停止的平衡状态，界面间电场的电位差（单位：V）被称之为平衡电位 E_{eq}。我们将氢离子 + 电子 = 氢气这个反应达到平衡时的电势定义为基准零电位（V）。平衡电位的绝对值无法测定，而只能得到相对于氢基准电极的相对电位。我们将 25℃，反应成分浓度（活度）为 1 时标准状态下的平衡电位称之为标准电极电位 E^0。水溶液中金属离子浓度与电极电位之间的定量关系可用能斯特公式表示（图

6-14）。平衡电位 E^0 值并非材料的固有特性，其还受到环境物质之间的相互作用的影响，是电子交换、金属离子以及与水之间产生稳定金属络合物等的综合数值。金属腐蚀中的金属离子浓度较低，而在电解或电池中金属离子浓度较高。随着金属离子浓度增加，E_{eq} 值升高。从图 6-14 的表中可以看出，环境中的铜离子浓度越低，则平衡电势越小，甚至到达零电势以下。

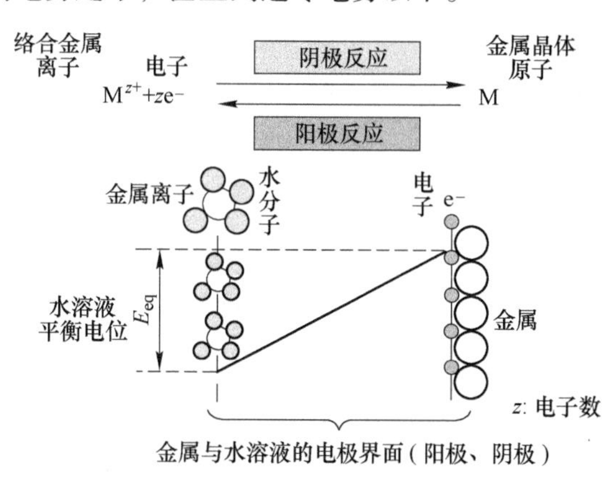

图 6-13　界面上的电子交换与平衡

$E^0=-\Delta G_0/zF$

各种金属在标准状态下，即 25℃，水溶液中的金属离子浓度 $[M^{2+}]=1mol/L$ 时的平衡电位 E^0，如图 6-15所示

$E_{eq}=E^0+[2.303RT/(zF)]\lg[M^{z+}]$

R 为气体常数，F 为法拉第常数，T 为绝对温度，ΔG_0 为吉布斯自由能变化，z 为反应式中的电子数

环境中的铜离子浓度 /$mol\cdot L^{-1}$	1（标准）	10^{-3}	10^{-6}	10^{-12}	(0)
$Cu^{2+}+2e=Cu$ 的平衡电位 E_{eq}	+0.337	+0.249	+0.160	−0.017	(−∞)

图 6-14　能斯特公式及环境中铜离子的浓度与其平衡电势

图 6-15 中显示金失去 3 个电子能获得更稳定的水络合物。而氰化物（CN）参与络合可进一步降低其平衡电位。

6.6.2　平衡电位 E_{eq} 是衡量电子接收能力（阴极反应驱动力）的指标

图 6-15 表示平衡电位 E^0 越高则阴极反应越容易进行，E^0 越低则阳极反应越容易进行。“高电位物质”如氟、金等难以释放电子，一般作为电子接收材料使用。而“低电位物质”如锂极易释放电子，因此一般作为电子提供材料使用。将最低的锂与最高的氟组合可获得约 6V 的电位差。将高电势 E_{eq} 半反应与低电势 E_{eq} 半反应配对，左边的电子接受物质与右面的电子提供物质合成为一个全反应，即可得到能自发进行的电池。而利用外部电源进行电解或电池充电时，阳极反应中低平衡电位的物质会首先发生半反应，而阴极反应中高平衡电位的物质亦会首

先发生半反应。图 6-15 下部列举出与本书相关的各种半反应的具体实例。

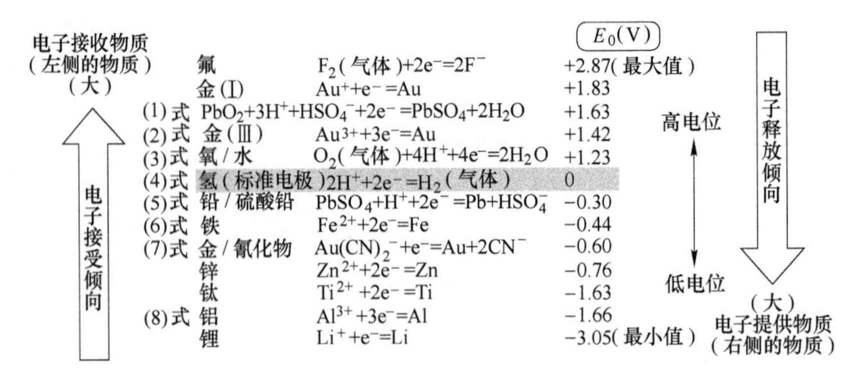

(1) 式与 (5) 式：铅蓄电池（第 150,183,189 页）
(2) 式与 (3) 式：金的高耐腐蚀性（第 159 页）
(3) 式与 (6) 式：铁的溶解氧腐蚀（第 169 页）
(4) 式与 (8) 式：铝的酸溶解（第 161 页）
(3) 式：氧浓度传感器（第 151 页）
(3) 式与 (7) 式：采金的 CIP 回收技术、镀金（第159页）
(4) 式与 (6) 式：铁的酸溶解（第 169 页）
(3) 式与 (8) 式：铝的溶解氧腐蚀（第 159 页）

图 6-15 电子接受反应的平衡电势
（全反应是平衡电位 E_{eq} 的“高半反应”与“低半反应”的组合）

6.7 金属在水溶液中的状态图

6.7.1 布拜电位-pH 值图

由电化学可知，一般可根据反应物质氧化还原能力的电极电位来判断电化学反应进行的可能性。金属的电化学腐蚀大多数是金属与水溶液相接触时所发生的腐蚀过程。水溶液中始终存在 H^+ 和 OH^- 离子，金属在水溶液中的稳定性不但与它的电极电位有关，还与水溶液中的 pH 值有关。金属在水溶液中稳定存在时的平衡状态图可用布拜电位-pH 值图来表示，这是根据热力学原理提出的一种图解方法，它把稳定相溶液或组分看做是 pH 值和电位的函数，以平衡电位（相对于标准氢电极）为纵坐标，在给定条件下将元素与水溶液之间大量的、复杂的均相和非均相化学反应以及电化学反应的平衡关系简单明了地图示在一个很小的平面或空间里。

金属在水溶液中的反应与电子交换（提供电子或接受电子）和氢离子的交换（酸性或碱性）有关。作为反应能力的尺度，布拜电位-pH 值图的纵轴为反映阴极反应能力指标的平衡电位，横轴为水溶液中的酸碱度 pH 值的电化学相图。布拜电位-pH 值图于 20 世纪 30 年代由比利时著名科学家布拜教授首先提出，故又称之为布拜图（图 6-16，图 6-17）。

图 6-17 中将与反应相关的纯物质（金属、金属离子、金属络合氧化物等）

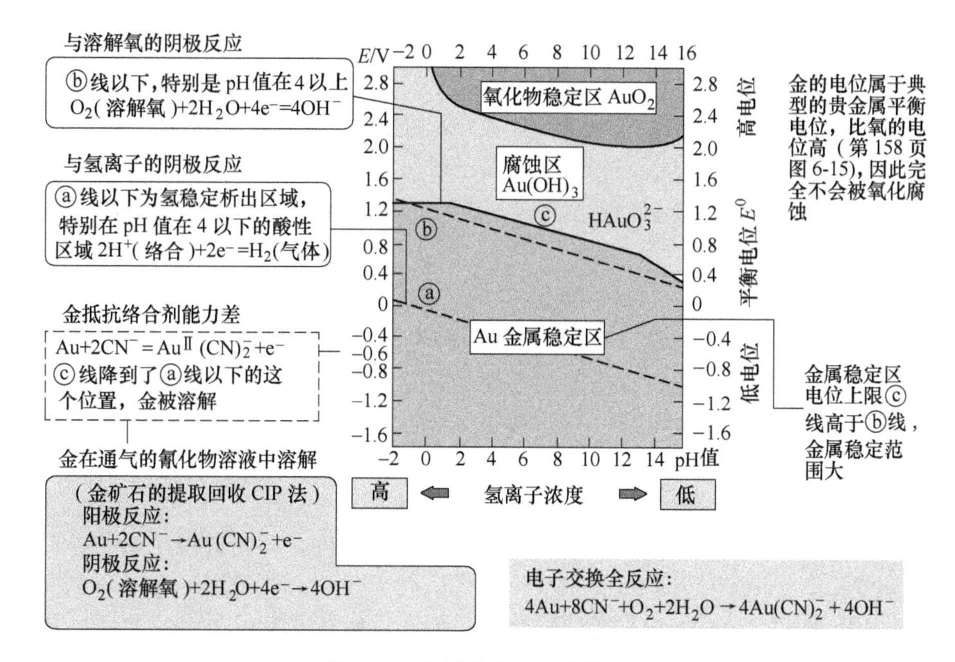

图 6-16 金的电位-pH 值状态图

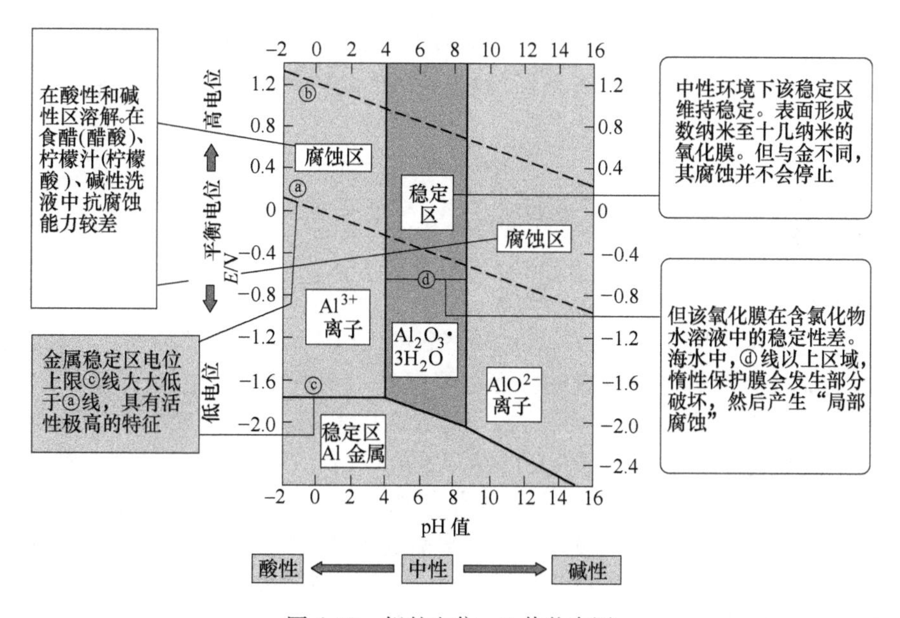

图 6-17 铝的电位-pH 值状态图

以稳定状态分区形式来表示。从图中可以看出金属的存在状态大致可分为金属稳定存在的金属稳定区、可被水腐蚀溶解的腐蚀区和生成稳定络合氧化物的络合物稳定区 3 个区域。由于金属的腐蚀是金属被溶解的阳极反应与相应阴极反应的综合体现，图6-17中ⓑ线以下为水中溶解氧从金属获取电子所发生的阴极反应，而ⓐ线以下则为氢离子从金属获取电子所发生的阴极反应。在实际防腐性能研究中，一般以纯金属（如铁）的电势-pH值图为基础，参照目标金属（钢铁）在惰性区的实际腐蚀状况及存在腐蚀促进离子时所导致的腐蚀区变化等因素综合在一起，研究该金属在哪个pH值范围内大致为腐蚀区及相应采取什么表面处理与合金设计来预防腐蚀。

6.7.2 贵金属“金”和贱金属“铝”的电位-pH值图

金具有极高的耐腐蚀性，在整个pH值范围内，其金属稳定区电位上限ⓒ线均高于ⓐ线甚至高于ⓑ线。这么高的平衡电位使得金在自然环境中非常稳定（图6-16）。但是，如果水中混入碘（I）或氯（Cl）等卤素元素或氰基，形成的络合离子水溶液能使其平衡电位降到ⓑ以下而导致金被溶解。金的CIP氰化物提取法，电子产品中使用的镀金络合剂溶液就是采用了上述原理。

铝（Al）的平衡电势无论在酸性还是在碱性范围内，其金属稳定区电势上限ⓒ线均远远低于ⓑ线和ⓐ线（图6-17），因此处于极端活性的腐蚀区。在中性环境中的氧化物稳定区能生成稳定的氧化膜。铝属于典型的低平衡电位金属，其在酸性和碱性水溶液中极易被溶解，但是在中性环境能生成抑制腐蚀的保护性氧化膜，因此可作为中性环境耐腐蚀材料使用。

铝的氧化膜厚度一般可达数纳米至数十纳米，对基体的保护能力极强（第170页）。但是，一旦遇到盐水则会导致惰性膜迅速被破坏而产生局部腐蚀（第175页）。

6.8 表示反应速度的分极曲线

6.8.1 过电压与界面反应速度

工业上的化学反应一般都是通过调整温度、压力、浓度、催化剂、表面积和电解液的流动等参数进行控制的。而如果能够对界面上的电位进行单独控制的话，则可为人类开辟一个崭新的世界。金属铝的熔盐电解、碱氯电解、锂离子电池、燃料电池等电化学技术的革新已经开始给我们打开通向未来之门。我们将改变电极界面上电位的方法称为分极。电极界面上的电位与平衡电位之差称之为过电压（$\eta = E - E_{eq}$）。如果电极电位高于平衡电势（阳极分极 $\eta > 0$），则阳极电流流动，电极电势低于平衡电势（阴极分极 $\eta < 0$）则阴极电流流动。而过电位等于零时（$\eta = 0$，即平衡电势），则是阳极电流 i_a 与阴极电流 i_c 达到平衡，净电流密度为零。E_{eq} 时两电流密度的大小称为交换电流密度 i_o，这是标识与反应活化能相关的反应速度指标。i_0 越大则表示反应速度越快。i_0 与金属的种类、界面的原子构造、离子浓度、电解液的种类、杂质及温度等因素有关。过电压与电流密度的关系如图6-18中的反应速度方程式所示。过电压则对电流密度呈指数作用。

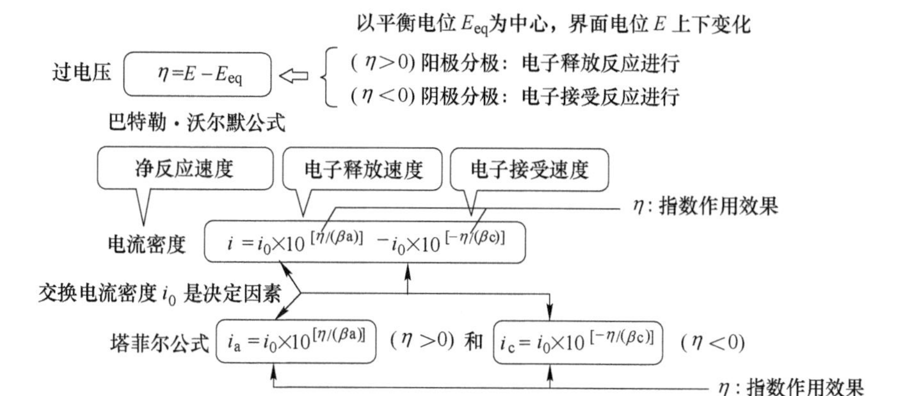

图 6-18　界面上的速度反应式

6.8.2　分极曲线是表示反应速度的“海图”

电位与电流（密度）之间的关系图我们称之为分极曲线，可用于表示反应速度与过电压和电流密度的关系（图 6-19、图 6-20）。纵轴为 i_a或 i_c绝对值（即正值）的对数，横轴取独立变数电位。如果过电压足够大，则电流密度的对数与过电压接近于直线关系（塔菲尔方程❶），分极曲线可用直线表示。虽然交换电

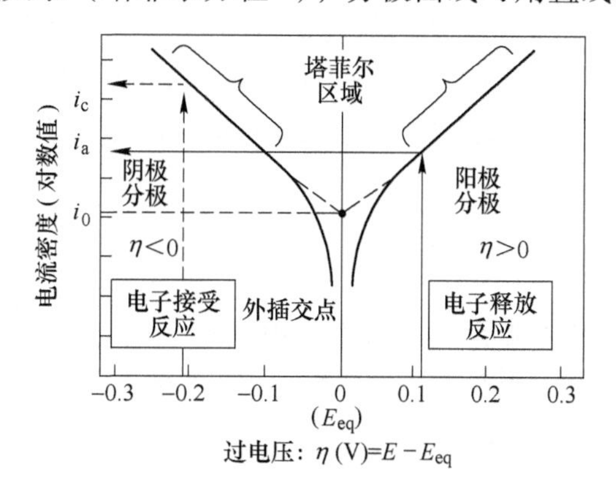

图 6-19　分极曲线

❶　塔菲尔（Tafel）公式：1905 年塔菲尔在研究氢超电势时，发现在一定范围内，过电压（η）与电流密度（i）有如下关系：$\eta=a+b\lg|i|$ 。此式称为塔菲尔公式，a、b 称为塔菲尔常数，它们取决于电极材料、电极表面状态、温度和溶液组成等。测定 a、b 值是研究电极反应动力学的一种重要途径，也是电解工业推算槽电压与电极电流密度关系的依据之一。该公式适用于电流密度较高的区域。在 i 非常小时，此式不适用。在 i 很小、过电压也很小（$\eta<\pm0.03$V）时，过电压与电流密度呈线性关系，即 $\eta=ki$，k 为比例常数。

流密度 i_0 无法直接实测，但可通过在塔菲尔区域内的直线采用外差法，求得与平衡电势 E_{eq} 的交点获得。

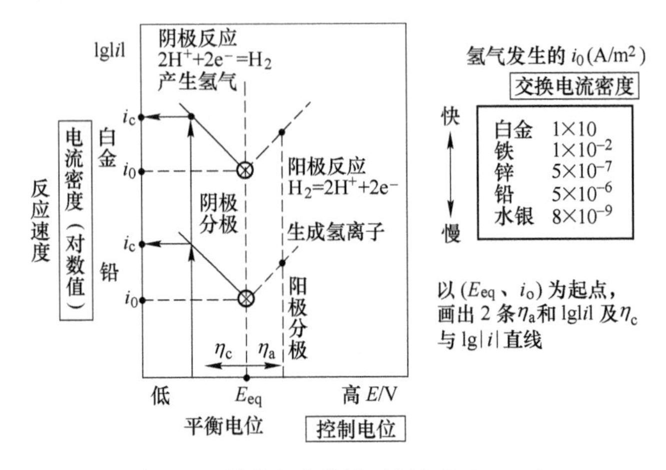

图 6-20 塔菲尔曲线图（起点为 E_{eq}、i_0）

实际工业应用中符合塔菲尔公式的情况很多，按照该近似公式绘制的分极曲线图我们称之为塔菲尔曲线图（Tafel Plot）。一般来说温度每升高 10℃，化学反应速度提高 2 倍。但在塔菲尔区域内，电位每提高 0.12V 可提高界面反应速度 10 倍。图 6-20 表示酸性水溶液中电解水的氢离子/氢的半反应示意图，即使过电压相同（阴极分极），不同种类电极金属的交换电流密度 i_0 值相差可达数个量级以上。i_0 极大的铂用于燃料电池电极，i_0 极小的铅则用于铅蓄电池电极（第 182 页）。

6.9 反应速度的上限

6.9.1 反应速度的最大瓶颈是物质的输送

上一节中我们知道了电流密度 i 受到过电压 10 的 η 次方的影响。如果参与反应的电子数为 1，η 每增加 0.12V 则电流密度 i 增加 10 倍。根据公式，如果通过外部电源增加 1V 的过电压，则反应的电流密度就似乎应该增加 1 亿倍以上。但由于界面上的反应物质输送速度的限制，实际电流密度只能达到某个极值。从电解质溶液液面向界面输送反应物质受到对流的“流速差”、扩散的“浓度差”和电泳的“电势差”所支配。这些“差”都是反应物质的输送驱动力。极限电流密度值与电位无关，而与反应物质的液面浓度成正比。搅拌带来的强对流所造成的扩散层厚度 δ 越小，则其极限电流密度越大。图 6-21 下部的计算公式给出了其大概的数值。D 为扩散系数，水溶液中的离子扩散系数大约为 $10^{-9}m^2/s$ 数量级。

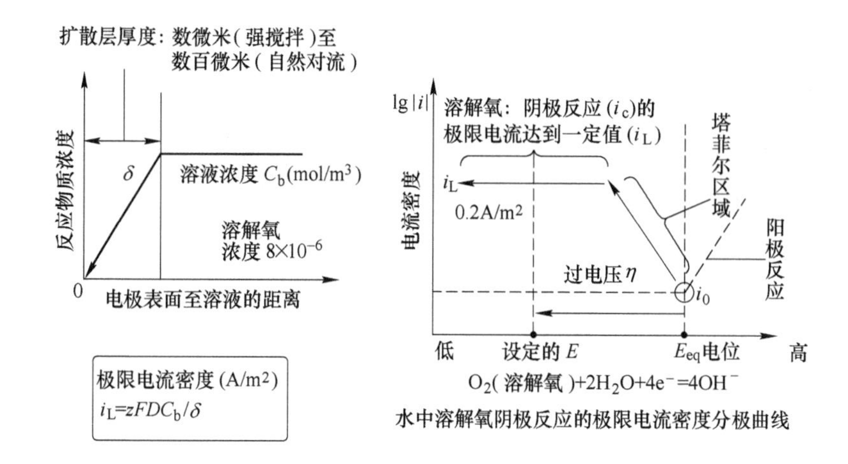

图 6-21　反应物质的输送是反应速度的瓶颈

6.9.2　达到极限电流密度时的分极曲线

从分极曲线上来看，当电位高于某一值后电流密度值不会继续增大而为一定值。自然界室温下中性水中最大的溶氧量约为 8×10^{-6}，其阴极反应的分极曲线如图 6-21 右所示。在平衡电位上施加过电压后一开始阴极电流按照塔菲尔公式在相应增加，但表面上的氧浓度很快消耗殆尽，导致阴极电流不再增大而达到其极限电流值。水中的溶解氧导致了金属表面均匀腐蚀无法超过此腐蚀速度。这也决定了在大自然含有少量氯化物等物质的水中，自然对流条件下金属的腐蚀极限速度约为 0.2mm/a。

6.9.3　达到极限电流密度附近时的金属固体析出形态

从目前的经验结果可知，当交换电流密度大而极限电流密度小时，极易析出树枝状和粉末状金属。水溶液中银的析出、熔盐中铝的析出以及有机溶剂中锂的析出都是典型的例子。金属锂是质量最轻、电位最低的活性物质，被广泛应用于便携式通信器材的干电池。金属锂无法用于蓄电池是由于其在充电时极易析出金属锂粉末，刺穿高分子隔膜导致短路（图 6-22），因而极易发生火灾。金属电极表面析出平滑及致密金属的条件是电流密度 i 必须满足 $i_0 \ll i \ll i_L$。由于金属锂电池中的交换电流密度 i_0 较高，而碳酸乙烯酯络合锂离子在电解液中的移动速度极慢，导致极限电流密度 i_L 较低，因此强行充电则会导致树枝晶或粉末状金属锂析出。目前我们采用的是阴极反应不析出金属锂颗粒的锂离子电池（第 184 页）。

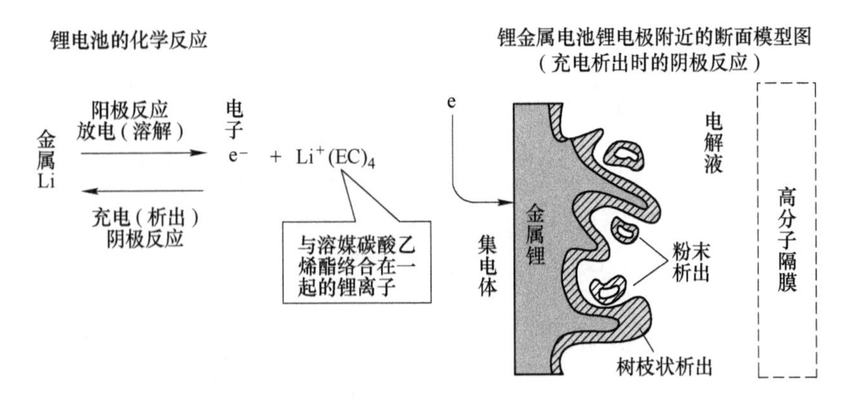

图 6-22 金属锂的树枝状·粉末状析出

6.10 分极曲线的使用方法

6.10.1 腐蚀、表面处理、电池、工厂电解的图解法

后述的惰性膜（第 170 页）或化学转化膜（第 172 页）中，在对其腐蚀行为进行定量绘图的基础上，再利用前述的塔菲尔分极曲线进行详细分析。

6.10.2 埃文斯图：酸性溶液中锌的溶解

酸性溶液中的金属腐蚀是在金属表面同时发生络合氢离子接受电子变成氢气，金属失去电子变为络合金属离子的溶解反应过程（第 169 页的金属的湿腐蚀）。首先在锌表面描绘出氢离子/氢气半反应的分极曲线（图 6-23a）。以 *A* 点（平衡电位 E_{eq}与交换电流密度 i_0的交点）为起点，分别画出阳极分极曲线（*a* 线：电子提供反应）和阴极分极曲线（*b* 线：电子接收反应）。就像在上一节描述的那样，氢离子阴极反应的极限电流密度为图 6-23a 中的 *L* 线，与 *b* 线相交。图6-23b 为锌表面的锌离子/锌的半反应分极曲线。以 *B* 点（平衡电势 E_{eq}与交换

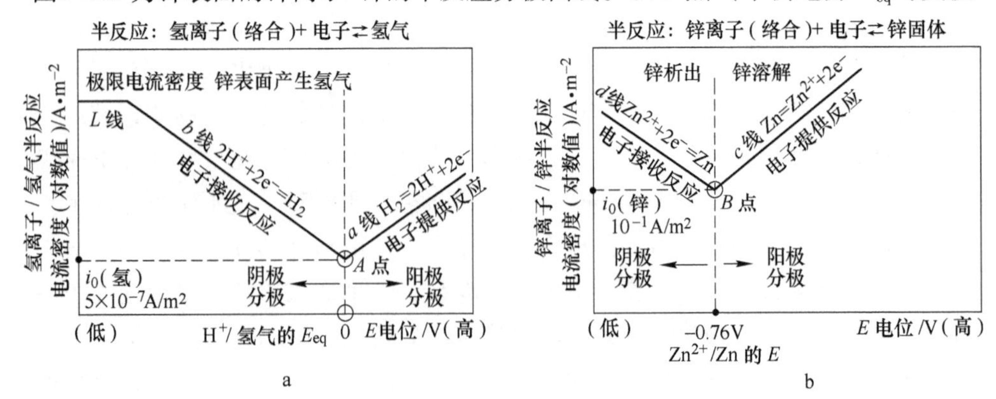

图 6-23 酸性溶液中锌溶解的塔菲尔曲线图

a—氢离子/氢气半反应的塔菲尔曲线图；b—锌离子/锌半反应的塔菲尔曲线图

电流密度 i_0的交点）为起点，画出阳极分极曲线（c 线：电子提供反应）和阴极分极曲线（d 线：电子接收反应）。所有的分极曲线均根据塔菲尔公式计算获得。从图 6-23 中亦可看出，以氢的平衡电位 E_{eq}为基准电位，锌表面上产生氢气的交换电流 i_0，即 A 点数值极小。虽然锌的平衡电位 E_{eq}极低，但其交换电流密度 i_0，即 B 点数值很高。

然后将上面两张图合并在一起形成图 6-24，就可得到金属锌变为锌离子被溶解的 c 线与氢离子变为氢气的 b 线相交于 × 点。这个 × 点我们称之为腐蚀电势 E_{corr}，对应的电流密度我们称之为腐蚀电流密度 i_{corr}。在此交点，金属锌（电子提供物质）与酸性溶液中的氢离子（电子接收物质）进行反应，即在酸性溶液中发生金属锌溶解并产生氢气。腐蚀电流密度 i_{corr}反映了腐蚀速度。将阳极半反应 c 线与阴极半反应 b 线相加，则化学半反应方程式中两边的电子消去，即可得到如下所示的化学反应式。

c 线阳极半反应式：锌（固体晶体）⟶锌离子（络合）+电子

b 线阴极半反应式：氢离子（络合）+电子⟶氢气

总化学反应式：锌（固体晶体）+氢离子（络合）⟶锌离子（络合）+氢气

我们将数个塔菲尔曲线重叠，用来分析非平衡状态下的化学变化对金属腐蚀行为的影响图称为埃文斯图。

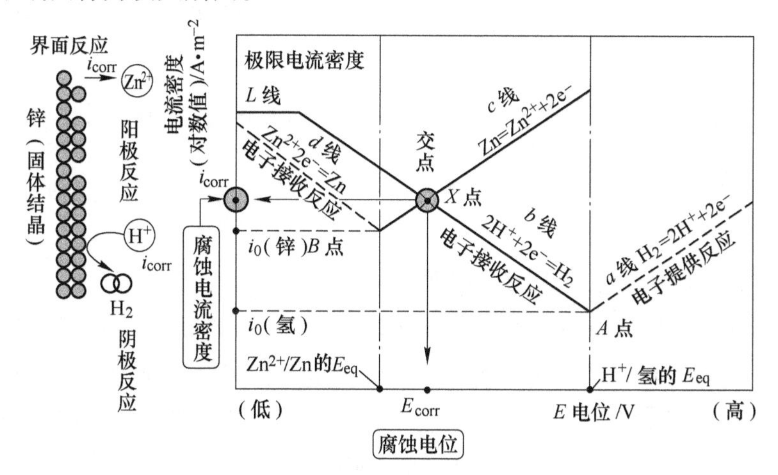

图 6-24 两个半反应合成的埃文斯图

6.11 什么是金属的腐蚀

6.11.1 金属与氧或氢离子等物质所产生的自发化学反应

在富含水和氧气的大自然环境中，除了金这种特殊金属外，其他金属的平衡

电位 E_{eq} 均比氧气的 E_{eq} 低（第 158 页图 6-15）。由于金属离子、氧化物或氢氧化物比金属本身更为稳定，因而绝大多数金属都具有热力学不稳定性。在一定条件下，它们都会发生由原子状态向离子状态的转变，即发生腐蚀过程。

腐蚀过程是热力学自发过程。金属表面上发生的腐蚀是非均匀的，腐蚀速度由其表面所生成的腐蚀层的性质所决定。由于腐蚀这种化学反应速度较为缓慢，因此金属实际上可以使用至其寿命期限为止。

腐蚀过程简图如图 6-25 所示，腐蚀膜可分为金属与高温气体的“干腐蚀”和与吸附水或结露水等水分接触所产生的“湿腐蚀”两大类。干腐蚀的氧化膜会随着温度的上升而增厚，而湿腐蚀则会导致氧化膜的变质。根据金属的种类、成分以及环境条件的不同，氧化膜可分为厚度达数纳米至十纳米级的抑制金属阳极反应的惰性钝化膜、微米级抑制氧的阴极反应的化学转化膜以及毫米级的成长型腐蚀（锈蚀）膜这 3 种类型。

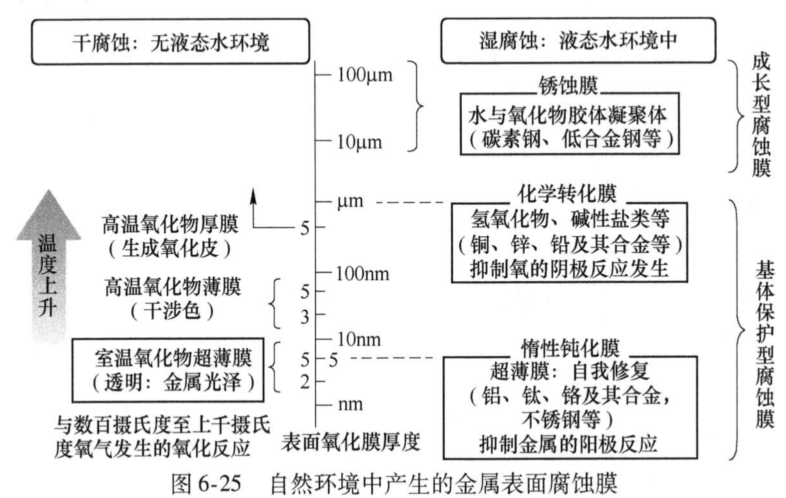

图 6-25 自然环境中产生的金属表面腐蚀膜

6.11.2 金属腐蚀的六大关键要素

图 6-26 为金属腐蚀的六大关键要素简图。E_{eq} 低的金属（A）易失去电子，如果与 E_{eq} 高并含有氧元素或氢离子等易接受电子的环境物质（D）相接触，通过界面（B）则金属（A）极易变成离子而被溶入离子导体中。同时，由于金属材料与环境的非均匀性导致局部界面成为高电压的阴极和低电压的阳极，形成局部短路状态（C）。阳极部位的金属释放电子被溶解，阴极部位的氧原子或氢离子（D）得到电子生成氧化物离子 O^{2-}、水分子、氢氧根离子 OH^- 及氢气等。腐蚀生成物薄膜（E）的成分与性质是腐蚀的关键。薄膜与基体金属的附着性、多孔性微细构造、反应物在薄膜内的迁移速度以及薄膜的稳定性等均可影响腐蚀膜对基体的保护性能。薄膜的发生、成长、破坏、自我修复及消失等行为还受到其他因素（F）的影响。

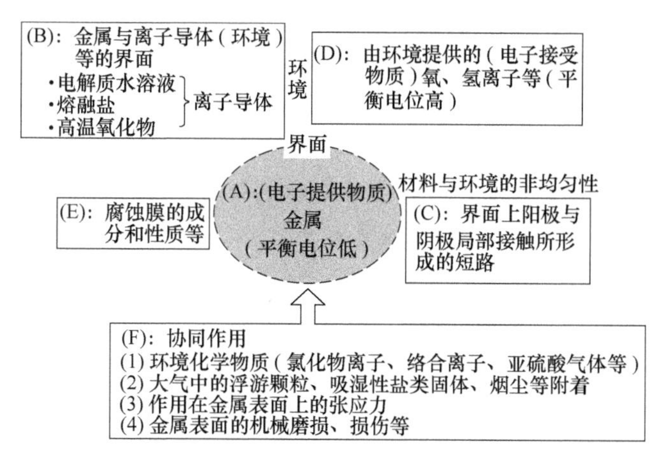

图 6-26　金属腐蚀的六大关键要素

6.12　金属的干腐蚀

6.12.1　高温下金属与气体的化学反应

耐热金属一般在数百至上千摄氏度高温下的气体环境中使用。材料的高温强度与干腐蚀成为其研究的两大课题。例如火力发电站或核电站的锅炉及蒸汽轮机在氧气和水蒸气环境中的高温防腐蚀就是一个重要的研究课题。由于高温下生成的腐蚀膜较厚（$>0.5\mu m$），我们将其称为氧化皮（Scale）。根据腐蚀膜的形成机理可将其分为 4 种类型（图 6-27）。

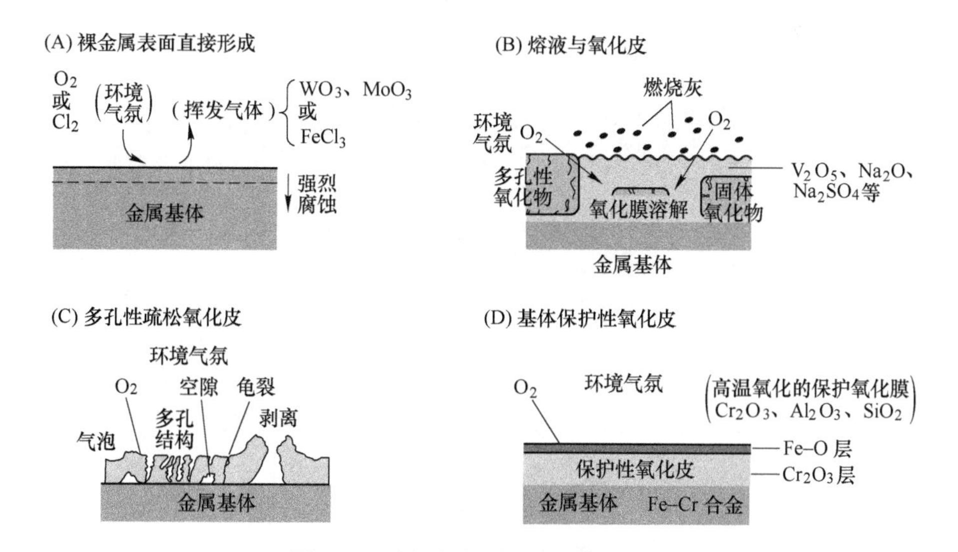

图 6-27　金属的主要 4 种干腐蚀类型

（1）裸露的金属表面直接形成：钨（W）、钼（Mo）的表面形成高温可挥发性氧化物或铁氯化物等腐蚀生成物导致的腐蚀。

（2）熔液与氧化皮：煤炭石油燃烧废气中含有钒（V）与钠（Na）的氧化物，其可与金属形成低熔点熔融盐共存于固体氧化膜中，加速氧化的腐蚀。

（3）多孔性疏松氧化皮：形成与基体金属附着力差，龟裂较多的疏松性氧化膜。氧化膜脱落部位与气体直接接触，加速腐蚀。还有由于氧化膜较厚而极易导致剥离的情况。

（4）基体保护性氧化膜：铬（Cr）、铝（Al）、硅（Si）等表面的氧化膜，其生成阻断了气体分子迁移，而离子或电子在氧化膜中的迁移速度小，因此耐干腐蚀性极好。

实际应用中，还有采用如下方法对金属予以高温防护的。即首先通过对金属材料的成分调整或组织结构控制，在确保其力学性能的基础上，在基体金属表面形成一层附着性良好的均匀保护性氧化膜，然后再采用热隔断型表面涂层的方法对金属予以高温防护。

6.12.2 保护性氧化膜的生长原理

组织致密、附着性良好的保护性氧化膜的生长原理如图 6-28 所示。在金属与氧化物的界面间，作为阳极的金属 M 释放电子成为金属离子 M^{z+}。而氧化物层与外界环境气氛界面上的氧气变为氧离子 O^{2-}。阴极反应所需要的电子则必须通过氧化皮从金属表面向氧化膜外表面迁移。离子（M^{z+} 或 O^{2-}）和电子（或电子缺陷）利用氧化物晶体中的晶格缺陷在氧化膜中迁移。虽然相互之间独自移动，

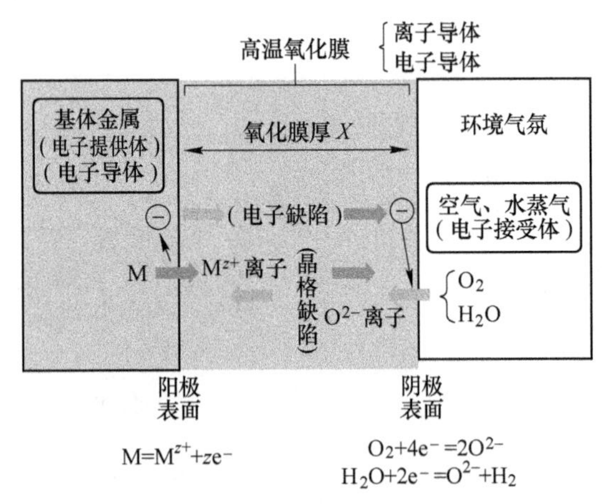

图 6-28 高温氧化膜的生长机理

但如果缺少双方的反应，交换亦无法进行。室温下反应缓慢，但在高温下由于缺陷数量剧增，腐蚀速度则大大加快。氧化膜的成长速度并不取决于反应速度，主要受氧化膜中金属离子的扩散速度控制，而氧化速度与膜厚成反比。实践证明，高温下许多金属的氧化膜的生长速度遵守抛物线规律，即氧化膜的厚度与扩散系数和时间的平方根成正比。

6.13 金属的湿腐蚀

6.13.1 湿润金属表面的腐蚀原理

金属表面存在着大量的晶体缺陷、晶界、夹渣物等缺陷。如果处于湿润环境，则还存在浓度、温度、水溶液流速等环境不均匀因素的影响（图 6-1）。因此，处于大气湿润环境的金属表面会形成无数的微电池，阳极的金属失去电子形成水和金属离子被溶解，而阴极的酸性溶液中的氢离子变成氢气，在中性或碱性溶液中溶解在水中的氧气变为 OH^- 离子（图 6-29）。由于金属表面上的阳极与阴极不断发生交替变换，宏观上则表现为金属表面发生了均匀腐蚀。水中的溶解氧通过对流与扩散向金属表面移动，而食盐微颗粒（海岸地带）或浮尘颗粒（工业地带）则起到促进水蒸气凝聚的作用。金属表面如果结露或吸附形成 0.1 ~ 1μm 厚的水膜，则会产生明显的大气腐蚀。如果溶解的金属离子和水中的 OH^- 在表面附近发生沉淀反应，腐蚀生成物则会覆盖基体金属表面——即生锈。

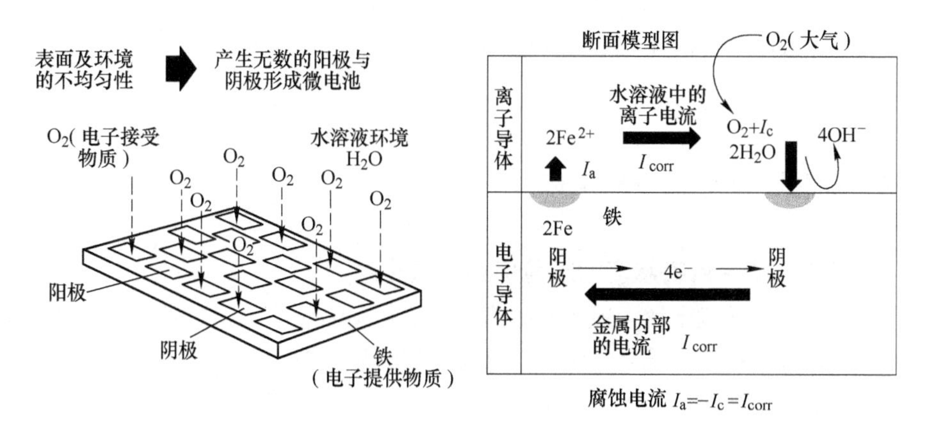

图 6-29 金属表面的微电池腐蚀模型

6.13.2 水溶液酸碱度变化时的铁表面腐蚀行为

水溶液中的 pH 值变化时，铁（Fe）的腐蚀行为会发生很大变化（图 6-30）。酸性环境下 Fe 不生成氧化膜，中性环境下生成铁锈，而碱性环境下则生成钝化膜。图 6-30 中显示钢在不同食品调味料溶液中的腐蚀速度受醋酸、柠檬酸、食盐等的影响。酸性的食用醋、酱油里面富含氢离子或络合离子，在阴极氢气不断生成。虽然表面没有腐蚀膜生成，但阳极上的 Fe 被高速溶解。中性溶液中，阴极上溶解氧形成氢氧根离子 OH^-，与阳极上的铁离子中和形成 $[Fe(H_2O)_6]^{2+}$，最终产生氢氧化铁 $Fe(OH)_2$或含氢氧根的絮凝胶体沉淀并附着在金属表面，其后再与水中的溶解氧 O_2继续反应生成保护性极弱的铁锈。铁锈为含有三价铁的羟基氧化铁 FeOOH、二价和三价混杂的磁铁矿 Fe_3O_4型氧化物。而在含有碳酸氢钠的碱性水环境中，铁的腐蚀速度极大减缓，但还没有达到生成钝化膜（6.14 节）的碱性程度。氯离子 Cl^-可促进生成保护性低的多孔质 β-FeOOH。

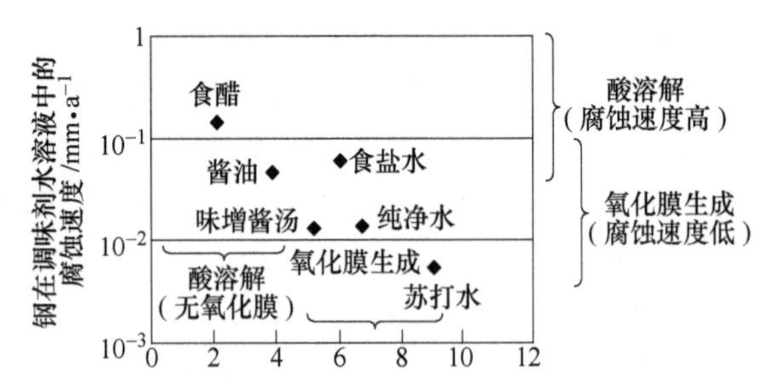

反应		酸溶解（无氧化膜）	氧化膜生成（腐蚀膜生长）
微电池	阴极反应	$2H^+ + 2e^- \rightarrow H_2$	$O_2 + 2H_2O + 4e^- \rightarrow 4OH^-$
	阳极反应	$Fe \rightarrow Fe(H_2O)_6^{2+} + 2e^-$	
氧化膜生成反应		$Fe(H_2O)_6^{2+}$ 水中溶解	$Fe(H_2O)_6^{2+} + 2OH \rightarrow Fe(OH)_2$ $Fe(OH)_2 + O_2 \rightarrow FeOOH$、$Fe_3O_4$

参照：平野美那世．家政誌。1976,27(147)。

图 6-30　水溶液的 pH 值对钢的腐蚀影响

6.14　钝化膜（阳极支配反应）

6.14.1　能够自我修复的超薄保护性氧化膜

电化学中较活泼金属一般更易被腐蚀。但在实际应用中我们发现，一些较活泼的金属在某些特定环境介质中却能具有较好的耐腐蚀性能。

铁、铝在稀硝酸（HNO_3）或稀硫酸（H_2SO_4）中能很快被溶解，但在浓 HNO_3或亚硝酸盐、铬酸盐、重铬酸盐、钼酸盐、钨酸盐等中的溶解现象几乎完全停止。碳钢通常很容易生锈，若在钢中加入适量的 Ni、Cr，就会成为不锈钢。金属或合金受某些因素的影响，其化学稳定性会明显增强的现象被称为钝化。由某些钝化剂（化学药品）所引起的金属钝化现象称为化学钝化，化学钝化剂中的有效成分应具有可使得金属的平衡电位高于钝化电位 E_p 以及还原速度快这两个必要条件，如浓 HNO_3、HNO_2、$NaNO_2$、$K_2Cr_2O_7$、Na_2CrO_4 等氧化剂都可使金属钝化。金属钝化后，其电极电位向正方向移动，使其失去了原有的特性，如钝化了的铁在铜盐中就无法将铜元素置换出来。此外，用电化学方法也可使金属钝化，如将铁置于 H_2SO_4 溶液中作为阳极，外加电流使阳极极化，采用一定的装置使铁电位升高到一定程度后，铁就被钝化了。由阳极极化引起的金属钝化现象，叫阳极钝化或电化学钝化。

铁（Fe）、铬（Cr）、镍（Ni）、不锈钢、铝（Al）、钛（Ti）等金属随着在水溶液中电势向正电势方向推移，会相应从活性态变成钝化态或过钝化态金属（图 6-31）。如铁的电位为 -0.6 ~ -0.4V，钝化后上升为 +0.8 ~ +1.0V。金属铁等钝化后，其电位几乎接近于贵金属（Au、Pt）的电位，从而失去了原有金属的某些特性。如上所述，钝化了的铁在铜盐中，就不能将铜置换出来。

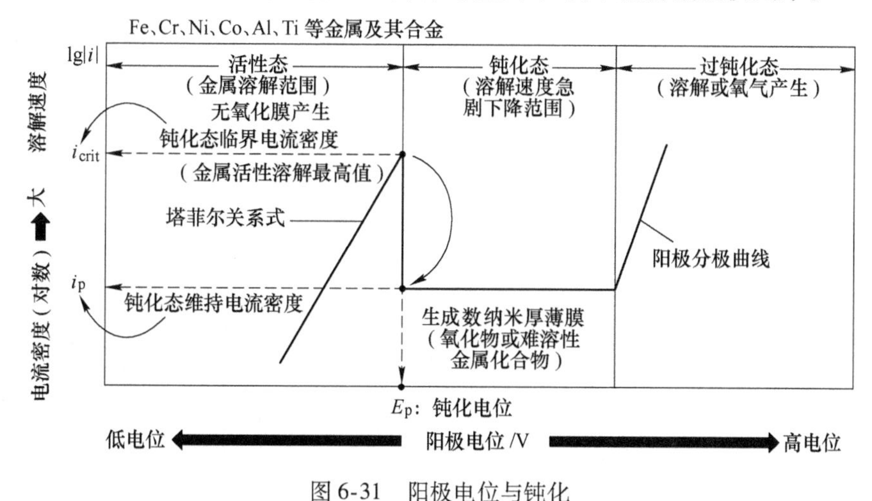

图 6-31 阳极电位与钝化

当电位从低电位向高电位升高时，遵守阳极方向的塔菲尔公式，溶解速度加大，直至电流密度达到钝化态临界电流密度 i_{crit}。这时如果电位超过电势 E_p（钝化电位），则会在金属表面生成数纳米厚的保护性氧化膜，导致电流密度急剧下降。该状态下的氧化膜会不断产生微量溶解并及时自我修复，基体金属也会相应溶解并维持一个微小电流 i_p。从分极曲线上来看，判断钝化膜好坏的标准是 i_{crit} 小，E_p 低和 i_p 小。

过钝化态是钝化膜发生溶解或水解而遭到破坏，导致产生氧气的阳极电流急剧增大所造成的。过钝化会导致金属腐蚀重新加剧。

环境中广泛存在的亚硝酸盐、铬酸盐以及溶解氧等电子接收物质可代替外部电源夺取金属电子而引起的金属钝化现象，被称之为自钝化，其属于化学因素所引起的钝化。钢材的自钝化与环境中水的 pH 值密切相关。18% Cr8% Ni 的不锈钢在 pH = 1.9 以上，12% Cr 以上不锈钢在 pH = 7 以上，碳素钢则在 pH = 9.4 以上即可发生自钝化。

6.14.2 钝化膜与分极曲线（埃文斯图）

金属溶解的阳极反应和溶解氧接受电子的阴极反应，在其所对应的分极曲线交点上的电流密度 i_{corr} 与电势 E_{corr} 代表了该金属的腐蚀情况。钝化膜的产生不会带来阴极分极曲线的变化。图 6-32 右表示混凝土内部因微小空隙中存在大量 pH = 11 ~ 13 的水分而形成强碱性环境，同时还含有大气溶解氧（数量级为 10^{-6}）。强碱性环境中的钢筋分极曲线的交点处于惰性区，钢筋表面生成惰性膜，抑制了铁离子溶解的阳极反应。而图 6-32 左表示如果大气中的二氧化碳从外表面侵入，将与混凝土内部的碱性环境中和。在中性环境中惰性膜的 i_{crit} 要比溶解氧的极限电流密度 i_L 大，则钢筋的分极曲线交点处于铁溶解活性态区域，导致钢筋被均匀腐蚀。如果混凝土中产生的裂纹到达钢筋，则会引起局部腐蚀。从图 6-32中可以看出，埃文斯图上的两分极曲线交点，在中性溶液中处于活性态区域，而在碱性环境中 i_{crit} 比 $i_{L(O2)}$ 低，因此处于钝化态区域。

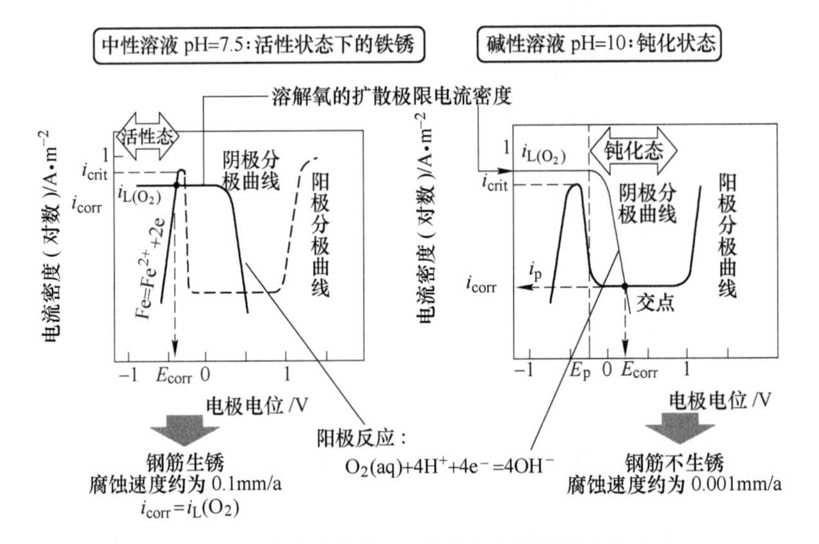

图 6-32 水溶液中的 pH 值决定钢筋的钝化状态

（资料：腐食防食協会編「材料環境学入門」丸善,1993）

6.15 化学转化膜（阴极支配反应）

6.15.1 保护性表面氧化膜

锌（Zn）、铜（Cu）、铅（Pb）等金属在阳极部位溶解出的金属离子，在阴极部位发生中和反应，腐蚀产物（氢氧化物、络合氧化物、碱性盐等胶体颗粒聚合物：图 6-33 中的 $M(OH)_z$）会逐渐在表面上析出沉淀。不同的金属分别有其各自稳定中和并析出的 pH 值范围。阳极金属上溶解的络合金属离子在阴极发生反应生成的氢氧根（OH^-）会导致界面的 pH 值上升。这种保护性氧化膜需要大约数月甚至数年才能增厚至 1μm 左右。作为接受电子物质的溶解氧，在水中的溶解度只有 10^{-6}量级。腐蚀初期，金属表面水溶液的对流和扩散所导致的溶解氧供给速度决定其腐蚀速度。与钝化膜不同，由于化学转化膜对金属的阳极溶解没有直接影响而只抑制阴极反应，因此从埃文斯图中可看到阳极分极曲线没有变化，而阴极分极曲线发生下降。

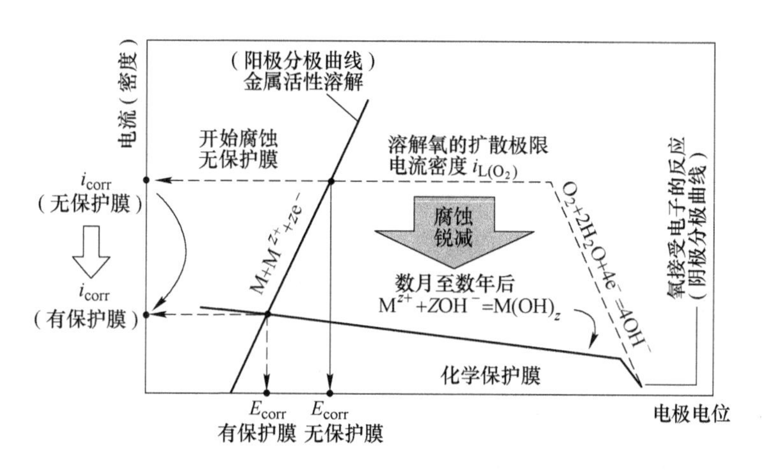

图 6-33　化学转化膜的埃文斯图

6.15.2　化学转化膜的局部破坏

化学转化膜除了有与钝化膜相同的破坏形式外，还有一种在受到液体中固体微颗粒的冲刷或减压下产生的气泡在金属表面破裂所带来的流体力学及磨损等作用（图 6-34）所带来的侵蚀和腐蚀破坏。流体的流速越大，则流速变化部位及弯曲部位的磨损消耗就越大。因此，一般限定铜管内的流速为 2m/s，碳素钢油井管内的流速为 6m/s 以下。

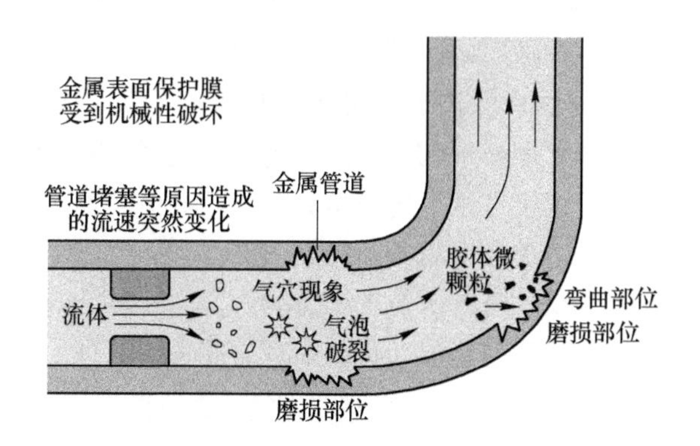

图 6-34　侵蚀、腐蚀所导致的保护层破坏

美国弗吉尼亚电力公司萨里核电站1986年、日本关西电力株式会社美浜核电站2004年，均发生过由于侵蚀、腐蚀破坏所造成的核电站二次冷却水管破裂事故。美浜核电站3号机连接冷凝器与蒸汽发生器的冷却水管发生破裂，蒸汽大量喷出，导致5人死亡、6人轻重伤。该冷却水管为碳素钢制，外径约560mm、壁厚约10mm、冷却水压力10MPa、温度约142℃、流量约为1700m^3/h。由于27年来受到长期的侵蚀、腐蚀破坏，造成破坏部位的壁厚约10mm的管道减薄至2～3mm，最薄处约0.4mm（技术标准要求壁厚必须满足4.7mm），最终导致了发生重大人身伤亡的生产事故。作为防止措施，采取加强钢管壁厚的定期检查和维修管理体制，对于易产生侵蚀、腐蚀的部位，更换成奥氏体不锈钢管。

6.15.3 耐候钢

在干燥与湿润的大气环境不断交替过程中，由于不断受到锈层与基体界面上的铁（Fe）还原和氧气（O_2）氧化的交替作用，普通钢材表面根本无法生成保护性钝化膜。而添加少量铬（Cr）、铜（Cu）、磷（P）、镍（Ni）的低合金耐候钢则会在长期的大气腐蚀下形成如图6-35所示的内外两层“锈”结构。

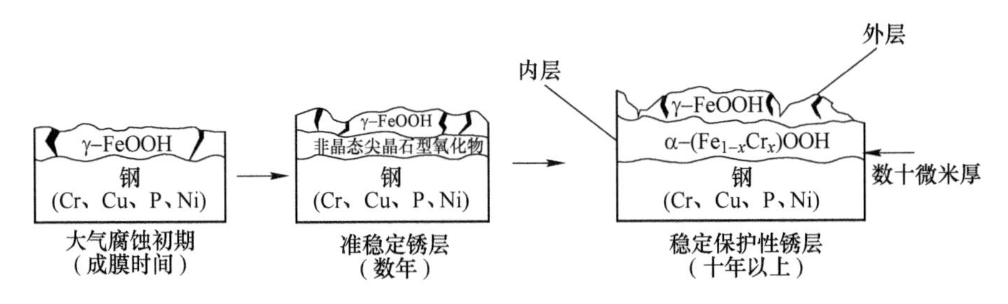

图6-35 耐候钢表面自然化学转化膜的形成

（资料：長野博夫．山下正人．热处理．1995，35（1））

与不锈钢相比，耐候钢只添加了微量的合金元素，合金元素总量仅占百分之几，而不像不锈钢那样高达百分之十几，因此价格较为低廉。耐候钢中加入的微量合金元素，使得钢材表面腐蚀内层形成致密和附着性强的保护膜，阻碍了锈蚀继续向内部深层扩散和发展，保护了锈层下面的基体，极大地减缓了其被腐蚀的速度。其在外锈层和基体之间形成与基体金属附着性良好、50～100μm厚的非晶态尖晶石型氧化物层。由于这层致密氧化物膜的存在，阻止了大气中氧和水进一步向钢铁基体的渗透，减缓了锈蚀向钢铁材料纵深发展，将腐蚀速度减小至0.01mm/a以下，从而大大提高了钢铁材料的耐大气腐蚀能力。这种耐候钢最适合于在忽干忽湿的气候环境中使用。如果总处于湿润状态中则与普通钢没有太大区别。

耐候钢于20世纪30年代由美国的US STEEL公司首先量产，日本也于60年代开发出同类钢种，80年代以后开始普遍应用于免涂覆和维护保养桥梁等结构产品。耐候钢可减薄使用、裸露使用或简单涂装使用。其不但是抗蚀延寿、省工降耗、升级换代的钢系，也是一个可融入现代冶金新机制、新技术、新工艺而使其持续发展和创新的钢系，属于世界超级钢技术前沿水平的系列钢种之一。

6.16 导致穿孔或开裂的局部腐蚀

6.16.1 预测诊断困难，经常导致意外事故的发生

与全面腐蚀不同，局部腐蚀则属于保护膜整体基本完整，但局部受到机械或化学损坏无法自动修复而产生的腐蚀（如晶界腐蚀、应力腐蚀开裂等）。腐蚀集中在小面积的阳极部位和周围大面积完整保护膜的阴极部分之间。另外，在张应力或疲劳应力的作用下会加速金属的局部腐蚀（如应力腐蚀开裂、腐蚀疲劳等）。

6.16.2 晶界腐蚀

晶界处极易产生元素偏析或化合物析出，导致与晶粒内部的成分产生偏差，从而发生选择性腐蚀。例如，在18%Cr8%Ni不锈钢的焊接热影响区，晶界上的碳化铬析出，导致其周围的铬含量下降，铬缺乏带的耐腐蚀能力不足会导致晶界腐蚀（图6-36）。1968年日本发生的食用油脱臭加热用不锈钢管使用数年后即发生穿孔开裂，导致有毒的PCBs导热油混入食用米糠油的多氯联苯污染事件就是一个典型的晶界腐蚀案例❶。前文说过，全面腐蚀时，金属溶解的阳极并非固定，而是分布于整个金属表面，并随时不断地发生着位置变化。而晶界腐蚀的阳

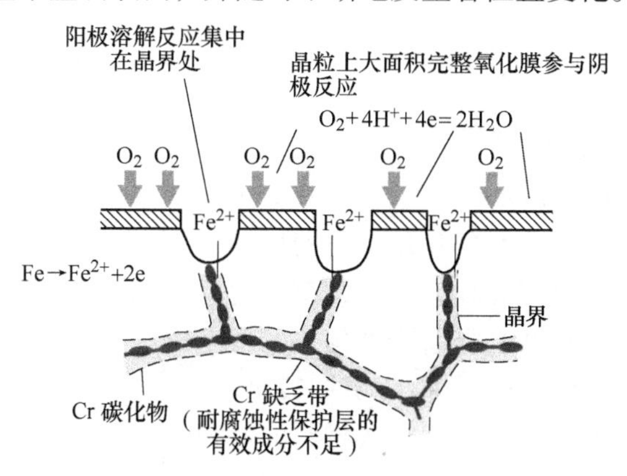

图6-36 晶界腐蚀原理

---

❶ 多氯联苯（PCBs）是一种人工合成有机化合物，被广泛用于电气设备绝缘已有50多年。1968年发生于日本的毒油事件中，多氯联苯在大米米糠油加工过程中被用作传热介质。因管路腐蚀开裂导致PCBs意外泄露，多氯联苯进入食用油，并在加工过程及后来的烹饪过程中产生剧毒聚氯二苯醚（PCDFs），造成了严重的食品污染。日本米糠油事件成为人类历史上著名的“八大公害事件”之一。非常遗憾，1978～1979年，台湾的大米米糠油加工企业也发生了同样的污染事故。金属研究者应该积极吸取过去失败的经验和教训，不断努力提高人类战胜自然的能力。

极则固定在面积极小的晶界区域，耐腐蚀性良好的大面积保护膜作为阴极参与反应，因此腐蚀集中在晶界处并最终发生贯通的晶界腐蚀。因此，不锈钢受热后（焊接、热加工、热处理等）需要特别注意晶界腐蚀问题（图3-46）。

6.16.3 应力腐蚀开裂

在某种特定的腐蚀环境和张应力的作用下，某些金属材料会产生钝化膜破坏而导致腐蚀微孔，微孔内产生裂纹并扩展最终导致断裂。应力腐蚀开裂的类型可分为晶内开裂与晶界开裂两大类。应力腐蚀开裂又被称为高耐腐蚀奥氏体系不锈钢的"癌症"，其特别容易在富含氯化物离子（Cl^-）的环境中发生。Cl^-能在钝化膜的不稳定部位置换出膜中的氧离子或氢氧根离子生成金属氧化物的络合物，从而降低钝化膜的保护性能。核反应堆中必须使用纯度极高的纯水就是这个缘故（图6-37）。

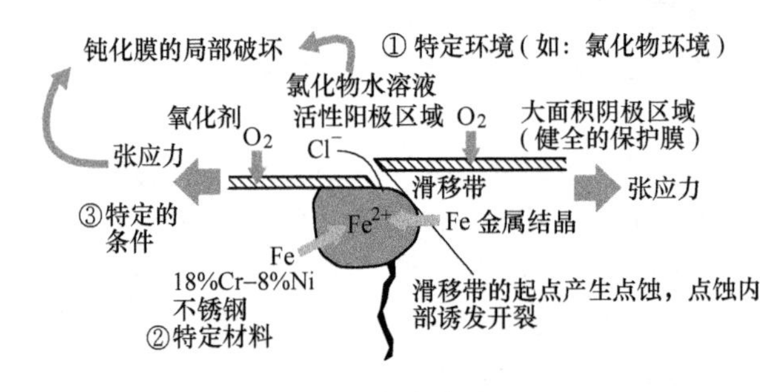

图6-37 应力腐蚀机理

（资料：増子昇．さびのおはなし．日本規格協会，1997）

6.16.4 腐蚀疲劳

许多金属材料构件都在腐蚀的环境中工作，同时还承受着交变载荷的作用。与惰性环境中承受交变载荷的情况相比，交变载荷与侵蚀性环境的联合作用往往会显著降低构件的耐疲劳性能，这种疲劳损伤现象称为腐蚀疲劳。腐蚀与循环应力作用相加可导致金属材料的疲劳强度大大下降。图6-38为腐蚀性环境、室内大气环境、惰性气体或真空条件下的疲劳加速情况。在腐蚀环境中，被腐蚀晶界和腐蚀微孔是腐蚀疲劳的开裂源，其导致疲劳极限大大降低。如处于大气中水蒸气凝缩环境中的飞机铝合金，处于高温腐蚀环境中的涡轮叶片以及处于海水波浪环境中的低合金钢海洋结构物等，在交变应力的作用下，材料的寿命会急剧缩短，在较低的应力水平下极易发生断裂破坏（图3-48）。

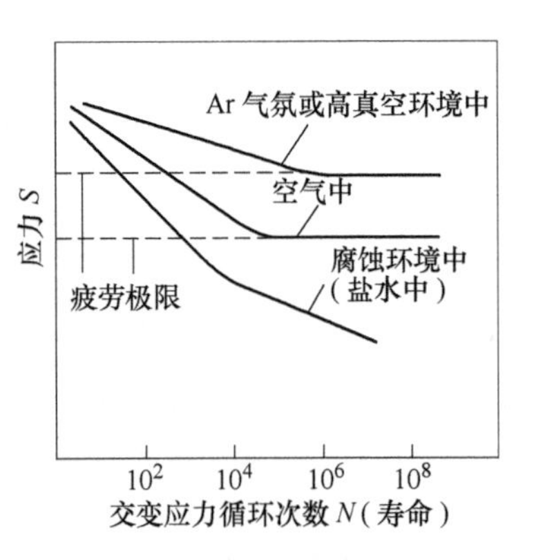

图6-38 不同环境下的疲劳

6.17 表面处理

6.17.1 改变界面的性状——在材料与环境的界面之间导入第三种物质

由于人类对材料性能的多样化要求，而这些性能之间有时会相互矛盾。如钢铁材料加工方便、强度高、可大量生产、价格便宜，但是其极易生锈。金属锌（Zn）虽然强度和塑性低、价格高，但其产生的自然化学腐蚀膜可保护基体不再受到大自然的进一步腐蚀。如果能将 Zn 在钢铁表面薄薄附着一层，则钢铁材料即可抵抗大自然环境和水的侵蚀。在基体材料与环境之间的界面上，通过人工形成一层与基体的力学、物理和化学性能不同的第三种薄膜物质（表层）来改变界面性质的技术（工艺方法），我们称之为表面处理。

表面处理的目的是为了满足产品的耐蚀性、耐磨性、装饰或其他特种功能等方面的要求。表面处理技术自古以来主要用在装饰、防腐和表面硬化这 3 个方面，而近些年来，表面薄膜形成技术在电子元器件领域也占有重要的位置。表面处理技术已发展成为利用相关现代物理、化学、金属学等方面技术的边缘性综合技术，是材料学科发展的一个重要分支。对第三种物质的要求一般如下：化学性质（耐腐蚀性、抗菌性、耐药性、浸润性等）、机械性质（硬度、耐磨性、润滑性）、电磁性质（导电性、电接点、端子钎焊结合性等）、光学性质（镜面反射、防眩性、电磁波屏蔽性能等）、热学性质（耐热性、热反射性等）、感性（美观、装饰性等）等多种多样。

6.17.2 Epi-Coat（表面镀层）和 Endo-Coat（表面改性）

按照将第三种物质导入表面的原理不同，表面处理可分为 Epi-Coat（表面镀层）和 Endo-Coat（表面改性）两大类（图 6-39）。表面镀层（Epi-Coat）有电（化学）镀、涂装、热喷涂、气相沉积、离子镀等。其主要是在真空或某种流体环境中，在基体表面附着第二种物质的薄膜处理方法。外表面为成长界面，而外部物质的供给速度大多决定了成膜速度。薄膜的附着性与基体前处理后的表面状

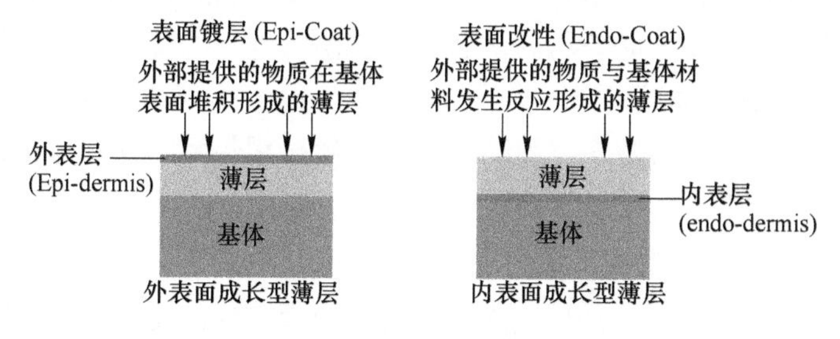

图 6-39 表面镀层与表面改性

（资料：增子昇．津田哲明．表面技術．1996，47（2）：136～141）

态密切相关。表面改性（Endo-Coat）则主要有阳极氧化、扩散渗透、化学转化膜（磷化）、离子注入等方法，基体物质参与薄膜的形成。其新界面的形成机理是元素间的相互扩散。因此，其受到固体中较慢元素的扩散速度和基体的溶解速度所支配。表面改性的成膜速度要慢于表面镀层方式的成膜速度，该薄膜的附着性与结构受到金属间化合物的形成以及晶界扩散等因素的影响。图6-40所示为弹子房用钢珠的表面处理工艺，在软质芯材料上进行了赋予其高硬度、高耐磨性和高弹性的渗碳热处理（表面改性），以及其光泽和耐磨性的镀铬处理（表面镀层）处理工艺。

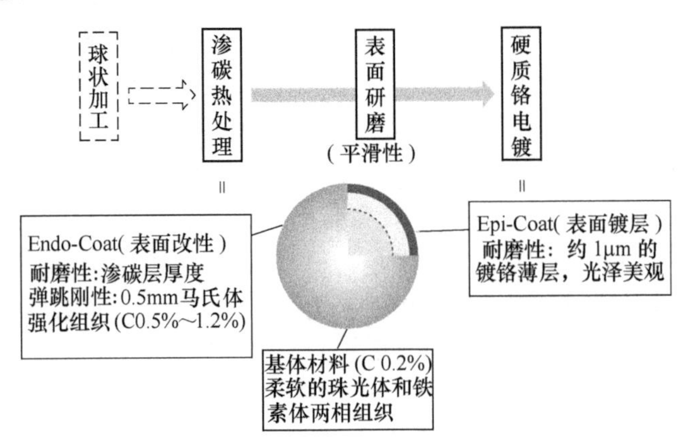

图6-40 表面改性与表面镀层实例

6.18 Epi-Coat（表面镀层）

6.18.1 与钢铁相容性好的锌系镀层

锌（Zn）的活性虽然比铁（Fe）大（锌的电极电势更低），但在大自然中性水溶液环境中会生成保护性极佳的氧化膜，因此是钢铁表面防腐镀层材料的首选。其即使在盐水中也能生成稳定的碱式氯化锌保护膜（图6-41b）。锌镀层属于阳极性镀层，主要用于防止钢铁的腐蚀，其防护性能的优劣与镀层厚度关系甚大。图6-41a为10年防腐质保的汽车车体高级钢板多层表面处理工艺示意图。厚锌镀层一般选用高速镀覆法，重防腐厚膜一般选用热喷涂法，中厚膜一般选用热浸镀，薄膜一般选用电镀法制造。

6.18.2 包装材料的高新技术表面处理

目前许多食品或饮料均采用钢铁或金属铝薄板制成的金属容器进行储存。图6-42a为铁罐内表面涂覆无毒的涂料或树脂，薄钢板外表面镀覆一层用于印刷附着的极薄锡（Sn）或铬（Cr）等镀层。而啤酒罐或碳酸饮料罐因存在内压，因

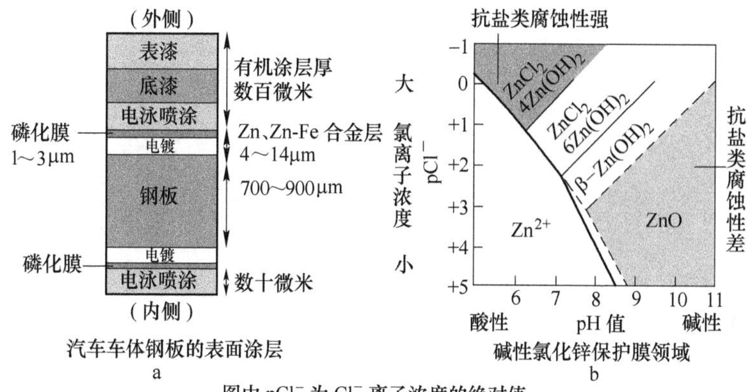

图 6-41　汽车车体用防融雪盐害腐蚀的镀锌钢板

（资料：Feitknecht W. Chem. And Ind. 1959，36：1102）

此罐壁可以较薄，一般采用铝制易拉罐形式。从图 6-42b 可以看出，即使运动碳酸饮料中含有 Cl^- 离子，其表面处理采用多层构造（磷酸盐化学处理）与内层改良涂料后，不但可以有效防止腐蚀，还能达到外观印刷颜料附着性好的双重效果。

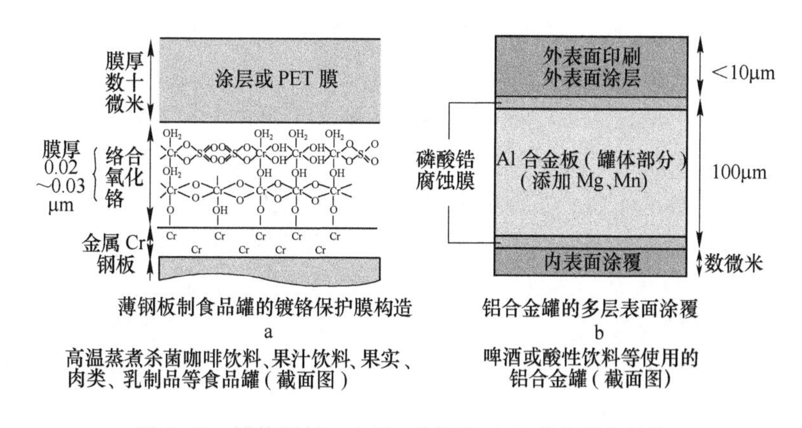

图 6-42　罐体材料：金属/无机膜/有机膜的混合结构

6.18.3　支撑电子封装的金属镀层

手机、电脑等所采用的电子芯片中，如果没有金（Au）、银（Ag）、铜（Cu）的镀覆则封装就无法实施。图 6-43a 为 IC 及 LSI 上的镀银引脚与金线相连。图 6-43b 为环氧树脂封装材料中的无机磷与湿气反应产生磷酸，镀 Ag 引脚被阳极溶解，而相邻的引脚成为阴极，Ag 发生离子迁移导致树枝状析出而产生短路的事故原理图。以上腐蚀虽然极其微小，但仅仅使用数月后即可导致硬盘上的 LSI 触点频发短路故障。十年前在美国曾发生过上述腐蚀导致的重大产品质量事故，引发计算机厂家向电子封装厂家提出数百万美元赔偿的质量诉讼。

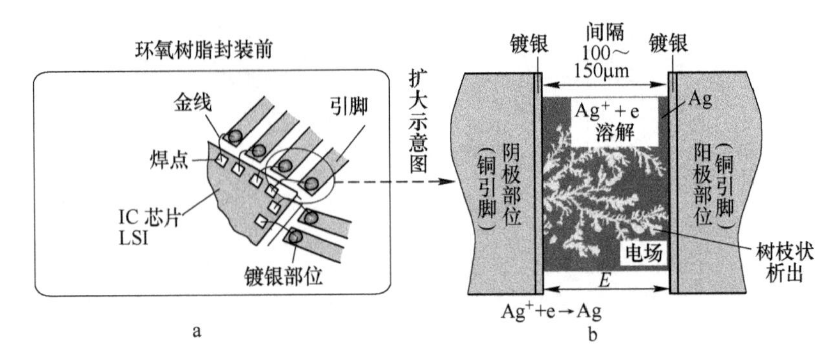

图 6-43 IC 芯片中的镀银引脚的离子迁移

（资料：日経エレクトロニクス. 2002 年 10 月 21 日：102～115）

6.19 Endo-Coat（表面改性）

6.19.1 热扩散渗透处理

将异种元素从基体金属表面向内部扩散，使得基体表面成分发生变化（图 6-44）。成长界面在内层，固体中物质的移动速度决定了成膜速度的大小。以钢的渗碳处理为例，热扩散渗透的成长界面为内表面，碳原子在钢中的扩散速度决定了成膜速度，一般仅为 10^{-8} ~ 10^{-7}m/s（第 177 页）。其膜成长速度符合抛物线规律。虽然温度越高扩散越快，但由于温度还会导致基体晶粒长大、晶界氧化以及化合物析出等副作用，实际热扩散温度存在上限。钢的渗碳处理一般采用将钢材工件放置在一氧化碳气氛中，在 900 ~ 1000℃ 保温数小时。碳原子从表面渗入到基体内部，形成数百微米的渗碳层（第 61 页），再施以淬火处理（第 62 页）后则只在高碳含量的表层形成硬化。表面的体积膨胀导致材料表面产生残余压应力，从而提高了工件的耐磨性和疲劳强度。汽车用齿轮、圆锥滚子轴承、弹子房用钢珠等均采用这种处理。

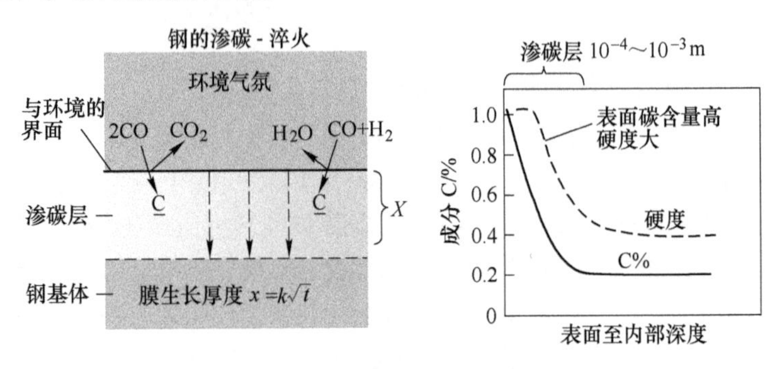

图 6-44 热扩散渗透处理

6.19.2 阳极氧化处理

阳极氧化（anodic oxidation）是指金属或合金的电化学氧化。铝合金的阳极氧化技术是目前应用最广泛且最成功，并且是不可缺少的表面处理技术。表面经过阳极氧化处理后的铝合金的功能性及装饰性均得到加强。目前的阳极氧化可以实现除白色以外的任何颜色，还可通过遮蔽或去除部分氧化层实现双色阳极氧化。iphone 7 的金属铝外壳就是采用阳极氧化方式处理的经典范例。

金属铝（Al）阳极氧化膜的生成原理如下：在硫酸、草酸或磷酸等溶液中，将金属铝作为阳极在数十伏特直流下发生电解反应，则在金属铝基体表面形成厚度约几十至二百微米，分布着无数规则且微孔垂直分布的多孔质氧化膜（无定形氧化铝，图6-45）。微孔底部 Al_2O_3/溶液界面不断发生氧化物的溶解，导致内层形成不断生长的半球状 Al/Al_2O_3结构，然后再在沸腾水中将无定形氧化铝变成络合氧化物进行微孔封堵处理。金属钛（Ti）、钽（Ta）一般也采用阳极氧化处理方式制作防腐性或功能性氧化膜。

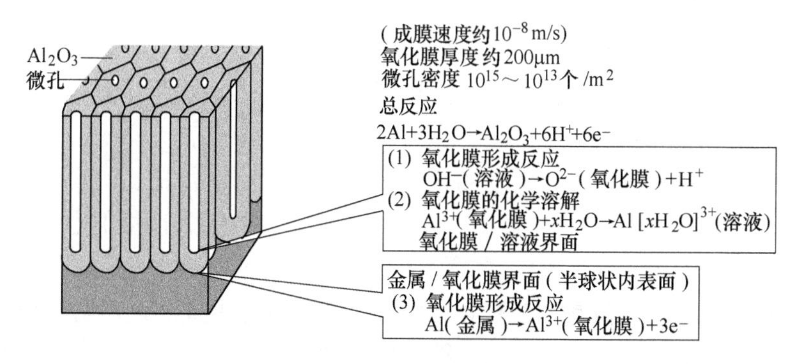

图6-45 铝合金的阳极氧化处理

6.19.3 化学腐蚀处理（磷化处理）

磷化是一种常用的前处理技术，原理上属于化学转换膜处理。将金属锌（Zn）、铁（Fe）、铝（Al）与磷酸盐水溶液接触，则表面会产生一层多孔性的磷酸盐结晶薄膜。由于局部微电池作用，阳极区金属离子溶解析出，阴极区氢离子等被还原，导致界面附近溶液的 pH 值上升，析出难溶性多孔质磷酸盐薄膜（图6-46）。人工化学腐蚀只需要数秒至十几分钟即可生成数微米厚度的薄膜，而自然界的化学腐蚀薄膜需要数月甚至数年的时间。

磷化的目的主要是：（1）给基体金属提供保护，在一定程度上防止金属被进一步腐蚀；（2）用于涂漆前打底，提高漆膜层的附着力与防腐蚀能力；（3）在金属冷加工过程中起减摩润滑作用。

磷化膜具有良好的附着性，对高分子涂料中扩散的氧分子、水、离子所产生的涂层内腐蚀亦具有良好的抵抗作用，因此最适于作为涂覆材料的底层。

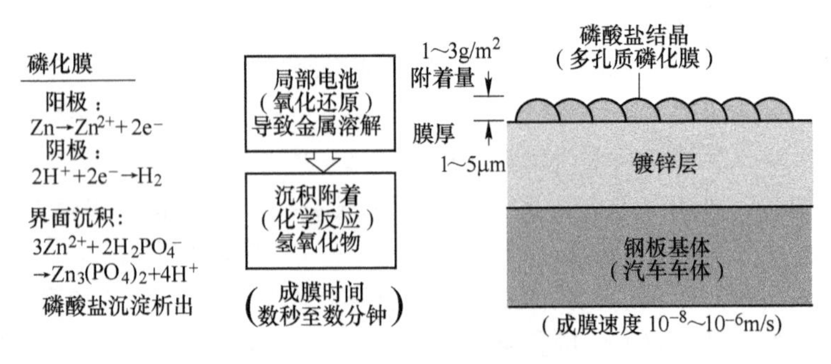

图 6-46 磷化膜的生成机理

6.20 什么是电池

6.20.1 电池原理

化学电池，指将金属电极放入盛有电解质溶液的杯、槽、其他容器或复合容器中，通过电子的交换，将化学能转变成电能的装置，或利用逆反应将外部电能转换成化学能的储能装置。

图 6-47 中的电池放电，发生的是 R1 + O1→R2 + O2 反应，其由两个半反应所组成，即阳极的电子提供物质 R1 释放电子生成物质 O2，阴极的电子接收物质 O1 接受电子生成物质 R2，中介物质为电子，反应分别在两个电极界面上同时进行。电极间的反应所释放的化学能会产生相等的电能释放。高电势的物质（阴极）和低电势物质（阳极）组合，即可以释放出最大的电能。而对于蓄电池充电，则是利用外部直流电源提供电能，产生 R2 + O2→R1 + O1 反应，将电能在蓄电池中转换成化学能储存起来。与以上反应相关的物质我们称为电极活性物质。一般在水溶液中多采用锌（Zn），非水溶液中多采用锂（Li）、钠（Na）作为电

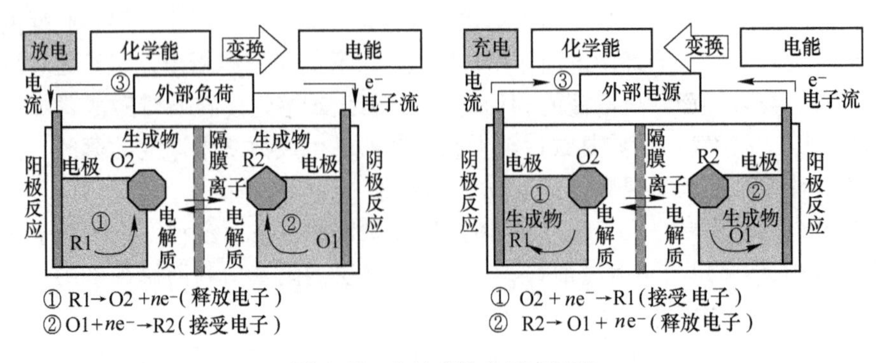

图 6-47 电池充放电反应机理

子提供物质。另外，水或有机溶液本身也有作为阳极或阴极参与反应的情况。电池的电压与电流的关系如图 6-48 所示。放电时外部所获得的电压小于平衡电动势，而充电时则必须施加大于平衡电势差的外部电压。

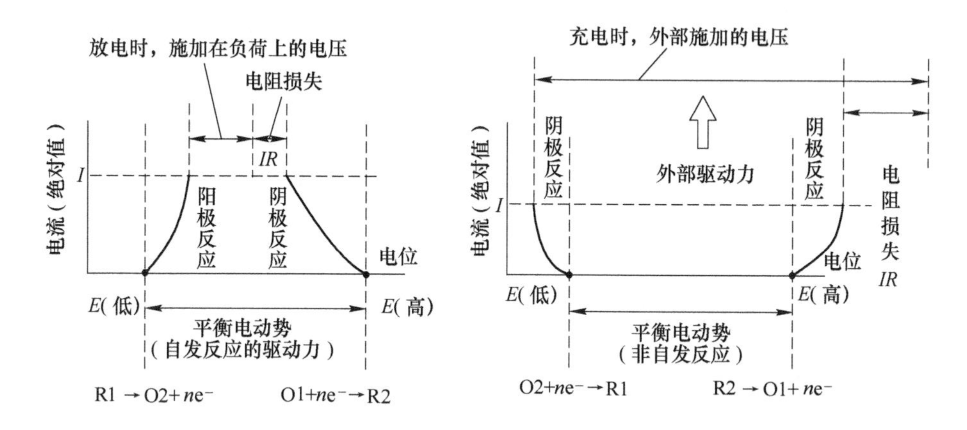

图 6-48 电池的电压与电流的关系

6.20.2 铅蓄电池原理

铅酸电池是日常生活中非常重要的一种电池系统。铅蓄电池的优点是放电时电动势较稳定，缺点是比能量（单位质量所蓄电能）小，环境腐蚀大。铅蓄电池的工作电压平稳，使用温度及使用电流范围宽，能充放电数百个循环，贮存性能好（尤其适于干式荷电贮存），造价较低，因而应用广泛。

铅蓄电池由正极板群、负极板群、电解液和容器等组成。充电后的正极板是棕褐色的二氧化铅（PbO_2），负极板是灰色的绒状铅（Pb），当两极板放置在浓度为27%~37%的硫酸（H_2SO_4）水溶液中时，极板的铅和硫酸发生化学反应，2价的铅正离子（Pb^{2+}）转移到电解液中，在负极板上留下两个电子（$2e^-$）。由于正负电荷的引力，铅正离子聚集在负极板的周围，而正极板在电解液中水分子作用下有少量的二氧化铅（PbO_2）渗入电解液。

铅蓄电池的关键是铅表面产生氢气与二氧化铅表面产生氧气的交换电流密度过低的问题（第 160 页）。从图 6-49 中的平衡电势差可以看出，要使水发生电解需要施加大约 1.2V 以上的外部电压，而由于产生氢气和氧气的反应速度极其缓慢，水的电解很难进行。因此，阴极与阳极上的两个半反应则会优先发生，在稀硫酸电解液中产生约 2V 的高电动势。但由于水的电解反应不可能完全为零，因此，铅蓄电池的自放电会导致每天损失 0.1%~0.2% 的电极活性物质。

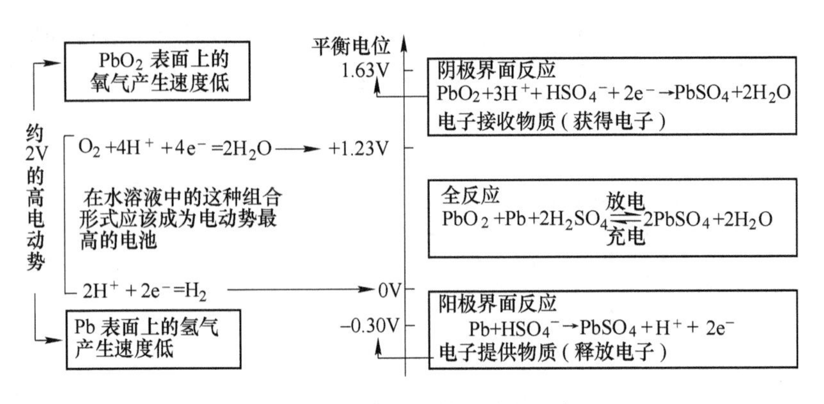

图 6-49 汽车用铅蓄电池的反应

6.21 锂离子电池

6.21.1 高性能蓄电池是环保汽车（Eco-Car）的技术关键

小型、轻量、高能量密度锂离子蓄电池于 20 世纪 90 年代开发以来，主要应用于数码相机和手机等电子通信设备上，其应用在混合动力汽车和纯电动车上后开始获得了极高的关注。

锂离子蓄电池的工作电压约为 3.6V，是目前混合动力汽车所采用的镍氢电池的 3 倍左右，安全性方面也正在不断改善，并正在实用化和商业竞争方面获得突飞猛进的进展。

6.21.2 锂离子电池原理

锂离子蓄电池是指分别用两个能可逆地嵌入与脱嵌锂离子的化合物作为正负极所构成的二次电池。电池充电时，阴极中锂原子电离成锂离子和电子，锂离子向阳极运动与电子合成锂原子。放电时，锂原子从石墨晶体内阳极表面电离成锂离子和电子，并在阴极处恢复成锂原子。所以，在该电池中的锂永远以锂离子的形态出现，不会以金属锂的形态出现，因此这种电池叫做锂离子电池。

电极活性物质采用可使锂离子通过的层状结晶材料（$LiCoO_2$、$LiMn_2O_4$或碳素等），这使得锂离子电池具有超长寿命的放电循环次数。又由于电极活性物质的固体晶体结构具有层间间隙，可以成为锂离子容身和扩散的场所，其本身又不会溶解或析出，因此电极的形状不发生改变，保证了充放电的可逆性。锂离子在电极活性物质的结晶构造中保持为 +1 价，在充放电过程中，锂离子在正、负极之间往返嵌入与脱嵌（图 6-50），因此锂离子电池又被形象地称为“摇椅电池”。

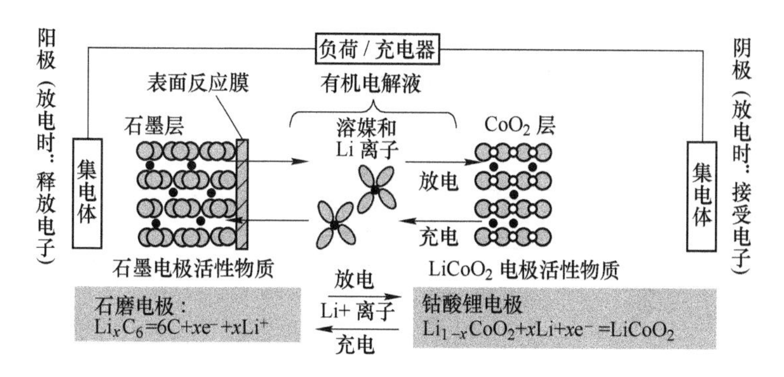

图 6-50 锂离子电池原理图

碳素具有极低的电势，这导致了其输出电压较高。从图 6-51 可以看出，有机电解液不被分解的稳定电势区间是水的 3 倍。但是，碳素电极的碳酸乙烯酯（EC）还原分解电位比碳素本身的值要高约 1V。碳素电极与有机电解液之间的界面形成数微米厚的表面反应膜。该薄膜虽然具有可极大地减缓有机电解液的还原分解速度，但并不阻碍锂离子自由出入的特性。

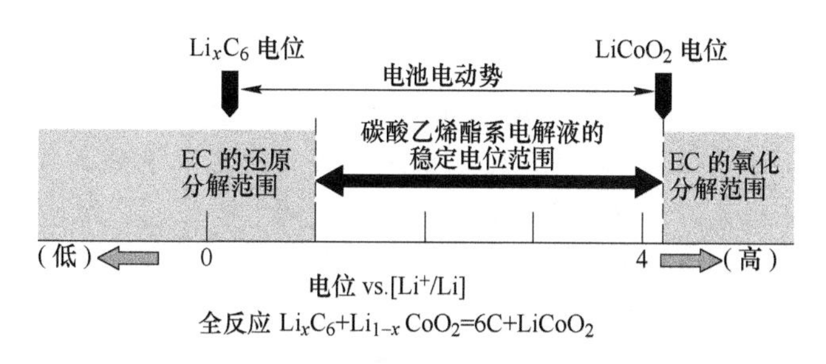

图 6-51 有机电解液不分解电位范围

6.21.3 聚合物锂离子电池：实际构造

聚合物锂离子电池的实际结构如图 6-52 所示。为了增加反应表面积，将电极活性物质碳素（负极）和钴酸锂（正极）制成粉末，然后将胶体状聚合物电解质（$LiPF_6$与碳酸乙烯酯（EC）、丙烯碳酸酯（PC）和低黏度二乙基碳酸酯（DMC）等烷基碳酸酯搭配的混合溶剂体系）涂覆在集电体薄膜（铜箔和铝箔）上。胶体状聚合物电解质虽然比液体电解质的导电率要低 2 个数量级，但其具有不会产生泄漏与燃烧爆炸，并且装配容易等优点。铝箔与高氧化性物质接触亦不会被腐蚀。为了防止电极之间短路，含有电解液的正负极之间被数十微米厚的多孔高分子膜（聚烯微多孔膜，如 PE、PP 或它们的复合膜）隔开。由于有机电解液具有可燃性，因此防止微量水分侵入的密封技术非常重要。锂聚合物电池通常有更为丰富的包装形状选择和更高的可靠度及耐用度，但缺点是电容量偏小。

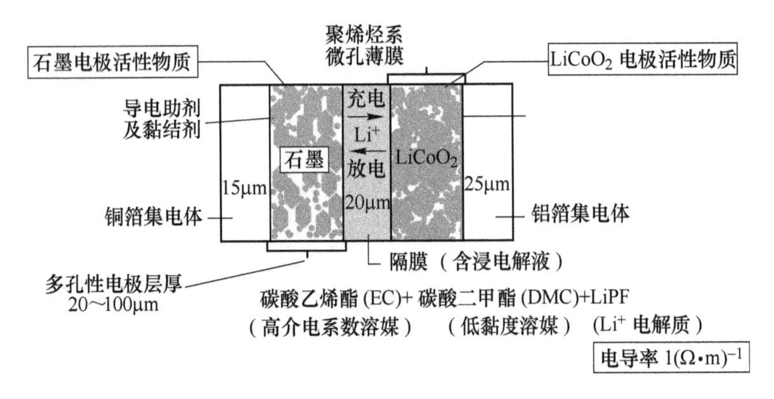

图 6-52 聚合物锂离子的断面模型

（资料：芦澤公一．山本兼滋. Furukawa-Sky Review. 2009. 5）

6.21.4 锂离子电池的新突破：解决安全与续航问题

便携式电子产品（手机、笔记本电脑等）目前几乎全部使用的是 $LiCoO_2$ 电池。目前 $LiCoO_2$ 最紧迫的问题就是如何进一步降低价格和提高安全性的问题。Co 的资源紧缺，价格持续高涨。为了减少 Co 的使用量，研究人员一直在努力开发采用 Ni、Mn、Fe、Al 等来作为阳极材料，并从 2005 年以来获得了许多商业应用。$LiCoO_2$ 在 150℃以上、三元系的 $Li[Co_xNi_yMn_z]O_2$ 在 210℃以上、$LiMn_2O_4$ 在 265℃以上、$LiFePO_4$ 在 310℃以上均可被热分解并产生大量的氧气。而在 200℃以上，有机质电解液则会发生分解产生可燃性气体，如果与阳极物质分解的氧气混合就会产生剧烈的燃烧。

化学稳定性高的 $LiFePO_4$ 电池，其安全性就显得非常突出。锂离子电池未来的主要应用市场是交通运输工具（新能源汽车、电动汽车等），$LiFePO_4$ 电池业已在北京奥运和上海世园会的数十台电动大巴车上进行了实证运行，获得了非常良好的效果。其后，比亚迪公司生产的 e6 电动轿车、F3DM 插入式混合动力汽车开始在出租车等商用车上进行普及。磷酸铁锂电池今后的课题是如何在工业生产规模上进一步改善极速充放电性能以及进一步降低生产成本。

$LiFePO_4$、$FePO_4$ 的电导率不到 10^{-7} $(\Omega\cdot m)^{-1}$，既非电子导体也非离子导体，接近绝缘物质。要作为阳极活物质使用，则必须将其超微粒子化（数十纳米），并在粒子表面附着数纳米厚的碳层，将其电导率提高到大约 10 $(\Omega\cdot m)^{-1}$ 方才能使用（$LiCoO_2$ 的电导率为 0.1～1 $(\Omega\cdot m)^{-1}$）。

$LiFePO_4$ 电池的阳极反应为 $Li_{1-x}FePO_4$ 与 $xFePO_4$ 的两相共存反应。

$$Li_{1-x}FePO_4 + xLi^+ + xe^- \longrightarrow LiFePO_4$$

反应模型提出 $LiFePO_4$ 或 $FePO_4$ 会沿着数纳米的相界面在［010］方向发生 Li^+ 的扩散，同时沿着（100）面形成 $Li_{1-x}FePO_4$ 和 $xFePO_4$ 相界面，并在［100］

方向上移动。目前正在进行试验验证。

由于 $LiCoO_2$ 电池中的 Li^+ 在出入结晶层面时会引起膨胀收缩，因此使寿命缩短。而 $LiFePO_4$ 电池的充放电反应发生在两相之间，导致体积变化极小，因此其具有非常优越的充放电性能，电池寿命长，特别适合用于电动汽车。

2015 年，中国科学院金属研究所沈阳材料科学国家（联合）实验室高性能陶瓷材料研究部王晓辉课题组在前期研究基础上，通过创造极度缺水的酸性合成环境，在国际上首次制备出了 12nm 厚的［100］取向 $LiFePO_4$ 超薄纳米片。他们认为希望沿着（100）面形成的相界面尽量缩短［100］方向的移动距离，可以进一步提高 $LiFePO_4$ 的活性。

我们期待着创造［100］取向的 $LiFePO_4$ 超薄纳米片的纳米材料科学能够极大促进 $LiFePO_4$ 电池的技术进步。

6.22 钠硫电池

6.22.1 新型大容量二次电池

钠硫电池是一种以熔融硫和液态金属钠分别为正负极、陶瓷管为固体电解质的大容量二次电池，其容量可达数百千瓦至数兆瓦，主要用于核电站平衡用电峰谷期间的电力波动，是能够同时适用于功率型储能和能量型储能的一种新型固定式蓄电池。

首先是其比能量（即电池单位质量或单位体积所具有的有效电能量）高。其理论比能量为 760W · h/kg，是铅酸电池的 3 倍。其次是其可以大电流、高功率放电，因此作为集约型大容量储能电池具有明显的优势。第三是其补偿响应迅速，作为电路负荷瞬间补偿电源，业已实现了瞬间 3 倍额定电流能量补偿电池组的实用化设计。第四是充放电效率高。由于采用固体电解质，所以没有通常采用液体电解质二次电池的那种自放电及副反应，充放电电流效率几乎 100%。最后一个是使用寿命可长达 15 年。

钠硫电池由美国福特公司于 1967 年最先发明。钠硫电池能量密度（W · h/kg）虽然高，但由于固体电解质的电导率低，电池内部电阻高，其输出密度（W/kg）低于锂离子电池，因此很难作为需要经常加速和上坡的汽车用电池使用。英国、日本、美国、德国等对将钠硫电池用于车用电池进行了大量的尝试，但性价比方面距离实用化还非常遥远。

日本碍子公司与东京电力从 1984 年开始联合进行了长期艰苦的电力负荷平谷用固定型补偿电池的研究开发，终于在 2002 年实现了钠硫电池的商业化量产。钠硫电池未来有望用于电力输出波动较大的太阳能、风力发电等可再生能源发电的能量储存，对紧急临时停电或瞬间停电的备用电源也非常适用。

6.22.2 钠硫电池原理

图6-53所示的电极活性物质采用熔融状态的金属钠和硫磺，电解质兼隔膜为在300～350℃具有钠离子电导性的固态多晶体β-Al_2O_3陶瓷。铅蓄电池中水分解时所产生的气体会导致自我放电，而由于β-Al_2O_3陶瓷稳定性极高，因此不存在自我放电现象。阳极上的金属钠在放电（使用）时失去电子后，钠离子可在固体电解质管中移动，与阴极上的硫磺发生反应，生成高腐蚀性的多硫化钠。充电时刚好相反。由于正负电极均为液态，充放电时电极形状不发生变化，因此充放电使用寿命很高。

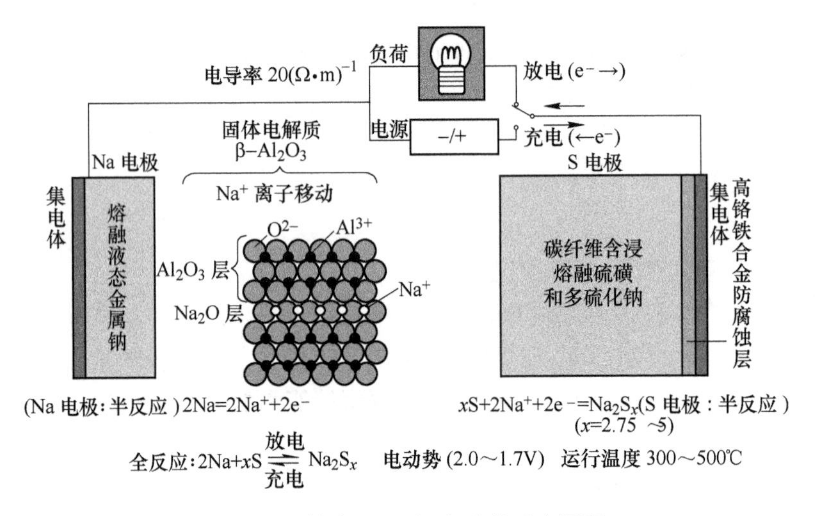

图6-53 钠硫（NaS）电池的反应原理

6.22.3 钠硫电池的实际结构

钠硫电池的实际结构如图6-54所示。为了提高其耐久性、减少阻抗，需要保证高温钠离子导电体β-Al_2O_3陶瓷管具有极高纯度及一定的晶粒尺寸，具有最佳多孔性构造的石墨毡，以及充电时防止固体电解质管外表面硫磺析出等高度制造技术。另外，固体β-Al_2O_3电解质虽然具有隔离电极的功能，但钠硫电池在实用上还需要开发万一发生破损事故时，如何防止活性物质混合、危险物金属钠及高温液态硫磺的防泄漏安全罐及气密封等安全、环境和实用化技术。

图6-54a的安全管有个液体通路，使得液态钠与固体电解质β-Al_2O_3直接接触。将其放入绝热容器中，利用电池充放电时的放热进行保温。每个圆筒形单电池的电压约为2V，利用数百个单电池组成电池组即可形成工业化规模容量（图6-54b）。

钠硫电池的能量密度高、体积小，适用于大规模电力储存系统的电力平稳化、应急电源以及瞬间电压补偿电源。日本碍子公司从2003年至2015年，在日

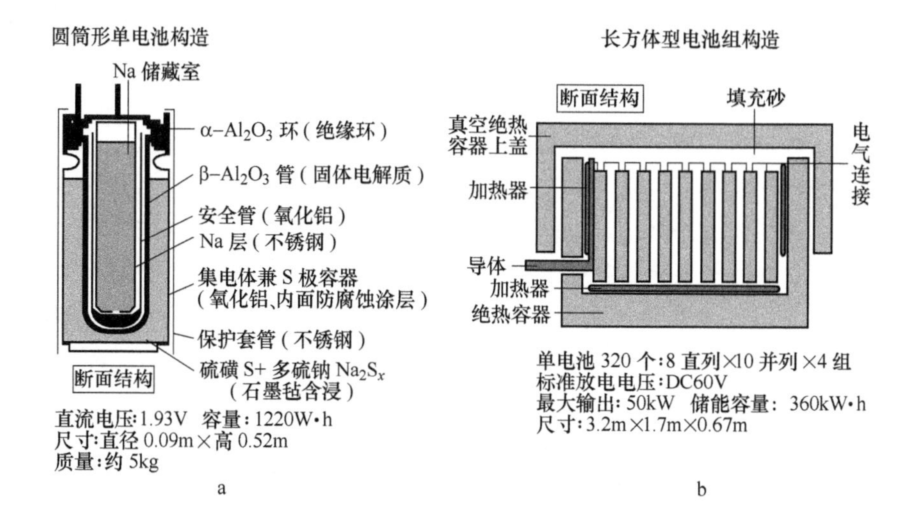

图 6-54 钠硫电池的实际结构

（资料：日本ガイシ. ナトリウムイオン電池の現状について（H18 年 2 月 1 日）. ULVAC，2005，49：10；奥野晃康「成蹊大学学位論文-乙第63号」. 2005）

本、美国、法国、德国、英国、意大利和 UAE 等国家建设了 200 多个钠硫电池储能电站，蓄电总量约为 53 万千瓦。

不过钠硫电池的制造非常困难，对电池材料、电池结构要求高，因此制造成本较高。钠和硫磺与空气、湿气接触会燃烧和产生有毒气体。2005 年、2010 年和 2011 年曾发生过 3 次单电池上部密封破裂导致高温熔融物流出，产生电池组短路和火灾的事故。日本碍子公司与用户和消防部门紧密协作，从事故原因分析到电池制造管理与质量改善、短路防止对策、监视体制强化等各方面努力，防止事故再次发生。随着可再生能源发电量的不断增加，钠硫电池的用量预计今后也会不断增加。目前日本碍子公司正在研发钠硫电池 15 年寿命结束后的废弃物再利用问题。

出师未捷身先死！Note 7 电池爆炸是三星过分偏执后的宿命

在大量 Galaxy Note 7 手机出现过热和自燃现象后，韩国三星公司最终决定停止销售和全面收回 Note 7。在这个决定发布后，三星公司股票当天狂跌了近 8%，市值蒸发了约 170 亿美元（约合人民币 1142 亿元）。专

家估计，停产决定最终将令三星损失超过190亿美元（约合人民币1277亿元）。三星Galaxy Note 7的知名度恐怕也是达到了一个空前的历史水平。

这一次的产品重创，极可能使三星失去全球范围内唯一在高端智能手机市场上与苹果一较高低的市场地位，作为对韩国GDP贡献超五分之一的三星，这一次可真是惊动了国本。

三星已将本次的Galaxy Note 7爆炸事故归咎为“电池的设计缺陷”——一个多年来在技术上迟迟未能实现重大突破，但每年都不缺乏登上头版头条事件，简单却又不可或缺的关键产品——虽然及时给出了限制充电至最高60%的软件临时补救方案，但仍然挽救不了Galaxy Note 7被抛弃的悲惨命运。

不过对于造成这样的“电池缺陷”的原因，三星却闭口不谈。

造成这样的电池灾难，是三星的历史使然，是三星在卯足洪荒之力追赶、超越、区别化竞争产品这条路上过分偏执后的必然结果。也就是说，即使“电池故障”没发生在今天的Galaxy Note 7上，未来也必将发生在今后的产品中，因为三星太迫切希望守住成功的果实。

这一切，均起源于三星与苹果的爱恨情仇。

自从iPhone诞生，苹果公司自主设计移动芯片开始，一直在全世界大卖功能机和在半导体产业“追台赶美”的三星突然惊醒，迅速确定了自己的新方向——用自己的品牌消费自己的半导体产能，打造出一个真正的、垂直化的、全球性的“三星帝国”。

三星的雄心壮志给苹果带来了极大的压力，于是苹果就反复利用“芯片制造合同”来调节双方的情感关系，并同时通过法律手段增加一些情趣。在这几年的纠结中，三星或许体力不支，或许资源不足，也或许就是苹果命好魅力大——让好不容易出货量超越苹果的Galaxy系列，因为大屏幕iPhone 6/6 Plus的横空出世，而又突然被打回原形。加之中国小米、联想、华为、中兴等的崛起，2014年到2015年的三星，几乎成了“找不到北”的无头苍蝇。

三星不服输的精神导致了Galaxy S6 Edge的推出，其炫目的曲屏设计终于让公司又看到了未来的曙光。也正是因为这种前卫和大胆的设计风格，让三星重新意识到求新和差异化的意义。尤其当全世界都在“批判”苹果不思进取、创新不足的情况下，三星势必要在Galaxy Note 7上下足本、用足劲，以给预期不会有什么重大升级的iPhone 7 Plus一记扭转乾坤的下勾拳……

结果，我们看到了三星把当时地球上最强悍的移动处理器Exynos 8890用在了Note 7上，并配上了5.7英寸巨屏（518 ppi）、4GB内存、支持双卡双待、超快速充电和采用USB-C端口等等。把这些参数列出来不是要说明这个手机配置顶级，而是想说：这可真是个“电老虎”，电池一定不小！

没错，三星为此配备了一个3500mA·h的电池，比上一代Note增加了整整

500mA·h！在用电量大幅增加17%的同时整机却变得更加轻薄的情况下，风险就必然而生了。

电池为什么会爆炸?

我们今天广泛使用的充电电池技术，确切地说可分为锂离子电池和聚合物锂离子电池两种。两者都是基于锂离子在正负极之间移动的原理工作，但区别在于前者的电解质材料主要是液态，后者的电解质材料则主要是聚乙二醇或聚丙烯腈类的固态。

聚合物锂离子电池通常富有更具弹性的包装形状选择和更高的可靠度及耐用度等优点，但缺点是电容量偏小——所以三星这次就“冒着杀头的风险”选择使用了锂离子电池。而中国区的Galaxy Note 7因为使用的是另一家本土供应商提供的锂聚合物电池，所以幸免于难，一开始不在召回范围（但随后中国区手机也开始不断爆炸，而翻新后的机器没有了原来的（电池）缺陷，但依然制止不了爆炸，因此Note 7可能存在另一种与电池无关的技术缺陷)。

光只是选择锂离子电池还不够，三星在设计上又犯了另外一个错！即过分压缩电池的空间，就是把一个本来应该10mm厚的电池，在长宽不变的前提下压缩到七、八毫米厚，还有曲面弧度的边缘。

不要小看这只有几毫米的变化。这种过度的压榨，可能会造成电池发生两种变化：

（1）电池正负极太过靠近，造成中间隔膜更易被击穿，形成短路，从而导致过热。

（2）中间隔膜因为受压，密度增大，而使得带电锂离子穿过时的阻力增加，因此产生更多的热，并造成电池过热。

三星公司在向韩国技术和标准局（KATS）进行初步调查汇报时，曾暗示了出现上述第一种情况的可能。但公司给出的限制充电量60%的软解决方案似乎又不能真正解释短路所带来的问题。

事实上，电池在刚进行充电时的电离子流动情况应该最为活跃（越接近满电时，充电越慢越困难)，而如果真的是短路或上述第二种情况，过热导致的爆炸应该更容易发生在充电的初期，而不是大多数报告中提到的“隔夜充电的末期”。

这很可能说明三星Galaxy Note 7的电量监控芯片是无效的。并不是说该芯片损坏而不能工作，而是指很可能因为过分挤压电池单元，导致该芯片根本无法正常感应电池是否已经充满。在不知道究竟充了多少电的情况下，60%可能是一个比较合理的安全区间。充电多了会有“过充”（最后还是造成过热）的风险；充电少了，则又不在一个合理能使用的范围内。

其实不止三星Note 7，近几年国内手机爆炸的事件时有发生，常见诸报端。2016年9月10日，浙江金华楼大伯的小米4C竟然在他走路时突然燃烧，造成其臂部受伤。大家眼中安全系数较高的 iPhone 也不例外，据外媒报道，2016 年 9 月 30 日，一名 iPhone 7 Plus 新机机主称自己的手机发生了爆炸；同时，在国内也有多位网友爆料有 iPhone 7 爆炸的事情发生。

由此可见，手机爆炸与燃烧并非个例，任何手机电池都可能爆炸，只是一个概率问题。一般控制在百万分之一的概率是可以接受的。但三星 Note 7 的爆炸概率远远高于大家所认可的数字，所以其产品质量安全受到了质疑，让全世界开始怀疑三星电子的质量管控能力。三星接下来的任何决策都值得我们关注和学习。

三星本次的完全失败，终将成为教科书上经典的一例，但我们还是希望不要以反面教材的案例存在。

俗话说“墙倒众人推”，三星能做那么大，商业敌人必然就不会少。不排除会有很多的竞争对手利用这次机会让三星不得翻身。如果敌人成功了，其实也真的无可厚非，毕竟商场就是战场。

在韩国三星公司宣布全面停产 Galaxy Note 7 并退还购机费用几小时后，三星公司开始寄发专用防火“回收箱”和手套，以方便消费者安全退还手机。三星公司的这个坚决和果敢的行动，让人觉得不愧是一家世界性的大公司，因此也特别感谢这次三星用生命给我们演绎出的一堂公关危机应对课程。

7 各种各样的金属元素

7.1 各种各样金属的简介

7.1.1 金属的各种实用性分类

在第2章我们简单介绍了以原子构造来分类金属元素，在实用上金属还有各种各样的分类方法（表7-1）。

表7-1 金属材料的各种实用性分类方法

分类	特征	元素	本书章节
基础金属（Base） 普通金属（Common） 主要金属（Major）	使用量大，价格相对便宜。除了金属铝以外，其他金属自古以来人类就在使用，并且大部分可单独使用	Fe、Al、Cu、Zn、Pb、Sn	第4章、第5章、第7章
稀有金属（狭义）	其供给风险可极大影响国民经济的发展。大部分为国家储备对象	Ni、Cr、W、Mo、Co、Mn、V、In、Li、稀土（Re/稀土类）	第4章、第7章、第9章
稀有金属（广义） 稀少金属（Minor）	基础金属和贵金属中未包含的金属	稀有金属（狭义）中再加上Nb、Zr、Ga、Sr、Hf、Ta、Ti、Be、Re、Bi	第7章、第9章
贵金属	高价金属。金、银、铂	Au、Ag、Pt、Ru、Pd、Rh、Ir、Os	第7章
轻金属	密度较小的实用金属	Al、Mg、Ti、Li、Be	第4章、第7章
重金属（元素）1	食品卫生法中记载的有害金属	Zn、Sb、Cd、Sn、Cu、Pb、Hg、Cr、（As、Se）	第7章
重金属2	密度大的金属	比铁重的金属	—
钢铁用合金元素	使用量大，大多用于钢铁材料中的合金元素	Cr、Mn、Ni、Co、Nb、V、W、Zr、B、（Si、Al）	第4章、第5章、第7章
钢铁表面覆层	—	Zn、Sn、Cr、Ni、Al、（Cu）	第6章
类金属	具有半导体性质，曾经作为金属对待	B、Si、Ge、As、Sb	第7章

根据2011年世界主要金属年产量来看（图7-1），金属铁（Fe）的使用量最大，按照质量比占据了94%以上。加上用于钢铁中合金元素的铬（Cr）、锰（Mn）和镍（Ni）等金属，则钢铁与铁合金材料占据了95%。如果再加上使用量居次的金属铝（Al）及铜（Cu）、锌（Zn）、铅（Pb）等，则占据了总金属使用量的96%以上。以上这些金属再加上金属锡（Sn），我们称之为基础金属（Base Metal）。基础金属主要用于结构材料。除此之外为稀有金属（Rare Metal，参照第9章定义），但金（Au）、白金（Pt）族系我们特别称之为贵金属。表7-2为2007年贵金属的主要用途和需要量。金、银、铂等贵金属类的世界生产量只有约3万吨，占整体金属生产量的比例不足0.003%。与其名字相应，贵金属主要用于装饰品和货币。在工业应用领域，因其具有极难被腐蚀的共性以及其他某些独特的性能，被广泛应用于熔接材料、电极材料、电镀材料、催化剂等众多领域。

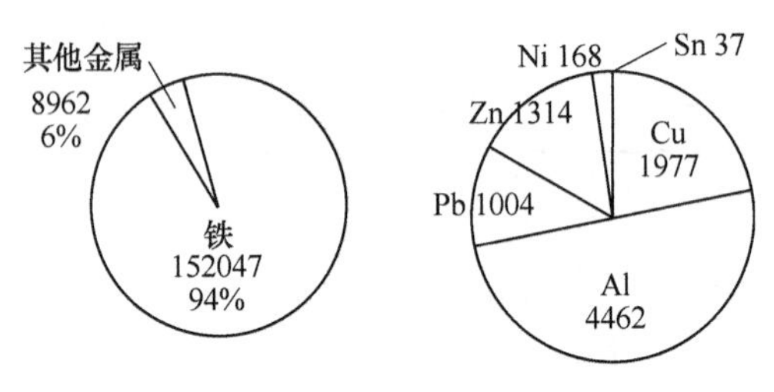

图7-1 2011年世界主要金属生产量

（单位：万吨）

表7-2 贵金属类的用途和需要量（2007年）① （t）

用 途	Au	Ag	Pt	Pd	Rh
电路用途	125	434	10	9	0.1
照相感光剂	—	1069	—	—	—
催化剂	—	—	27	52	27.6
齿 科	1.2	55	—	16	—
电镀、银焊料	22	105	—	—	—
珠宝装饰	29	212	8	1	—
其他②	27	388	12	10	4.5
日本国内消费	215	2263	57	88	—
日本出口	64	2206	19	19	—
日本国内生产	279	4409	76	107	—
世界生产	2380	25500	255	315	32

① 资料：石油ガス・金属鉱物資源機構．鉱物資源マテリアルフロー2010．に付加作成。

② 主要包括：Ag：硬币类；Pt：玻璃制造；Rh：化学及玻璃金属。

铝（Al）、镁（Mg）、钛（Ti），再加上锂（Li）、铍（Be），我们称之为轻金属。轻金属密度小，通常采用熔盐电解法制备。而我们经常听到的重金属，是指铜（Cu）、铅（Pb）、镉（Cd）这样的非铁金属，微量重金属混入土壤中会造成土壤重金属污染，给人体带来极大的危害。

7.1.2　按照用途分类

按照用途分类，金属材料可分为结构材料和功能材料两大类。结构材料的中心是钢铁，为了提高钢铁的使用性能还需要添加各种各样的合金元素。表7-1中所示的钢铁用合金元素中，大部分均以铁合金的形式加入钢铁中使用。除此之外，锌（Zn）和锡（Sn）采用表面镀层的形式与钢铁结合在一起。

本章我们首先介绍铌（Nb）和钒（V），然后是室温下唯一的液态金属汞（Hg），与机械特性相关联的铍（Be）、铱（Ir）和锇（Os），与电子材料相关联的银（Ag）、锡（Sn）和钽（Ta），与电化学及触媒相关联的铂（Pt）、钌（Ru）、钯（Pd）、铑（Rh）以及具有丰富功能的铼（Re）。最后介绍与磁性材料相关的钕（Nd）以及与半导体相关的硼（B）、镓（Ga）、硅（Si）、锗（Ge）和铟（In）等各种功能材料。

7.2　铌（Nb）：虽然不显眼，但具有各种各样丰富的功能而被广泛采用

7.2.1　被广泛应用于钢铁强化及尖端设备

96%以上的金属铌（Nb）作为钢铁材料的微量合金元素使用。炼钢时，一般以块状铌铁（Fe-Nb）的形式添加约0.03%的合金元素铌。Nb在钢铁中形成微细的碳化物（NbC），通过析出强化和细晶强化的方式对钢铁材料进行双重强化（第68页）。铌强化钢主要用于汽车薄板、石油输送管道，主要起提高比强度（轻量化）的目的。一部分用于不锈钢，其主要起抑制晶界腐蚀的作用。

Nb与钛（47% Ti，质量分数）的合金（Nb-Ti）或Nb与锡（Sn）的金属间化合物（Nb_3Sn）可作为超导磁铁用线圈材料。Nb-Ti主要用于磁场强度为1～3T的医用磁共振成像装置（MRI），而后者主要用于产生11T以上磁场强度的核磁共振扫描装置（NMR）。日本山梨县超高时速500km磁悬浮列车试验线上的车载线圈采用的就是Nb-Ti线材（图7-2）。为了保证超导线圈能够承受意外断裂，

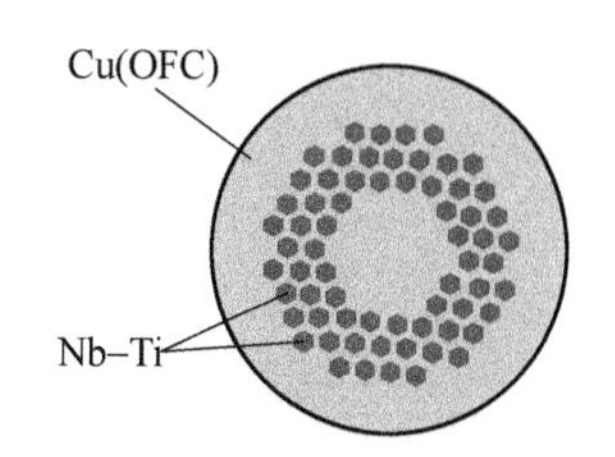

图7-2　Nb-Ti超导线圈断面图
（资料：ジャパンスーパーコンダクタテクノロジー株式会社HP）

一般将Nb-Ti埋藏在无氧铜（OFC）材料中。图7-2为直径1.24m的Nb-Ti超导

线圈的断面图例。大约66根直径约76μm的Nb-Ti线材埋入铜中，OFC具有良好的导电性能和热传导性能，在液氦中具有非常良好的热传导稳定性。上述这些材料虽然均需要液氦冷却才能获得低温超导性能，但是由于其加工容易，因此目前其实用化研究工作正在加速进行。

除以上外，NbC还可作为超硬合金的添加剂，五氧化二铌（Nb_2O_5）可用于高折射率光学透镜的添加剂，铌酸锂单晶作为一种具有压电、铁电、电光、非线性光学和热电等多性能材料，广泛应用于相位调解器、相位光栅调解器、大规模集成光学系统以及红外探测器、高频宽道带滤波器等方面。含有Nb_2O_5的光学透镜由于折射率高，可将镜片做得很薄，减少了眼镜及相机的重量。

7.2.2 供给不稳定的金属

金属Nb来自于含2.5%~3% Nb_2O_5的烧绿石矿石（Pyrochlore，又称黄绿石）。利用浮选和浓缩法获得60%浓度以上的Nb_2O_5后，再利用金属铝进行金属热还原，获得Nb纯度大约为66%的铌铁。

图7-3 阿拉沙铌矿山
（资料：今葷倍正名ら. ニオブの資源・生産量と製造技術. 金属, 2002, 72(3): 204）

巴西和加拿大的Nb产量约占全世界的99%，而全世界产量的约80%均由巴西的CBMM公司所生产。图7-3为CBMM公司所属的世界最大的阿拉沙铌矿现场照片。该矿山属于露天开采，其生产量占据了世界总产量的80%。因此，Nb属于供给极不稳定的金属。2007年日本共进口Nb约8862t，均来自于巴西，几乎全部用于钢铁的合金元素。

烧绿石矿石与铌铁的成分如图7-4所示。

烧绿石矿石	Nb_2O_5:2.5%~3%、Ta_2O_5:trace、P_2O_5:≈3%、TiO_2:3.6%、Si_2O_2:2.4%、Al_2O_3:1.2%、Fe_2O_3:47%、$(RE)_2O_3$:4.5%、SO_3:8.8%、BaO:18%、MnO_2:≈1.8%、Th，U的氧化物：<0.15%
铌铁	Nb:66%、Fe:30%、Si:0.19%、P:0.09%、S:0.07%、C:0.09%、Al:1.1%、Ta:0.11%

图7-4 烧绿石矿石与铌铁的成分例
（资料：今葷倍 正名ら. ニオブの資源・生産量と製造技術. 金属，2002，72（3）：204）

铌的名字来源于希腊神话中的女神尼俄伯（Niobe）的名字。以前铌曾被称之为“钶，columbium”，1949年被统一改为铌。铌是一种灰白色金属，其在我们意识不到的角落发挥着巨大的作用。

7.3 钒（V）：不可或缺的金属元素

7.3.1 提高钢铁、钛合金的强度

钒（V）是银白色金属，由于钒化合物五颜六色，十分漂亮，所以就用古希腊神话中一位叫凡娜迪丝“Vanadis”的美丽女神的名字给这种新元素起名叫“Vanadium”。中文按其译音定名为钒。

90%以上的钒作为钢铁中的合金元素使用，主要添加在高强度钢、非调质高强钢和工具钢中。钢中添加约0.1%的V，其与基体中的碳元素化合生成细微的碳化钒，可产生巨大的析出强化效果。添加V的高强度钢板广泛应用于桥梁、船舶、大型建筑物和管道等，而用其制造的非调质高强钢线材和棒材，广泛用于汽车零部件和螺栓等零件。

非调质钢省略了零件加工中淬火和回火的热处理过程（调质处理），可减少零部件生产的工序及降低能耗。图7-5所示的汽车用曲轴早期采用钢制棒材热锻后，再经过调质→矫正→切削加工方能完成。而添加了合金元素V的非调质钢，通过VC的显微析出强化作用，最终省掉了调质和矫正这两大繁杂的工序。

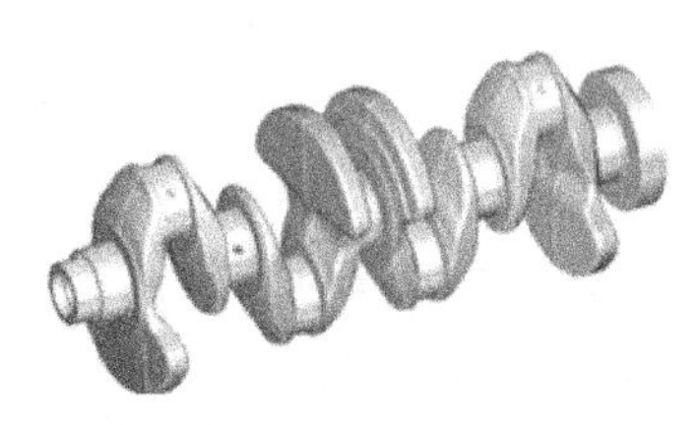

图7-5 非调质钢曲轴

高强钢和非调质高强钢的使用大大节省了钢材的用量。而添加4%~5%的V、W、Mo、Cr等合金元素的工具钢，被广泛用于工业扳手等机械工具和切削工具。添加V的耐热不锈钢广泛使用于涡轮叶片。添加6%Al和4%V的钛合金（统称6-4合金），是一种高强度、耐腐蚀结构合金。其采用真空自耗电弧炉熔炼，固溶和时效进行强化，具有比强度高、耐腐蚀和可加工性好的特点。广泛用于制造燃气轮机叶片、航天及压力容器框架、人造心脏泵、高尔夫球杆、帆船风帆等。

7.3.2 氧化物也应用在许多方面

氧化钒（V_2O_5）可作为有机化工的催化剂（触媒）使用。以硅藻土或硅胶为载体的V_2O_5主要用于生产硫酸的催化剂，以V_2O_5、TiO_2为主成分，再添加少量氧化钼（MoO_3）和氧化钨（WO_3），可用于工业烟气的脱硝用催化剂（图7-6）。催化层由蜂窝状长方体型催化剂所组成，其尺寸约为15cm×15cm×(30cm~1m)。催化剂的主成分由V_2O_5、TiO_2和少许MoO_3、WO_3等氧化物所组成。

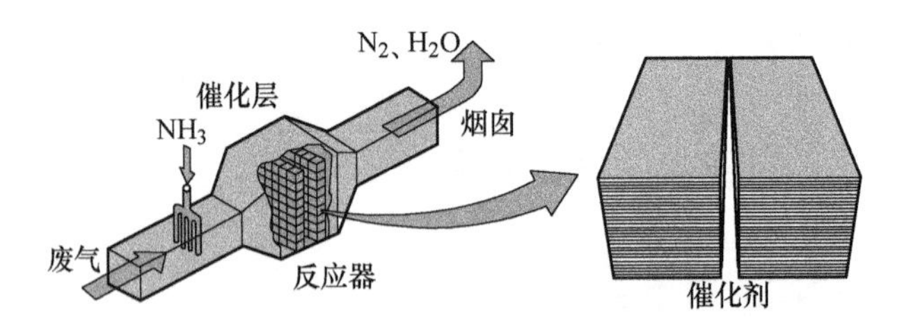

图 7-6 脱硝过程与催化剂[1]

除此之外，V_2O_5还在颜料、涂料、釉料、测温元件以及红外线相机的感光材料中使用。

南非、中国、俄罗斯、美国占据了钒生产量的 90% 以上，因此属于供给不稳定物质，经常会发生价格的暴涨暴跌。2008 年日本国内共使用了 6300t 金属钒，其中用于钢铁 6010t、催化剂用 116t、钛合金用 236t。日本目前正在开发研究如何从废触媒或重油锅炉炉灰中回收钒的技术。

7.4 汞（Hg）：常温下唯一的液态金属

7.4.1 曾经是科学进步与技术的桥梁

汞（Hg）又称为水银，是具有银色光泽，在常温常压下唯一以液态形式存在的金属。汞的化学性质稳定，除王水外，不溶于酸也不溶于碱，密度为 13.6g/cm^3。汞过去主要应用于温度计、汞弧整流器、电解食盐用电极材料、聚氯乙烯生产用触媒、电池、荧光灯等方面。汞的一些化合物在医药上有消毒杀菌、利尿和镇痛作用，汞银合金是良好的牙科材料。20 世纪 60 年代日本使用最高峰时曾达到过 2500t/a，而由于其有毒性等原因现在的使用量减少到 10t/a 左右。

历史上汞曾对人类科技的进步作出过巨大的贡献。1643 年意大利的托里拆利采用 1m 长一端封闭的玻璃管做实验，将其注满水银后倒立在水银槽内，发现了大气压力相当于 760mm 水银柱的高度。1774 年，英国科学家普利斯特里（J. Priestley）用一个直径达 0.3m 的聚光透镜加热密闭在玻璃罩内的氧化汞时获得了氧气。1911 年，荷兰物理学家 H. K. 昂尼斯发现把汞冷却到 4K 时（约 -269℃）电阻突然消失，这是人类首次发现超导现象，从此为人类打开了超导的大门。

7.4.2 人类使用水银的历史

Hg 与其他金属的合金我们称之为汞齐（amalgam），除了用于牙齿填充材料

---

[1] 工厂脱硝（分解 NO_x）采用首先添加氨气，再在脱硝催化层发生反应，生成氮气和水：$4NO + 4NH_3 + O_2 \rightarrow 4N_2 + 6H_2O$。

以外，古老的奈良大佛上的镀金也使用了这种材料。金溶解在水银中形成汞齐，将其涂抹在大佛身上后，加热将水银蒸发后即可获得金光闪闪的金佛。

日本熊本县水俣市的原日本氮肥公司（现 Chisso 株式会社）水俣工厂把在生产过程中没有经过任何处理的废水排放到水俣湾中，导致发生了震惊世界的水银中毒事件“水俣病”，这是最早公认出现的工业废水排放造成的公害病。这是由于排放至水俣湾的废液中所含的甲基汞通过食物链浓缩后最终被人类食用所导致的严重后果。这家企业从 1932 年首次排放含汞的废水到 1956 年首例患者被确诊，再到 1968 年 Chisso 株式会社才正式承认有机汞污染并被政府责令停止排污行为，期间跨度长达 36 年，所造成的直接损害以及为消除损害所支付的费用高达 3000 亿日元，而且这个数字每天还在增加。自 1956 年 5 月 1 日首例“水俣病”患者被确诊后，至今整整 60 年，先后有 2265 人被确诊（其中有 1573 人已病故），另外有 11540 人虽然未能获得医学认定，但因其身体或精神遭受到水俣病的影响，1995 年 12 月 15 日在日本政府的调解下，获得排污企业支付人均 260 万日元的一次性赔偿。

在氯碱工业中，广泛利用水银电解槽电解食盐水溶液，生产高纯度烧碱（氢氧化钠）、氢气和氯气（图 7-7）。其基本原理为首先将精制食盐水通入采用水银作为阴极的电解槽进行电解，生成的 Na 溶解在水银中形成钠汞齐。然后将钠汞齐在解汞塔中与水混合生成苛性钠，而水银则返回电解槽中重复使用。

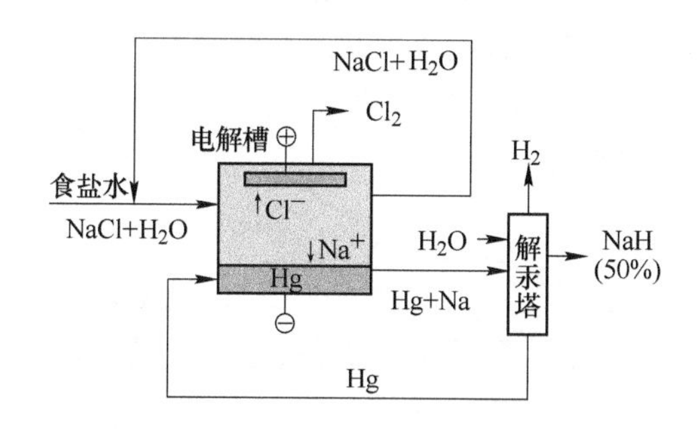

图 7-7 水银法电解食盐水溶液

水银电解法具有一定的优点。20 世纪 80 年代初，水银电解法在世界氯碱工业生产能力中约占 42%。由于“水俣病”原因的探明，现有的水银法氯碱装置大多数在积极控制水银流失的条件下仍继续采用，一部分则将改造为离子交换膜法装置。新建的氯碱厂一般不再采用此法。日本政府于 1986 年 6 月前已经全部转换为离子交换膜法等其他生产方法。

除上述应用外，人类在其他各个方面也都在努力减少 Hg 的使用。

7.5 铍（Be）：铜的好伙伴

7.5.1 活跃在铜合金领域

铍（Be）是最轻的碱土金属元素。1798 年由法国化学家沃克兰对绿柱石和祖母绿进行化学分析时发现。1828 年德国化学家维勒和法国化学家比西分别用金属钾还原熔融的氯化铍得到纯铍。

绿柱石的化学式为 $3BeO \cdot Al_2O_3 \cdot 6SiO_2$，其中含有氧化铍（BeO）14.1%，氧化铝（$Al_2O_3$）19%，氧化硅（$SiO_2$）66.9%。绿柱石是铍-铝硅酸盐矿物，色泽美丽，是珍贵的宝石，如祖母绿、海蓝宝石。一般轻金属的熔点都较低，Be 的密度虽然只有 1.85g/cm^3，但其熔点却高达 1282℃。

95% 以上的金属 Be 都用于铍铜合金。这是由于铜（Cu）中添加 0.4%～2.2% Be（质量分数）和少量的钴（Co）、镍（Ni）、铁（Fe），可获得析出强化型铜合金—铍青铜。其具有高强度、高硬度、高导电性、高弹性、耐磨损、耐疲劳、抗腐蚀性及弹性滞后小等特点，主要用于温度控制器、手机电池端子、电脑、汽车零配件、微电机、电刷针、高级轴承、眼镜、接触件、齿轮、冲头、各类无火花开关、各类焊接用电极及精密铸造模具等方面。采用铍青铜代替磷青铜，不但可达到质量减轻 90% 的效果，并且具有足够的接触压力和弹性（图 7-8）。在计算机和通信器材方面具有可靠性高和小型化的优点。在安全工具方面则具有强度高、难磁化、耐腐蚀、无冲击火花产生等优异性能（图 7-9）。因此，被广泛应用于石油化工等领域的安装工具。

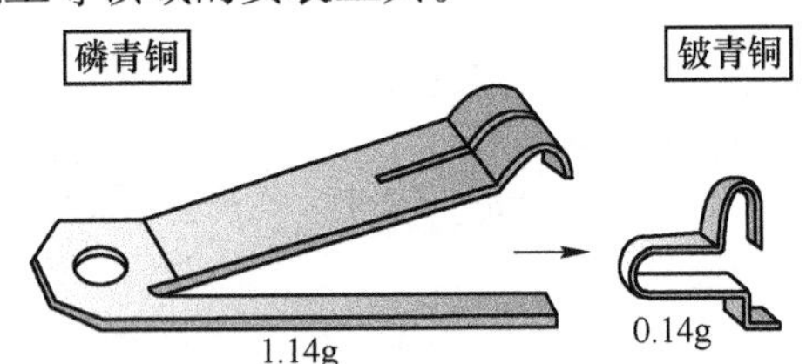

图 7-8 电池端子的小型轻量化事例

（参考：日本碍子株式会社 HP）

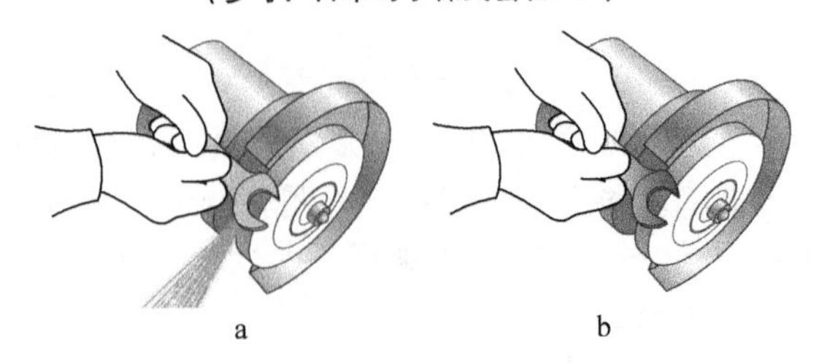

图 7-9 砂轮摩擦火花实验

a——一般工具会产生火花；b—铍青铜工具不会产生火花

7.5.2 铜合金之外的应用

由于 Be 的强度、杨氏模量均比铝合金和镁合金优异，因此被广泛用于人造卫星的结构骨架。但是，由于 Be 加工困难，同时还具有毒性，日本的人造卫星几乎不采用。金属 Be 的 X 射线透视率高，因此被用于医用和工业用 X 射线透视窗。声音在 Be 中的传播速度极高（13km/s），因此又被用于高频扬声器的振动板。除此以外，其还具有在 α 射线照射下释放中子的性质，因此被用于核反应堆中的中子反射减速材料。另外，利用 Be 与氧分子的亲和力大于 Mg 的特性，熔炼 Al 合金时少量添加 Be 可减少 Mg 的氧化损失。此外还有含 2%~3% Be 的 Al-Be 合金。

7.6 铱（Ir）和锇（Os）：隐藏在铂系元素中的贵公子

7.6.1 高硬度的铱（Ir）

在矿物分类中，铂族元素矿物属自然铂亚族，包括铱（Ir）、铑（Rh）、钯（Pd）和铂（Pt）的自然元素矿物。它们彼此之间广泛存在类质同象置换现象，从而形成一系列类质同象混合晶体，由铂族元素矿物熔炼的金属有钯（Pd）、铑（Rh）、铱（Ir）、铂（Pt）等。由于铱具有硬度高、脆性高、加工困难的特性，主要用作提高各种金属强度，特别是铂系金属强度的合金元素。由于二氧化铱的水合物 $IrO_2 \cdot 2H_2O$ 或 $Ir(OH)_4$ 会显示出彩虹一样的颜色，因此选择了希腊神话中的彩虹女神的名字 Iris。

含 90%（质量分数）铂（Pt）和 10%（质量分数）铱（Ir）的合金硬度极高，化学性质稳定，是制作标准千克原器的材料（图 7-10）。国际千克原器为直径和高度均为 39mm 的圆柱体，该圆柱体的质量被定义为 1kg。现在人类正在向采用一定数量的 Si 原子质量来表示重量标准等更具普遍性物理意义的方向努力。以前米原器也采用该材料，现在则以 1/299792458 秒内光在真空中行进的距离作为标准长度单位，这导致铂铱合金米原器的历史使命被终结。含 Ir、Os、Ru（钌）65%（质量分数），Pt（铂）等金属 35%（质量分数）的合金（Iridosumin 合金），不但具有优异的耐腐蚀性和耐磨损性，而且也是金属材料中硬度最高的合金，用于高级钢笔的笔尖材料。Ir 中添加 3%~30% Ru（质量分数）的合金，不但强度和熔点高，还具有特殊的放电特性，因此普遍用于汽车的火花塞电极材料（图 7-11）。

有一种学说认为恐龙的灭绝来源于地球与巨大陨石的碰撞。1991 年在墨西哥的尤卡坦半岛上一个 6500 万年前左右形成的叫做希克苏鲁伯的陨石坑地层中发现了高浓度的铱，其含量超过正常含量的几十倍甚至数百倍。这样高浓度的铱只有在陨石中方可找到。铱在地球表层上是相对稀少的元素，含有大量铱元素的黏土层意味着它应该来自于外层空间的陨星或者是地壳深处。

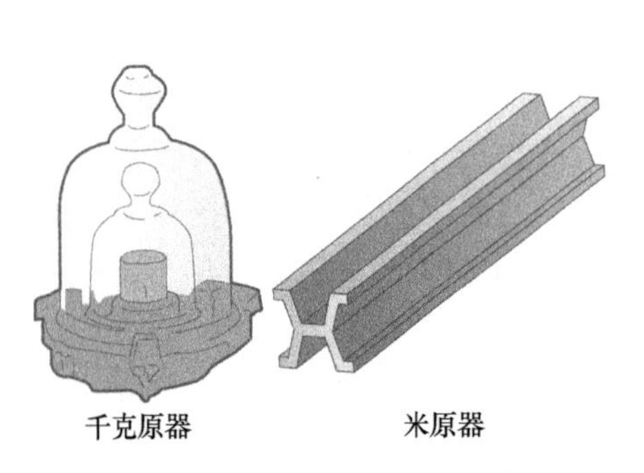

图 7-10 国际千克原器和米原器

图 7-11 火花塞和电极
（照片提供：株式会社デンソー）

7.6.2 最重的金属锇（Os）

锇（Os）的密度为22.590g/cm^3，是元素周期表中最重的金属元素。铂系六大元素的密度如表7-3所示。锇（Os）为脆硬的灰蓝色金属，化学性质稳定。但粉末状的锇易氧化，生成易挥发有剧毒的四氧化锇 OsO_4 晶体，因此纯金属锇（Os）没有什么用途。锇在工业中可以用做催化剂。合成氨时采用锇做催化剂可以在不太高的温度下获得较高的转化率。如果在铂里掺进一点锇，就可做成又硬又锋利的手术刀。利用锇与一定量的铱可制成锇铱合金。铱金笔笔尖上那颗银白色的小圆点，就是锇铱合金。锇铱合金坚硬耐磨，铱金笔尖比普通的钢笔尖更耐用，其关键就在这个“小圆点”上。用锇铱合金还可以制作钟表和重要仪器的轴承，十分耐磨，能使用多年而不会损坏。OsO_4 的氧化性极强，在有机合成工业中常做氧化剂使用。

表 7-3 铂系元素的密度①

元素	相对原子质量（1985年）	晶体结构	晶格常数		最接近原子的间距/mm	密度/kg·m^{-3}
			a/nm	c/nm		
Ru	101.07	密排六方	0.27055	0.42816	0.26778	12.370
Rh	102.9055	面心立方	0.38034	—	0.26894	12.420
Pd	106.42	面心立方	0.38902	—	0.27508	12.010
Os	190.24	密排六方	0.27343	0.43200	0.27048	22.590
Ir	192.22	面心立方	0.38392	—	0.27147	22.560
Pt	195.08	面心立方	0.39235	—	0.27743	21.450

① 资料：J. W. Arblaster. Densities of Osmium and Iridium Recalculations Based Upon A Review of the Latest Crystallographic Data. Platinum Metals Rev.，1989，33（I）：14~16。

7.7 银（Ag）：贵金属中的深藏不露的“熏银”❶

7.7.1 虽不显眼却使用广泛的贵金属

银（Ag）是贵金属族中的一种，又称白银。自古作为货币、装饰品和食器使用。目前在工业、民用、医疗等方面使用广泛。

银的化学符号为Ag，来自于拉丁语Argentum，表示闪闪发光的意思。银在自然界中很少以游离态单质形态存在，主要以含银化合物的矿石形态存在。银的化学性质稳定，活跃性低，价格贵，导热、导电性能良好，不易受化学药品腐蚀，质软，富延展性。其反光率极高，可达99%以上，具有金属中最高的可见光反射率。

日本江户时代（1603～1867年）初期，日本曾是世界上最大的产银国。当时主要采用灰吹法来精炼Ag（图7-12）。将银矿石投入高温的铅浴中，使银溶于铅中生成含银铅（贵铅），实现银的富集。然后吹以空气使铅氧化。当温度达到888℃以上时，PbO与骨灰的浸润性极佳而被容器吸收，最终容器中只剩下银（熔点962℃）。现在银则主要来自于铜（Cu）、铅（Pb）、锌（Zn）电解精炼时的副产品。

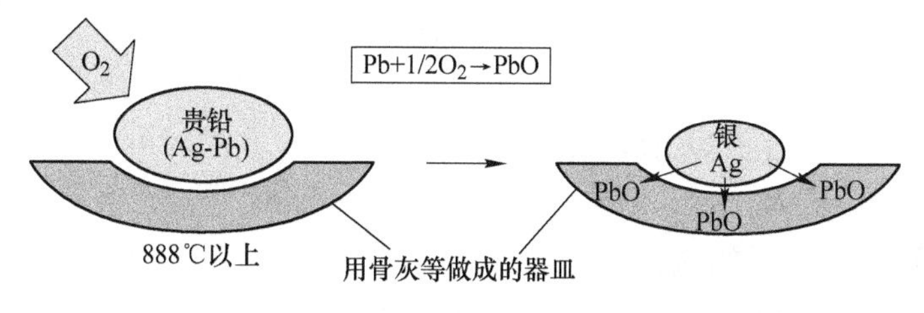

图7-12 灰吹法精炼银

Ag中添加Cu、Au（金）、Pd（钯）后硬度大大提高，可作为各种电接触材料使用。Ag与Cu、Zn的合金可作为钎焊钢铁、非铁合金、陶瓷等的银钎料。12% Au（质量分数，下同）、50% Ag、20% Pd、16% Cu、约2%（Sn + Zn）的合金被用于齿冠材料。除此之外，Ag还用于镜面、反射薄膜蒸镀材料。

银币或银质食器以及首饰（图7-13）的银一般采用的是硬度较高的92.5%（质量分数，下同）Ag与7.5%（Cu + Al）合金，我们称之为纯银（Sterling Silver）。

而我们通常见到的用于制作西洋贵重餐具的洋银，则是Cu与镍（Ni）的合金，不含银成分。

---

❶ 日本传统银器制作工艺。在打造银质茶具时，除留下锤目的印记处，还特意作熏黑处理，以增加锤目痕迹的立体感，茶具经多层次熏黑处理后，更加美观。此处表示其风格（几经熏陶、锤炼）变成精湛、不华而实的意思。

图 7-13 各种各样的银制品

7.7.2 利用其独特化学性质的工业应用

Ag 的最大用途是用溴化银、碘化银来制作照相感光材料。利用 Ag 的卤化物在光的照射下能游离出银离子这个特点，与适当的还原剂反应便能增幅其变化，作为照片记录下来。但是，随着数码相机的普及，其应用正在迅速减少。另外，利用其抗菌效果还可使用在净水器的灭菌装置、卫生洁具，以及汽车用防冻剂、PET 树脂生产用催化剂等方面。

Ag 与硫黄（S）、砷（As）反应可形成黑色的化合物。据说古代的王公贵族们喜欢采用银质餐具，通过餐具变色来检测食物中是否混入含硫或砷的毒物。

2008 年日本的 Ag 使用量为 3748t，出口 1879t、感光材料 691t、结点材料 198t、银钎焊材料 97t、银箔 196t、其他方面使用 422t。

7.8 锡（Sn）：自古以来就是人类的朋友

7.8.1 从远古开始就为人类服务

锡（Sn）是一种略带蓝白色的有光泽金属，熔点只有 232℃。从远古开始就与铜形成合金（青铜）而被广泛用于刀剑、佛像、祭祀品等（图 7-14）。纯锡也曾被广泛用于餐具、酒器等实用器具。我国周朝时，锡器的使用已十分普遍。在埃及的古墓中，也发现有锡制的日常用品。15 世纪中叶，德国发明家约翰内斯·

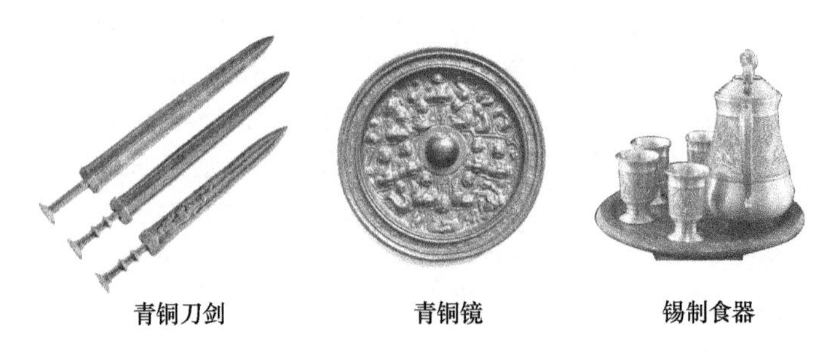

图 7-14 各种各样的锡制品

古腾堡在研究活字印刷术时，发明了铅、锑、锡的活字合金，导致了一场媒体革命，由此迅速地推动了西方科学和社会的进步。

过去，马口铁（镀锡薄钢板）❶ 被广泛应用于玩具、罐头、食品罐等包装物，马口铁就是在厚度 0.2mm 左右的钢板外层镀上厚度不到 0.4μm 的金属锡，由于具有美丽并耐腐蚀的锡镀层而被广泛使用。镀锡钢板与后述的镀锌钢板导致易生锈钢板能被大量用于人类生活。后来，玩具虽然几乎全部改成塑料制造，食品容器也被铝制品或 PET 等所取代，但目前每年加工咖啡罐、食品罐、食用油用 18L 罐等仍然需要 100 万吨左右的镀锡钢板。而镀锌钢板年生产量为 1500 万吨，主要用于生产汽车钢板。

7.8.2 新的用途正在被开发

除上述以外，含磷（P）的青铜（磷青铜）除了作为电子部件或电气产品的弹性材料使用外，利用其低熔点的特性，其应用还扩展到了钎焊材料和伍德合金（Wood Metal）等方面。伍德合金主要用作自动喷水灭火器上的感温材料，发生火灾时其会迅速被熔化导致喷水。透明导电材料（掺锡氧化铟 ITO）的使用量最近正在剧增（第 220 页）。作为电气、电子线路中主要的钎焊材料曾经是以 Pb（铅）和 Sn 的共晶成分为基础的各种成分的钎焊合金，但由于 Pb 的污染，现在已经被纯 Sn 或含有银（Ag）和铜（Cu）合金的钎焊合金（无铅钎焊）所取代。Sn 除了是钎焊材料的主成分外，也是端子或接头所用磷青铜的主要成分。现在的液晶电视离不开 ITO。也就是说，没有 Sn 就没有我们人类的现代生活（表 7-4）。

表 7-4 各种含锡合金的成分例

序号	合金种类	成 分 例	熔点/℃
1	青 铜	5%~25% Sn，剩余为 Cu	
2	磷青铜	5%~9% Sn、0.05%~0.5% P，剩余为 Cu	
3	活字合金	50%~86% Pb、11%~30% Sb、3%~20% Sn	
4	钎料（含铅）	37% Pb、63% Sn（共晶成分）	184
5	钎料（无铅）	3.0% Ag、0.5% Cu，剩余为 Sn	220
6	伍德合金	50% Bi、26.7% Pb、13.3% Sn、10% Cd	70

2007 年日本共进口使用 34799t Sn。主要用于钎焊、马口铁、电子部件、ITO、铸造物、轴承合金、电线镀层等许多方面。

---

❶ 马口铁又名镀锡铁皮，是电镀锡薄钢板的俗称，是指两面镀有商业纯锡的冷轧低碳薄钢板或钢带。锡主要起防止腐蚀与生锈的作用。它将钢的强度和成型性与锡的耐蚀性、锡焊性和美观的外表结合于一种材料之中，具有耐腐蚀、无毒、强度高、延展性好的特性。

7.9 钽（Ta）：活跃在电容的世界中

7.9.1 作为电容材料，极大地促进了手机和电脑的小型化

钽（Ta）是一种深蓝灰色金属。熔点为 2990℃，仅次于钨（W）和铼（Re）。钽具有极高的耐腐蚀性，与盐酸、浓硝酸及“王水”都不反应。

碳化钽（TaC）的熔点为 3985℃，是地球上熔点最高的物质。莫氏硬度为 9~10，仅次于金刚石。

钽的名称来自于希腊神话中 Niobe 的父亲坦塔罗斯国王的名字“Tantalus”。

钽的最大用途是做电容器。Ta 电容器除了具有可小型化和漏电少的优点外，还具有在很宽的温度范围内具有非常稳定的静电容量以及使用寿命长等优点，因此在手机和电脑中普遍使用。

图 7-15 为 Ta 电容器的内部结构简图。首先将金属钽微粉进行烧结，阳极氧化后烧结体表面生成稳定的五氧化二钽（Ta_2O_5）保护膜，再浸入导电性树脂中使其充满烧结体的间隙（图 7-16），金属 Ta 的烧结层为阳极，Ta_2O_5为电介质，导电性树脂为阴极形成电容。由于 Ta 微粉的烧结体具有极大的表面积，而 Ta_2O_5具有极高的介电常数，因此保证了 Ta 电容器具有极高的静电容量。

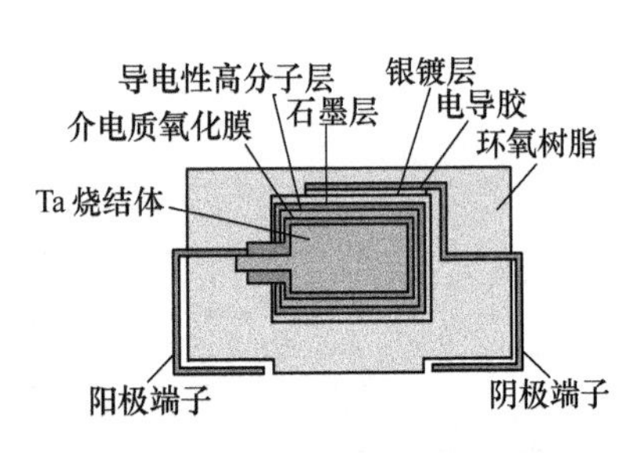

图 7-15 Ta 电容器的内部结构简图
（资料：三洋電機株式会社）

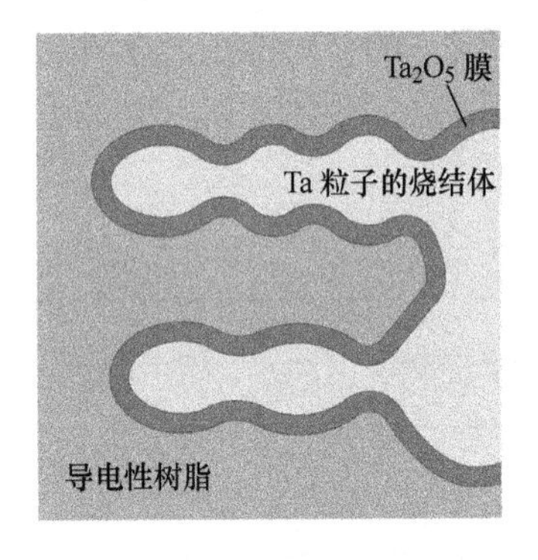

图 7-16 Ta 微颗粒模型图

7.9.2 其他用途及制作方法

利用钽的高熔点特性，可制作高温炉的加热器、容器和蒸发器皿等制品。Ta_2O_5薄膜具有可透过可见光和近红外光，而对红外光产生反射的光学特点。在可见光谱区内，Ta_2O_5材料具有较高的折射率和较低的吸收率，可添加到照相机镜头中以增大其折射率。另外，Ta_2O_5 具有较宽的光谱透过范围（300nm ~ 10μm），因此 Ta_2O_5薄膜可应用在液晶显示、增透膜、激光器、光通信、太阳能晶片等元器件上。TaC 可作为增韧剂添加在超硬材料中。钽及钽合金防锈耐磨，

因此还可用于制造外科和牙科手术器械。

由于钽铌矿中常伴有多种金属，钽冶炼的主要步骤是分解精矿，净化和分离钽、铌，以制取钽、铌的纯化合物，最后制取金属（图7-17）。

具体的制备方法为首先采用氢氟酸和硫酸溶解钽铌精矿的钽和铌，生成氟钽酸和氟铌酸溶于浸出液，然后利用有机溶媒萃取去除铌和其他杂质，获得氟钽酸钾（K_2TaF_7），最后利用金属钠还原得到粉末状金属Ta。方程式如下：

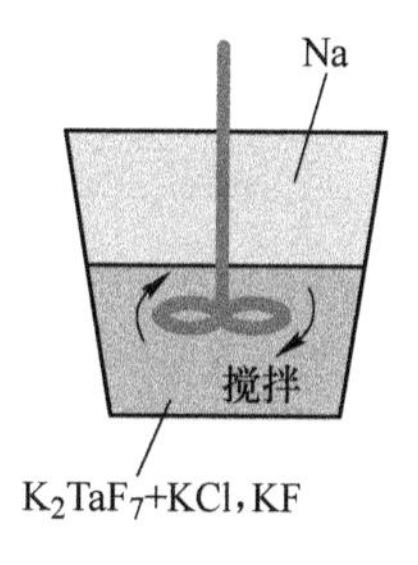

图7-17　K_2TaF_7的Na还原炉

$$K_2TaF_7 + 5Na + (KCl、KF) \longrightarrow Ta + 2KF + 5NaF + (KCl、KF)$$

但是，该制备方法对环境的影响较大，现在正在研究利用镁蒸气直接还原（镁热还原）法制取Ta。

7.10　铂（Pt）：金属中的白马王子

7.10.1　活跃在催化剂和电子元件领域

铂（Pt），又称白金，是一种银白色的贵金属。其具有很高的化学稳定性，除王水外几乎不溶于任何酸溶液。熔点高达1769℃。其名称来自西班牙语的Platina，意指小银。现在金属铂已在许多方面都获得广泛利用，但在18世纪中叶之前则由于毫无用途，熔点过高且加工困难，并与金混在一起极难分离而遭到嫌弃。

汽车（汽油车）的三元尾气净化催化剂（触媒）由Pt、钯（Pd）、铑（Rh）等元素构成，汽车尾气中含一氧化碳（CO）、未燃烧碳氢化合物（HC）和氮氧化物（NO_x），其能将CO与HC作为还原剂，NO_x和氧气O_2作为氧化剂进行催化反应，生成无害的CO_2、H_2O和N_2（图7-18）。在催化反应过程中，尾气中的氧浓度管理非常重要，因此需要使用氧气探头进行实时监测，并通过计算机及时反馈调整进入汽缸的燃料和空气的比例。触媒中的CeO_2和ZrO_2为促进剂和稳定剂，当尾气中氧含量少时可以释放氧气，氧含量高时可以吸收氧气以提高和稳定触媒。Al_2O_3为Pt、Pd、Rh触媒微颗粒的载体。触媒一般由Pt/Rh、Pd/Rh或Pt/Pd/Rh所组成。通过这种三元净化催化剂保证了大城市良好的空气环境。Pt的最大用途和使用量最多的地方就是制作该催化剂。

正在研发中的燃料电池用电极，是将以Pt为主体的贵金属高度分散在导电性碳棒中作为催化剂使用。一台燃料电池车使用32～150g的铂[1]，如果燃料电池

---

[1] 宮田清蔵．燃料電池用白金代替触媒の研究開発動向．NEDO海外レポート，2008（1015）：1.

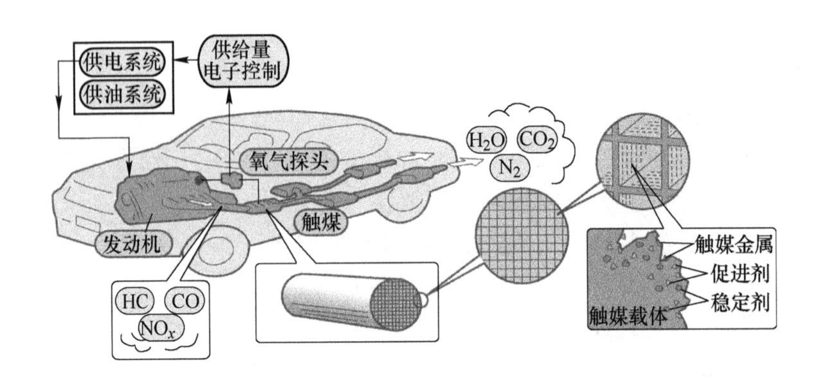

图 7-18 汽车尾气净化触媒的构成

（资料：触媒学会編「とことんやさしい触媒の本」日刊工業新聞社，2007-2-28：68～69）

车实现产业化则会极大地提高 Pt 的使用量。因此，目前紧迫研究的课题是如何最大限度地减少燃料电池的 Pt 使用量。另外，Pt 还用于石油精炼的催化剂。除了汽车用燃料的生产和排气净化处理离不开 Pt 外，各种仪器设备上的电子线路触点也在广泛使用 Pt。因此可以说，离开了金属 Pt，则汽车无法开动。

7.10.2 除了汽车以外的其他应用

铂族金属及其合金的主要用途为制造催化剂，其活性、稳定性和选择性都非常良好。化学工业中的很多过程（如炼油工业中的铂重整工艺）都使用铂族催化剂。氨氧化制硝酸时，使用的就是铂铑合金网作催化剂。近年来又在铂铑网下增加金钯捕集网以减少铂、铑的损失。铂铑合金对熔融的玻璃具有特别的抗蚀性，可用于制造生产玻璃纤维的坩埚。在生产液晶电视用优质光学玻璃时，为防止熔融的玻璃被污染，也必须使用铂制坩埚和器皿。1968 年国际实用温标规定，在 630.74～1064.43℃范围内的测温标准仪器是 Pt-10Rh/Pt 热电偶。用于测量 13.81～903.89K 温域的标准仪器就是铂电阻温度计，其电阻器必须是无应变退火后的纯铂丝。铂铱、铂铑、铂钯合金具有很高的抗电弧烧损能力，被广泛用作电接点合金。铂铱合金和铂钌合金用于制造航空发动机的火花塞。

另外，由于铂的化学性质稳定，纯铂、铂铑合金或铂铱合金制造的实验室器皿如坩埚、电极、电阻丝等是化学实验室的必备器皿。铂钴合金是一种可加工的高磁能积（即电磁能密度）硬磁材料。铂和铂合金还广泛用于制造各种首饰、表壳和装饰品等。

2008 年全世界 Pt 的需要量高达 229t，而南非和俄罗斯的产量占据了 90% 以上。因此，Pt 也是一种供给不稳定的金属材料。

7.11 钌（Ru）、钯（Pd）、铑（Rh）：与铂一起显示出其存在价值

7.11.1 又硬又脆的银白色金属钌（Ru）

钌（Ru）、钯（Pd）、铑（Rh）与铱（Ir）、锇（Os）、铂（Pt）一起构成铂系金属。这是由于它们总是伴随金属铂共存。不但储存量比铂低，出产国家也只有南非和俄罗斯。

钌是硬质的银白色过渡金属，存在于铂矿中，但在铂系元素中含量最少，也是铂系元素中最后被发现的元素。钌的名字来源于俄罗斯的拉丁语 ruthenia。其仅在高温时才能被加工。钌通常在氢化、异构化、氧化和重整反应中作为催化剂使用。钌是铂和钯的有效硬化剂，使用它不会降低铂和钯的抗腐蚀性，然而纯金属钌的用途却很少。

钌（Ru）产量的68%被用于电极及电子材料，计算机硬盘中的垂直磁场记录层使用的就是 Ru。采用氧化物钌（RuO_2）涂层的金属钛制成氧化钌钛电极，用于食盐水电解来获得高纯度氯气。

7.11.2 具有良好的延展性和可塑性的银白色金属钯（Pd）

钯的名字来自于1802 年发现的小行星名 Pallas。

50%的钯用于汽车尾气净化触媒，此外钯还在电子材料、齿科材料中也获得了广泛应用。被称之为银假牙的金银钯合金，钯的含量占20%以上。另外，除了常温下1体积的海绵钯可吸收约1000 体积的氢气外，膜厚为 50 ~ 100μm 的钯膜只能让氢分子通过（图7-19）。因此，未来 Pd 可作为氢气的纯化过滤膜使用。其原理是含有氢气的混合气体在 Pd 膜表面被解离成氢原子核（质子）和电子，然后分别透过 Pd 膜。在另一侧则会再度结合形成氢气释放出来。其他气体分子无法被分离成质子，因此无法穿透 Pd 膜。

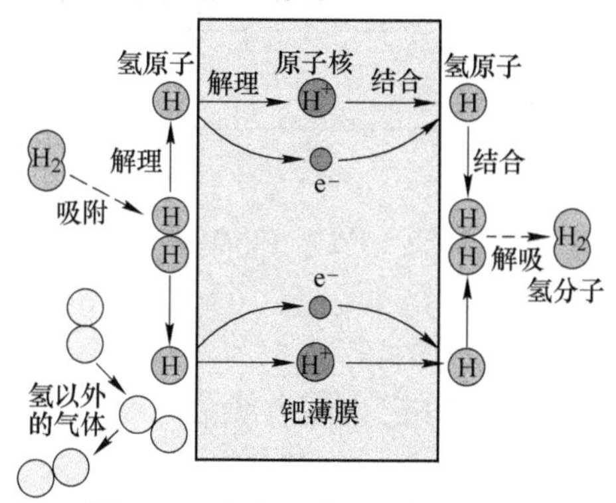

图 7-19　钯金属薄膜的氢气过滤

（资料：日本ガイツ株式会社 HP）

7.11.3 坚硬的银白色金属铑（Rh）

铑的名字为 rhodium，该字来源于希腊文 rodeos（玫瑰红）。这是由于铑是从鲜艳的玫瑰红溶液中分离获得而得名的。

该金属的主要用途是汽车排气用净化触媒。由于 Rh 具有很高的反射率，因此在照相机等光学玻璃和玻璃装饰品表面镀层上亦获得广泛使用。铑与铂（Pt）的合金还可作为高品质玻璃熔炼的容器使用。含 10%~13%（质量分数）Rh 的 Pt 合金与纯 Pt 组成的 Pt-Rh 热电偶可用于1600℃以下的温度测量。图 7-20 为热电偶的原理简图。在两种不同导电材料构成的闭合回路中，当两个接点的温度不同时，回路中会产生电势而产生热电流（塞贝克效应）。如果一端温度已知（如0℃），测得电动势即可知道另一端的温度。这就成为热电偶。金属 A 为铂（Pt），金属 B 为含 13% Rh 的 Pt-Rh 合金所组成的热电偶我们称之为 R 热电偶，一般在常温至 1400℃ 范围内作为温度计使用。表 7-5 为主要热电偶的种类示例。

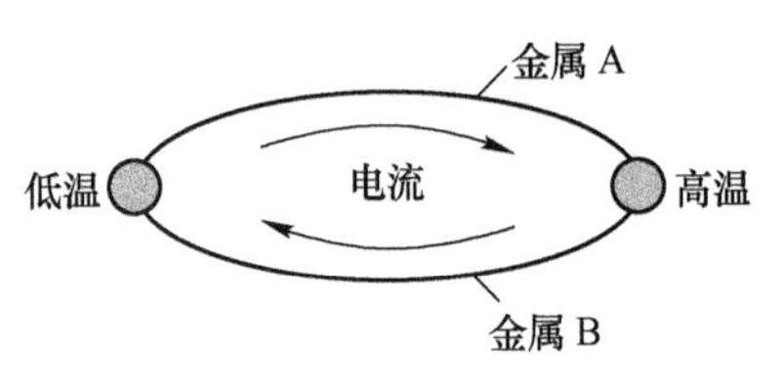

图 7-20 热电偶原理图

表 7-5 主要热电偶的种类[①]

型号	材料构成		使用温度范围/℃	最高使用温度/℃	特征
	正极	负极			
K	以 Ni、Cr 为主成分的合金（镍铬合金）	以 Ni 为主成分的合金（铝镍合金）	-200~1000	1200	温度与电动势呈线性关系，工业上应用最为广泛
R	含 13% Rh 的 Pt-Rh 合金	Pt	0~1400	1600	适合于惰性气氛和酸性气氛的高温精密测量。由于测量精度高、材料劣化小，通常作为标准热电偶使用
B	含 30% Rh 的 Pt-Rh 合金	含 6% Rh 的 Pt-Rh 合金	0~1500	1700	使用温度最高的热电偶

① 资料：株式会社八光 HP。

2010 年全世界钌（Ru）、钯（Pd）和铑（Rh）的使用量分别为 32.7t、278.1t 和 37.2t。

7.12 铼（Re）：具有特殊功能的稀有金属

7.12.1 能提高燃气发动机效率的耐热材料

铼（Re）是地球上最稀有的金属之一。其名字来源于莱茵河的拉丁语

Rhenus，是人类最后发现的天然元素。

Re 的熔点为3180℃，仅次于钨（W），但其氧化物 Re_2O_7的熔点仅为296℃，沸点为362℃。人类就是利用此特性从辉钼矿的焙烧烟道灰和精炼铜的阳极泥中回收 Re_2O_7。

耐热超级合金有镍基合金和钴基合金两种。镍基合金从锻造合金、铸造合金发展至无晶粒的单晶合金（第100页）。而利用添加2%~6%（质量分数）Re 的第2~3代单晶合金所制成的航空喷气引擎及发电用汽轮机的叶片用量正在不断增加（图7-21）。叶片耐热温度的提高可极大地提高发动机的热效率。发动机叶片部位长度为120mm。这是在镍基合金的 Ni 相和 Ni_3Al 相的界面上阻碍位错移动以及 Re 的固溶强化这双重强化作用的基础上，再加上单晶不存在晶界滑移变形或破坏所带来强化的综合结果。这导致了发动机叶片的使用温度从1010℃提高到了1040~1065℃，从而极大地提高了燃烧效率。再结合添加铂族元素钌（Ru）以及改善耐氧化涂层，其耐高温性能获得了更进一步的提高（图7-22）。

图7-21 喷气发动机叶片
（照片资料：独立行政法人物質・材料研究機構）

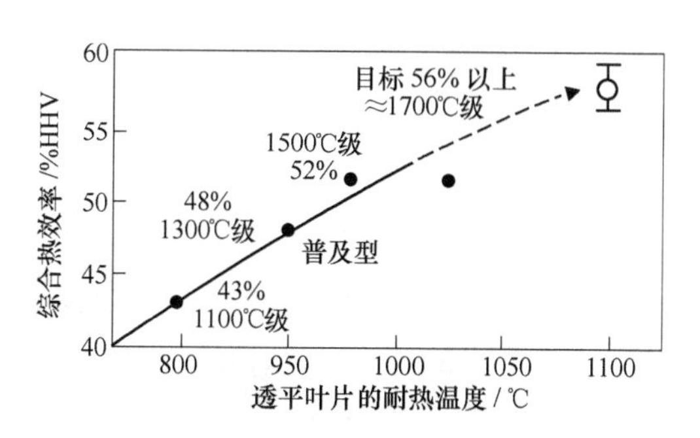

图7-22 透平叶片的耐热温度与热效率
（资料：原田広史ら. ガスタービン用高温部材の開発と実用化戦略—CO2排出25%削減への貢献をめざして. ガスタービン学会誌，2010，38（2）：3）

7.12.2 其他应用

钨（W）中固溶3%~20%（质量分数）Re 可防止低温、高温区域的脆化，用于制作汽车用特殊耐震灯泡的灯丝、高温用热电偶等电子产品。

Re 还广泛用于石脑油（粗制汽油）制备高辛烷值汽油的接触改性用催化剂。最初使用的是铂系合金催化剂，后来被添加了 Re 的改良催化剂所取代。这种催化剂的改进，使得石油脑中的辛烷值从50提高到100左右。Re 还能抑制碳在催化剂上的析出，提高了催化剂的稳定性。由于 Re 一般是铜冶炼的副产品，因此铜生产国均生产 Re。2008年全世界 Re 的生产量为57t。日本全部是以铼酸钾（$KReO_4$）的形式进口。Re 作为触媒的使用量曾经占据70%以上，现在逐渐转移到主要用于上述超级合金和电子产品中。

7.13 钕（Nd）、镝（Dy）：磁性材料的功臣和助手

7.13.1 世上性能最强的永磁铁

钕（Nd）是一种银白色稀土金属。由于该金属从镨钕混合物（didymium）中分离获得，因此被命名为neodymium，简称Nd，是新的didymium的意思。

钕、铁（Fe）、硼（B）所形成的金属间化合物（$Nd_2Fe_{14}B$）是目前地球上最强的永磁材料，我们将其简称为钕磁铁。这是目前Nd的最大用途。1982年在日本住友特殊金属工作的佐川真人发明了钕烧结磁铁。高磁能积钕铁硼永磁体被称作当代“永磁之王”。钕磁铁以其优异的性能被广泛用于电子（计算机硬盘、手机话筒等）、机械等行业。计算机硬盘（HDD）（图7-23）中的圆盘状记忆媒体高速度旋转，通过带有磁性的磁臂可将盘中的记忆取出或写入。钕磁铁安装在磁臂的驱动部位，控制磁盘回转马达。磁臂根部安装有线圈，置于钕磁铁磁场中。通过控制线圈中的电流来控制磁臂的动作。HDD中所使用的精密钕磁铁，几乎全部产自日本。

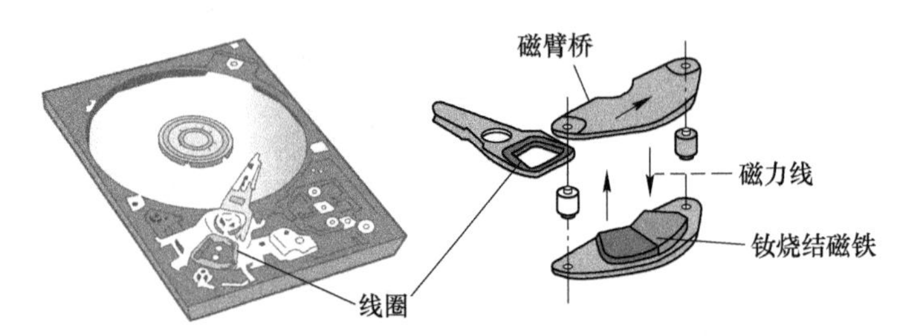

图7-23 HDD内部构造及磁臂驱动部位结构
（资料：住友金属テクノロジー株式会HP）

钕磁铁制成的高效率马达业已开始被广泛用于混合动力汽车（HV）、电动汽车、空调压缩机等方面，带来了巨大的节能效果（图7-24）。在HV汽车中，驱动电机和发电机转子均采用钕磁铁。而采用钕磁铁的电机与目前使用的普通磁铁马达相比，效率提高了10%~20%。日本总电力的52%被各种电机所消耗，因此提高电机效率的经济效果巨大。

IPM电机（Interior Permanent Magnet Motor）是内置式永磁电机，其钕磁体分布在转子内部。

而SPM电机（Surface Permanent Magnet Motor）的钕磁体则布置在转子表面。

另外，用钕磁铁粉末与树脂混合可制成磁铁贴片，虽然磁力较弱但能制成各种复杂的形状，在HDD磁臂驱动电机上使用。

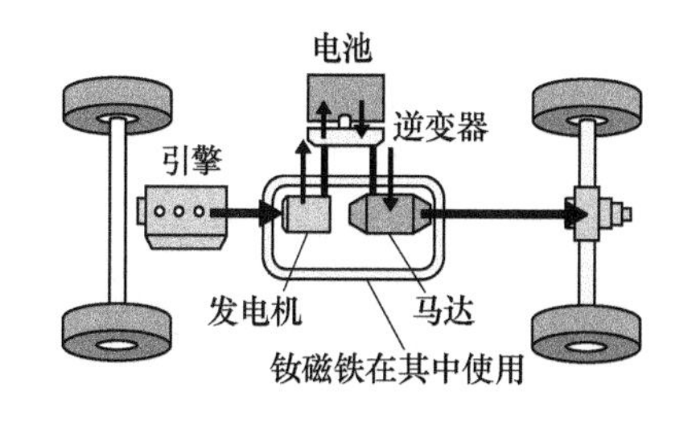

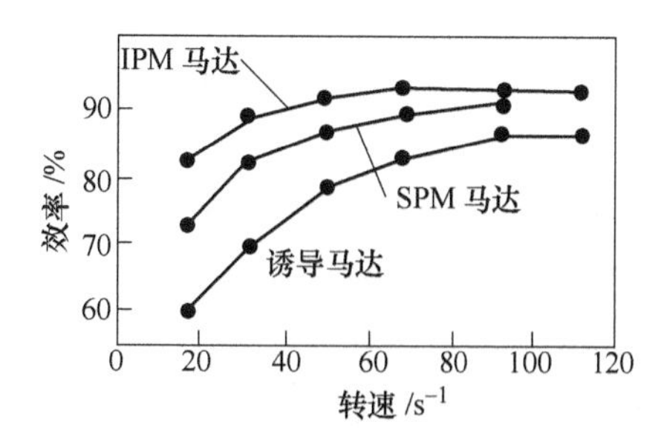

图 7-24 HV 汽车构造及钕磁铁带来的电机效率改善

（资料：財団法人クリーン・ジャパン・センター. 使用済製品からのネオジム磁石の回収・リサイクルシステムに関する調査研究報告書. 2009，3:3.）

钕磁铁的最大缺点是极易生锈，但可通过镀镍等方法予以解决。

Nd 还可应用于有色金属材料。在镁（Mg）或铝（Al）合金中添加 1.5%~2.5%（质量分数）Nd，可提高合金的高温性能、气密性和耐腐蚀性，被广泛用作航空航天材料。另外，掺 Nd 的钇铝石榴石能产生短波激光束，在工业上广泛用于厚度在 10mm 以下薄型材料的焊接和切削。在医疗上，掺钕钇铝石榴石激光器代替手术刀可用于摘除手术或创伤口消毒。Nd_2O_3也用于玻璃和陶瓷材料的着色以及橡胶制品的添加剂。添加 Nd_2O_3的玻璃在阳光下呈现紫红色，而在荧光灯下则呈现青色。

7.13.2 钕（Nd）的伙伴镝（Dy）

随着使用温度的升高，钕磁铁的性能迅速降低。这对在上述 HV 汽车中的使用带来了巨大问题。目前通过添加 Dy（约 10%，质量分数）来解决（第 144 页）。

但是，Dy 在稀土矿石中的含量极低，而且基本限定在中国的华南地区。该地区的离子吸附型稀土矿床采用从山顶灌注硫酸铵，从山脚回收硫酸稀土进行提炼（图 7-25）。该方法对土壤环境破坏极大，因此中国政府目前强化了对其开采、生产和出口的管制。如何削减 Dy 的使用量或提高循环利用率成为了研究最急迫的问题（第 251 页）。

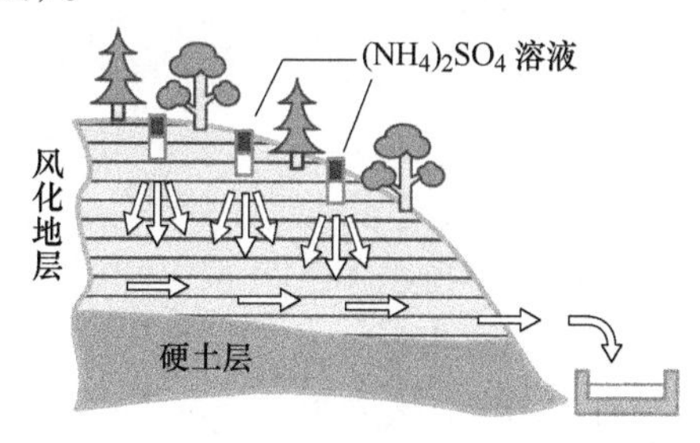

图 7-25 硫酸铵提取稀土金属图

（资料：日経エレクトロニクス. 日経 BP 社，2011，1-4：36）

7.14 硼（B）：无处不在的武林高手

7.14.1 金属材料中的添加元素

硼（B）在化学元素周期表中位于金属与非金属分界线的特殊位置上，是非金属性占优势的元素，其非金属性质与硅类似。

B是一种又硬又脆的灰黑色无定形粉末。单体硬度高达9.3，仅次于金刚石。其名称来自于阿拉伯语Buraq，意为“硼砂”。

通过硼铁（硼含量：5%~25%，质量分数）的形式向钢中添加$(5\sim30)\times10^{-6}$的B元素，可极大地改善钢铁的淬透性。目前世界上最强的钕磁铁（第142页，第212页）以及可极大降低损耗的变压器铁芯用铁-硅-硼系非晶态合金的主成分中均含有B。

如果将三价的B添加到四价的Si中，由于B原子少一个电子，在应该存在电子的地方就形成了一个正电位空穴，加上电场，则该空穴就会向阴极流动。反之，如果添加五价磷（P），则P周围会多余一个电子。在电场作用下，该电子会向阳极流动。前者我们称为p型半导体，后者我们称为n型半导体（图7-26）。

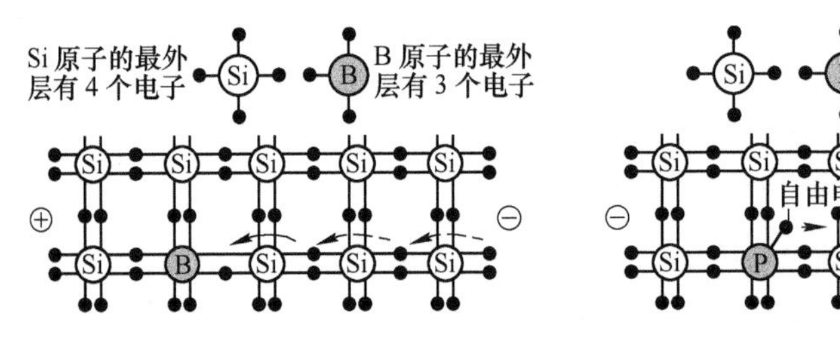

图7-26 p型半导体与n型半导体

硅（Si）中微量添加B则变成p型半导体，这是二极管和晶体管的物质基础。虽然只需要极少量的B，却是构成现代信息社会的大规模集成电路所不可缺少的元素之一。

图7-27 核废料储存罐
（资料：谷内廣明，吉村啓介，赤松博史．当社におけるキャスク開発の現状．神户製鋼技报，53（3）：2）

B的同位素中，相对原子质量为10的B同位素（^{10}B）具有极大的中子吸收截面积，因此被用于原子能发电站的控制棒（中子吸收剂及中子计数器）（第103页）及核废料储存罐（硼钢，图7-27）。核废料储存罐不但要有利于放射性原子衰减热的传导，还必须同时能防止核裂变反应的发生。

因此，一般采用添加 B 的热传导性好的铝合金材料。

7.14.2 作为化合物的其他各种应用

硼砂（$Na_2B_4O_7 \cdot 10H_2O$）可作为防腐剂和消毒剂使用。硼酸（H_3BO_3）用于眼药水和医用漱口水及蟑螂驱除剂等。氧化硼（B_2O_3）的热膨胀系数小，被应用于耐热玻璃用的硼硅酸玻璃（如 Pyrex：添加约 13%（质量分数）B_2O_3的耐热玻璃）、玻璃纤维、高折射率低分散性的光学镜头等。含 B 玻璃纤维作为塑料的补强材料、隔热材料和吸音材料等方面使用。

硼氮化合物中的六方晶氮化硼（hBN）是绝好的润滑剂和高温绝缘材料，立方晶氮化硼（cBN）的晶体结构类似金刚石，硬度略低于金刚石，常用作磨料和刀具材料。B 与钛（Ti）和锆（Zr）的化合物（TiB_2，ZrB_2）则是高级耐火材料，与碳的化合物（B_4C）是优良的磨料，常应用于磨削、研磨、钻孔等方面。由上可知，B 确实可称之为无处不在的武林高手。

2008 年日本进口了相当于 24886t B 当量的硼酸、硼砂和硼矿石。硼矿石的大部分为硬硼钙石（$Ca_2B_6O_{11} \cdot 5H_2O$）。

7.15 镓（Ga）：稀有的银白色金属

7.15.1 活跃在光的世界里

镓（Ga）是略带淡蓝色的银白色金属。熔点为 29.8℃，比水银略高。将 Ga 放在手心就会被溶化，再冷却至 0℃而不固化。由液体转变为固体时，其体积约增大 3.2%，因此，固体 Ga 会像水一样浮在液态 Ga 的表面。其发现者 P. 布瓦博得朗用法国的拉丁文名称 Galia 命名。

p 型半导体与 n 型半导体（第 214 页）所组成的二极管加上外电场，二极管中的电子和空穴移动形成电流。接触部位部分电子与空穴会发生碰撞而消失，其所释放的能量以光的形式释放出来（图 7-28）。

Ga 与砷（As）的化合物（GaAs）及与氮（N）的化合物（GaN）均广泛应用于光电通信装置、显示元件中的发光元件、太阳能电池的发电元件、磁传感器中的霍尔元件（图 7-29）、半导体激光振荡装置中的激光发光元件等方面。GaN 材料是研制微电子器件和光电子器件的新型半导体材料，其研究与应用是目前全世界半导体研究的前沿和热点。GaN 与 SiC、金刚石、氮化铝（AlN）等半导体材料一起，被誉为继第一代 Ge、Si 半导体材料，第二代 GaAs、InP 化合物半导体材料之后的第三代半导体材料。它具有宽的禁带宽度、高的击穿电场、高的热导率、化学稳定性好（几乎不被任何酸腐蚀）等性质和高抗辐照能力，在光电子、高温大功率器件和高频微波器件应用方面有着广阔的前景。

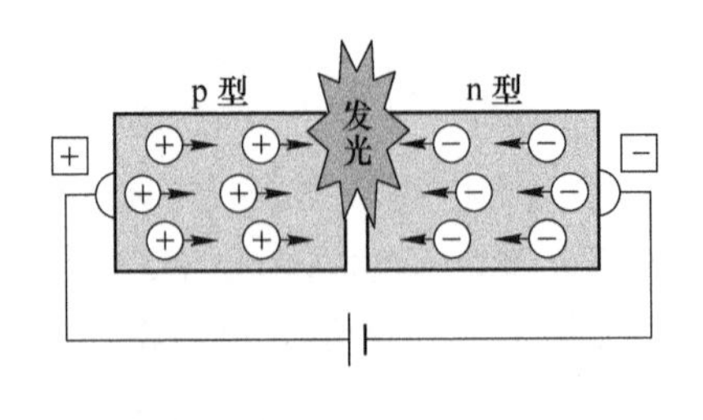

图7-28 LED的发光原理

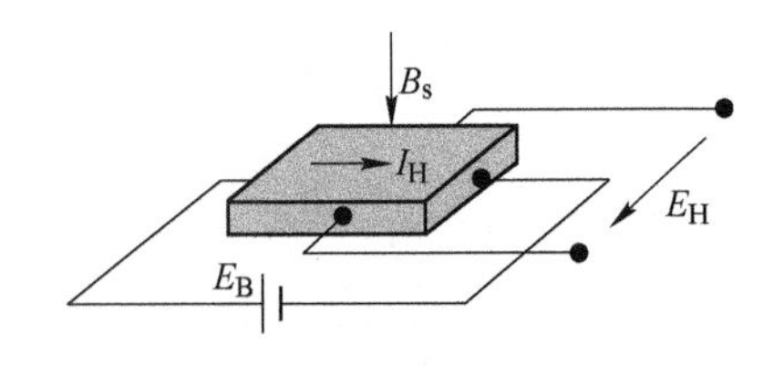

图7-29 霍尔元件工作原理❶

GaN作为青色发光体，与AlGaInP的红光和InGaN、GaN等发出的绿光组合在一起使得白色发光成为了可能。但是，这仅仅只是人类可以感觉到的白色光线，与太阳光的连续光谱所形成的白色完全不同。相同的GaN能发出青色或绿色光线则是由于添加不同的微量元素或控制不同的结晶方向所造成的。

7.15.2 未来的高效太阳能电池

2008年，日本独立法人产业技术综合研究所（AIST）开发出以$Cu(In_{1-x}Ga_x)Se_2(0\leqslant x\leqslant 1)$的字头取名的CIGS系太阳能电池❷（图7-30）。由于CIGS系太阳能电池比1974年美国贝尔实验室开发出的硅太阳能电池的光吸收效率高，并且是薄膜型太阳能电池而获得了全世界的关注和竞相研究。AIST利用相关技术获得的CIGS电池的光能转换率高达15.9%，完全能与业已普及的多晶硅太阳能电池在性价比上展开竞争。特别对于小面积CIGS电池，虽然业已实现了高达19.9%的转换率，但在实用规模面积上仍然只有11%~12%的转换率。AIST通过开发出少缺陷、大晶粒尺寸的CIGS薄膜生产技术攻克了这一难关。该研究所现在正在努力争取更进一步地提高性能、增大面积和降低生产成本。

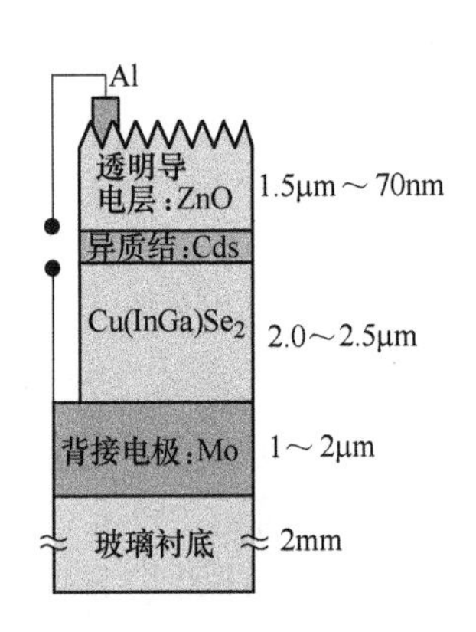

图7-30 CIGS电池构造原理❸
（资料：濱川圭弘．太陽電池．株式会社コロナ社，2004）

---

❶ 霍尔元件是根据霍尔效应进行磁电转换的磁敏元件。它是一个n型半导体薄片，在其相对两侧通以控制电流I_H，在薄片垂直方向加以贯通磁场B_s，则半导体中的电子流会产生弯曲，另外两侧便会出现一个大小与电流I_H和磁场B_s相关的电位差E_H。通过其对应关系，即可通过E_H检测出磁场。

❷ 参考文献：产业技术综合研究所HP，2008-8-29.

❸ CIGS电池中，CdS层中的Cd向CIGS层中扩散部分所形成的n型与p型CIGS之间形成pn结。底部的Mo电极与上部的透明导电层（ZnO电极）一起构成太阳能电池。

自然界中Ga微量分散于铝土矿、闪锌矿等矿石中，因此Ga是从铝土矿中提取制得。目前世界90%以上的原生镓都是在生产氧化铝过程中提取的，这是对矿产资源的一种综合利用。通过提取金属镓，不但增加了矿产资源的附加值，还提高了氧化铝的品质并降低了废弃物“赤泥”的污染，因此非常符合当前低碳经济和以最小的自然资源代价获取最大利用价值的原则。

镓在金属矿床中的含量极低，经过一定富集后也只能达到几百克/吨，因而镓的提取非常困难。另外，由于伴生关系，镓的产量很难由于镓价格上涨而被大幅提高。原生镓的年产量极少，全球年产量不足300t，是原生铟（In）产量的一半，如果目前这种状况不能得到改善，未来20～30年，镓将会出现严重短缺。

7.16 硅（Si）：活跃在人类社会的各个领域

7.16.1 现代信息工业的水稻

硅（Si）约占地壳总质量的25.7%，仅次于氧。在自然界中，硅通常以氧化物的形式存在，其中最简单的硅氧化合物就是硅石SiO_2。石英、水晶等是纯硅石的变体。

硅被广泛应用于大规模集成电路（LSI）、晶闸管或逆变器等变电设备以及电力控制元件中的半导体材料。特别是作为太阳能电池材料被开发应用以来，其消费量获得了极大的增长（图7-31）。作为半导体原材料使用的Si，其单晶的纯度必须达到99.999999999%（11个9）以上。这么高纯度的Si，是通过将$SiCl_4$蒸馏精制，然后再用高纯度氢气还原获得的（图7-32）。作为半导体使用时，还需添加（掺杂）微量的磷（P）或硼（B）。

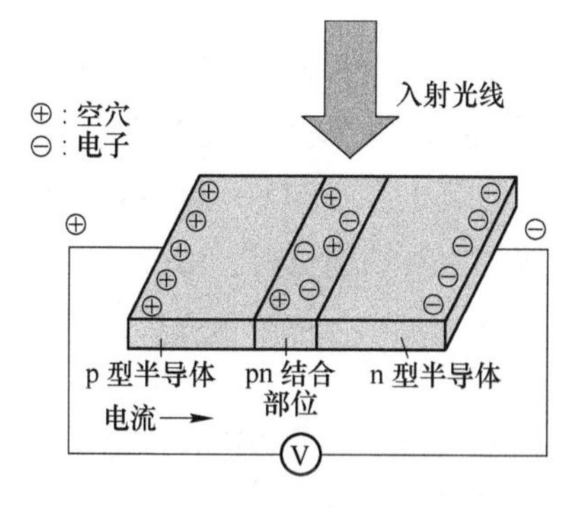

图7-31 太阳能电池原理[1]
（资料：株式会社日本イーテソクHP）

太阳能用硅电池的纯度为7个9左右，一般采用多晶硅或非晶硅（图7-33）。在日本高度经济成长时代，钢铁成为日本的支柱产业而被称之为工业的

[1] p型半导体与n型半导体结合，则空穴与电子会发生相互扩散导致部分消亡，在结合部位附近产生空穴和电子均较少的中间层，形成一个从n型至p型的内部电场。当受到外来阳光照射时，吸收光能量的电子被激励为自由电子，留下空穴。在内部电场的作用下，电子向n型一侧，空穴向p型一侧移动。通过外接导线即可获得电流。

水稻，但现在，Si 半导体或由 Si 制造出的半导体元件则被称之为现代信息工业的水稻。

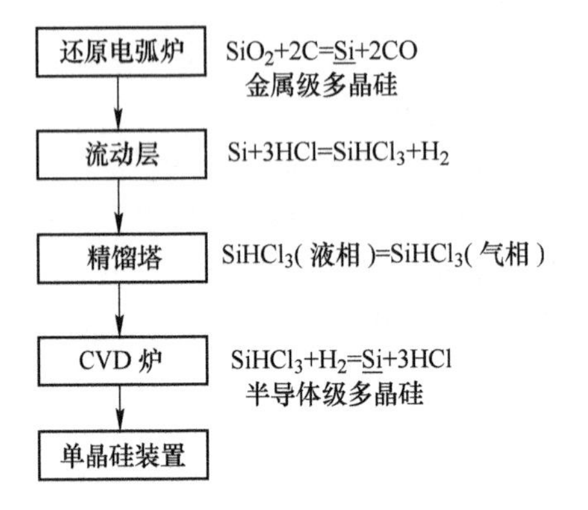

图 7-32 高纯硅制造工艺[1]

(资料：阿部孝夫，小切間正彦，谷口研二．シリコン結晶とドーピング．丸善株式会社，1986)

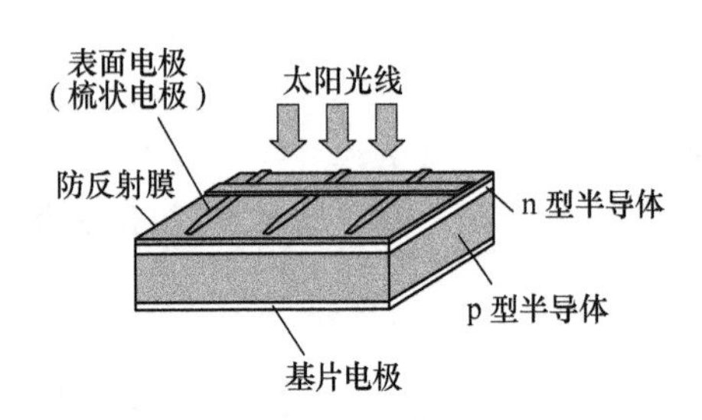

图 7-33 太阳能电池构造

(资料：山田興一、小宫山宏．太陽光発電工学．日経BP 社，2002)

7.16.2 活跃在合金成分中的 Si 元素

Si 还被广泛作为各种钢材、特殊钢、汽车引擎用铸铝等的合金元素使用。主要用于变压器铁芯的硅钢片就是现代文明社会的支柱之一。

7.16.3 作为化合物的应用

二氧化硅（SiO_2）是玻璃、水泥、沙砾、黏土的主要成分，也是建筑物、道路等的主要结构材料。由碳、氢、氧、硅所形成的化合物有机硅（第 242 页）是一种新型的化工新材料，具有许多其他化工材料无可替代的作用，是名副其实的“工业维生素”和“科技催化剂”。

Si 与碳的化合物碳化硅（SiC），具有硬度高且化学性质极其稳定的特点，被大量应用于耐火材料和研磨剂。而作为半导体元件使用的高纯度 SiC，具有比单晶硅更好的抗电压击穿能力和高热导率，甚至在高电压大电流下仍能正常工作，被誉为优秀的第三代半导体材料[2]。

---

[1] 首先在电弧炉中用焦炭还原高纯度硅砂，获得纯度约 98% 左右的 Si。然后在流动层中与 HCl 反应获得 $SiHCl_3$ 或 $SiCl_4$，再在精馏塔中经过多次蒸馏达到所需要的纯度。最后在 CVD 反应装置内用高纯度氢气（H_2）还原获得半导体级 Si。该级别的 Si 是工业制造方法中纯度最高的物质。最后再利用提拉（CZ）法获得单晶硅。

[2] 在半导体产业的发展中，一般将硅、锗称为第一代半导体材料；将砷化镓、磷化铟、磷化镓、砷化铟、砷化铝及其合金等称为第二代半导体材料；而将宽禁带（$E_g > 2.3$eV）的氮化镓、碳化硅、硒化锌等称为第三代半导体材料。

7.17 锗（Ge）：信息时代的功臣

7.17.1 半导体的先驱

锗（Ge）是1886年德国C. 温克勒在分析硫银锗矿时被发现，其用祖国德国的古代名称命名为germanium。1871年俄国D.I. 门捷列夫根据元素周期律预言存在一个性质与硅（Si）相似的半金属元素，并命名为类硅。Ge的发现证明了元素周期律的正确性。

1947年，美国贝尔实验室的肖克莱等人利用Ge研制出一种具有增幅和开关功能的电接触型锗晶体管。这是20世纪的一项伟大发明，也是现代信息革命的开端。肖克莱、巴丁、布拉顿三人于1956年因发明晶体管同时获得了诺贝尔物理学奖。

1955年日本索尼公司利用晶体管放大器制作的晶体管收音机席卷全球，揭开了人类从球（真空管）时代迈向新石器（半导体）时代的序幕。半导体成为主流后，Si半导体由于其耐热性、周波数特性、稳定性和量产性等优势取代了Ge半导体，而Ge则由于电压衰减小依然在二极管及带隙较窄的近红外光探测器等方面获得了应用。

Ge与Si的化合物（SiGe）因可在低电压下高速响应，最近开始用于手机的吉赫兹带的增幅元件。

7.17.2 信息技术以外的应用

Ge作为多晶硅太阳能电池的添加剂，可增加长波区域的光吸收能力，提高发电效率。氧化锗（GeO_2）添加玻璃中可提高折射率，光纤芯部材料中就添加了5%~20%（质量分数）GeO_2。另外，由于GeO_2对红外光的透过率高，被应用于夜视照相机的镜头。最近，由于夜间保安的强化，对GeO_2的需要量正在增加。

目前，GeO_2的最大用途是用作PET树脂制造用高纯度对苯二甲酸与乙二醇缩合反应的催化剂。2006年日本Ge的需要量大约为55t，全部从中国、加拿大等国进口。该元素最大的储藏国和生产国均为中国。因此，Ge也是一种供给不稳定的元素。

7.18 铟（In）[1]：透明的导体

7.18.1 液晶和等离子显示器的关键材料

铟（In）是一种低熔点（156℃）、柔软并带有光泽的银灰色金属。铟的延

---

[1] 参考文献：南博志．稀有金属2007（3）铟的需要・供給・价格动向等．独立法人石油天然ガス．金属鉱物質資源機構，2007，9：171~176.

展性极好，比铅还软，能用指甲刻痕，可塑性强，可压成极薄的金属片。因其发光光谱呈现出灿烂的紫罗兰色（indigo），故被命名为 indium（铟）。

In 的最大用途就是作为 ITO（掺锡氧化铟 Indium Tin Oxide）使用，这是氧化铟（In_2O_3）和氧化锡（SnO_2）的固溶体。由于铟锡氧化物（ITO）具有 95% 以上的可见光透过率，紫外线吸收率不低于 70%，微波衰减率不低于 85%，导电和加工性能良好，膜层既耐磨又耐化学腐蚀等优点，作为透明导电膜获得了广泛的应用。随着 IT 产业的迅猛发展，铟被广泛用于笔记本电脑、电视和手机等各种新型液晶显示器（LCD）、接触式屏幕、建筑用玻璃以及作为透明电极涂层的 ITO 靶材（约占铟用量的 70%）等许多方面，其需求量正以年均 30% 以上的增长率递增。

ITO 中通常含有 10% SnO_2（质量分数），根据不同用途可增加到 20%～30%（质量分数）。随着平板显示器 FPD（Flat Panel Display）需要量的不断增大，In 的价格在不断飞涨（第 245 页）。

ITO 导电膜是指采用溅射的方法，在透明有机薄膜材料上溅射透明氧化铟锡（ITO）导电薄膜镀层并经高温退火处理得到的高科技产品（图 7-34）。溅射法是在玻璃等基板上镀膜的一种工艺方法。真空环境中在直流高压电场作用下，在靶和基板之间通入氩气，部分氩原子被电离并被加速而撞击靶。靶上的原子被撞击出来（溅射）沉淀在基板上。除了 ITO 导电膜以外，该成膜技术还被广泛应用于太阳能电池板、光盘等许多方面。

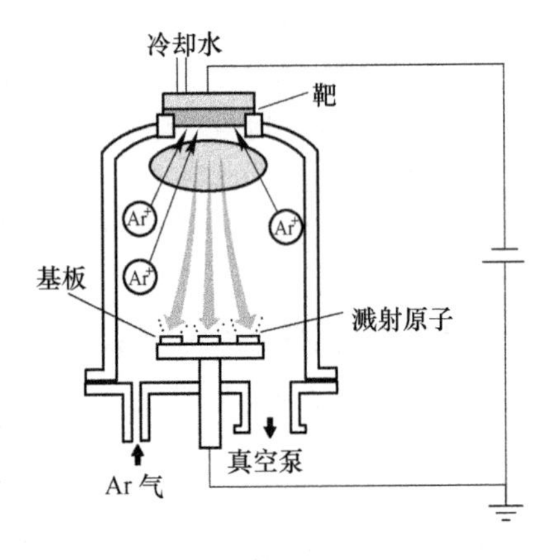

图 7-34　溅射装置原理图

溅射法生产导电膜时只有 30% 的 ITO 获得了利用，而 70% 只能重复再使用。目前正在研究开发 ITO 涂料，采用涂覆、加热熔合等新型生产方法来简化生产工艺，提高材料的利用率。

图 7-35　黄金座舱盖

图 7-35 为中国歼-20 战斗机的“黄金座舱盖”，也就是在战斗机座舱盖上使用的与 F-22 战斗机类似的黄金膜涂层，不要小瞧这个黄金膜涂层，这种被称为 ITO 隐身导电薄膜的物质可以防止敌方战斗机和地面雷达的雷达波穿透座舱形成高反射，从而提高了战斗机的正向隐身能力，是第四代战斗机的核心隐身材料技术之一，而生产此类金属镀膜

的主要原料便是稀有金属铟和锗。

7.18.2 其他高科技行业应用

因 In 熔点较低，其合金（≤8%）也被用于钎焊材料（表 7-6）。

表 7-6 含 In 钎料的成分例①

组成（质量分数）/%	熔点/℃
Sn-1.0Ag-0.1Cu-0.05In-0.02Ni	228
Sn-3.0Ag-0.7Cu-1Bi-2.5In	215
Sn-3.5Ag-0.5Bi-8.0In	214

① 资料：千住金属工業株式会社資料。

In 的摩擦系数小并且柔软，因而也被用于轴承内表面镀层。

InP 是高辉度 LED 元件，被用于机场照明、汽车前大灯、信号灯等方面。

In 是铅锌冶炼或锡冶炼时的副产品。世界上最大的日本札幌市丰羽矿山曾经年产 30t 金属 In，后于 2006 年被封闭。现在日本全部采用进口锌精矿生产。日本消费了全世界 80% 以上的 In 产量（2006 年全世界铟产量为 1066t），70% 的进口量来自于中国。因此，In 也属于一种供给不稳定的元素。

斯科特探险队燃料箱泄漏之谜

1912 年英国绅士军官斯科特率领的斯科特南极探险队为科学而牺牲，其故事百年不衰，他本人也成为励志英雄。

斯科特全军覆没的主要原因是补给点分布没有规律且太散乱，导致补给点储存的食物、补给物资、燃料都不够。还有一个重要原因就是他们返回在罗斯冰架上预设的补给仓库时发现，装在油桶里的煤油神秘地流光了。是什么原因导致燃料箱开裂呢?

燃料泄漏的原因是发生了“锡瘟疫”?

当年探险队使用的燃料箱是用锡钎焊熔焊制成的。锡是一种延展性非常好的金属，在常温下不易氧化，化学性质稳定，光泽度好。但它有一个致命的弱点，就是既怕冷又怕热，只有在 13.2～161℃ 的温度范围内其物理和化学性质才最稳定，这就是我们常见到的“白锡”。锡元素有白锡、灰锡和脆锡这 3 种同素异形体。在不同环境下，锡可以有不同的结晶状态。当温度从室温冷却到低于 13.2℃

时，锡会产生相变形成一种新的结晶形态，即灰锡。这时密度从7.28g/cm^{3}减小到5.8g/cm^3，导致体积增大。这种相变速度比较缓慢，通常不易发生。但是，在寒冷地带该相变则会加速进行。相变一旦发生就会产生像肿大和起泡一样的突起，有点类似人类的瘟疫。未染上“锡瘟疫”的锡板，一旦和有“锡瘟疫”的锡板接触，也会产生同样的“病症”而逐渐“腐烂”掉，就像传染病一样很快波及整体。其结果是导致锡制品疏松破坏。我们将此形象地称之为“锡瘟疫”。

这可能就是1912年斯科特探险队从南极点返回途中发生灾难的原因。南极洲是一块终年冰封的大陆，有“世界寒极”之称。南极点的年平均气温为-42.5℃，低温导致燃料箱的锡钎焊焊缝发生锡瘟疫而产生破裂，最终造成了燃料流失的悲剧。

当时的钎焊成分现在业已无法查明，因此是否确实是上述原因造成的悲剧至今已无法确认。但是，据说当时的钎焊材料几乎都是纯锡制成的。因此，锡瘟疫在南极这种极低温环境下极有可能发生。

人类在金属世界利用相变提高其强度的同时，也在不断地积累如何回避其负面影响等方面的知识。

图7-36是长期置于-18℃时的铸造锡试样照片。存放1.5年和1.8年后可看到锡制品就像得了瘟疫似的发生了严重的破坏。

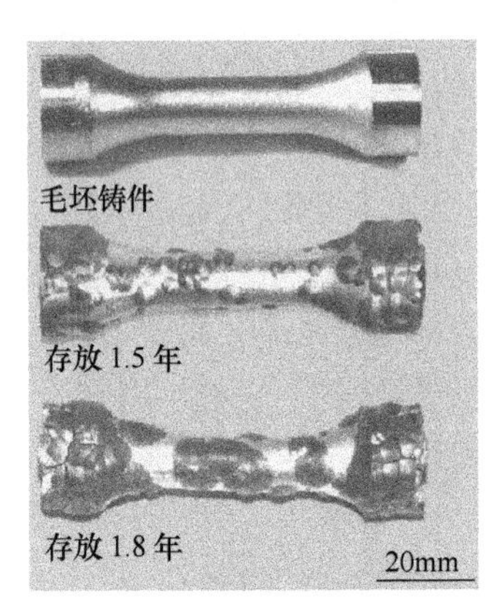

图7-36　锡瘟疫

8 我们身边的金属

8.1 令人痴迷的传统工艺品——日本南部铁壶

8.1.1 南部铁壶的来源

图 8-1 日本南部铁壶

以烧开水用的“铁壶”为代表的南部铁器，是日本岩手县的著名产品（图 8-1）。公元 1633 年，日本当地南部藩第 28 代藩主南部重直将其统治中心迁移到了岩手县盛冈市以后，该藩主为了充分利用周边盛产的砂铁、岩铁以及川砂、黏土、漆、炭等优质资源，振兴当地经济，从京都、甲州（现在的山梨县）等地招来了大量的铸工工匠并鼓励制造铁器，由此便开创了南部铁器的制作历史。刚开始时以铸造烧开水用的铁锅为主；后来由于鼓励“茶道”，这种铁壶便越做越小；直至形状演变成了现在风格的“铁壶”。1975 年，南部铁器被指定为日本国家传统工艺品。

这些年来，南部铁壶风也刮到了中国。南部老铁壶目前在中国市场上都价值不菲，很难入手。很多中国游客更是纷纷远赴日本岩手县抢购南部铁壶。南部铁壶成为了中国游客的新宠。

南部铁壶是使用铸铁制成的茶壶。据说用该铁壶煮沸的开水，铁成分会适度地溶入水中而具有防治贫血的效果，水中的钙镁离子则会形成水垢沉淀，因此开水的味道非常醇美。南部铁壶仍以传统的技法为基础，保持着古典的风格及人、大自然和艺术的完美结合，不仅是实用的水壶，更是兼具装饰功能的美术工艺品。

8.1.2 传统工艺技法

通常的铸铁器物，是将铁水注入用含一定水分的型砂做成的砂型铸造型腔中制成的。砂型铸造生产效率高，适合于批量生产，一般的机械用铸件都采用这种办法进行生产。而南部铁壶、日本铸铁佛像等采用的是干范铸型型腔的精密铸造法。干范铸型型腔可以保证铁水进入很薄的间隙，获得薄壁且具有美丽花纹和光滑表面的铸物。

铁壶的制作过程约有几十道工序，从最初设计到成品完成一般耗时将近2个月。制作一个精致的铁壶，分别需要做壶体的手工匠和做壶把的手工匠，两人的精湛技艺共同完成一件艺术品的制作。

首先，根据设计思路描画出铁壶的样稿。然后，根据样稿图纸推算出壶的截面图，根据横截面来打造铸型所需的木模。将木模在由河沙和黏土制成的型砂中旋转，每转一圈的同时加入调制好的型砂，如此重复数十次，直至满意为止，壶范（模具）雏形大致打造完成（图8-2）。外范分为上下两部分，壶底朝上，壶口朝下。在型砂未干透之前，用专业工具在范内壁勾刻出壶壁的纹路，除了南部铁壶特有的小方格形状外，还有几何状、花卉和风景等图案。采用同样的方法用布压成实心的内范（芯）形状。然后在约900℃的炭火中烘烧，干燥后组合成为铸型。把铸铁铁水从外范盖子上的小孔中注入，冷却2h左右，剥开外模，取出铸件。此时的铸件已经有了完整的壶体形状。壶盖等采用相同方法制造（图8-3）。

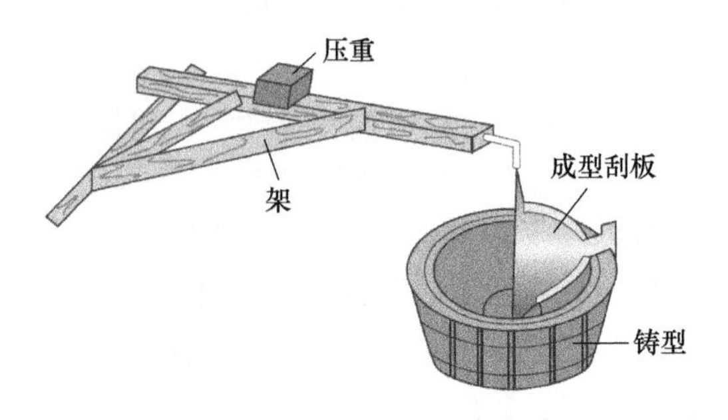

图8-2　铁壶铸型模具制造简图

（资料：堀江皓．南部鉄瓶．マテリア，1995，34（10)：1138～1143）

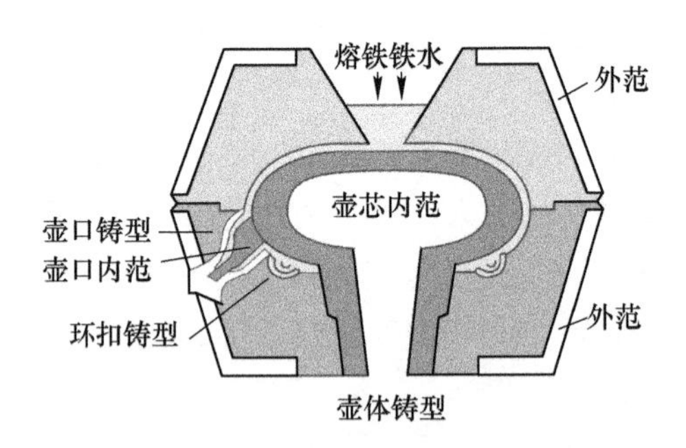

图8-3　铸型断面简图

（资料：堀江皓．南部鉄瓶．マテリア，1995，34（10)：1138～1143）

成型后的铁壶在约1000℃的炭火中烧烤，使壶体外表面形成一层可以防止壶体生锈的磁性氧化膜（黑锈、Fe_3O_4）。完成后，再将铁壶放在炭火上加热至300℃，在壶表面刷上混有醋酸铁等的溶液进行着色。最后，将特制的壶提手壶衔接，一个完整的铁壶就完成了。

南部铁壶分为灰口铸铁和白口铸铁两种组织类型。灰口铸铁（简称灰铸铁）是铁中的全部或大部分碳以片状石墨形态存在，断口呈灰暗色，因此得名。白口铸铁中的碳都与铁形成渗碳体（Fe_3C），断面因此呈现白色，具有很大的硬度和脆性。铁的熔点处于1200～1250℃之间，C含量、Si含量以及冷却温度决定了获得何种组织结构（表8-1）。灰口铸铁铁壶整体发黑，随后的表面氧化处理赋予其独特的风味。而未经表面处理的白口铸铁铁壶表面具有金属光泽（银色）。白口铸铁铁壶流水通畅，壶体表面造型更加细腻。

表8-1 南部铁壶的成分组成[①] （%）

试　样	C	Si	Mn	P	S	Ti	Cu
灰口铸铁	3.990	1.710	0.370	0.080	0.112	0.036	0.095
白口铸铁	3.980	1.160	0.190	0.123	0.176	0.067	0.040

① 资料：堀江皓．南部鉄瓶．マテリア，1995，34（10）：1138～1143。

8.2 保护牙齿的补牙合金

8.2.1 各种各样的补牙合金

补牙材料可以是金（Au）、银（Ag）、钛（Ti）等金属，以及树脂、陶瓷等非金属。而金属材料由于强度高、延性好以及加工容易获得了广泛应用。

龋齿会导致牙齿的咬合面缺损。对于程度较轻的龋齿采用柔软的金箔填充即可。以前曾经采用银汞合金（银-锡-铜-汞）作为龋齿填充材料，但由于担心人体吸收银汞合金中的汞蒸气现在已经不再使用。

对于较严重的龋齿则需要采用精密铸造的方法制作镶嵌物，再用补牙胶固定。镶嵌物通常采用20K金、18K金等合金（Au-Ag-Cu合金）或被称之为银齿的金银钯合金。对于更加严重的龋齿，则采用金属牙冠覆盖整个龋齿。牙冠和镶嵌物采用同样的金属。牙齿脱落还需要植牙或安装义齿（图8-4）。植牙作为替代的牙齿，将纯钛（Ti）或钛合金制的人工牙根植入牙槽骨内，然后在人工牙根上方安装上瓷牙。为了保证义齿的强度一般使用Co-Cr合金。牙齿矫正材料一般使用不锈钢、Co-Cr合金，最近开始普及使用Ti-Ni超弹性合金（第118页）。

8.2.2 镶牙是精密铸造技术

牙齿镶嵌物的制造采用的是精密铸造技术。首先将龋齿部分去龋修整成型后，使用可在体温下凝固的硅树脂采取齿形，之后将石膏灌入固化树脂制作成牙齿石膏模型，再用特种石蜡制出镶嵌物形状原型。因该原型在铸造时会产生收缩，因此通常采用硬化反应时会发生膨胀的石英等材料进行填埋。再加热使石蜡

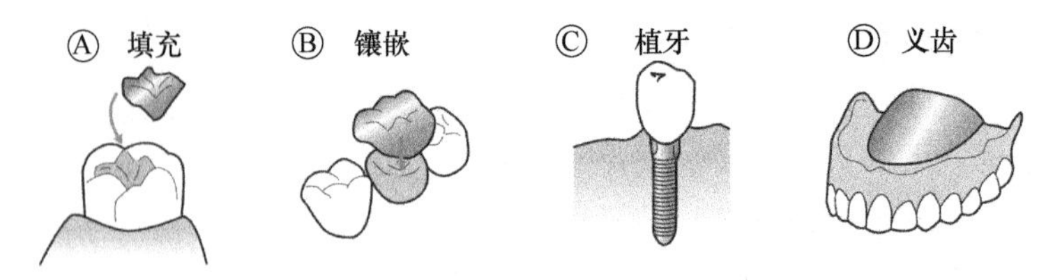

图 8-4 齿科医疗用合金的使用例
（资料：機能する歯科医療用材料. ふぇらむ, 2008, 13（4）: 202～206）

熔化排出获得最终铸造型腔。这种方法我们称之为失蜡铸造法。最后，采用离心法注入合金溶液完成龋齿镶嵌物的制作（图 8-5）。

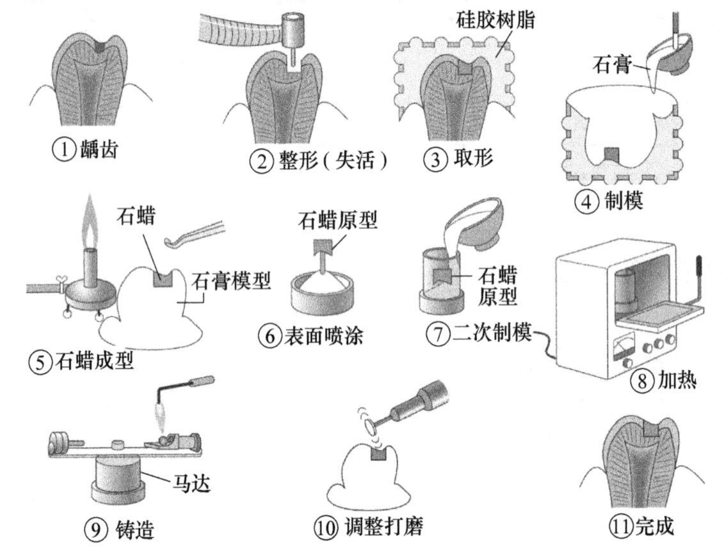

图 8-5 龋齿镶嵌物的精密铸造法
（资料：塙隆夫. 歯科治療と金属材料. ふぇらむ, 2008, 13（4）: 209～215）

8.3 金属玻璃：金属材料的革命

8.3.1 非晶态金属虽具有非凡的性能，但是也有烦恼

金属材料一般都是晶体状态，但是某些合金通过快速冷却就可成为非晶态（Amorphous）物质。自 1960 年美国加州理工大学 Duwez 教授等人发明用快淬工艺制备出金（Au）-硅（Si）系和金（Au）-锗（Ge）系非晶材料以来，世界各国开始了研究非晶态合金的热潮。其中，日本东北大学的增本等人通过快淬方法研发出了多系列非晶态合金，并发现了非晶态材料具有高强度、高韧性、高耐腐蚀性以及软磁性等优异性能。但是，快淬工艺需要每秒百万摄氏度以上的超速冷却速度，这导致了目前无法生产出较大尺寸的材料，而只能生产一些较薄的用于变

压器铁芯等方面的带状材料。

8.3.2 从非晶态到玻璃，金属材料的新舞台

各国科学家为了打破以上局限开始了不断的研究。1990 年，增本研究组的井上明久先生发现了在 10℃/s 的冷却速度下仍能获得非晶态的锆（Zr）合金[1]。经过不断的努力研究，相继研究开发出了可在较低冷却速度下获得的非晶态合金的铁（Fe）系、钴（Co）系、镍（Ni）系合金。

这些合金不但具有非晶态合金的共同特性，与通常的非晶态金属加热后立即恢复成晶体状态相比，还具有高温加热仍然保持非晶状态等特点，并能像玻璃一样进行加工。因此，为了与非晶态金属相区别我们称之为金属玻璃。金属玻璃作为 21 世纪金属材料革命的旗手，人们对其在超高强度材料、超弹性拉伸材料、超塑性磁性材料、低阻尼音响材料等方面的应用正在进行着积极的研究扩展。

以日本 YKK（株）开发的世界最小型实用齿轮马达为例（图 8-6），由于金属玻璃的液固转变无体积收缩，因此可以完美地复制模具的复杂形状，解决了超小型零件无法切削加工的技术难题。另外，利用低杨氏模量的金属玻璃，可制成高敏感度压力探头（图 8-7）中的隔膜等元件。

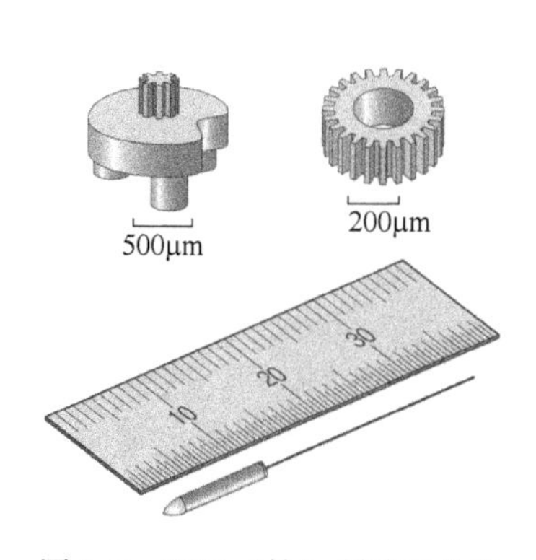

图 8-6 YKK（株）制造的世界最小型齿轮马达

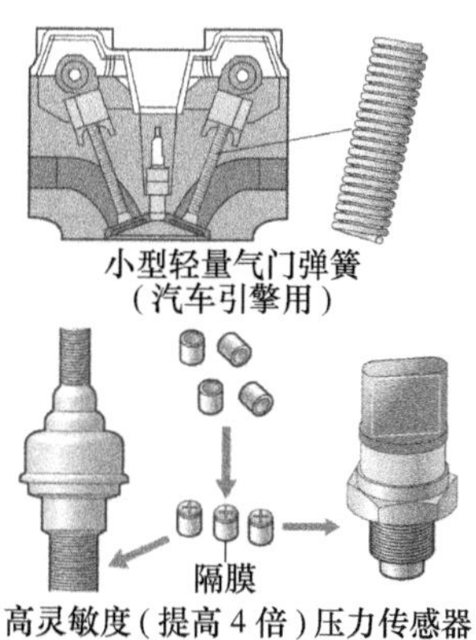

图 8-7 弹簧和压力传感器

（资料：NEDOHP「強靭性、耐食性、磁気特性にすぐれたアモルファス金属/金属ガラスとはなにか」）

8.4 金刚石薄膜带来的模具进步

8.4.1 使难加工合金的成型模具变为可能

金属镁（Mg）资源丰富，其与铝（Al）、锌（Zn）等结合可制成高强度轻

---

[1] 井上明久．鉄鋼技術における非平衡鉄合金開発の意義及び將来性．西山記念講座，2009-11-27：23～46.

质合金。因此镁合金在交通运输、航空和航天工业上具有巨大的应用前景。但由于该合金为密排六方晶体结构，因此加工性能极差，一直以来只能利用铸造或压铸方法来制作一些小尺寸零件使用。

最近，采用化学气相沉积（CVD）法（图 8-8）将金刚石薄层镀覆在模具表面，使得镁铝合金在无润滑油条件下的热轧（约 320℃）加工成为了可能[1]（图 8-9）。这是由于金刚石薄膜硬度极高、耐磨性好而且摩擦系数小，避免了润滑油烧结带来的表面恶化，省略了热压成型后的清洗，提高了产品品质，降低了成本和环保费用。目前金刚石镀膜后，还要进行研磨以进一步提高表面光滑度（图 8-10）。从图中可以看出，研磨前可清晰地看出金刚石晶体结构（立方体），研磨后表面平滑度大大提高。

目前，正在开发金刚石镀膜后，再在其上镀覆 DLC 膜等实用化复合成膜技术，以期更进一步地提高性能，降低成本。

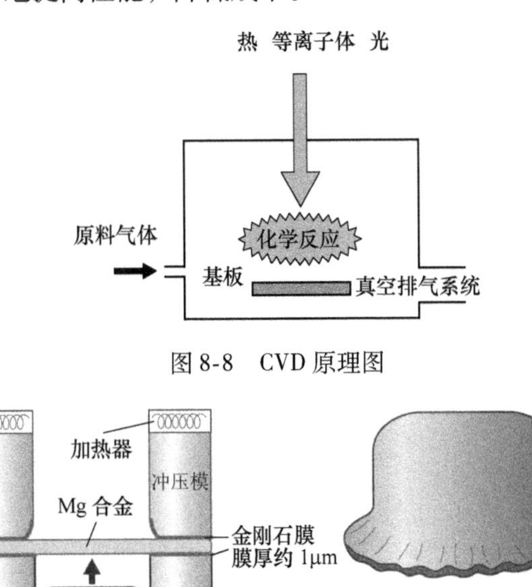

图 8-8 CVD 原理图

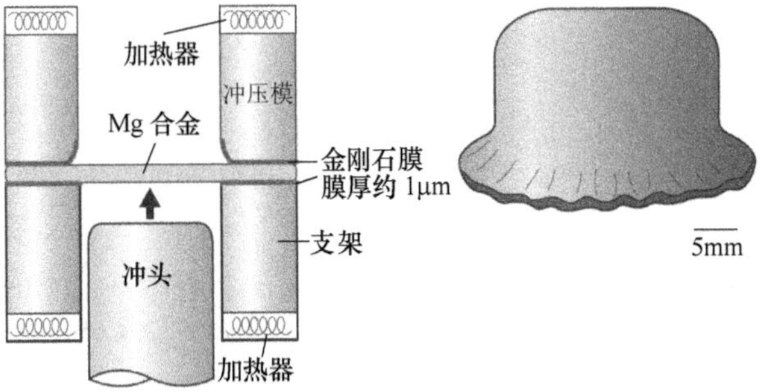

图 8-9 金刚石薄膜模具的镁合金加工[2]

---

[1] 独立行政法人 産業技術総合研究所，地方独立行政法人 東京都立産業技術研究センター，記者発表資料. ダイヤモンドコーティング金型を用いた熱間完全ドライプレス加工技術を開発. 2008 年 2 月 21 日.

[2] 难燃性镁合金成分为 Mg-6Al-0.4Mn-2Ca。Ca 的添加使得在镁合金表面形成以 CaO 为主成分的致密难燃性薄膜的同时，基体中形成的细微金属间化合物 Al_2Ca 则会导致加工性能大大下降。金刚石膜模具使得这种难加工镁合金的加工成为可能。

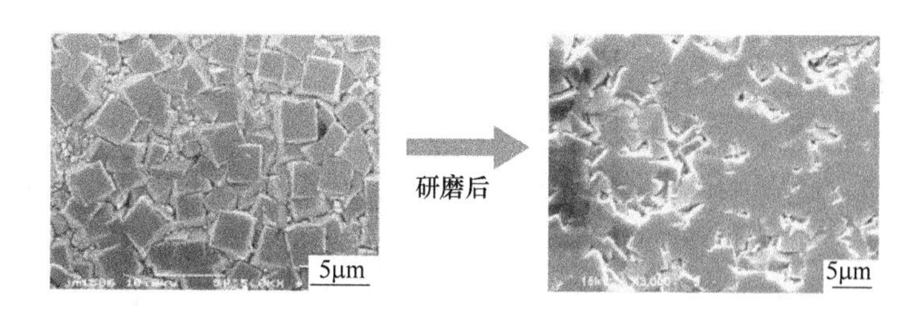

图 8-10 金刚石薄膜的扫描电子照片
(照片提供：基昭夫（元東京都立産業技術研究センター）)

8.4.2 发展中的 DLC 膜镀层

碳元素薄膜状析出形成的硬质碳膜镀层有两种类型。一种是上述的金刚石膜，另一种是类金刚石碳膜（Diamond-like Carbon)。金刚石膜为结晶态薄膜，目前还正处于研究开发阶段。DLC 膜是近年来业已获得了广泛研究和开发，具有广泛应用前景的一种新型功能材料。DLC 膜虽然为一种亚稳态的非晶态材料，但其硬度和耐久性等性能均接近于金刚石，并且可高速成膜形成质优价廉的硬质碳膜。因此率先在钻头、刮胡刀等刃具上获得了广泛应用。利用氧分子极难通过碳膜的特性，人类还将其涂覆在 PET 瓶的内表面。

DLC 薄膜在铝（Al)、铜（Cu)、玻璃、塑料等加工成型模具的内涂层方面业已获得了广泛的应用。而金刚石镀膜的实际应用也在日益成为现实。

8.5 模具的增量制造

8.5.1 从减材制造到增材制造

目前模具一般都是采用机械切削或线切割、电火花放电加工等方法制造，从块状金属材料上去除不需要的部分所进行的减材制造加工方法。减材制造方法难以制造出形状较复杂的内腔，例如冷却水通道只能采用钻孔的方法制造。而采用增材制造方法，则可自由设计内腔冷却水路（图 8-11)。

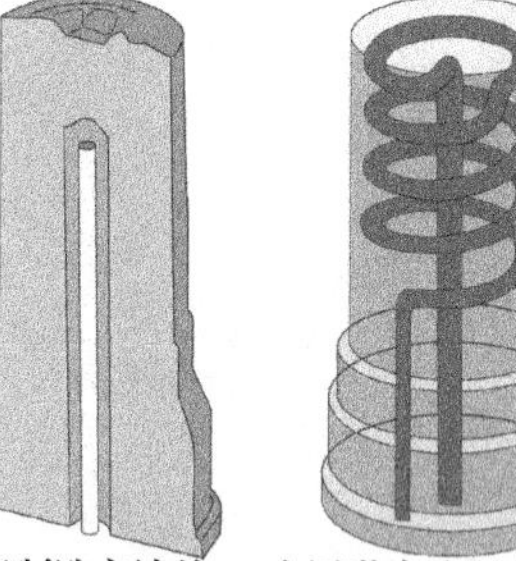

图 8-11 工件内部冷却水路示例[❶]
(资料：阿部諭，不破勲，東喜万，峠山裕彦，吉田徳雄，太田卯三. 金属光造形複合加工システムによる高機能射出成形金型製作. 松下電工技報，2005，53 (2)：5～11)

❶ 由于内部冷却水管道可制作成三维形状，不但能极大地提高冷却效率，还可大大缩短制造时间。

1990 年左右开始实用化的激光成型法——激光选区烧结工艺（selective laser sintering，SLS）技术，是最成功的快速模具直接制造工艺技术。该工艺过程为：采用高能量激光选择性地将粉末烧结为层片，逐层烧结后，将未烧结的松散粉末除去，然后再经过高温烧结及渗铜后即可作为模具使用。该方法在小型注射模和吹塑模上已经获得了成功应用。另外一种直接金属激光烧结工艺（direct metal laser sintering，DMLS）是德国 EOS 公司在 SLS 工艺基础上开发出的一种新型模具直接制造技术。它不用中间黏结剂而是直接烧结金属粉末，所制造出的模具密度接近纯金属。DMLS 模具不必再进行后期的高温烧结和渗铜，但需在表面渗入一层高温环氧树脂，目前模具的精度能达到 ±0.05mm，用于注射模能注射出高达 1.5 万件的塑件，用于压铸模可以铸造几百件金属零件。采用这种技术，冷却水通道可以自由设计，使得复杂的内部形状加工变为现实。

快速模具增材制造技术经过 20 年的努力虽然取得了很大的进展，已经有很多快速成型工艺可以直接制造出高质量金属模具，但是其应用目前还处于起步阶段。以下是目前制约该技术推广应用的主要原因：（1）制造设备和成型材料昂贵；（2）模具的质量不高，精度和表面粗糙度太低；（3）工艺控制复杂；（4）可用模具材料很少，难以满足各种使用条件的要求；（5）难以制造大型模具。

8.5.2 组合化诞生技术革新

金属激光造型复合加工技术是金属激光成型和精密切削技术的组合，在某金属层烧结完成后，通过精密切削修整形状后再进行下道烧结操作。通过上述操作的不断重复，可获得既具有激光成型法特点，又具有高精度、高表面平滑度值的模具（图 8-12）。

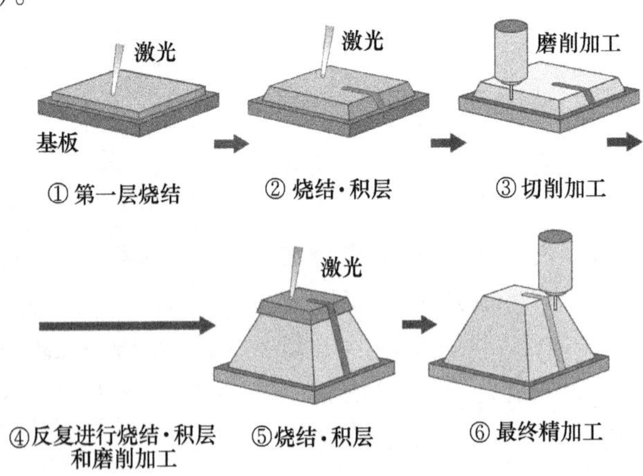

图 8-12 金属激光造型复合加工技术

（资料：阿部諭，東喜万，不破勲. 加工物側面粗さを抑えた高精度金属光造形複合加工. パナソニック電工技報，2009，57（3）：4～9）

以上方法具有以下优点：（1）可一次性地制造出形状复杂的整体模具；（2）省略了模具成型后的放电加工工序，极大地缩短了模具制作时间；（3）冷却水管路设计的自由度增大，导致模具成型时间大幅度缩短；（4）24h 可无人自动加工等。

金属激光造型复合加工技术相比传统加工工艺可减少加工时间 62% 以上（图 8-13）。

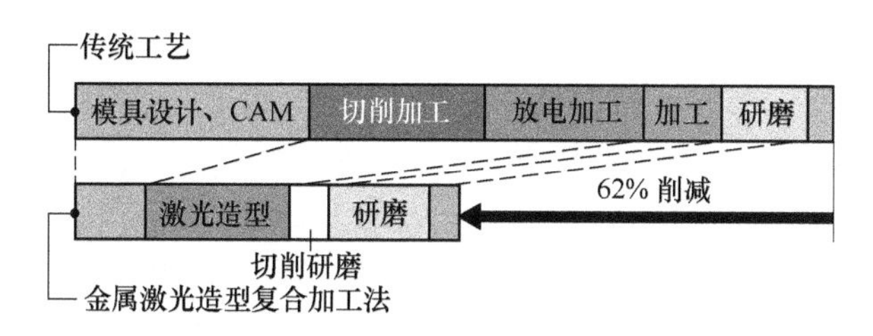

图 8-13　模具制作周期的节省效果

（资料：株式会社松浦機械製作所HP）

以上技术业已在家庭用净水器部件、复杂形状的树脂成型用模具等方面获得了应用，模具的实际寿命业已达到能注射 30 万件以上塑件的水平。

8.6　啤酒易拉罐是材料技术与成型技术的集大成者❶

8.6.1　用金属铝做啤酒容器是近几十年的事情

20 世纪 50 年代中后期，当时的啤酒曾全部采用玻璃瓶装容器，啤酒瓶的搬运和回收成为了一个巨大的工作负担。另外，采用玻璃瓶还存在易破裂、光照射导致品质下降以及较难冷却等问题。后来日本虽然出现了铁罐容器，但却极大地影响了啤酒的口感和味道。

1971 年左右出现了铝制罐装容器并迅速发展成啤酒易拉罐容器。现在，日本国内大约 70% 以上的包括啤酒等发泡酒在内的容器均采用铝制易拉罐容器（剩下是玻璃瓶和酒樽）。铝制易拉罐（图 8-14）被广泛采用的原因为：（1）彻底隔绝了空气和光线的侵入，使得饮料始终保持新鲜原味；（2）质量轻，印刷后色彩鲜艳、漂亮；（3）可放入冰箱中迅速冷藏等。

8.6.2　铝制易拉罐迅速普及的秘密

易拉罐的制作方法如下：

---

❶ ［1］大西健介. 金属，1995，65（5）：379.
　［2］小出政俊，鶴田淳人. 神户製鋼技報，2005，55（2）：75.

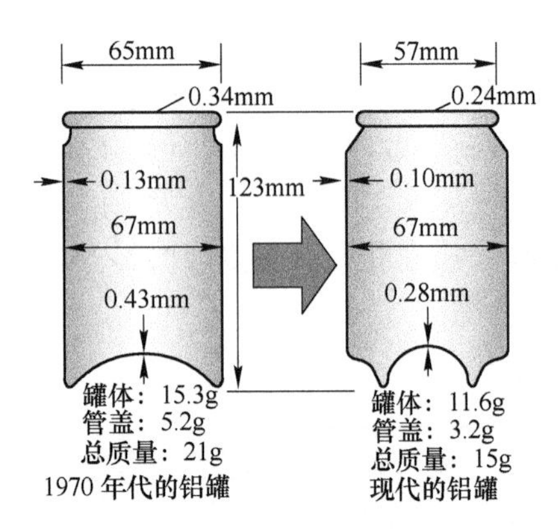

图 8-14 铝易拉罐形状的进步

（资料：稲葉隆.神戸製鋼技報，2000，50（3）：54）

（1）落料加工（图 8-15）：首先用冲床将 0.3mm 厚的薄铝带冲制出大约直径 145mm 的圆盘，然后分两段深冲冲制出直径 90～92mm、高 32～33mm 的杯状物料。由于材料加工温度的上升会导致晶粒粗大降低强度，因此冷冲时要注意温度的变化。杯状物料的厚度仍为 0.3mm。

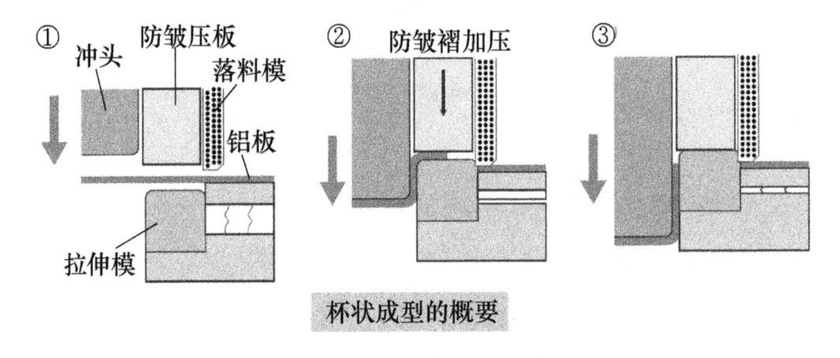

图 8-15 易拉罐铝板的落料加工

（资料：大西健介．金属，1995，65：379）

（2）反复拉伸变薄成型加工（图 8-16）：将图 8-15 中得到的杯状原料由拉伸机多次拉伸，最终拉成壁厚 0.1mm、高 123mm 的圆罐形状。罐底部同时作成能抵抗内压的鼓状。

（3）拉伸后的罐子经清洗、烘干、外表印刷并烘干、内壁喷涂并烘干后罐口缩颈返边，漏光检测后就是完成的易拉罐体。将易拉罐体送至啤酒工厂，灌装后再冲压上盖（罐盖也是用铝带用冲床一次冲制成型），即完成了易拉罐啤酒的制作。

罐体和上盖的生产速度分别为每分钟 2100 个和 2000 个，罐体最薄处的厚度只有 0.1mm。

高强度及高成型性材料制备技术、形状设计技术和高速加工技术的开发应用使得现代铝制品材料的高速生产和薄壁加工成为了现实。经过近 30 年的技术进

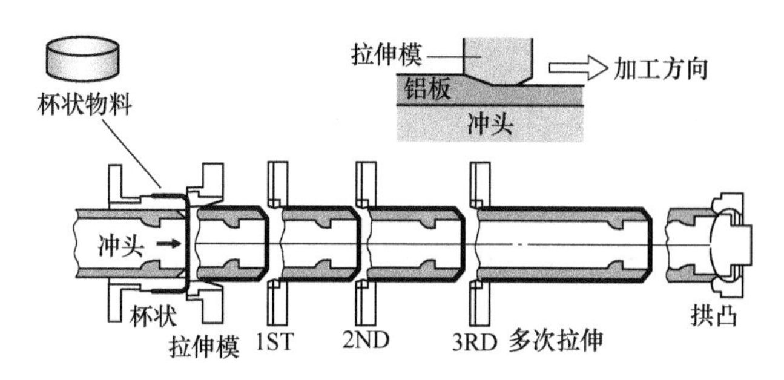

图 8-16 易拉罐的制作（反复拉伸成型）
（资料：大西健介. 金属，1995，65：379）

步，易拉罐罐体业已从 20 世纪 70 年代初的约 20.5g 减少到 1997 年的约 15.5g。另外，由于上盖很难做成鼓状，因此在其铝基体中添加了合金元素镁（Mg）并适当增加板材厚度以提高上盖强度。罐体内壁涂覆环氧树脂或 PET 树脂，以确保金属铝不会与饮料直接接触。

目前，铝制易拉罐的罐体制作、外壁印刷涂覆工艺方面仍在不断地进步（第 178 页）。

8.7 埃菲尔铁塔和东京塔❶

8.7.1 吸引全世界目光的埃菲尔铁塔

埃菲尔铁塔是 1889 年为纪念法国革命 100 周年，树立在巴黎世博会会场的高 324m 的锻铁（又称熟铁）铁塔（图 8-17）。该塔得名于设计它的著名建筑师和结构工程师古斯塔夫・埃菲尔。铁塔由 18038 个锻铁构件，250 万个铆钉构成，总质量 7300t。这个采用纤细的锻铁杆、利用几何学组合编织的“钢铁蕾丝工艺品”，还承担着电波塔的功能。

埃菲尔铁塔　　东京塔　　东京天空树®

图 8-17 埃菲尔铁塔、东京塔和东京天空树

---

❶ 弗雷德里克・塞茨著，松本栄寿、小浜清子訳. エッフェル塔物語. 玉川大学出版社，2002.

8.7.2 揭开炼钢时代的贝塞麦炼钢法（Bessemer process）

锻铁是采用搅炼法工艺（Puddling process）制造的（图 8-18）。搅炼法是 1856 年贝塞麦发明出空气底吹转炉炼钢法之前的主要炼铁方法。铸铁在反射炉中半熔融并采用机械搅拌（puddling）1h 以上的方法进行脱碳才能加工出可机加工的低碳生铁。低碳生铁是 18～19 世纪前半叶工业革命的材料支柱。

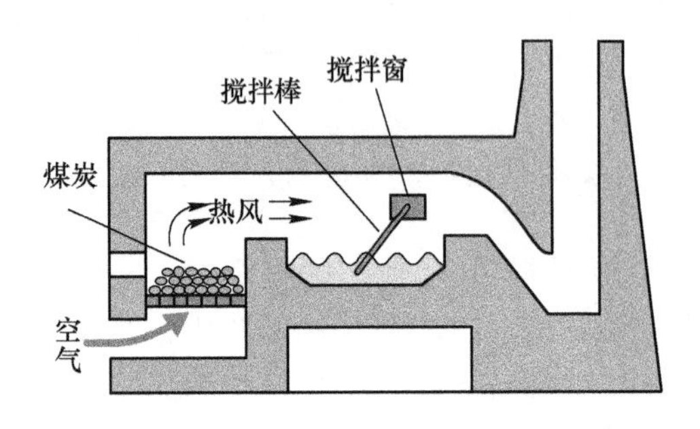

图 8-18　搅炼法制铁

19 世纪 50 年代，贝塞麦注意到在安装有鼓风设备的炉中熔化铁时，空气可除去铁水中的碳，炼制出熟铁或低碳钢，于是他采用风管吹炼坩埚中的铁水，后发展成为贝塞麦转炉炼钢法，并于 1856 年获得专利（图 8-19）。贝塞麦法只需要 20min 左右即可氧化去除铁水中的碳、硅、锰等杂质，将生铁炼制成钢，同时产生高温。而生成的氧化物杂质变成熔融性钢渣悬浮在钢水表面而被去除。贝塞麦法不但使炼钢成为了现实，而且极大地提高了钢的产量。贝塞麦法的诞生标志着早期工业革命从“铁时代”向“钢时代”演变。这在冶金发展史上具有划时代的意义。

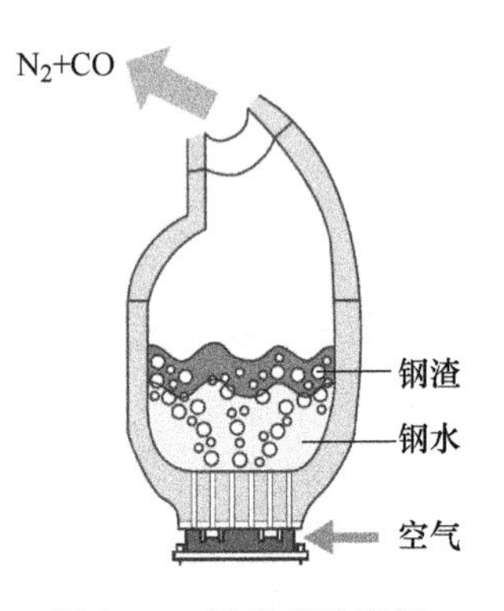

图 8-19　贝塞麦法炼钢

8.7.3 巨大的铁塔是时代技术的标志

高达 333m 的东京铁塔，是 1958 年采用近代炼钢法（平炉法等）生产的钢材所制造的钢铁建筑物，重达 4200t。钢铁材料的强度和可靠性的提高带来了与埃菲尔铁塔的质量差别。这两座铁塔的设计要求除了必须抵抗风力和传播半径达 100km 的电波外，埃菲尔铁塔和东京铁塔每年还分别接纳 600 万人和 300 万人的游客登塔观光。而高达 634m 的东京晴空塔（东京 SKY TREE）所使用的钢材则采用现代炼钢法（纯氧转炉法等）制作，总质量高达 32000t。沐浴在绚丽灯光照耀下的巨大铁塔，不但是电波时代不可缺少的建筑物，而且还是集钢铁冶炼、建筑、电波、照明技术之大成的现代技术的标志。

8.8 将两个世界连接在一起：明石海峡大桥和港珠澳跨海大桥

8.8.1 完美的明石海峡大桥

与东京塔在垂直方向展现着技术与艺术的完美结合相对应，明石海峡大桥和港珠澳跨海大桥则作为横跨海峡的钢铁结构也在同样展现着其技术与艺术的魅力。两者都是在材料和设计技术上集当代最尖端技术之大成的时代象征。明石海峡大桥的钢铁使用量约20万吨。而正在建设的，作为中国首个大规模使用钢箱梁的外海桥梁工程，港珠澳大桥在桥梁上部结构的用钢量超过了42万吨（小部分为钢塔），可用来修建近60座埃菲尔铁塔（图8-20），是集桥、岛、隧为一体的超大型跨海通道。

图8-20 明石海峡大桥和港珠澳跨海大桥

a—日本明石海峡大桥；b—中国港珠澳跨海大桥

明石海峡大桥是截止到20世纪为止世界上最高、最长、造价最昂贵的跨海简支钢桁悬索桥。大桥坐落在日本神户市与淡路岛之间，全长3911m，主桥墩跨度1991m，两座主桥墩海拔297m，基础直径80m，水中部分高60m（图8-21）。两条钢制悬索每条约4000m，直径1.12m，由290根细钢缆组成，重约5万吨。大桥于1988年5月动工，1998年3月竣工。1995年1月17日，日本发生里氏7.2级坂神·淡路大地震（震中位置距桥址只有4km），该桥经受住了大自然的

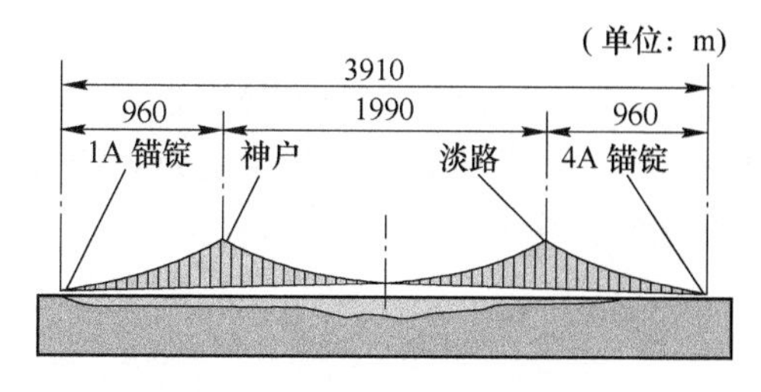

图8-21 明石海峡大桥断面图

（资料：明石海峡大橋（Pearl Bridge）HP）

无情考验，只是南岸的岸墩和锚锭装置发生了轻微位移，使桥的长度增加了约1m。

8.8.2 超高强度钢丝使得巨大建筑物的建设成为可能

悬索桥通过主塔和主塔之间的钢制悬索吊起桥体的全部重量。如果悬索强度不足则必须增加钢缆数量，而悬索垂度也会增加，这样就必须提高主塔的高度。明石海峡大桥采用了127根直径为5.23mm、极限抗拉强度1800MPa的高强度钢丝拧成细钢缆（绳），再由290根细钢缆（绳）捻成主悬索。该桥的主悬索直径为1122mm，由共计73660根高强度钢丝构成，钢丝总长度达30万公里。

为了达到轻质化建桥的目的，钢丝生产厂家特别开发出将当时主流的1mm²承载160kg提高到1mm²承载180kg的钢丝制造技术。提高钢丝强度的主要方法是将碳含量（质量分数）从0.77%提高到0.82%，硅含量从0.25%提高到0.90%[1]。增加碳含量可提高珠光体相含量，而增加硅含量在提高固溶强化强度的同时，还能防止镀锌所引起的强度下降。高强度钢丝的使用不但减少了主悬索的质量，降低了主塔塔高，还大大缩短了建设工期（图8-22）。

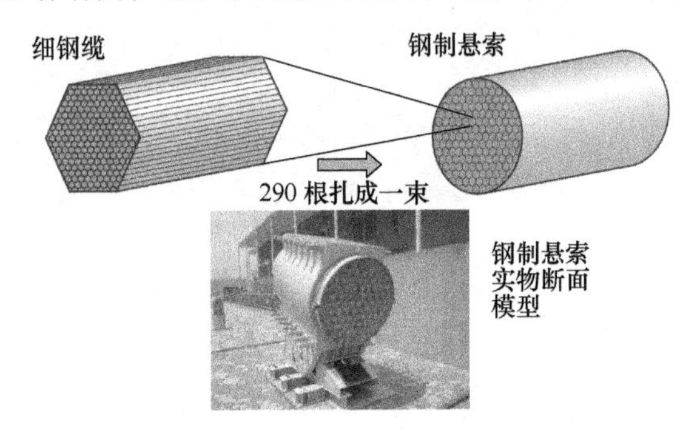

图8-22　钢丝、钢缆与悬索

该桥可承受8.5级强烈地震和150年一遇的80m/s的暴风肆虐，为20世纪世界上跨度最大的悬索桥，同时还是世界上最长的双层桥，是联结内陆工业中心的重要纽带。它跨越日本本州岛—四国岛之间的明石海峡，实现了日本人一直梦想修建一系列桥梁把4个大岛连在一起的愿望，创造了20世纪世界建桥史的新纪录（表8-2）。

随着技术的不断进步，造桥用材料和相关技术也在向更高的方向研究发展，如钢丝强度达2000MPa、抗风稳定性更好的桥梁构造，减震装置以及维护管理，悬索内通气干燥系统及钢丝应力快速检测装置等。

---

[1] 隠峡保博，茨木信彦，等．200kgf/mm² 強高強度亜鉛メッキ鋼線の開発．神鋼 R&D 技法，1999.

表8-2 世界著名悬索大桥①

No.	桥　名	中央跨度/m	国名	完成年份
1	明石海峡大桥	1991	日本	1998
2	大贝尔特东桥	1624	丹麦	1998
3	亨伯桥	1410	英国	1991
4	江阴长江大桥	1385	中国	1998
5	香港青马大桥	1377	中国	1997
6	费雷泽诺大桥	1298	美国	1964
7	旧金山金门大桥	1280	美国	1937
8	高海岸桥	1210	瑞典	1998

① 资料：明石海峡大橋（Pearl Bridge）HP。

8.9 节能输送的架空电缆和受电弓❶

8.9.1 确保交通运输的城市铁路（城铁）

城铁作为目前日本国内最有效的运输手段，是日本城市间的主要运输工具，并正在全世界逐渐普及。城铁主要采取从其上部悬空的架空线（电缆）上通过受电弓的滑块获取电力。电缆与受电弓的稳定接触保证了城铁的快速和安全运行。这两者之间的构造要求既能时刻保持摩擦接触，还要耐磨及能抵抗强风所带来的晃动以及大电流所带来的热冲击等（图8-23）。

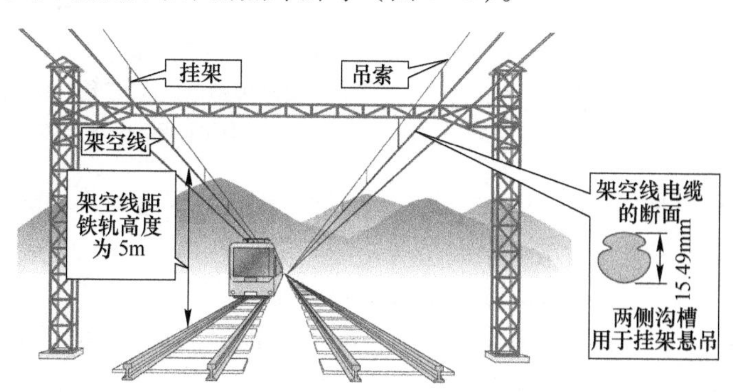

图8-23 城铁整体示意图

❶ 久保俊一，菅原淳．パンダグラフすり板とトロリ線の材料と摩耗．鉄道総研資料RRR，2006，4：26～29.

8.9.2 架空线电缆：利用复合化及合金设计提高强度

架空线电缆中的最大电流为1000A，这会导致电缆的温度上升。电缆在制造时是通过加工硬化获得必要的强度（硬铜线），但温度上升会导致其再结晶，引起晶粒粗大，使得强度下降。如果电缆过度软化则会导致发生断线事故。图8-24为不同温度下保持10min后的架空电缆拉伸试验结果。从图中可以看出，100℃时已经出现了强度下降。因此，在系统设计和管理上必须控制电缆温度不能超过90℃。

纯铜中添加0.3%（质量分数）左右的锡虽然会导致电导率下降，但是其固溶强化可导致耐磨性极大提高。在日本的许多地方，城铁根据使用场所不同分别使用硬铜线和铜锡合金线。

日本高速新干线以前使用的也是上述两种电缆，但最近开始使用钢与铜的复合架空电缆（CS架空电缆：图8-25）和铜中添加0.3% Cr（质量分数）与0.1% Zr，具有与软钢相同的强度及高温极难软化的PHC架空电缆（Precipitation Hardened Copper Alloy：析出强化铜合金）。

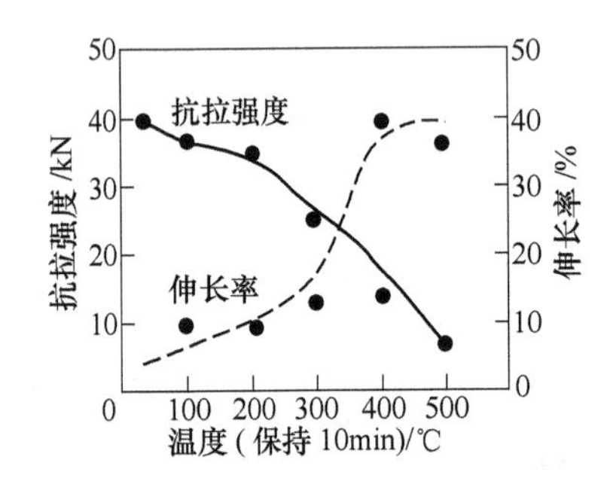

图8-24 温度与强度的关系

（资料：長沢広樹.トロリ線の温度上昇をめぐって.電気車の科学，1989，42（1））

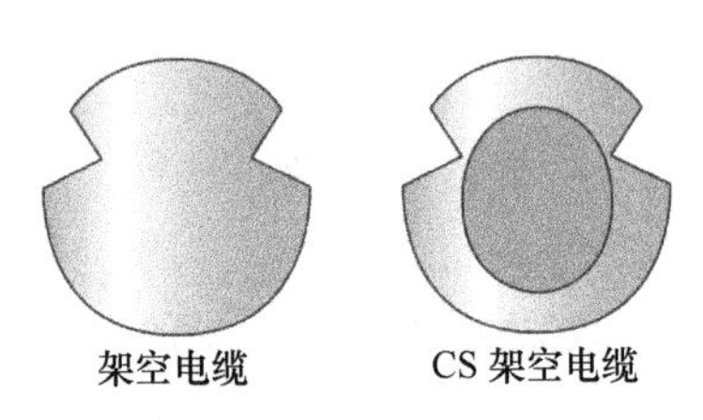

图8-25 CS架空电缆断面图

（资料：久保俊一.菅原淳.パンタグラフすり板とトロリ線の材料と摩耗、鉄道総研資料RRR，2006，4：26～29）

CS架空电缆是copper-steel的简称，即钢芯铜线。目前已在北陆新干线（高崎～八户）以及九州新干线上全面采用。

8.9.3 受电弓：滑块主要采用碳材料

高速列车的牵引系统由接触电缆经过电弓上的滑块获得电流，因此滑块本身必须同时具有难以被磨损并难以磨损架空电缆的特性。由于新干线上使用的滑块需要具有极高的耐冲击强度材料，因此采用的是铜系烧结合金滑块。现在正在更换为炭素滑块。这种滑块是将炭素烧结体浸润到Cu-Ti合金中，炭素基体提供润滑性能，而浸润的金属则提供强度、电导率和耐磨损性能（图8-26）。

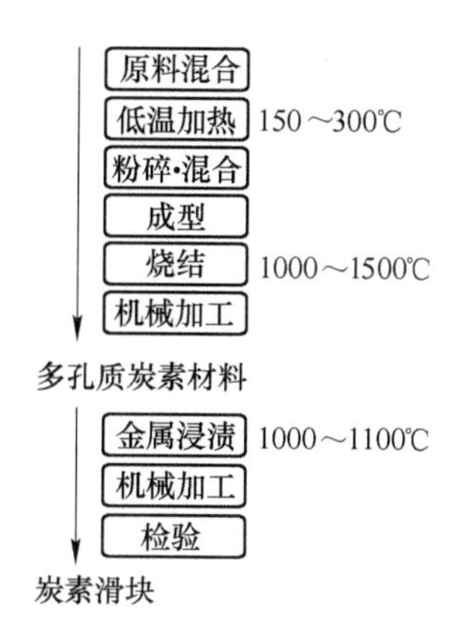

图 8-26　碳素滑块的生产工艺

（资料：久保俊一，菅原淳．パンタグラフすり板とトロリ線の材料と摩耗．鉄道総研資料RRR，2006，4：26～29）

8.10　催化剂：金属的独角戏

8.10.1　为现代化物质生活作出巨大贡献

在化学反应里能改变反应物的化学反应速率（既能提高也能降低）而不改变化学平衡，且其本身的质量和化学性质在化学反应前后都没有发生改变的物质叫催化剂（固体催化剂也叫触媒）。我们一般很难见到催化剂的真面目，但是我们常见的树脂、药品、汽油等大部分日常用品的生产都离不开催化剂（表 8-3）。

表 8-3　催化剂的发展历史[①]

年　代	催化剂（触媒）	触媒反应
1831	Pt	$SO_2+1/2O_2 \rightarrow SO_3$
1838	Pt	$NH_3+2O_2 \rightarrow HNO_3+H_2O$
1879	V_2O_5	$SO_2+1/2O_2 \rightarrow SO_3$
1907	Fe	$N_2+3H_2 \rightarrow 2NH_3$
1924	Zn-Cr 氧化物	甲醇合成
1936	天然白土（硅铝催化剂）	石油裂解的工业化生产
1937	O_2	乙烯聚合（高压法）
1949	Pt/Al_2O_3	石脑油催化改性
1962	沸石	石油裂解
1970	$Co \cdot Mo/Al_2O_3$	重油脱硫

续表 8-3

年 代	催化剂（触媒）	触媒反应
1970	Pt、Pd、Rh	汽车尾气净化
1970	V_2O_5/TiO_2	NO_x 还原
1980	Rh 络合物	乙酸合成
1980	ZSM-5 沸石	CH_3OH→汽油（MTG 法）

① 资料：触媒工業協会技術委員会．改訂 2 版 触媒の話．化学工業日報社，2007-5-18：109～110.

氮肥合成及化学工业的基础材料氨（NH_3），就是以铁为催化剂，在 500℃，90～150 大气压下（低压法）或在 900～1000 大气压下（高压法），由氢气和氮气合成的。哈勃（F. Haber）在 1907 年发明了高压合成氨技术，并于 1918 年获得了诺贝尔奖。

1913 年博世（C. Bosch）在氨合成铁催化剂的基础上，开发出了现代合成氨的工艺技术，并于 1931 年获得了诺贝尔奖。

这种被称之为“从空气中生产面包”的工业化合成氨的技术发明导致了硝铵肥料的大量生产，解决了最重要的世界粮食生产问题，带来了欧洲经济与人口的繁荣，因此被国外传媒评为 20 世纪最重大的发明之一。该方法之所以能变为现实的一个重要原因就是其催化剂的发现。以上只是催化剂的一个实例。目前重要的催化剂几乎都是由金属或其化合物组成的。

8.10.2 催化剂与原料形成中间产物促进了反应进行

当反应物在反应过程中变为生成物时，参与反应的原子或分子要跨越能级障碍（势垒）才能进行重新的化学组合。如果存在催化剂，则反应物会首先与催化剂反应形成中间产物，然后在较低的能级状态进行其后的反应，从而促进了整体反应的进行。以高分子固体燃料电池为例（图 8-27），使用铂为催化剂。反应物氢分子首先到达铂阳极表面并被解离吸附，形成中间产物 Pts-H（反应式（1），Pts 指位于表面的 Pt 原子）。然后中间产物 Pts-H 发生电离，形成 Pts 和 H^+（反应式（2））。H^+ 通过固体高分子电解质移动到阴极，在阴极与被吸附的氧气发生反应生成 H_2O（反应式（3）），全反应结束。如果没有氢分子被吸附到电极上，并与催化剂发生中间反应，则电池无法启动。

除了物质或材料的制造，汽车尾气净化所采用的催化剂也是铂（Pt）、钯（Pd）、铑（Rh）等制成的合金。以汽油车为例，现在主要采用的是三元催化剂净化技术。三元催化净化装置的结构较为简单，主要由蜂窝体和催化剂涂层组成，催化剂涂层由稀土储氧材料（由氧化铈、氧化镧和氧化锆制备），氧化铝材料和贵金属铂（Pt）、钯（Pd）和铑（Rh）组成。稀土储氧材料中的稀土元素铈为一种变价元素，其氧化物具有特殊的储存氧和释放氧的功能，与贵金属 Pt、Pd 和 Rh 结合，在贫燃时储存氧，富燃时提供氧，将汽车尾气排放的碳氢化合物

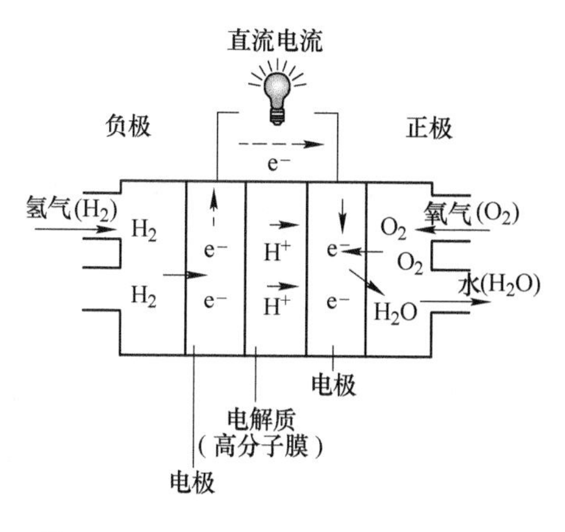

$2Pts + H_2 \rightarrow 2Pts - H$ ………………………… (1)

$2Pts - H \rightarrow 2Pts + 2H^+ + 2e^-$ ………………(2)

$2H^+ + 1/2O_2 + 2e^- \rightarrow H_2O$ ………………(3)

全反应式：$H_2 + 1/2O_2 \rightarrow H_2O$ ……………(4)

图 8-27　高分子固体燃料电池原理

（资料：燃料電池実用化戰略研究会報告，

燃料電池実用化戰略研究会，2001 年 1 月）

（HC）、一氧化碳（CO）和氮氧化合物（NO_x）等污染物高效还原转化为对人体无害的氮气和水。由于稀土储氧材料的高性能，三元催化剂的性能大幅度提高。目前国外已经达到了准零排放水平，最终将实现基本上不排放污染物（图 8-28）。

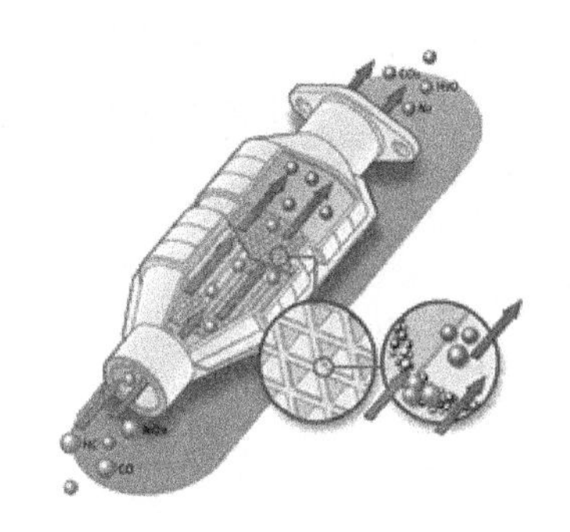

图 8-28　三元催化器

除此以外，火力发电站烟气脱硝（NO_x）用的是 TiO_2-V_2O_5 系触媒，家庭用空气净化器上用的是 TiO_2（光触媒）。因此，催化剂不光为我们提供了丰富的物质生活，也为我们的环境保护提供了物质基础。

小知识

经常出现的误解和混同

1. 稀土金属与稀有金属

稀土金属由原子序数为21的钪（Sc）、39的钇（Y）和化学性质相似的镧系中的15个元素（57的镧（La）至71的镥（Lu）），共计17个元素组成。最初的发现人使用了稀有的土（rare earth）来命名，但实际上稀土元素并不属于稀有资源。由于稀土元素所具有的特殊物理及化学性质，其被称之为工业维生素。

而稀有金属没有明确的定义（第243页），只是相对于铁或铝这些基础金属来说，是资源相对稀少或战略性相对重要而言的金属材料。

2. 锆（Zirconium）、氧化锆（Zirconia）、锆石（Zircon）

锆（Zr）是原子序数为40的金属元素，主要用于核反应堆中燃料包覆材料。

氧化锆是金属锆的氧化物（ZrO_2），熔点为2700℃，通常作为耐火材料使用。对于高纯度ZrO_2，由于具有很高的透明度和折射率，可作为金刚石替代品使用。

锆石是一种复合氧化物（$ZrO_2 \cdot SiO_2$），天然锆石是一种美丽的宝石。

3. 铂与白金（White Gold）

铂的英文叫platinum，而白金则是由金（Au）与镍（Ni）或钯（Pd）制成的首饰贵金属，是完全不同的两种金属材料。

4. 硅（Silicon）与有机硅（Silicone）

硅是原子序数为14的类金属元素。有机硅则是硅元素（Si）与甲基（$—CH_3$）结合在一起的高分子。由于有机硅具有高的电气绝缘性和高化学稳定性，目前获得了广泛的使用。

9 金属的社会学

9.1 稀有金属的价值

9.1.1 点石成金的魔杖

稀有金属没有明确的定义。基本上来说，通常是指除了铁（Fe）、铝（Al）、铜（Cu）、锌（Zn）、铅（Pb）等基础金属和金（Au）、铂（Pt）、银（Ag）等贵金属之外的所有金属。日本政府将稀有金属定义为：地球上储存量稀少，由于技术或经济等方面的原因制备困难及供给不稳定的金属。有 31 种金属被划归为稀有金属范围（第 11 页）。本书中将基础金属之外的所有金属元素均称为稀有金属（图 9-1、表 9-1）。

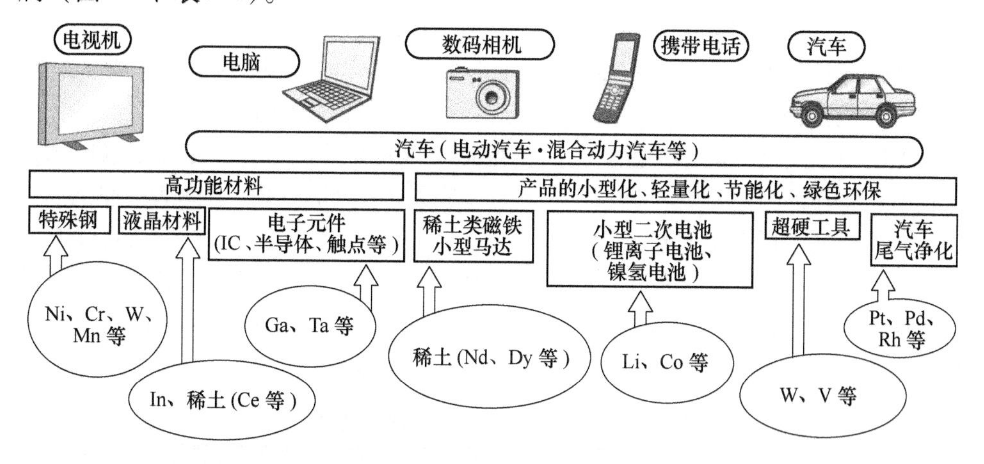

图 9-1　稀有金属的活跃领域

（资料：経済産業省，環境省．平成20年度 使用済小型家電からのレアメタルの回収及び適正処理に関する研究会）

表 9-1　稀有金属的主要用途[①]

金属种类	主　要　用　途
金	电子元件触点、电子部件接合材料（含镀层）、齿科材料、珠宝装饰品
银	照片感光材料、点子元件触点、电子部件接合材料、银膏布线材料（PDP、太阳能电池）

续表 9-1

金属种类	主 要 用 途
白金、钯、铑	汽车触媒、电子元件触点、齿科材料、珠宝装饰品
铋	无铅焊料、铁氧体添加剂、珀尔帖元件
锑	阻燃剂（Sb_2O_3等：能极大提高含氯及含溴阻燃剂的效果）
铟	透明电极膜（ITO：液晶显示屏、太阳能电池），化合物半导体（InP）
镓	化合物半导体（GaAs：手机、电脑、红光 LED；GaN：蓝光 LED）
锗	PET 树脂用触媒、光纤添加剂、荧光体
镍	不锈钢、镍镉电池、镀层材料、磁性材料

① 资料：経済産業省，環境省．平成 20 年度　使用済小型家電からのレアメタルの回収及び適正処理に関する研究会。

手机、液晶电视、数码相机等由于使用了金（Au）、铟（In）、镓（Ga）、钽（Ta）等金属，使得这些产品的小型化、高性能化和轻量化成为了可能。含有锂（Li）和钴（Co）等金属使得锂离子电池可以长时间工作。汽车尾气净化使用了铂（Pt）、钯（Pd）、铑（Rh）等金属，而混合动力车则使用了钕磁铁制作的马达。金属切削加工采用含钨（W）或钴（Co）的超硬合金，缩短了切削加工时间，延长了工具寿命，提高了加工精度。在结构材料方面，含镍（Ni）、铬（Cr）的不锈钢不但将铁（Fe）从极易被腐蚀的困境中解放了出来，还作为耐热钢被用于发电厂的锅炉及管道，使得其耐热温度得到提高，提高了电厂的发电效率。在石油精制领域，钴（Co）、钼（Mo）用于制备低含硫汽油的催化剂。

由此可见，稀有金属在现代工业中的作用不胜枚举，没有稀有金属就没有现代社会。日本在稀有金属的工业研究与应用方面具有巨大的竞争优势，年消耗量也占据了全世界大部分的消耗量（表 9-2）。因此，稀有金属的工业化利用是日本工业竞争力的关键所在。

表 9-2　各种稀有金属的市场规模①

金属种类	世界消费量/t	日本消费量/t	日本占比（位数）	日本国内的市场规模	备注
白金（2006 年）	211	35	16.6%（2 位）	2259 亿日元	欧洲 37%、北美 16%
钨（2006 年）	67000	8000	12.0%（4 位）	167 亿日元	中国 41%、欧洲 25%
钴（2006 年）	55000	14000	25.0%（1 位）	1474 亿日元	中国 23%、美国 21%

续表 9-2

金属种类	世界消费量/t	日本消费量/t	日本占比（位数）	日本国内的市场规模	备注
铟（2002 年）	351	211	60.0%（1 位）	129 亿日元	美国 21%
稀土（2003 年）	84000	20000	24.0%（2 位）	890 亿日元	中国 35%、美国 20%

① 资料：経済産業省、環境省、平成 20 年度　使用済小型家電からのレアメタルの回収及び適正処理に関する研究会．資料（一部改变）。

9.1.2　稀有金属所存在的各种风险

稀有金属目前普遍存在着以下风险：（1）供给存在过度集中；（2）价格极度不稳定；（3）近年来需要量激增，导致资源枯竭加剧；（4）许多稀有金属是作为其他金属的副产品存在，一旦主产金属停产则会导致该稀有金属的停产；（5）一旦替代金属出现，则其需要量会出现立即减少等，这些都可能威胁到日本的工业大国地位。

9.2　稀有金属的供给风险

9.2.1　产地不均所带来的供给风险

稀有金属大多存在产地的局限（表 9-3），特别是中国占有稀土类金属的 97%、钨（W）的 86%，南非占铂（Pt）的 80%。而主要作为钢铁添加元素的铌（Nb），巴西则占据了出口量的 90%。

稀土金属不但是现代军事工业的基础，还是现代信息技术和高科技产业的血脉，更是发达国家未来发展的命门之一。稀土是关系到世界和平与国家安全的战略性金属，稀土与其他材料合成后，往往会显著改善原有材料性能，具有巨大的军事价值。某些稀土加入到有色金属及其合金中，可大大改善其力学性能、物理性能和加工性能，据此研发出的新型稀土镁合金、铝合金、钛合金、高温合金等产品在现代军事技术和工业上获得了广泛的应用。美军 F-22 飞机超音速巡航的功能，则靠其强大的发动机以及轻而坚固的机身所赐，它们都使用了大量稀土。除此之外，在电器元件、激光设备、光学仪器、侦察与通信设备以及电磁元件方面，稀土资源亦是必不可少的原材料，而这些产品都是信息化高科技武器的关键组成部分。从一定意义上说，美军在冷战后几次局部战争中的压倒性控制，均缘于其在稀土科技领域的高人一等。稀土资源是未来信息化战争不可或缺的支柱。甚至在未来的信息化战争中，稀土资源的重要性远远超过了石油的重要性。

表 9-3 稀有金属的产地分布[①]

金属种类	资源（矿石）生产国顺序（2007 年）	前 3 位合计
稀土类	①中国 97%，②印度 2%，③巴西 0.6%	99%
钒	①南非 39%，②中国 32%，③俄罗斯 27%	98%
钨	①中国 86%，②俄罗斯 5%，③加拿大 3%	94%
白金	①南非 80%，②俄罗斯 12%，③加拿大 4%	96%
铟	①中国 49%，②韩国 17%，③日本 10%	76%
钼	①美国 32%，②中国 25%，③智利 22%	79%
钴	①刚果 36%，②加拿大 13%，③澳洲 12%	61%
锰	①南非 20%，②澳洲 19%，③中国 14%	53%
镍	①俄罗斯 19%，②加拿大 16%，③澳洲 11%	46%
铜	①智利 37%，②秘鲁 8%，③美国 8%	53%
锌	①中国 27%，②秘鲁 14%，③澳洲 13%	54%
铅	①中国 37%，②澳洲 18%，③美国 12%	67%

① 资料：Mineral Commodity Summaries 2008。

由于中国对稀土金属资源采取了禁止外资开采、提高出口关税以及减少出口许可数量等政策，其出口量被极大限制。1990 年之前的稀土生产主要集中在美国，但中国的低价格战略导致了现在稀土金属几乎被中国所完全控制（图 9-2）。中国在获得唯一生产大国地位后采取了出口抑制政策，因而导致了对日出口的极大不稳定。如果采取更高出口关税税率的话，则会给日本等发达国家的工业带来巨大打击。除了以上事例，几个国家独占稀有金属生产的例子还很多，因此，许多稀有金属都存在地域生产不均所带来的风险。

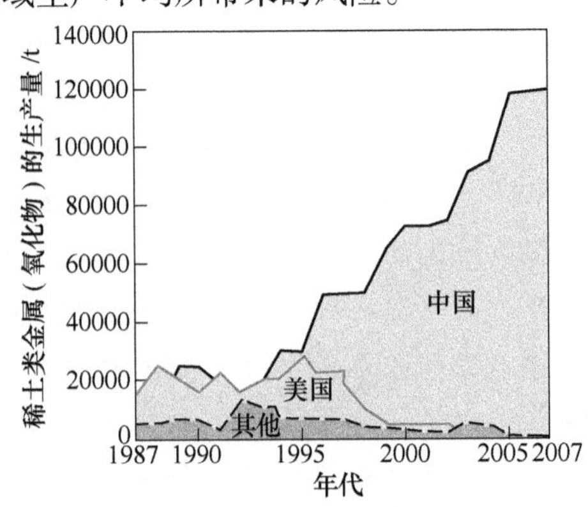

图 9-2 稀土生产国推移

（资料：U. S. Geological Survey，Department of the Interior/USGS）

9.2.2 价格变动所带来的供给风险

除了以上生产地域不均所带来的供给风险外，还有由此而产生的价格大幅度变动所带来的供给风险。图 9-3 为以 2000 年价格为基准单位时部分稀有金属 2002～2007 年的价格变动图（PGM：铂族金属）。2007 年大多数稀有金属的价格是 2002 年的 2～4 倍。金属铟（In）的价格曾经一时高达近 10 倍。2008 年世界金融危机爆发后，现在的价格均回降到了 2007 年的 1/3～1/4。

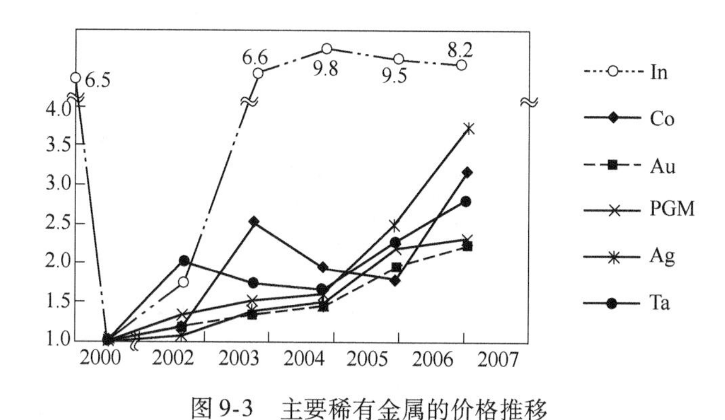

图 9-3 主要稀有金属的价格推移

（资料：U. S. Geological Survey，Department of the Interior/USGS）

价格虽然由供需关系所决定，但是投机、囤积、矿山开采或冶炼事故、罢工、资源民族主义带来的出产国出口抑制政策以及优质矿山枯竭等均会导致价格飞涨。其根本原因之一就在于出产国对资源的独占。近年来价格变动越发激烈并极大地阻碍了工业的健康发展。因此，为防范其风险，资源回收再利用、削减稀有金属使用量和元素替代等方面的研究开发工作正在日本蓬勃展开。

9.3 资源枯竭正在变为现实

9.3.1 预计到 2050 年，几乎所有的金属资源都将枯竭

这些年来，包括基础金属在内的金属资源消费量激增（图 9-4）。至 1993 年止，金（Au）、银（Ag）、锡（Sn）、锌（Zn）、铅（Pb）储存量的 60% 以上已经被开采[1]，而到 2011 年，情况应该更加恶化。2007 年 2 月，日本独立行政法人物质・材料研究机构（NIMS）根据人均国民生产总值 GDP 和金属消费关系进行推算，公布了 2050 年资源状况预测[2]（图 9-5）。预计到 2050 年，Cu、Pb、Zn、

---

❶ 西山孝．資源經済学のすすぬ．中公新書，1993.

❷ 独立行政法人物質・材料研究機構．2005 年までに世界的な資源制約の壁．2007 年記者発表資料．

Au、Ag、Sn、Ni、Sb 的累计消耗量会超过估计储藏量，而 Mn、Li、Ga、Mo、W、Co 的消耗量预计将会达到估计储藏量的 2 倍以上。也就是说，相当多金属的消费量可能远远超过现有已知的探明储藏量。

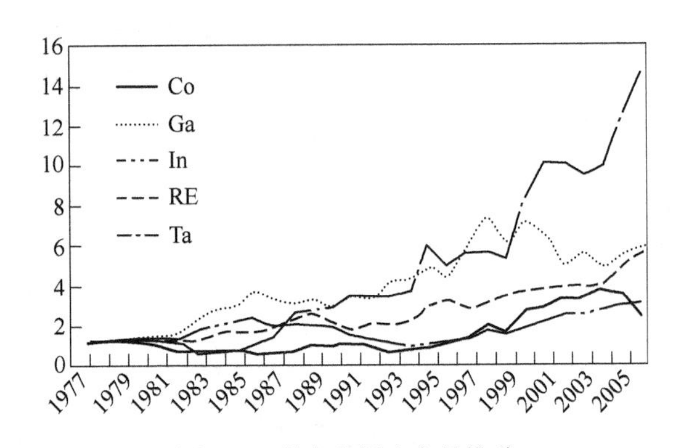

图 9-4 稀有金属生产量推移

(资料：U. S. Geological Survey，Department of the Interior/USGS)

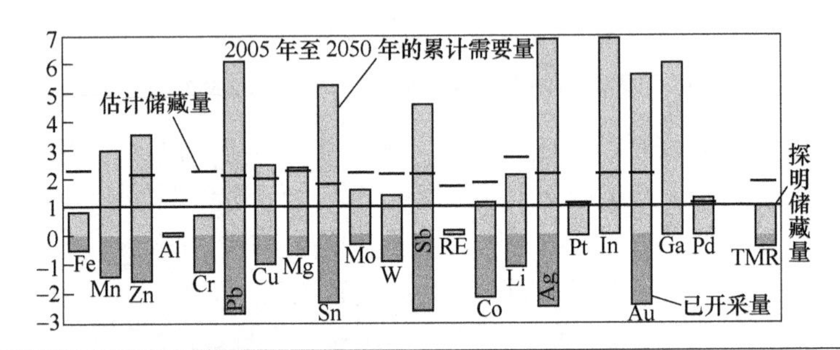

至 2050 年探明储藏量需要达到金属资源的数倍
到 2050 年，现有探明储藏量几乎全部被开采完毕的金属：Fe、Mo、W、Co、Pt、Pd
到 2050 年，使用量达到现有储藏量 1 倍以上的金属：Mn、Li、Ga、Mo、W、Co
到 2050 年，使用量超过估计储藏量的金属：Cu、Pb、Zn、Au、Ag、Sn、Ni、Sb、In

图 9-5 至 2050 年的储存量与使用量预测

(资料：独立行政法人物質．材料研究機構．2050年までに世界的な資源制約の壁．2007年記者発表資料)

这里所指的探明储藏量是勘探到的已知并可以经济挖掘的矿物资源，与年采掘量相除即可得采掘年数（表 9-4）。储藏量会随着勘探技术、世界经济状况和采掘技术的进步等因素而增加。估计储藏量还包含现阶段商业采掘困难的储藏量。储存量的增加只能依靠采掘技术、选矿技术和炼制技术的大幅度进步和更加全面彻底的矿产资源勘探，而目前的技术很难大幅度突破现有已知的探明储存量。

表 9-4 主要矿物资源的可开采年数（2007 年）[①]

元素名	可开采年数	元素名	可开采年数	元素名	可开采年数
Zn	17	W	32	Ni	40
Al	132	Ta	93	Nb	60
In	22	Ti	120	Pt	309
稀土类	710	Fe	78	V	222
Au	17	Cu	31	Pd	306
Co	112	Pb	22	Mo	46

① 资料：U. S. Geological Survey，Department of the Interior/USGS。

9.3.2 延长枯竭资源的寿命

资源即使枯竭，也并不是说资源就会彻底消失。当资源接近枯竭时，必然会带来价格的上涨，从而导致新矿山的开发、选矿技术和冶炼技术的进步，而使得低品位矿产获得利用以及促进资源再生技术和替代材料技术的研究开发。这些都会延长枯竭资源的寿命。2007 年国际会议 ISSEM2007 上的石垣岛宣言[❶]重申了资源利用三原则，即不得使资源枯竭，不得增加环境风险和各地区世世代代公正分配资源。我们应该努力坚守以上三原则，将资源世世代代保留下去。

9.4 都市矿山

日本目前法律规定铝制易拉罐和塑料瓶等包装物必须循环再利用。另外，4 种主要家电制品（电视机、洗衣机、家用空调机、家用冰箱）中的铁（Fe）、铝（Al）、铜（Cu）等金属也根据法律规定进行了回收再利用（图 9-6，表 9-5）。

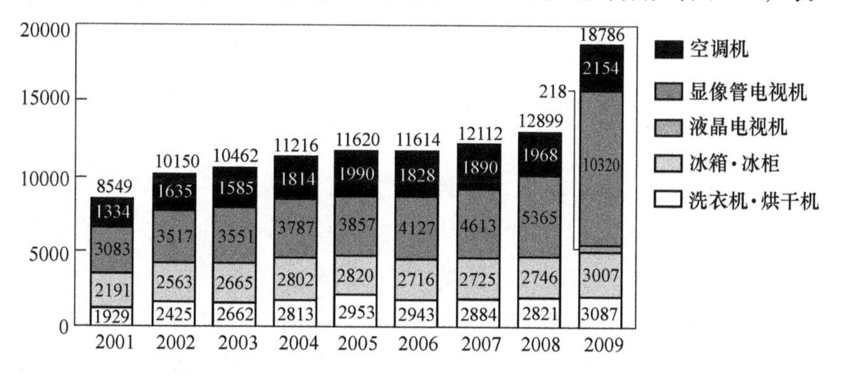

图 9-6 4 种主要家电的交易台数推移[❷]

（资料：家電製品協会．家電リサイクル年次報告書．平成 21 年度版．2010 年 7 月）

---

❶ 八重山每日新聞，2007 年 11 月 2 日．

❷ 随着 2001 年日本家电回收再利用法的实施，废旧家电交易台数不断增加，回收再利用量也在不断增加。

建筑物中的 Fe、Al、Cu 等也在进行着循环再利用。但是，铟（In）、锂（Li）等稀有功能材料，除了很少一部分外还没有获得回收再利用。

表 9-5 根据家电回收再利用法进行的资源再商品化的数量[①] (t)

年度	2001	2002	2003	2004	2005	2006	2007	2008	2009	合计
铁	110555	127171	134769	143321	145034	142429	146800	151822	176518	1278419
铜	5423	7901	8791	10028	11883	12259	13261	15131	19272	103949
铝	965	1845	1875	2298	3324	2920	9644	10624	11631	45126
非铁等	41406	56035	55671	61790	69334	65497	58755	58797	64111	531396
显像管玻璃	45153	55075	55975	60818	53727	52394	68269	83749	137644	612804
其他	210964	262812	282481	311054	334063	344843	378338	414399	536871	3075825

① 资料：家電製品協会．家電リサイクル年次報告書．平成 21 年度版．2010 年 7 月。

铁（Fe）主要以建材、桥梁、机械类的形态存在，铜（Cu）以家庭或建筑物、汽车、家电中的导电材料形态存在，钕（Nd）以电脑或马达中的磁铁形态在社会中存在。这些金属大量储藏在城市内部，使用后如果能够回收再利用，则会成为巨大的金属资源。这些金属中含有对高新产业非常重要的各种稀有金属。20 世纪 80 年代，日本东北大学的南條道夫教授针对城市资源的回收再利用解决资源的地域性、有限性等方面问题和挑战进行了积极的研究[❶]，并命名为“都市矿山”。

2008 年 1 月 NIMS 正式发表了推算的都市矿山储藏量（表 9-6）。根据其推算，日本的都市矿山中 Ag、Au 和 In 的储藏量分别为 6 万吨、6. 8 万吨和 1. 7 万吨。分别占全世界天然矿山储藏量的约 22%、16% 和 16%。除此以外，Sn 占据 11%、Ta 占据 10% 等，日本都市矿山中许多金属的储量超过了天然矿山储藏量的 10%。这些资源如果能够再利用的话，则是应对上述风险的一个有效手段。从未来资源安全的角度来看，构建完善的资源回收再利用体系和低成本再生技术就显得非常必要和紧迫。

❶ 南條道夫．都市鉱山開発—包括的資源観にとるリサイクルシステムの位置付け．東北大学選鉱製錬研究所彙報，1988，43（2）：239～251.

表 9-6 日本都市矿山推算储藏量①

金 属	世界年消费 /t	世界储藏量 /t	日本都市矿山累积量 /t	所占比例 /%
Cu	15300000	480000000	38000000	8.06
Au	2500	42000	6800	16.36
In	450	11000	1700	15.5
Fe	858000000	79000000000	1200000000	1.62
PGM	455	71000	2500	3.59
稀土	123000	88000000	300000	0.35
Ag	19500	270000	60000	22.42
Ta	1290	43000	4400	10.41
Sn	273000	6100000	660000	10.85

① 资料：原田幸明，井島清，島田正典，片桐望．都市鉱山蓄積ポテンシャルの推定．日本金属学会誌，2009，73（3）：151～160.

9.5 资源风险的各种对应措施

9.5.1 资源替代、减少用量

这里简要描述一下日本应对资源风险所采取的各种措施。其中日本有经济产业省和文部科学省共同主持并推进的“元素战略计划”和“稀有元素替代材料开发计划”。

“元素战略计划”如图 9-7 所示，其目的是通过各个学科领域的融合，开发出不含稀有元素或有害元素的高技术材料。2007 年已经开始了 7 个项目的研究，到 2010 年发展到了 16 个项目。

“稀有元素替代材料开发计划”主要是针对解决对特定出产国过分依赖的稀有金属材料的替代或降低使用量技术（图 9-8，图 9-9）。到 2009 年为止，正在进行六大主题七种元素的研究，削减目标为 In、Dy、W、Pt、Ce、Tb、Eu，削减目标分别为 50%、30%、30%、50%、30% 和 80%。图 9-9 所示为选择以上元素作为首要目标的理由。该项目选择对特定国家依赖性过大、危险性高的稀有元素，以 5 年计划为一个研究时间段，最终努力达到对社会需要量大的稀有金属的替代、使用量削减的目的。

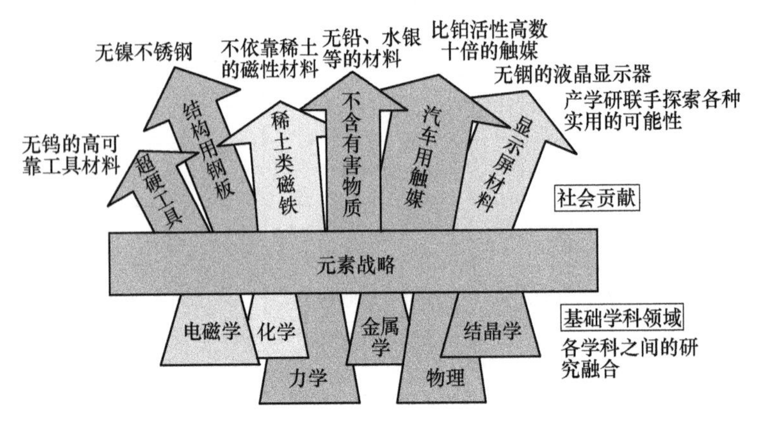

图 9-7 新材料开发的“元素战略计划”
（资料：文部科学省資料，科学技術·学術審議会 研究計画·評価分科会 第4期ナノテクノロジー·材料委員会. 元素戦略の概要. 2007. 6（一部変更））

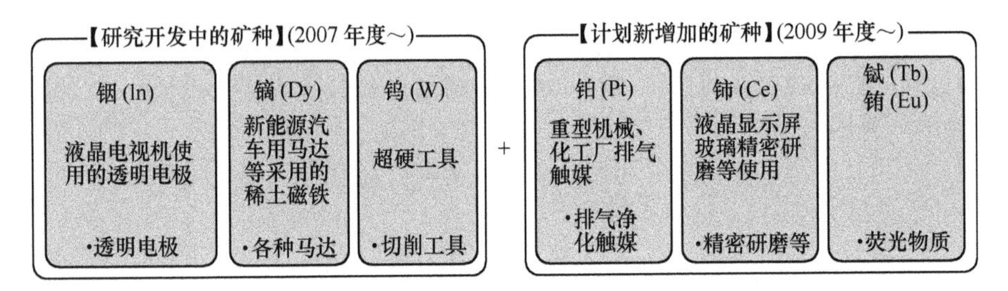

图 9-8 稀有金属替代材料开发项目现状
（资料：経済産業省 元素戦略／希少金属代替材料 開発第3回シンポジウム資料. 経済産業省の「希少金属代替材料開発プロジェクト」について. 2009. 1（一部変更））

9.5.2 关于回收再利用方面的动向

2009 年开始，日本已经出现了以各城市为中心回收手机等小型家电，提取其中稀有金属的动向。到 2008 年底，日本秋田县、日立市（茨城县）、大牟田市（福冈县）等地区已经开始了回收实验和必要技术的开发研究。

9.5.3 勘探、储备等方面的动向

日本独立行政法人石油天然气·金属矿物资源机构（JOGMEC）已经开始了锰结核、富钴结壳和海底热水矿等的深海海底矿物资源的勘探和开发研究。目前正在开展遥感探测技术和高精度物理探查技术的开发以及南美玻利维亚和智利的矿山开发等项目。同时，该机构也在积极进行着 Ni、Cr、Mo、Co、W、Mn、V

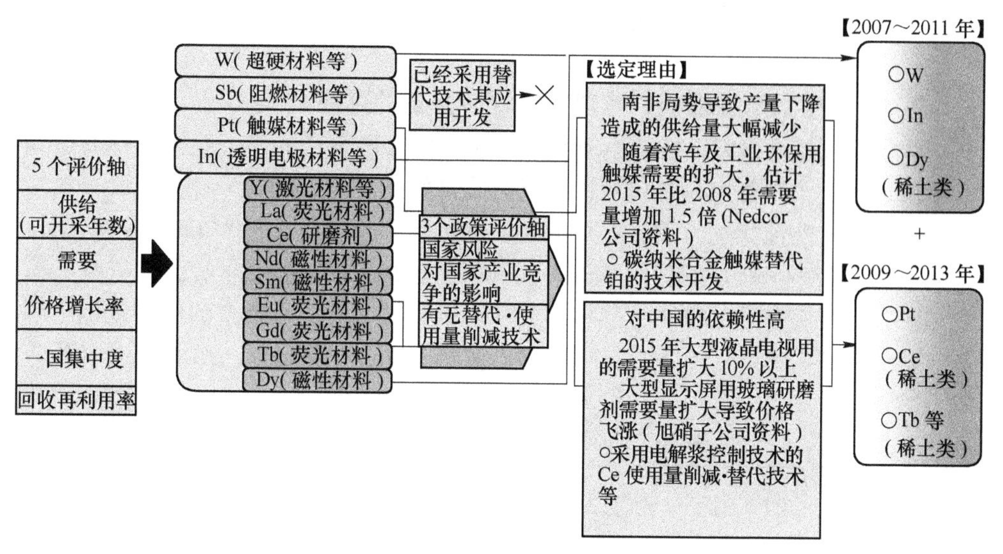

图9-9 替代元素的选择理由

(资料：経済産業省 元素戦略／希少金属代替材料 開発第3回シンポジウム資料

「経済産業省の『希少金属代替材料開発プロジェクト』について」

2009.1(一部変更))

以及现在包括对In和Ga的储备工作。

2016年2月9日，日本海洋研究开发机构与高知大学宣布，发现小笠原诸岛南鸟岛附近5500m深的海底广泛分布着富含稀有金属的海底岩石“富钴结壳”。

日本海洋研究开发机构利用无人探测机“海沟号”进行调查，在距南鸟岛约200km海底山的斜坡上发现广泛分布的富钴结壳。无人探测机采集到了30~40cm宽、3~8cm厚的岩石样本。据悉，科研人员今后将对岩石的结构和形成原理进行详细分析。

这是首次在5500m深海底发现富钴结壳，调查深度较以往增加了约2000m。据称，日本近海的稀有金属潜在蕴藏量预计将大幅增加。

富钴结壳是由以铁和锰的氧化物为主要成分的海水形成的沉积岩，含有钴、镍、铂等稀有金属。富钴结壳被认为广泛分布于从小笠原诸岛至冲绳的海域。

以上均为日本政府相关部门所进行的应对稀有金属紧缺的工作。除此以外，根据各参加国对石垣岛宣言（第247页）达成的一致，日本各研究机构也正在进行着相关材料的开发研究。但是，材料的替代和减量不是一件容易的事情，为了确保日本今后的材料王国地位，仍需要进行不断艰苦的努力。

9.6 稀有元素的减量和替代战略❶

9.6.1 摆脱资源限制，是对人类现有知识的挑战

为了解决资源危机，回收再利用当然是个很好的方法。但大幅减少稀有金属的使用量或能采用普通元素代替稀有元素则是最有效的手段。

以燃料电池催化剂为例，如果能采用地球上丰富存在的铁（Fe）或硅（Si）等元素来代替铂（Pt）的话（表9-7），则可以彻底解决对南非资源的依赖。这意味着人类要用自己的聪明智慧将自己从投机和寡头资本所带来的价格危机中解放出来。只减少10%~20%左右的稀有金属使用量还不够充分，必须向减少90%以上的方向发展。

表9-7 地壳上存在丰度高的金属元素①

序 号	元 素	地壳存在丰度/%
1	Si	26.77
2	Al	8.41
3	Fe	7.07
4	Ca	5.29
5	Mg	3.20
6	Na	2.30
7	K	0.91
8	Ti	0.54

① 资料：国立天文台．理科年表2010．丸善（一部抜粋のうえ改变）。

以上所希望的减量或替代技术的研究与开发绝不是一个简单的事情。目前正在积极地采用以下技术进行着研究开发：（1）以纳米技术为基础的观察·合成·评价技术；（2）材料设计的计算科学和技术；（3）组合方法的合成、评价等。组合方法是指最近利用网络和大数据开发出能高效地网罗材料研发数据和评价的方法，是对前两种技术进行快速完善和提高的一种新方法。另外，由于计算技术和软硬件水平的高速发展，现在已经能够完成10×10×10原子程度的纳米水平上的计算。通过以上这些材料研究，人类可在至今为止仅能控制微米尺寸的晶粒、相、析出物等组织的基础上完成一个质的飞跃，我们称之为Nano Alchemy（纳米炼金术）。

---

❶ 独立行政法人物質·材料研究機構．元素戦略アウトルック「材料と全面代替戰略」－NIMSにおける取組からその可能性を探る一．2007.

9.6.2　水泥变成了导体

2007年日本东京工业大学细野研究室成功地将水泥的主成分 $12CaO \cdot 7Al_2O_3$（C12A7）变成了电导体（图9-10）。至今为止陶瓷都是绝缘体，但研究者们巧妙地利用材料的纳米结构设计，通过将金属Ca气相沉积在C12A7表面，用电子置换出晶格中的 O^{2-}，成功制成了导电体。这种技术未来有望用于替代ITO成为新型的透明导电材料而获得了广泛关注。

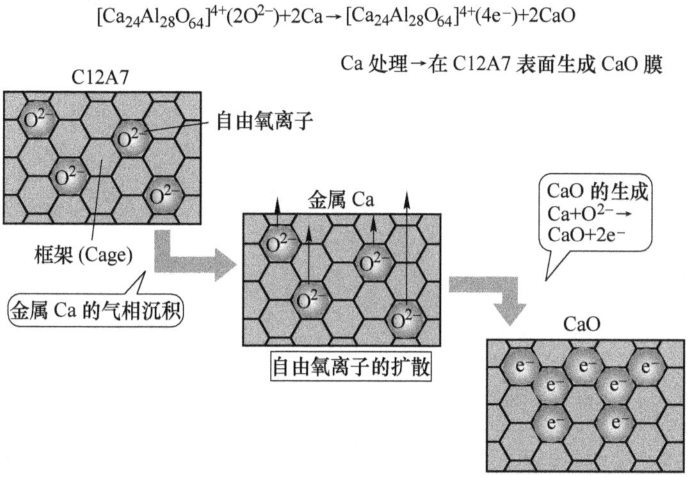

$$[Ca_{24}Al_{28}O_{64}]^{4+}(2O^{2-})+2Ca \rightarrow [Ca_{24}Al_{28}O_{64}]^{4+}(4e^-)+2CaO$$

Ca处理→在C12A7表面生成CaO膜

图9-10　水泥变成透明导体的原理

（资料：細野秀雄，神谷利夫．透明金属か拓く驚異の世界．ソフトハンククリエイテイナ，2006）

9.7　相关资源总量是资源消费计算的标准[1]

如果不考虑铜（Cu）和铝（Al），每辆普通家用轿车大约使用了700kg铁（Fe）和0.5g铂（Pt）。但我们不能想当然地认为家用轿车的金属使用量为700000.5g。为了把握整体的资源使用量，我们必须要有一个权重评价计算指标。这个计算指标就是相关资源总量（TMR/Total Material Requirement）。从资源开采到制成材料或产品，使用了多少相关物质的TMR计算公式如下：

$$(\text{相关资源总量 TMR}) = \sum(\text{投入物质量}) + \sum(\text{隐性的物质量}) \qquad (9\text{-}1)$$

这里的投入物质量，是指作为人类的经济行为，企业、国家、生产过程等经济单位所投入的物质量。隐性的物质量是指资源生产国为此而产生的渣土、固体

---

[1] 本内容的主要文献来源：片桐望，中島謙一，原田幸明．NIMS-EMC材料環境情報データNo18，概説資源端重量（Total Material Requirement；TMR）．

废弃物等的总量，也就是生态破坏（Eco-rucksack）所带来的负担。Σ表示这些因素的总和，也就是资源生产国残留下的物质与使用国使用量的合计。

吨金属的TMR我们称之为TMR系数。根据以上定义，由于Fe和Pt的TMR系数分别为8t-TMR/t与520000t-TMR/t，以此可进行相互对比和运算，我们可得知3g的Pt戒指意味着1.6t矿石土砂的挖掘量。

NIMS在发表各元素的TMR系数（第11页）的同时，也在利用该数值进行着各种研究。TMR系数与金属的价格和生产量之间的关系如图9-11和图9-12所示。

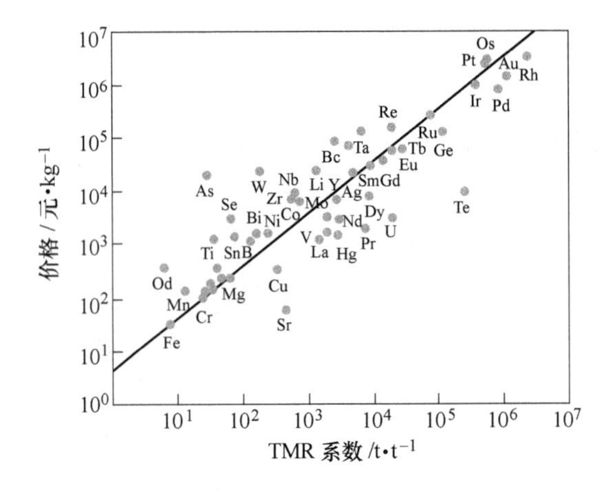

图9-11 价格与TMR系数的关系

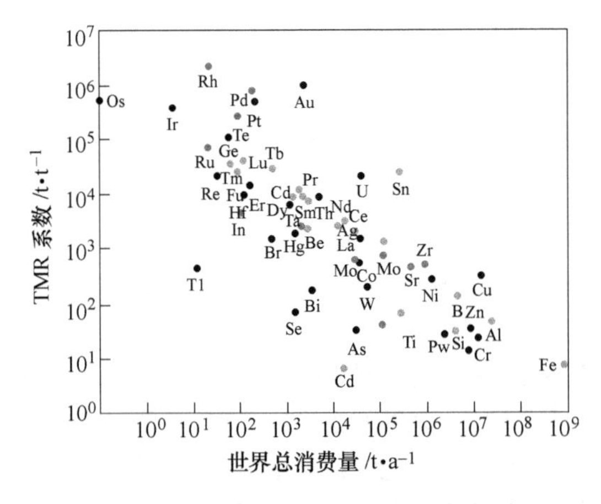

图9-12 世界消费总量与TMR系数的关系

图9-11表示各种金属元素的价格与TMR系数的关系。从图中可以看出，金属的价格与TMR系数呈明显的正相关关系，也就是说，挖掘的土壤量越大则价格越高。

图9-12表示世界年消费总量与TMR系数的关系。从图中可以看出，TMR系数只有8，年生产量却为10亿吨的铁位于图中最右下方，而铂族金属元素均位于图中的左上方。整体来看，TMR系数与总生产量呈明显的负相关关系。

例如，功能手机的TMR约为500（图9-13）。也就是说，我们的手机实际质量应该是你手中质量的500倍❶。2003年全世界总资源采掘量（全世界年总TMR）约为220亿吨，其增加的速度越来越快。各个国家的GDP除以该国年总TMR（GDP/TMP）即可得知该国家的资源生产性。

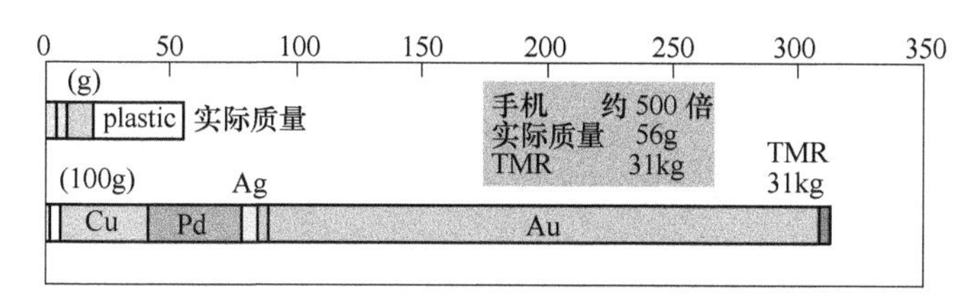

图9-13 早期功能手机的TMR

9.8 专利制度的利用

9.8.1 专利制度的机制

专利（Patent）从字面上讲，是指专有的利益和权利。专利一词来源于拉丁语Litteraepatentes，意为公开的信件或公共文献，是中世纪的君主用来颁布某种特权的证明，后来指英国国王亲自签署的独占权利证书。专利是世界上最大的技术信息源，据实证统计分析，专利包含了世界科技技术信息的90%~95%。

专利的分类在不同的国家有不同规定，在我国专利法中规定有：发明专利、实用新型专利和外观设计专利；在香港专利法中规定有：标准专利（相当于大陆的发明专利）、短期专利（相当于大陆的实用新型专利）、外观设计专利；在部分发达国家中分类为发明专利和外观设计专利。

发明的定义是："发明是指对产品、方法或者其改进所提出的新的技术方案。"发明专利并不要求它是经过实践证明可以直接应用于工业生产的技术成果，它可以是一项解决技术问题的方案或是一种构思，具有在工业上应用的可能性。但这也不能将这种技术方案或构思与单纯地提出课题、设想相混同。因为单纯地课题、设想不具备工业上应用的可能性。

专利属于知识产权的一部分，是一种无形的财产，具有与其他财产不同的特

---

❶ 本数据根据2005年左右的数据。现在的智能手机质量在120~130g左右。另外，由于电路板的成分业已发生了很大变化，因此可以推断其TMR也发生了较大的变化。

点。其具有：

（1）排他性：即独占性。它是指在一定时间（专利权有效期内）和区域（法律管辖区）内，任何单位或个人未经专利权人许可都不得实施其专利，即不得以生产经营为目的地制造、使用、销售或许诺销售、进口其专利产品，否则属于侵权行为。

（2）区域性：区域性是指专利权是一种有区域范围限制的权利，它只有在法律管辖区域内有效。除了在有些情况下，依据保护知识产权的国际公约，以及个别国家承认另一国批准的专利权有效以外，技术发明在哪个国家申请专利，就由哪个国家授予专利权，而且只在专利授予国的范围内有效，而对其他国家则不具有法律的约束力，其他国家不承担任何保护义务。但是，同一发明可以同时在两个或两个以上的国家申请专利，获得批准后其发明便可以在所有申请国获得法律保护。

（3）时间性：时间性是指专利只有在法律规定的期限内才有效。专利权的有效保护期限结束以后，专利权人所享有的专利权便自动丧失，一般不能续展。发明便随着保护期限的结束而成为社会公有的财富，其他人便可以自由地使用该发明来创造产品。专利受法律保护的期限的长短由国家的有关专利法或有关国际公约规定。目前世界各国的专利法对专利的保护期限规定不一。（知识产权协定）第三十三条规定专利“保护的有效期应不少于自提交申请之日起的第二十年年终”。

9.8.2 申请专利的目的是获得最大的经济利益

申请专利具有以下优势：

（1）通过法定程序确定发明创造的权利归属关系，从而有效保护发明创造成果，独占市场，以此换取最大的利益。

（2）可在市场竞争中争取主动，确保自身生产与销售的安全性，防止对手拿专利状告自己侵权（遭受高额经济赔偿、迫使自己停止生产与销售）。

（3）国家对专利申请有一定的扶持政策（如政府颁布的专利奖励政策以及高新技术企业政策等），会给予部分政策、经济方面的帮助。

（4）专利权受到国家专利法保护，未经专利权人同意许可，任何单位或个人都不能使用（状告他人侵犯专利权，索取赔偿）。

（5）自己的发明创造及时申请专利，使自己的发明创造得到国家法律保护，防止他人模仿本企业开发的新技术、新产品（构成技术壁垒，别人要想研发类似技术或产品就必须得经专利权人同意）。

（6）自己的发明创造如果不及时申请专利，别人把你的劳动成果提出专利申请，反过来向法院或专利管理机构告你侵犯专利权。

（7）可以促进产品的更新换代，也可提高产品的技术含量及提高产品的质量、降低成本，使企业的产品在市场竞争中立于不败之地。

（8）一个企业若拥有多个专利是企业实力强大的体现，是一种无形资产和无形宣传（拥有自主知识产权的企业既是消费者倍加青睐的强力企业，同时也是政府各项政策扶持的主要目标群体），21 世纪是知识经济的时代，世界未来的竞争，就是知识产权的竞争。

（9）专利技术可以作为商品出售（转让），比单纯的技术转让更有法律和经济效益，从而达到其经济价值的实现。

（10）专利宣传效果好。

（11）专利除具有以上功能外，拥有一定数量的专利还作为企业上市和其他评审中的一项重要指标，比如：高新技术企业资格评审、科技项目的验收和评审等，专利还具有科研成果市场化的桥梁作用。总之，专利既可用作盾，保护自己的技术和产品；也可用作矛，打击对手的侵权行为。充分利用专利的各项功能，对企业的生产经营具有极大的促进作用。

在申请商业中有用的专利时，必须要具有竞争意识，即从设想竞争对手会如何做来发明并申请出相应专利的思维方法。发明的技术价值和专利权的经济价值是两个完全不同层面的问题。一项发明对事业的有用度最重要的出发点就是“竞争对手是不是必须使用该技术”。图 9-14a 为具有诺贝尔奖水平的发明技术，但有用度较低，而图 9-14b 为爱迪生设计的电影胶片传送孔专利，图 9-14c 为锂离子电池正极集电体铝箔的专利，都是具有巨大商业价值的典型事例。图 9-14a 的专利有相应的竞争替代方法（参考图 9-15），图 9-14b 已经成为标准技术获得了普及，而图 9-14c 目前还没有替代的方法（参考表 9-8）。

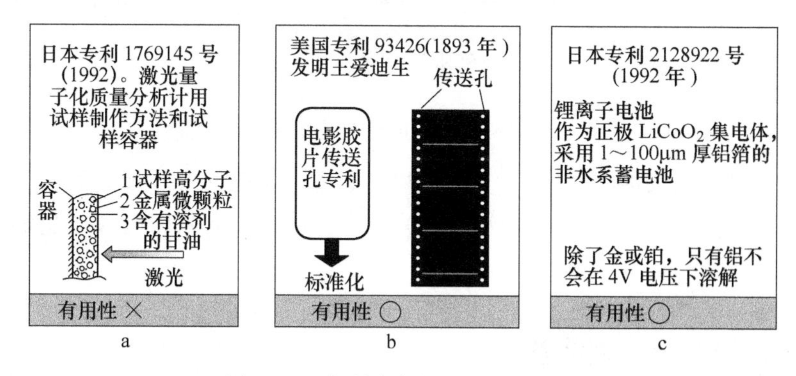

图 9-14 专利在商业上有用的实例

能够阻止或延迟竞争对手的专利很难被否决，而且容易验证也能迫使竞争对手采用专利技术。在本公司和其他公司鱼龙混杂的众多专利中，培养能够申请或找到对商业有用的专利的“眼光”非常重要。表 9-8 示出专利技术的 3 个关键要素。

表 9-8 使竞争对手无法回避的专利武器三大要素

1. 专利权无懈可击	2. 可看出其他公司的行为	3. 其他公司无法回避
（1）专利权很难被否决	（1）侵权极易被发现	（1）竞争对手必需的技术 ·战略级技术 ·实施对象技术金额较大
（2）具有确实的作用效果	（2）证据收集容易	（2）无法回避或取代技术 ·采用别的方式或物质困难
（3）没有不利的限定	（3）可有组织的、持续不断地收集证据	（3）专利网罗的数量众多

专利法允许利用公开的专利内容所给的提示，在专利权范围外开发出类似技术（图 9-15）。图中显示，后发的德国企业根据日本专利内容的提示，开发出不与公开专利冲突，但具有相同作用的新的有机化合物，而且装置的灵敏度和分解能力也获得提高，同时将测定范围扩大至高分子范围，最终成为了完全凌驾于原始技术开发企业专利之上的新技术。

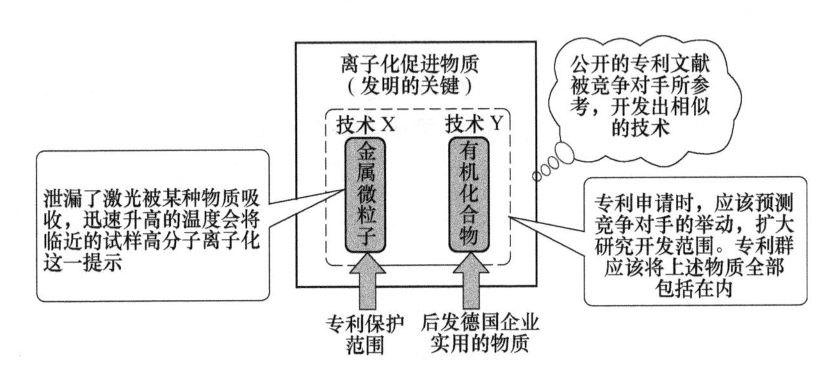

图 9-15 散漫的专利相当于给敌人送去子弹

另外，不仅仅要构筑本公司实施的技术专利，还要网罗其他公司可能会实施的其他专利技术。在专利技术相互转让谈判中，如果持有关键技术，也会处于有利态势。

9.9 摇篮期的金属创业者

9.9.1 金属铝冶炼与钢铁的革命性精炼的兴起

19 世纪后半叶，众多的发明家和创业者创造了金属铝与钢的革命性高科技技术。创业资金最终在艰苦的技术开发与市场开拓中获得了胜利。其中有巧妙地利用黎明期的专利制度获得巨大利益、事业飞速成长的创业成功者，也有忽视专利而最终贫困一生的创业失败者。

美国的霍尔（C. M. Hall）埋头于金属铝电解冶炼技术的研发，并成立了一家专业公司。其开发的技术一直延伸到了金属铝的加工，并为金属铝的市场开拓立下了不朽功劳。其后被科尔斯公司起诉侵权，在霍尔支付了300万美元和解金后排除了低价竞争者。欧洲则以艾罗（P. L. Heroalt）为主要技术者开展了金属铝的商业化运作（图9-16）。

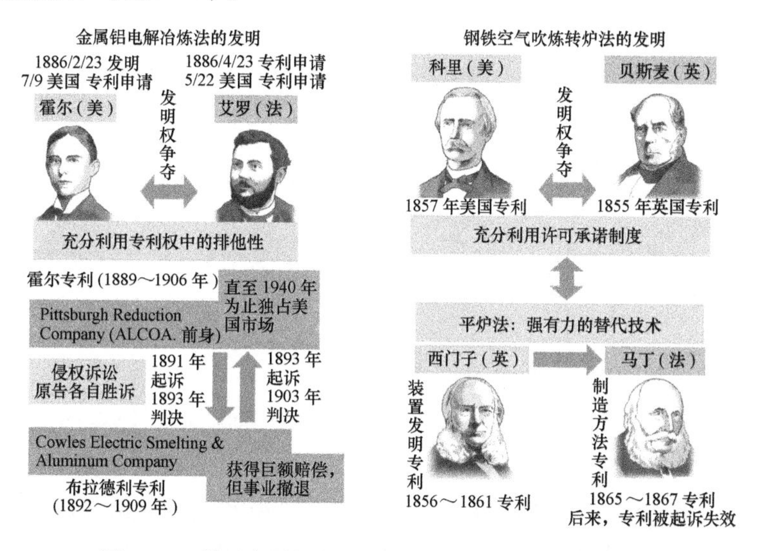

图9-16 利用专利权的排他性？还是专利使用费战略？

而钢铁精炼法的发明者贝斯麦则采用报纸宣传和在世博会上出展等宣传方式与专利使用许可权相结合，获得了数百万英镑的专利使用费。其与科里的共同专利使得贝斯麦法的钢材产量在美国获得了极大提高。但作为贝斯麦法的对抗技术西门子蓄热装置的开发，导致获得该装置的马丁最终使得平炉法实用化。当时的英法两国没经过详细审查分别授予了专利，导致引起专利诉讼。最终马丁在专利诉讼中被宣布无效，迫使马丁只能退出钢铁事业，晚年非常凄惨。而西门子则通过设备销售和专利使用费收入获得了极大的成功。

9.9.2 按照商业规则有效利用专利

霍尔等人主要采用适用于当时的新产品——金属铝的排他性战略。在欧洲商圈以艾罗专利权为基础，而在北美则以霍尔为主要支配人。直至整合了水力发电公司和铝土矿开采原材料公司组成了一个垂直生产流程的巨大托拉斯企业Alcoa。

而在钢铁冶炼企业，由于竞争者密集，潜在的替代技术众多。因此西门子采用了专利使用权转让的方式使得其技术被迅速推广。美国卡内基公司购买了转炉法和平炉法这两个技术的专利，最终发展成为巨型的U. S. STEEL公司（图9-17）。

共通的成长战略	通过革命性的高生产性新技术，进行大规模生产降低生产成本，在强化市场营销的同时，以低价格为武器扩大市场	
	霍尔	贝斯麦
不同的事业战略	彻底的排他性。M&A 及上下游生产链整合	利用专利生产许可迅速将专利技术普及和推广
技术宣传市场开拓	利用工程师开发金属铝加工、应用技术，销售做市场宣传	新闻报道、学会或专业杂志、讲演、世界博览会等
不同的专利战略	迫使竞争者撤退或区分不同商圈进行彻底攻击	不惜诉讼，使得对手的专利使用权转让道路被杜绝

图 9-17 按照商业规则有效利用专利

9.10 日本钢铁业的知识产权学习曲线

9.10.1 专利纷争少的知识产权丰收期（1945～1990 年）

图 9-18 是日本钢铁业在第二次世界大战后专利申请、技术使用权以及知识产权纷争的概要图示。从第二次世界大战结束到 20 世纪 90 年代初期为日本钢铁业的产权丰收期。由于 1960～1970 年美国对知识产权的轻视（重视禁止独占法），导致美国与日本之间形成了巨大的贸易赤字。20 世纪 80 年代开始美国开始重视知识产权保护，由此获得了巨额赔偿并迅速阻止了侵权。

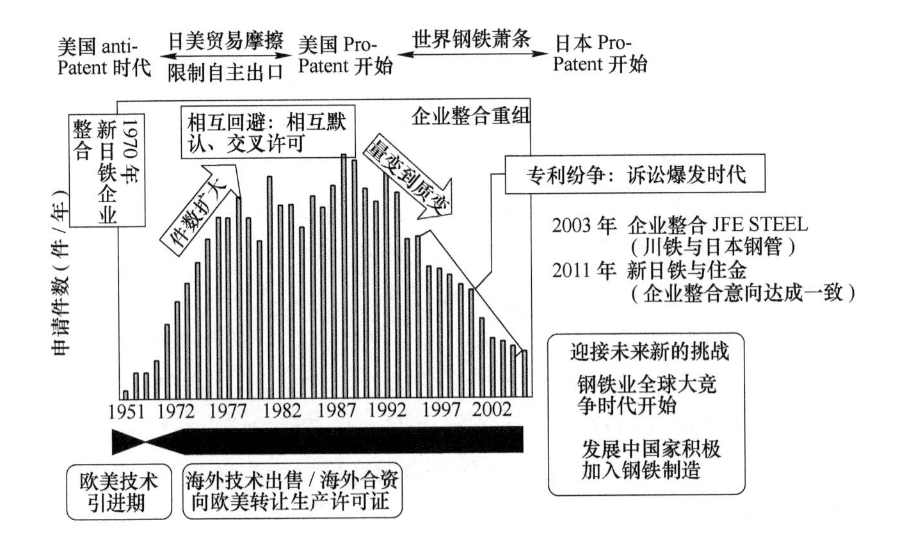

图 9-18 日本钢铁业：战后专利学习曲线

从第二次世界大战结束直到第一次世界石油危机（1973 年）为止，日本积极学习欧美先进的生产技术、引进生产专利、努力提高产量、改善质量，逐渐培育出了世界顶级的技术研发能力，专利申请件数激增。该时期为日本钢铁业的技术蓄积期。

20 世纪 60 年代制铁和炼钢相关技术首先开始崭露头角，从石油危机到泡沫经济崩溃（1990 年）属于日本钢铁业技术成熟饱和期，在此期间日本诞生了众多的卓越技术群。但日本国内各公司之间相互有偿转让生产许可的比例较低。集成创新技术及部分改良型发明的积累导致了大量的优秀技术积累，在与欧美的产业竞争中逐渐获得了大量的压倒性技术专利。日本各公司之间采取的是以各自独立技术开发为基础，相互之间默许交叉使用生产许可的协调机制。大数量长期交易的客户一般由数家企业供货，很难出现像医药界那样的专利权垄断。80 年后美国开始的重专利时代（Pro-Patent），与日本的电机产业、精密机械产业和半导体产业完全不同，日本的钢铁业由于在此期间没有与欧美钢铁企业之间发生过专利诉讼，同时积极开展专利和专有技术转让、对外业务指导以及海外合资等方面拓展的积极战略，因此未曾受到过欧美诉讼的激烈攻击。

9.10.2 知识产权战略期的转换（1991 年至今）

随着日本泡沫经济的破裂，经过日产汽车危机，全世界钢铁产能过剩和需要量下降，导致了竞争性降价与大规模裁员，迫使企业间纷纷重组和整合，最终出现了 JFE 集团和新日铁・住金・神钢集团这两大钢铁集团。

日本从 20 世纪 90 年代后期开始，追随美国执行的重专利国策，2002 年开始提倡知识产权立国。但由于这期间世界钢铁产业的不景气，日欧美钢铁业界之间知识产权诉讼频发（表 9-9）。长期的法庭诉讼经验导致了各公司的知识产权体制发生了根本性变化。各公司更加关注专利权的质量而不是数量、生产技巧（KnowHow）与专利权的区分以及国内外专利申请的合理分配等。这时开始出现特大型跨国企业以及被告米塔尔公司直接收购具有高度生产制造技术的原告企业。

表 9-9 20 世纪末～21 世纪初：钢铁业的技术纷争

	诉讼事件（标的）	原告	被告	概 况
美国诉讼	薄板连续退火[①]	川崎制铁	LTV Steel（美）	1996 年起诉，和解
	镀铝钢板（4 百万美元赔偿）[①]	AK Steel（美）	Sollac（法）	1998 年起诉，被告反诉：非侵害、无效。原告败诉
	表面处理钢板[①]	Arcelor（法）	Mittal Steel（美）	2006 年起诉，被告收买原告 TOB，撤诉

续表 9-9

	诉讼事件（标的）	原告	被告	概 况
日本国内诉讼	镀锌钢板[①] （28 亿日元）	新日本制铁	日本钢管	1999 年起诉，非侵害判决，原告败诉
	容器镀锌钢板[①] （50 亿日元）	日本钢管	新日本制铁	2002 年起诉，非侵害判决，原告败诉
	13Cr 油井管[①] （90 亿日元）	川崎制铁	住友金属工业	1999 年起诉，庭外和解，撤诉
	13Cr 油井管[①] （137 亿日元）	住友金属工业	川崎制铁	1999 年起诉，庭外和解，撤诉
	自动起重机设计权 （5.3 亿日元）	神户制钢所	加藤制作所	1992 年起诉、1997 年地裁、1998 年高裁、2002 年最高裁，原告胜诉
	宽幅钢板桩不正当竞争	新日本制铁	东京制铁	1998 年起诉，1999 年原告胜诉

① 专利权纷争。

今后与客户、供应商、周边公司紧密联系合作，保持不断地研究开发与技术进步，同时最彻底杜绝相关生产技术与生产技巧向发展中国家流失是各大公司保持技术优势的关键。

中国的钢铁产量现在业已达到了日本钢铁产量的数倍，但是其知识产权的积累还远远不足。随着中国钢铁产业技术的不断进步和技术积累的不断深入，中国钢铁产业的未来必将无限光明。另外，知识产权的不断积累，也同时意味着中国钢铁业在未来的专利诉讼可能性将会不断增加。金属专业的大学生们，在学习金属专业知识的同时，也有必要掌握关于相关知识产权的知识。

在全球合纵连横的今天，需要每个企业深入分析各自的长处和短处、机会与威胁，沿着既定的经营目标，积极参与节能环保技术开发以及与经济快速增长地域的经营合作，同时还要具有完备的知识产权战略。

9.11 生产技巧（KnowHow）与机密管理

9.11.1 保密是生产技巧（KnowHow）的生命，情报管理是关键

为了保护自己辛苦开发出来的先进技术，应该对该技术及其涉及的范围进行仔细斟酌，然后选择申请专利权而公开还是作为商业机密予以严格保护（图 9-19）。对经营管理有用的，并非公知而需要严格管理的情报我们称之为商业机密。其包含顾客名录、销售价格等商业机密以及研究开发成果和设计图纸等的技

术机密这两大类。需要保险箱保管、密码保管或机密标识这样的机密保管。

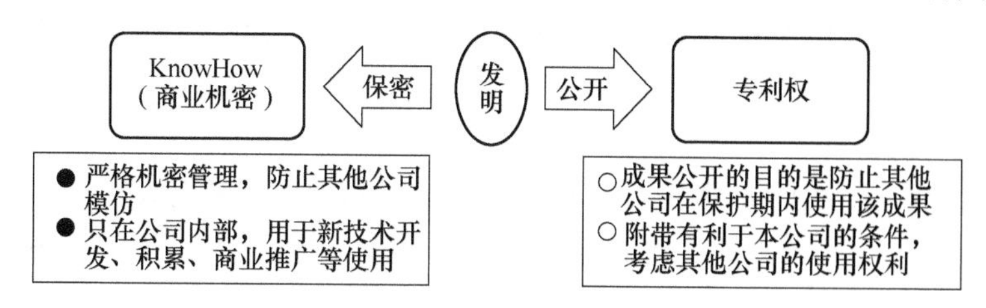

图 9-19 技术开发情报：是专利？还是商业机密？

KnowHow 一旦泄露，可能会带来致命的伤害（图 9-20）。不重视图中①～④的严格管理会给公司带来巨大危险。

制造业应该彻底做到：

（1）生产现场一律不得对外展示；

（2）关键生产部分必须采取特别机密管理在国内生产；

（3）设备在海外发生故障时，必须将其带回国内进行维修；

（4）制造装置、零部件、软件等不能让其他人接触。

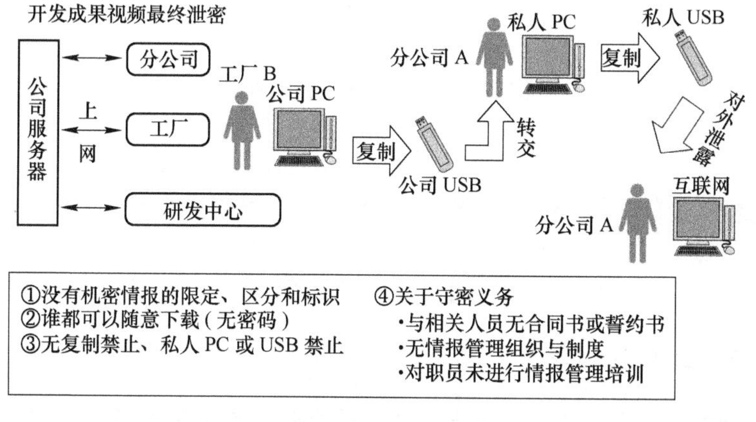

图 9-20 散漫的情报管理导致技术泄密

应该考虑将技术做成商业竞争对手即使能推测出其生产、开发的方法但仍无法复制的黑匣子。在人才流动高的行业，还应进行应对技术人员的副业、转行、自己创业等方面的情报管理和人员管理。机密管理就是对“从外部守住公司的机密”以及“从外部获得其他公司的机密”的管理。

9.11.2 泄露机密情报的可怕

人们希望能够开发出采用普通金属 Fe 来替代锂离子电池电极活性材料成分中稀有金属 Co 的技术（第 184、251 页）。日系 A 公司的研究人员赴美国 B 大学留学，回国后将其研究成果作为自己的发明申请了电池电极材料的日本专利。B 大学坚持认为这是擅自使用了大学的机密技术资料，并向德克萨斯地方法院提起了针对A公司的知识产权损害赔偿诉讼。A公司全面反诉没有违反法律，但考虑到美国法律诉讼的巨额律师费用和陪审团裁决的不确定性，最终支付了3000万美金的巨额和解金。留学技术人员的生活和人生也被这次知识产权纠纷彻底打乱了。

自从非营利组织的研究成果并非公知技术，知识产权私有化的美国拜杜法案颁布20多年来，美国B大学这类典型诉讼可以反映出美国对知识产权管理的日益强化。

作为技术人员，在向第三方展示机密情报之前，应该特别注意必须事先签署机密保持协议以及将本公司的机密技术事先涂抹去除。如果不小心被对手得知，则很可能会受到意想不到的伤害（图9-21）。

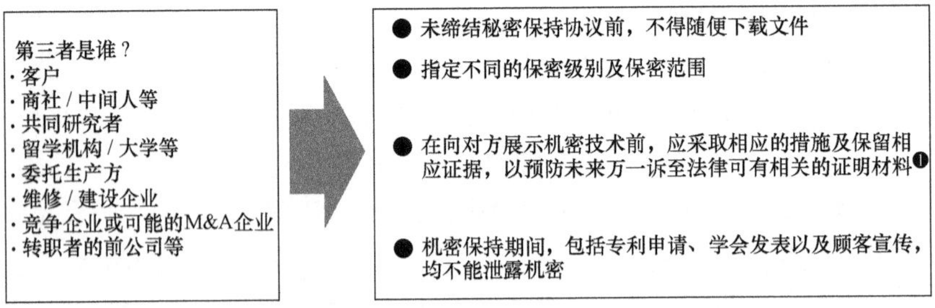

第三者是谁？
- 客户
- 商社/中间人等
- 共同研究者
- 留学机构/大学等
- 委托生产方
- 维修/建设企业
- 竞争企业或可能的M&A企业
- 转职者的前公司等

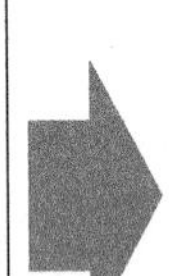

- 未缔结秘密保持协议前，不得随便下载文件
- 指定不同的保密级别及保密范围
- 在向对方展示机密技术前，应采取相应的措施及保留相应证据，以预防未来万一诉至法律可有相关的证明材料[1]
- 机密保持期间，包括专利申请、学会发表以及顾客宣传，均不能泄露机密

图9-21 泄露机密情报的可怕

专利制度的来历

英国首先开始专利制度

专利制度有着十分悠久的历史，最早的专利制度大约起源于中世纪的欧洲。商品经济的发展导致了技术的日益商品化，人们开始意识到谁拥有先进的技术，谁就可以在市场竞争中占据优势。商品交换关系的产生导致了专利制度的萌芽。

为了鼓励发明创造，封建君主往往特许授予发明人一种垄断权，使他们能够在一定期限内独家享有经营某些产品或工艺的特权，而不受当地封建行会的干预。由于封建君主在授予这种特权时常采用一份公开的文件（拉丁文为Literae Patens），他们的持有者因此拥有一定的特权、头衔等，后来这种独占的经营权便与Literae Patens连在一起，英文中的“Patent”（专利权）便来源于此。早在公

---

[1] 例如：设计书、规格表、实验报告等纸质媒体、电子媒体、视频、试做样品等。希望保存的开发资料全部放入容器中密封、并在公证场合下标注封存日期等。

元10世纪，雅典政府就授予了一位厨师独占使用其烹饪方法的特权。

11世纪，英国境内的技术转让日益频繁，新工业已逐步建立和发展起来。随着行业协会在英国的出现，集体的垄断权也随之产生。这些行业协会获得了在一个区域出售某种商品的独占权利。行业协会之外的人不能在这个区域内进行贸易活动，这种行业协会的垄断限制了国外先进技术进入英国。为了引进外国先进技术，英国国王常向外国技术授予保护，使其免受封建行业协会的干预，并能在英国境内自由经营并为英国培训技术工人。但国王滥发专利权引起了国民、法官和其他国会议员的愤慨，议会于1623年制定了垄断法。

西方近代专利制度开始于18世纪60年代。完成于19世纪30年代的欧洲第一次产业革命，不仅极大地促进了西欧科学技术的发展，促成了西欧从农业社会向工业社会的飞跃，而且推动了西方人文思想的空前繁荣。在此基础上，古老的专利制度与西方资本主义自由思想相结合，造就了独具特色、体系完备的专利制度，并立即波及其他国家。与此同时，专利制度的完善和发展，也极大地推动了科学技术和经济的发展。

随着近代科学技术的不断发展以及专利制度理论逐渐走向成熟，世界上有越来越多的国家开始制定本国的专利制度，以鼓励本国的发明创造，推动技术的发展。正式的、全面的专利法直到18世纪末才出现。美国于1776年脱离英国而宣告独立，并于1787年制定宪法，根据其第1条第8款的规定，美国于1790年制定了一部专利法。

19世纪后期，专利制度以前所未有的速度普及，各国纷纷加入了“保护工业产权巴黎公约”联盟，如德国（1903）、奥地利（1890）、比利时（1883）、巴西（1883）、西班牙（1883）、美国（1887）、法国及其殖民地（1883）、英国（1883）、澳大利亚（1883）、意大利（1883）、日本（1899）等。到了20世纪中叶，专利制度已经在世界各国基本建立。

带动产业革命迅速发展

17～19世纪早期的专利制度与阿克莱特的纺纱机，瓦特的蒸汽机，贝斯麦、托马斯、西门子的炼钢技术相呼应，大大激发了英国工业革命的活力。英国从不断贪婪地仿制开始产生出不断的革命性革新，最终发明出大动力机械，大量生产出质优价廉的商品。阿克莱特纺织机乃是当时世界上最先进的机器，一经问世就被英国政府视为秘不外传的富国之宝，为了确保英国能够独享工业革命的成果，英国政府采取对纺织技术和专业人才实行垄断性控制，绝对禁止纺织机器出口，也绝不准许熟练纺织机械师移居国外，更不允许任何人私自携带纺织机器的图纸出境的国策。但英国出生的塞缪尔·斯莱特硬是凭着超人的记忆成功地复制了阿克莱特纺织机的详细设计，在北美大陆上建立起了13家私人纺织厂，为美国人带来了最先进的纺织机器和一套全新的生产系统，最终成为了美国的“制造业之父”。

美又将中国列入侵犯知识产权“黑名单”

美国贸易代表办公室于2016年4月27日发表了2016年“特别301报告”。这是一份关于“世界各国知识产权保护现状”的年度报告。美国贸易代表办公室今年对72个贸易伙伴的知识产权保护状况进行审议和评价，将34个国家列入“优先观察名单”和“观察名单”，中国、俄罗斯和印度被列入“最差纪录名单”。

报告中首先指责中国“窃取商业机密的行为越来越严重”，强烈敦促中国政府“考虑制定一个有效的商业秘密法，彻查并严惩商业窃密活动”。报告还称，中国仍是“全球最大线上盗版市场”，这导致美国知识产权所有人在音乐、动画、书籍和软件等领域蒙受巨大损失。报告指责，“中国同时还是全球最大仿制药品的国家之一”。

事实上，自1989年“特别301报告”首次出台，中国每次都被列入报告的“黑名单”。首都经济贸易大学法学院院长喻中28日在接受《环球时报》记者采访时说，这些审议强化了美国对世界的一种支配，对所有国家进行“评级”。各国在知识产权保护方面做得怎么样，“成绩”好不好，都由美国来评判。美国处于“评判者和支配者的地位”。喻中表示，美国的指责没有依据，含含糊糊，是基于对中国崛起的不安，打着“公平评价”的旗号，对遏制中国的战略进行了巧妙包装。事实是，中国政府对知识产权的保护一贯高度重视，做了很多努力。

“特别301报告”中承认，中国在2015年持续为大规模改革知识产权法规作出了努力，并在北京、上海和广州等3个城市研究如何设立知识产权法庭等。美国娱乐软件协会总顾问史丹利说，“中国承诺改革，这份报告显示了中国的进展，但仍有需要持续积极改进的地方”。

“特别301报告”主要是为美国政府采取贸易报复措施提供参考，所以每年都会提交国会。喻中对《环球时报》的记者说，美国贸易代表办公室用知识产权对其他国家进行垄断。它制定“游戏规则”，同时又是裁判员，完全是从保护美国自身的经济利益出发。

每位科技工作人员都应具有技术情报的调查能力

在中国知识产权局SIPO网站上（http：//cpquery. sipo. gov. cn/），具有完备的中国专利检索系统，任何人都可以利用该系统进行专利检索。该系统能够检索的专利信息如下：

（1）基本情报：专利申请号、专利申请日、申请人、优先权、代理人等。

（2）审查状况：申请文件、知识产权局发出的书面通知、专利证书等。

（3）公告情报：专利号、授权公告日等。

利用世界各国知识产权局免费检索系统的能力、更进一步地利用有偿商业专利情报检索系统的能力以及相关学术文献的检索能力，以上这些情报的检索和应用能力（patent intelligence：相关技术的专利群、相关学术的文献群以及相关的商业经营情报群，对以上这些情报进行收集·分析·整合，达到最终为商业服务的能力），对于活跃在21世纪全球化环境中的工程技术人员来说，应该是一种基本的技术技能。

参考文献

第2章

宮原将平監修「金属結晶の物理」アグネ技術センター，1968.

北田正弘「新訂初級金属学」内田老鶴圃，2006.

藤田英一「金属物理博物館」アグネ技術センター，2004.

西川精一「新版金属工学入門」アグネ技術センター，2001.

第3章

日本金属学会編「金属便覧」丸善，2000.

日本金属学会編「金属データーブック」丸善，2004.

平川賢爾、大谷泰夫、遠藤正浩、坂本東男「機械材料学」朝倉書店，1999.

第4章

大和久重雄「JIS 鉄鋼材料入門」大河出版，1997.

溶接学会編「溶接・接合技術特論」産報出版，2009.

田中良平編「ステンレス鋼の選び方・使い方」日本規格協会，2010.

日本鉄鋼連盟「新しい建築構造用鋼材」鋼構造出版，2008.

日本塑性加工学会編「チタンの基礎と加工」コロナ社，2008.

ホームページ:「原子力百科事典」「航空実用事典」.

第5章

平賀貞太郎、奥谷克伸、尾島輝彦「フェライト」丸善，1988.

近角聰信「強磁性体の物理」裳華房，1987.

佐川眞人、平林眞、浜野正昭編「永久磁石―材料科学と応用―」アグネ技術センター，2007

ホームページ:「磁石の小部屋」.

第6章

John Newman, et al. "Electrochemical Systems", 3rd edition, John Wiley & Sons, 2004.

増子昇「さびのおはなし増補版」日本規格協会，1997.

松島巌「腐食防食の実務知識」オーム社，2002.

長野博夫、山下正人、内田仁「環境材料学」共立出版，2004.

江島辰彦編「金属表面物性工学」日本金属学会，1990.

第7章

ウオーク編「金属なんでも小事典」講談社，2002.

触媒工業会技術委員会編「改訂2版触媒の話」科学工業日報社，2007.

宮田清藏「燃料電池用白金代替触媒の研究開発動向」NEDO 海外レポート，No. 1015，2008. 1.

加藤忠一「ブリキとトタンとブリキ屋さん」ブイツーソリューション，2009.

第8章

井上明久「鉄鋼技術における非平衡鉄合金開発の意義と将来性」西山記念講座，pp23-46，2009. 11. 27（第200回・東京）.

第9章

西山孝「資源経済学のすすめ」中公新書，1993.
独立行政法人物質・材料研究機構「2050年までに世界的な資源制約の壁」記者発表資料，2007. 2. 15.
南條道夫「都市鉱山開発–包括的資源観によるリサイクルシステムの位置付け」.
東北大學選鑛製錬研究所彙報，第43巻（第2号），pp. 239-251，1988.
原田幸明、井島清、島田正典、片桐望「都市鉱山蓄積ポテンシャルの推定」日本金属学会誌第73巻（第3号），pp. 151-160，2009.
細野秀雄・神谷利夫「透明金属が拓く驚異の世界」ソフトバンククリエイティブ，2006.
独立行政法人物質・材料研究機構「元素戦略アウトルック『材料と全面代替戦略』— NIMSにおける取組からその可能性を探る—」，2007. 8. 1.
片桐望、中島謙一、原田幸明「概説資源端重量（Total Material Requirement; TMR）」NIMS-EMC材料環境情報データ，No18，2009. 3.
土生哲也「知的財産のしくみ」日本実業出版，2007.
重田暁彦「身近なアイデアを特許に変える発想塾」講談社，2009.
吉野彰「リチウムイオン電池物語」シーエムシー出版，2004.